W0242761

Dorn · Bader

Physik

Ausgabe B · Gymnasium Sek II

11

Schroedel

Dorn·Bader
Physik 11
Ausgabe B
Gymnasium Sek II

Herausgegeben von
Professor Dr. Franz Bader, Professor Friedrich Dorn †

Bearbeitet von
Professor Dr. Franz Bader
Dr. Helmut Bergold
Dr. Peter Drehmann
Dr. Erwin-Klaus Haberkant
Bernd Kretschmer
Heinz-Werner Oberholz
Werner Wegner

Berater
Gottfried Staiger

Unter Mitwirkung der Verlagsredaktion

Illustrationen
Creativ Design
Joachim Knappe
Ulf Matthes
Werner Wildermuth

Titelbild
Festigkeitstest einer 0,8 mm dicken Kunststofffolie. Die Belichtung erfolgte im Tiefstpunkt der Verformung durch die fallende Stahlkugel (20 mm Durchmesser), Dr. Bernhardt Brill, Hofgeismar
Hintergrund: Lava, Bavaria, Gauting

ISBN 3-507-**10721**-X

© 1998 Schroedel Verlag GmbH, Hannover
Alle Rechte vorbehalten. Dieses Werk sowie einzelne Teile desselben sind urheberrechtlich geschützt. Jede Verwertung in anderen als den gesetzlich zugelassenen Fällen ist ohne vorherige schriftliche Zustimmung des Verlages nicht zulässig.

Druck A[7 6 5 4 3] / Jahr 2006 05 04 03 02

Alle Drucke der Serie A sind im Unterricht parallel verwendbar, da bis auf die Behebung von Druckfehlern untereinander unverändert. Die letzte Zahl bezeichnet das Jahr dieses Druckes.

Druck: Universitätsdruckerei H. Stürtz AG, Würzburg

Bildquellenverzeichnis
5 (Hintergr.): U. Köcher, Hannover; 6.3: H.-W. Oberholz, Everswinkel; 7.4: H.-W. Oberholz, Everswinkel; 24.3: H.-W. Oberholz, Everswinkel; 29.4: H.-W. Oberholz, Everswinkel; 30.1: Volkswagen AG, Wolfsburg; 31.4: NASA (Internet); 37.3: Dr. Reinbacher, Kempten; 40 oben: Stiftung Warentest 4/97; 40.1: ADAC, München; 41 ob/li: GfS Aachen; 41.2: Volkswagen AG, Wolfsburg; 45 (Hintergr.): Deutsche Presse-Agentur, dpa, Frankfurt; 45.A: Deutsches Museum, München; 46.V1: Phywe Systeme GmbH, Göttingen; 49.3: Christoph & Friends, Das Fotoarchiv GmbH, Essen; 49.4: Mauritius, Mittenwald; 50.1: Deutsches Museum; 51 (alle): Deutsches Museum, München; 52.1: Deutsches Museum, München; 53.A19: Wilhelm Lambrecht GmbH, Göttingen; 53.3: Deutsches Museum, München; 58.V1: Dr. E. Kretschmann, Dr. P. Zacharias, Hamburg; 59.3: Phywe Systeme GmbH, Göttingen; 61.5: dpa, Frankfurt; 61.6: Phywe Systeme GmbH, Göttingen; 63.A3: Institut für Biomechanik, Deutsche Sporthochschule, Köln; 65 (alle): E.-K. Haberkant, Heidelberg; 73.1: Siemens AG, KWU; 85.1: Bavaria, Gauting; 88.1 (beide): Canadair Aviation Service GmbH; Montreal/Bonn; 89.4: Mauritius, Mittenwald; 90.1: NASA, Heidelberg; 91.5: Gentner, Maier-Leibnitz, Bothe, Atlas typischer Nebelkammerbilder, Springer, Berlin; 95 (Hintergr.): dpa, Frankfurt; 95.A: Sven Simon Fotoagentur, Essen; 96.1: Dr. E. Kretschmann, Dr. P. Zacharias, Hamburg; 97.2: Heinrich Bauer, LAPIS KG, Auto Zeitung, Köln; 100.1: Continental, Hannover; 101 oben: Deutsche Bahn AG, Berlin; 103.3: dpa, Frankfurt; 105 (Hintergr.): Focus, Hamburg; 105.A: Astrofoto/NASA, Leichlingen; 107.4: US-Botschaft, Bonn; 109.3: Leybold, Köln; 111.3: NASA (Internet); 112.1: Bavaria Stock Directory, Gauting; 121.1: Astrofoto, Leichlingen; 121.2: NASA (Internet); 122.1: Astrofoto, Leichlingen; 123.3: Astrofoto, Leichlingen; 123.4: Universität Bremen, ZARM; 124 rechts: Deutsches Museum, München; 125 oben: Deutsches Museum, München; 125 unten: Bildarchiv Preuß. Kulturbesitz, Berlin; 126 rechts: Laenderpress, Düsseldorf; 127 rechts: dpa, Frankfurt; 129 (Hintergr.): U. Köcher, Hannover; 129.A: Deutsches Museum, München; 146.1b: Deutsches Museum, München; 153.7: Medizinische Hochschule, Hannover

übrige Fotos: Hans Tegen

INHALT

ZU DIESEM BUCH

Dieser Band vermittelt in seiner breiten **Basisspalte** die Grundkenntnisse für einen in sich geschlossenen, erprobten Unterrichtsgang. Um ein Verständnis für physikalische Zusammenhänge zügig zu entwickeln, werden dort die wesentlichen Konzepte und Inhalte in straffer Form erarbeitet und in *Merksätzen* zusammengefasst. Damit der Lesefluss dieses *Basistextes* nicht unterbrochen wird, verweisen ⇛ Pfeile auf Versuchsbeschreibungen, Abbildungen, Tabellen, und Aufgaben in der **Außenspalte**. Die so ermöglichte klare Gliederung des Textes bietet den Unterrichtenden die Möglichkeit, schülerorientiert verschiedene neue Unterrichtsmethoden einzusetzen.

Unter den Überschriften *Interessantes*, *Vertiefung*, *Beispiel*, finden sich
- motivierende und anwendungsbezogene Inhalte aus der Lebenswelt von Schülerinnen und Schülern, insbesondere auch zu *fachübergreifenden Themen* und interessanten *Phänomenen* sowie Anregungen zu Projektarbeit, Referaten, Still- und Teamarbeit,
- weitergehende Betrachtungen zusätzlich zum Inhalt des Basistextes, als ein differenziertes Angebot für den Physikkurs,
- eine Fülle von Aufgaben mit detailliertem Lösungsweg.

Diese Elemente sind im Seitenbild besonders hervorgehoben. So konnte der Basistext von schwierigeren, den „roten Faden" zudeckenden Teilen entlastet werden.

Die konsequent entwickelte **Aufgabenhierarchie** beginnt mit dem Erarbeiten der jeweiligen Doppelseite und führt über das Wiederholen des Stoffes mehrerer Seiten zum Zusammenfassen der ganzen Lerneinheit. Dies soll – zusammen mit Rechenbeispielen – auf Prüfungen vorbereiten, zum selbstständigen Lesen von Sachtexten anleiten und so einen Beitrag zur *Studierfähigkeit* leisten.

Die **Vektorrechnung** als solche steht in Klasse 11 noch nicht zur Verfügung.
a) Als Merkzeichen für Vektorgrößen dienen Vektorpfeile über Buchstabensymbolen. Bei den häufigen Aussagen über Beträge müssen diese Pfeile aber entfallen (z. B. $F = 4$ N, $F_H = G \sin\varphi$, $F_{gl} = f_{gl} F_N$, $\tan\varphi = v_y / v_x$, $F_z = m\, v^2/r$ usw.).
b) Bei der rechnerischen Behandlung der häufig auftretenden *linearen* Anwendungen sind Vorzeichen *korrekt* zu beachten. Dazu benutzen wir die mit Vorzeichen behafteten *Werte* von Vektoren und deren Komponenten (z. B. $F = +7$ N, $F = -3$ N, $v = -10$ m/s; s. S. 11 oder S. 32, links; der Begriff ist von DIN sanktioniert). Diese sind bei Computersimulationen unabdingbar. Der *Wert* wird in Skizze und Rechenzeile gleich bezeichnet und sorgfältig vom stets positiven *Betrag* unterschieden (s. z. B. S. 62, Bild 1). Das Vorzeichen der Werte ist dabei auf einen als positiv deklarierten Richtungssinn bezogen. Sehen Sie sich als Beispiel die Behandlung der eindimensionalen Stöße (S. 80 ff.) an.
c) Damit bereiten wir die Schülerinnen und Schüler auf eine spätere Behandlung der Vektorrechnung vor.

In der **Mechanik** sind die allgemein gültigen Differenzenquotienten (z. B. $v = \Delta s/\Delta t$) den speziellen Gleichungen ($v = s/t$) zumindest gleichgestellt. So wird es möglich, die Schüler/-innen frühzeitig an Rechenmodelle heranzuführen, die sie – je nach Gegebenheit – mit Tabellenkalkulation, Modellbildungssystemen oder selbstgefertigten Computerprogrammen realisieren können. Solche Rechenmodelle führen etwa beim Wurf eines Tischtennisballs viel näher an die Grundgesetze der Mechanik und zugleich an die Realität als die idealisierten, fertigen Gleichungen.

Zum Buch erscheint ein Lösungsband, der die Ergebnisse aller Aufgaben beinhaltet. Darüber hinaus liegt dem Lösungsband eine CD-ROM bei, die das interessante und lehrreiche Modellbildungssystem PAKMA (Version 2.5) von Prof. D. Heuer, Würzburg, enthält. Die CD bietet zu zahlreichen im Schülerband enthaltenen Aufgaben, Fragen und Versuchen Simulationen an.

Hannover, im August 1998

AUTOREN UND REDAKTION

Geradlinige Bewegungen und Kräfte

Aufwärts mit Physik!

Ein Aufzug bewegt sich nach oben, es ist eine geradlinige Bewegung. Autos auf der Autobahn oder Kinder auf der Rutsche bewegen sich eine Zeit lang ebenfalls geradlinig.

Brauchen solche Bewegungen eine Ursache oder verlaufen sie „von selbst“?

Nachdenkliche Menschen in allen Jahrhunderten haben sich dies gefragt. Seit NEWTON (1686) sind wir sicher:
Nicht für die Erhaltung einer geraden Bewegung, wohl aber für Bewegungsänderungen braucht man Kräfte!

Damit beschäftigen wir uns in der Mechanik.

V 1: Wir wollen einen Wagen an einem Faden abschleppen, der die Gewichtskraft des Wagens gut aushält (links). Der Faden reißt, wenn wir an ihm ruckartig zur Seite ziehen (rechts).

B 3: Das Auto drückt mit seiner „Schwere" auf die Straße. Mit seiner „Trägheit" widersetzt es sich dem Versuch, es schneller zu machen.

Interessantes

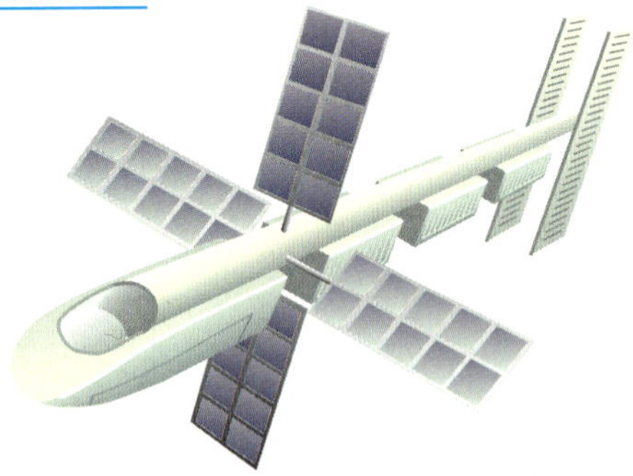

B 1: Im Raumschiff kräftefrei unterwegs

Lautlos im Weltall

Lautlos gleitet ein Raumschiff durchs Weltall. Weit entfernt von jeglichen Himmelskörpern schwebt es kräftefrei im intergalaktischen Raum (➠ *Bild 1*). Auch ohne Raketenmotor bleibt das Raumschiff gleich schnell und zieht lichtgerade seine Bahn.
Im Labor lässt sich ein kräftefreier Zustand nur annähernd erzeugen. So legt man z. B. eine zylindrische Scheibe – einen „Puck" – auf eine Metallplatte (➠ *Bild 2*). Zwischen Platte und Puck wird nun ein Luftkissen erzeugt. Ein kleiner Stoß und der Puck bewegt sich ungebremst zur Seite.

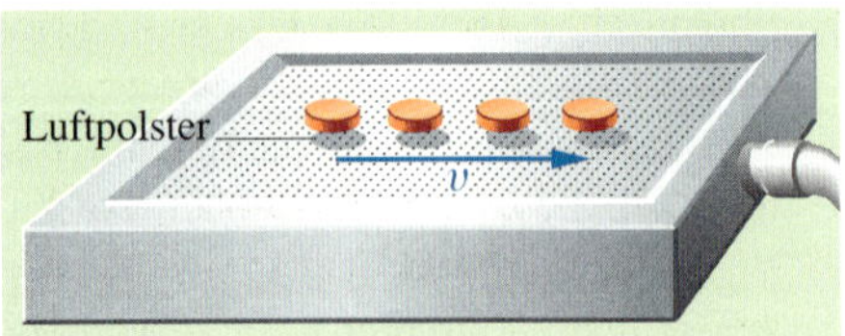

B 2: Ein Puck auf dem Luftkissentisch

Das Trägheitsgesetz

1. Das Automobil – wirklich ein „Selbstbeweger"?

Einige Schüler schieben ein Auto aus dem Stand an (➠ *Bild 3*). Der Fahrer lenkt nur geradeaus, der Motor läuft nicht, gebremst wird auch nicht. Alle schieben mit großer Kraft, das Auto wird allmählich schneller.
Nach kurzer Zeit sind die „Antreiber" erschöpft, sie lassen das Auto los. Dieses fährt unbeeindruckt weiter – natürlich wird es jetzt nicht mehr schneller, aber es wird auch praktisch nicht langsamer. Ohne äußere Kräfte bleibt das Auto gleich schnell!
An der Heckabschleppöse ist ein Seil befestigt. Die Schüler greifen es und versuchen durch Ziehen nach hinten, also gegen die Fahrtrichtung, das Auto abzubremsen (➠ *Bild 4*). Das Staunen darüber, wie stark sich das Auto diesem Vorhaben widersetzt, ist nicht gering! Wie träge doch das Auto ist!

2. Trägheit ist nicht Schwere

Die Kraft, die zum Schneller- oder Langsamermachen eines Körpers nötig ist, kann sogar viel größer als dessen Gewichtskraft sein. Ein Faden, der einen Laborwagen trägt, kann reißen, wenn der Wagen mit ihm ruckartig beschleunigt werden soll (➠ *Versuch 1*). Diese Kraft hängt mit dem Trägsein des Körpers zusammen. Sie ist nicht an die stets nach unten gerichtete Gewichtskraft gebunden. Das *Trägsein* ist vom *Schwersein* wohl zu unterscheiden!

Trägsein wirkt sich immer aus, gleichgültig nach welcher Richtung man den Körper beschleunigen will. Es tritt selbst im Weltraum auf, wo die Körper keine Gewichtskräfte erfahren. Auch dort brauchen Raketen zum Schnellerwerden wie zum Abbremsen die Kraft ihrer Triebwerke. Ohne Raketenmotor und weitab von anderen Himmelskörpern bewegt sich ein Raumschiff geradeaus wie an einem Lichtstrahl entlang und wird dabei auch in aller Zukunft nicht langsamer.

B 4: Fährt das Auto erst, „will" es nicht mehr zur Ruhe kommen. Nur mit großer Kraft *von außen* hält es in kurzer Zeit an.

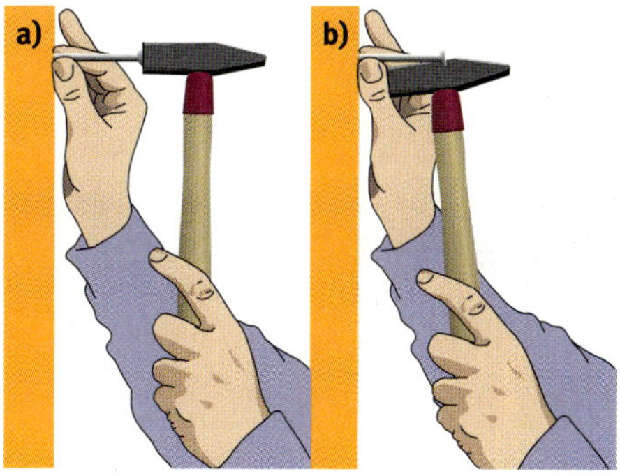

B 5: a) Ein Hammer treibt den Nagel in die Wand (gewünschte Trägheit). **b)** Der Hammer trifft den Daumen (nicht gewünschte Trägheit des Hammers).

Auch auf der Erde gilt: Ohne äußere Kraft ändert ein Körper seinen *Bewegungszustand* nicht, er bleibt in Ruhe oder er bewegt sich. Dabei wird er weder schneller noch langsamer. Ja, er weicht bei seiner Bewegung nicht einmal von der geraden Linie ab – genauso wenig wie das Raumschiff im Weltall. Für ein Auto ist dies in vielen Fällen nicht gut. Nicht nur für das Schneller- oder Langsamerwerden, auch für die Kurvenfahrt braucht es die Haftkraft zwischen Reifen und Straße. Diese zwingt das Auto in die gewünschte neue Richtung. Bei Glatteis fehlt diese äußere Kraft. Das Auto beharrt wegen seiner Trägheit auf Geradeausfahrt: Es fährt in den Graben!

3. Trägheit schmerzt oft mehr als Schwere

Der Stein, der auf den Fuß fällt, hinterlässt einen blauen Fleck. Der vom Hammer getroffene Daumen (*Bild 5b*) wird blau und schwillt an. Bei einem Frontalunfall bremst erst der Sicherheitsgurt den weiterfliegenden Körper so stark ab, dass Rippen brechen können. Aber was wäre ohne Sicherheitsgurt passiert?

4. Trägheit ist auch nützlich

Wäre die Welt vielleicht schöner, wenn wir die Trägheit abschalten könnten? Wohl nicht. Keine Gitarrensaite würde mehr schwingen, denn, nach dem Anzupfen in der Gleichgewichtslage angelangt, bliebe sie stehen. Kein Hammer könnte einen Nagel in die Wand treiben (*Bild 5a*). Bocciaspielen wäre „out", die Kugel würde wegen geringster Reibungskräfte sofort liegen bleiben. Und noch viel schlimmer: Unsere Erde gäbe es gar nicht, sie wäre nach dem Abschalten der Trägheit schlagartig in die Sonne gefallen!

Merksatz

Körper, auf die keine äußere Kraft wirkt, verharren in ihrem Bewegungszustand: **Körper sind träge.**
Werden sie schneller oder langsamer oder ändern sie ihre Bewegungsrichtung, so müssen äußere Kräfte wirken.

A 1: Stellen Sie sich eine Welt ohne Trägheit der Körper vor. Was wäre anders? Nennen Sie fünf Beispiele!

Interessantes

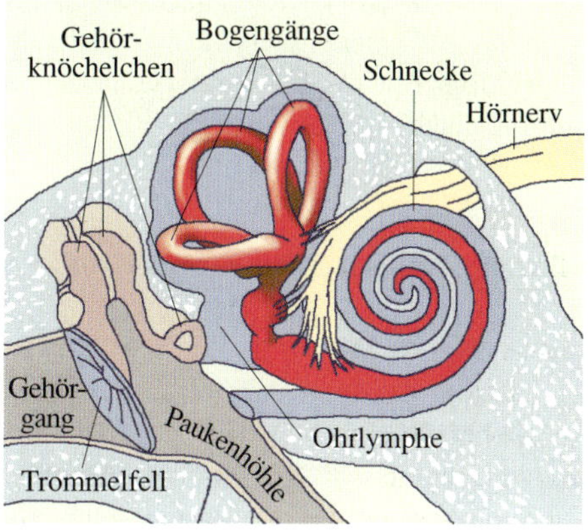

B 6: Die „Bogengänge" des Innenohres

Trägheit – auch biologisch wichtig

Die Bogengänge des Innenohres sind in den drei Ebenen des Raumes einander zugeordnet. Sie dienen dem Gleichgewichtssinn. Wird der Kopf schnell gedreht oder aus der Drehung abgestoppt, so verschieben sich die Bogengänge gegenüber der träge zurückbleibenden Endolymphe (einer Flüssigkeit in den Bogengängen). Dabei werden Sinneszellen des Vorhofnervs gereizt und signalisieren so die Lageveränderung. Ist diese sehr ungewohnt, so wird einem sogar schlecht: Dies macht sich bei vielen Menschen in der so genannten Seekrankheit bemerkbar.

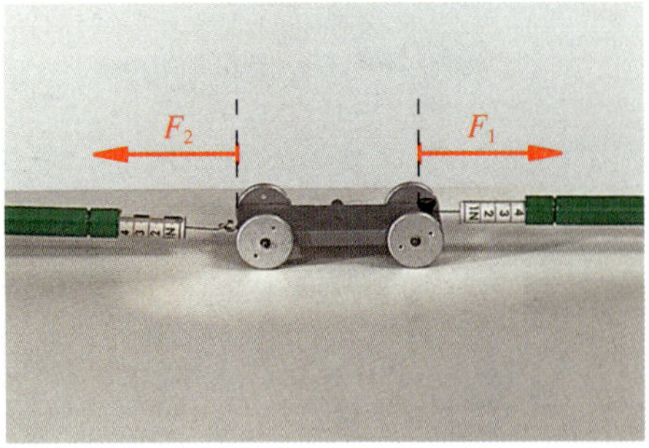

B 1: Kräftegleichgewicht am Wagen

V 1: Wir ziehen an einem ruhenden Wagen in entgegengesetzte Richtungen und lesen die Kraftbeträge F_1 und F_2 an den Kraftmessern ab. Es sind jeweils 4 N. Der Wagen bleibt in Ruhe.

V 2: Ein „Apfel" wird an einen Kraftmesser gehängt. Die Feder wird verlängert und übt auf den Apfel eine Kraft nach oben aus. Diese hält der Gewichtskraft des Apfels schließlich das Gleichgewicht. Der Apfel ruht. Auf einer gleichmäßig laufenden Rolltreppe zeigt der Kraftmesser denselben Ausschlag.

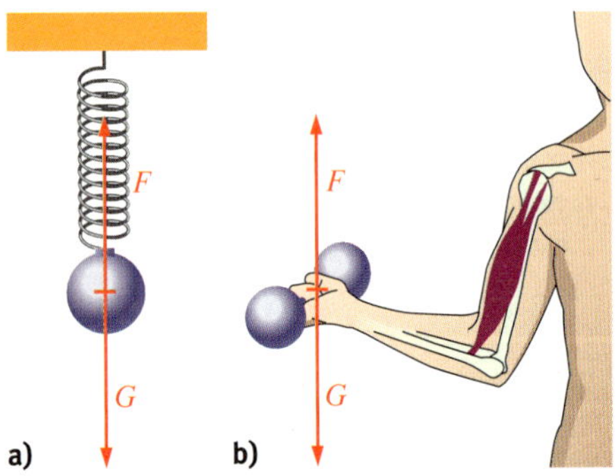

B 2: a) Die Feder erzeugt durch Verlängerung die zum Gleichgewicht nötige Kraft. **b)** Muskeln können ohne Verlängerung eine gewünschte Kraft erzeugen.

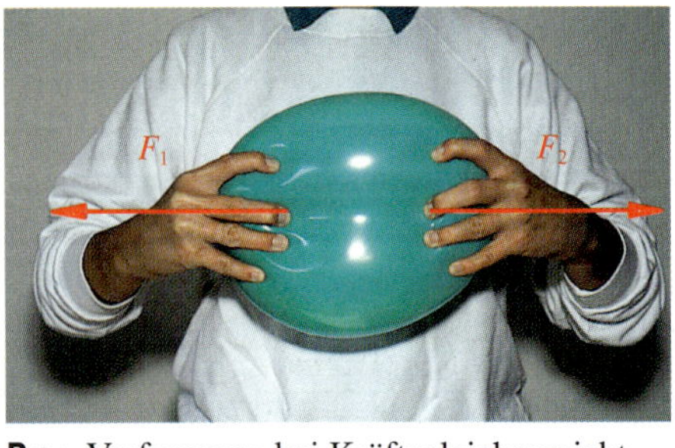

B 3: Verformung bei Kräftegleichgewicht

Kräftegleichgewicht

1. Kräfte wirken und nichts bewegt sich!

Greift *eine* Kraft an einem ruhenden Körper an, so setzt er sich in Bewegung. Greifen zwei Kräfte an diesem Körper an, so kann das Ergebnis noch heftiger sein – aber es kann auch ganz anders aussehen. Ziehen die beiden Kräfte nämlich in entgegengesetzte Richtungen, so schwächen sie sich in ihrer Wirkung gegenseitig. ➠ *Versuch 1* zeigt: Ein ruhender Körper bleibt in Ruhe, wenn an ihm zwei gleich große, aber entgegengesetzt gerichtete Kräfte angreifen. Es herrscht dann *Kräftegleichgewicht*. Der Wagen bleibt unbeeindruckt, er setzt sich nicht in Bewegung.

2. Oft stellt sich Kräftegleichgewicht von selbst ein

Im täglichen Leben beobachten wir ein solches Kräftegleichgewicht häufig. So hängt im Spätsommer ein schwerer Apfel am Zweig und fällt nicht hinunter. Wir wundern uns kaum darüber, aber was steckt eigentlich physikalisch dahinter? Um dies zu erkennen, hängen wir einen „Apfel" an einen Kraftmesser (➠ *Bild 2a*). Beim Absenken der Hand spüren wir, wie uns die Feder mit zunehmender Verlängerung zu Hilfe kommt. Mehr und mehr wird die Hand entlastet, bis die Feder schließlich den „Apfel" allein trägt. Sie zieht jetzt mit einer Kraft nach oben, die der Gewichtskraft das Gleichgewicht hält. Die beiden gleich großen, aber entgegengesetzt gerichteten Kräfte wirken auf den Bewegungszustand insgesamt wie keine Kraft. Die **resultierende Kraft** ist null. Der ruhende „Apfel" bleibt in Ruhe.
In der Natur ist es genauso. Halten wir den Zweig nach dem Pflücken des Apfels in seiner Lage fest, so spüren wir die Kraft, mit der er den Apfel gegen dessen Gewichtskraft getragen hat. Führen wir den Zweig langsam nach oben, so nimmt diese Kraft ab. Also hat sich auch bei dem Zweig die zum Gleichgewicht nötige Kraft von selbst durch die Verformung eingeregelt.

Dieses Einregeln erfolgt in der Natur nicht immer durch Verformen. Muskeln können willkürlich – bei gleich bleibender Länge – so angespannt werden, dass sie die gewünschte Kraft erzeugen. Wird ein Gegenstand bei angewinkeltem Arm in die geöffnete Hand gelegt (➠ *Bild 2b*), so schwingt der Unterarm kurz auf und ab, bis die zum Kräftegleichgewicht nötige Muskelspannung aufgebaut ist. Dazu laufen einzelne Moleküle über andere hinweg („Molekülmotoren").

3. Keine Bewegungsänderung, aber doch eine Wirkung

Kräftegleichgewicht zwischen F_1 und F_2 heißt, die Resultierende dieser Kräfte F_1 und F_2 ist null. Dennoch sind diese beiden Kräfte nicht verschwunden. Ein Luftballon, der an zwei gegenüberliegenden Seiten gezogen wird, belegt es (➠ *Bild 3*). Er wird durch die beiden Kräfte etwas in die Länge gestreckt. Da sie im Gleichgewicht sind, bewegt er sich nicht.

Merksatz

Ist die Resultierende aller an einem Körper angreifenden Kräfte gleich null, so herrscht am Körper Kräftegleichgewicht. Ist der Körper in Ruhe, so bleibt er in Ruhe. Er kann höchstens verformt oder gedreht werden.

4. Der Aufzug – auch in der Bewegung im Gleichgewicht

Dass an einem ruhenden Körper Kräftegleichgewicht herrscht, sieht man leicht ein. Was aber, wenn ein Gegenstand gehoben wird? Haben Sie nicht auch das Gefühl, nach oben müsste dann auf den Körper eine etwas größere Kraft wirken als die Gewichtskraft, die den Körper nach unten zieht?
Durch Nachdenken allein können wir die Antwort nicht finden. Wir prüfen deshalb in *Versuch 3*, welche Kraft in den verschiedenen Phasen (1 bis 5) am Aufzug nach oben zieht. Wenn der Zeiger in der Mitte der Skala steht, ist der Aufzug im Kräftegleichgewicht. Muss der Motor stärker ziehen, so verlängert sich die Haltefeder, und der Zeiger wandert etwas nach unten. Umgekehrt ist es, wenn die Zugkraft kleiner ist als die Gewichtskraft.

Der Versuch zeigt (das Diagramm spiegelt es wider):

- In bestimmten Zeitabschnitten darf kein Kräftegleichgewicht vorliegen. Beim *Start* des Aufzugs muss die Zugkraft des Motors größer sein als die Gewichtskraft. Die nach oben weisende resultierende Kraft macht den Aufzug dann schneller. Beim *Stopp* des Aufzugs muss die Zugkraft dagegen kleiner als die Gewichtskraft sein. So entsteht eine bremsende Kraft nach unten.
- Beim *Halt* und überraschenderweise auch bei der *Fahrt* mit gleich bleibender Geschwindigkeit v_0 ist der Aufzug dagegen im Kräftegleichgewicht, die resultierende Kraft F_{Res} ist null!

Merksatz

Ist ein Körper in Bewegung, so bleibt er dann und nur dann gleich schnell in geradliniger Bewegung, wenn an ihm Kräftegleichgewicht besteht.
Ist die resultierende Kraft an einem Körper ungleich null, so wird sein Bewegungszustand geändert.

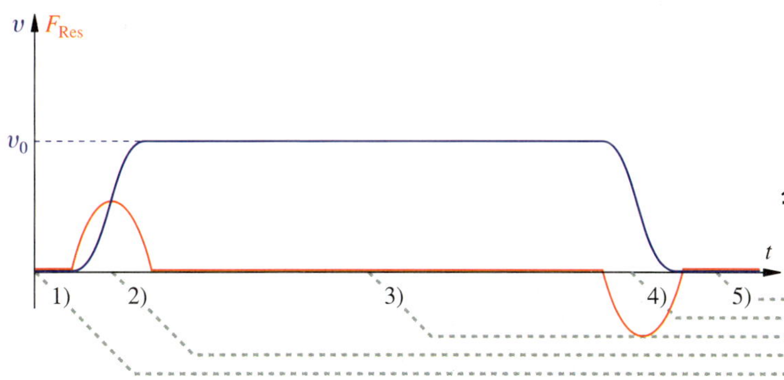

V 3: Solange die Federkraft der Gewichtskraft des „Aufzugs“ das Gleichgewicht hält, steht der Zeiger in der Mitte der Messlatte.
Im ersten Augenblick des Anziehens wandert der Zeiger nach unten.

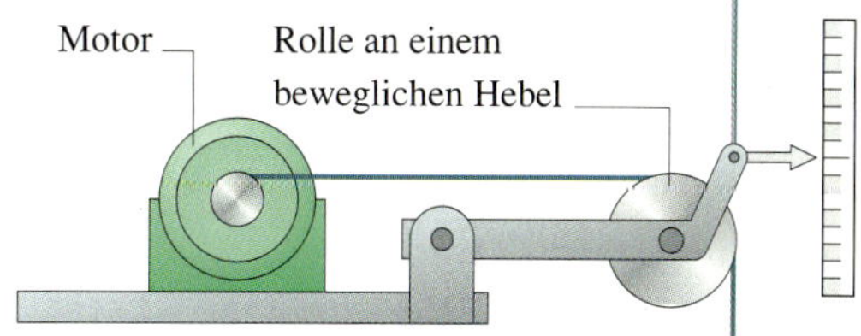

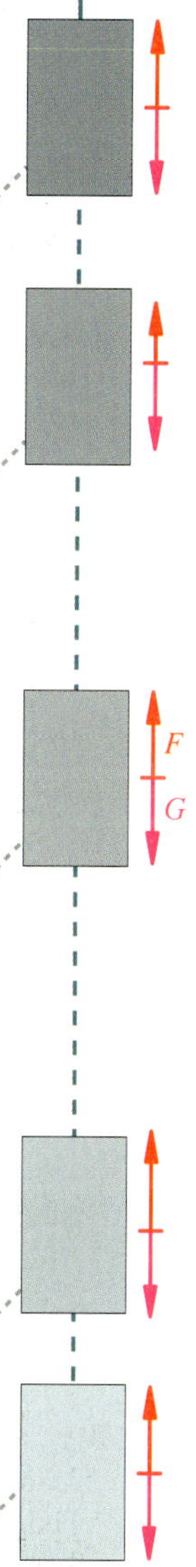

5) Angekommen!
Der Aufzug steht wieder. Die resultierende Kraft ist wieder null: Kräftegleichgewicht!

4) Der Aufzug wird gebremst.
Der Motor zieht jetzt etwas weniger stark.
Kein Gleichgewicht!
Es bleibt eine resultierende Kraft nach unten.

3) Der Aufzug gleitet nach oben. Das Seil zieht mit einer Kraft F nach oben, die den gleichen Betrag hat wie die Gewichtskraft G – mehr ist nicht nötig! Kräftegleichgewicht, die Resultierende ist null!

2) Der Aufzug wird in Bewegung gesetzt.
Das Seil zieht stärker nach oben als zum Kompensieren der Gewichtskraft nötig ist.
Die Resultierende zeigt nach oben.

1) Der Aufzug ruht.
Seilkraft und Gewichtskraft sind im Gleichgewicht. Die Resultierende ist null.

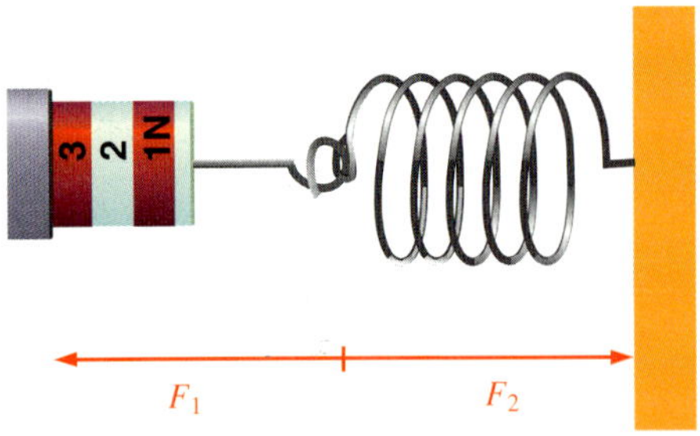

B 1: Kraftmessung durch Kräftegleichgewicht

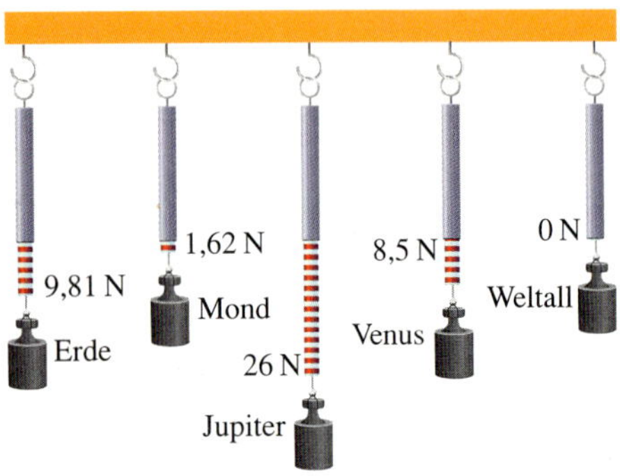

B 2: Der Betrag der Gewichtskraft ein und desselben Körpers hängt vom Ort ab

Mitteleuropa	9,81	Sonne	274
Äquator	9,78	Jupiter	26
Pole der Erde	9,83	Venus	8,5
Mond	1,62	Mars	3,8

T 1: Verschiedene Ortsfaktoren in N/kg

A 1: Man muss den Kraftmesser nach ➡ *Bild 1* um $s = 0{,}05$ m verlängern, bis er die Marke 5 Newton (5 N) anzeigt. Wie groß ist seine Federhärte?

A 2: Zur nächsten Jupitermission haben Sie sich Schokolade als Verpflegung mitgenommen. Was würde ein Kraftmesser dort anzeigen, wenn Sie an ihn eine Tafel der Masse 100 g hängen? – Wie groß ist seine Federhärte, wenn er dort um 13 cm verlängert wird? – Um wie viel würde er auf dem Mond verlängert?

A 3: Astronauten bestimmen die Gewichtskraft eines Körpers der Masse 2 kg an einer Feder der Härte $D = 250$ N/m; sie wird um 7,82 cm verlängert. Wo sind sie gelandet (➡ *Tabelle 1*)?

Kraftmessung – Kraftvektoren

1. Eine mechanische Kraftmessung

Bei Wettkämpfen im Sport, etwa beim Tauziehen, oder im Wirtshaus beim Fingerhakeln, vergleicht man Kräfte nach genau vorgegebenen Regeln. Ist eine der beiden Parteien stärker oder sind beide gleich stark? Wann sind sie denn gleich stark? Nun, wenn keine Partei die andere über den Rasen oder den Tisch zieht. Dies ist genau beim Kräftegleichgewicht der Fall.

In der Physik präzisiert man: Unter **Messen** versteht man den *Vergleich einer Größe mit einer Einheit und deren Vielfachen.* Die Maßeinheit der Kraft ist 1 Newton (N). Gute Kraftmesser geben diese Einheit bzw. ihre Vielfachen oder Bruchteile davon an.

Mit einem solchen Kraftmesser kann man nun eine unbekannte Kraft messen. Dazu stellt man nach ➡ *Bild 1* Kräftegleichgewicht mit der zu messenden Kraft her.

2. Für Federkräfte gibt es ein einfaches Gesetz

Federkraftmesser sind in der gesetzlich vorgeschriebenen Krafteinheit 1 Newton geeicht. Sie haben eine Skala mit gleichen Strichabständen. Bei Stahlfedern gibt nämlich eine n-fache auf die Feder einwirkende Kraft auch eine n-fache Verlängerung: Kraft F und Verlängerung s sind innerhalb eines gewissen Bereichs einander proportional ($F \sim s$). Der Quotient $\boldsymbol{D = F/s}$ ist für diese Feder konstant, das **hookesche Gesetz** erfüllt. Man nennt D *Federkonstante* oder auch *Federhärte*. Ihre Einheit ist $[D] = 1$ N/m.

Merksatz

Hookesches Gesetz: Die Verlängerung s einer Feder ist innerhalb eines gewissen Bereichs der Kraft F proportional: $F \sim s$. Dann ist der Quotient $D = F/s$, auch Federhärte genannt, konstant.

3. Körper haben Masse und erfahren Gewichtskräfte

In der Mittelstufe haben wir Körpern als Maß für das **Schwersein** eine **Masse** zugeschrieben. Zwei Körper haben dieselbe Masse, wenn sie am gleichen Ort die gleiche Gewichtskraft erfahren (durch die Erde, die Sonne oder den Mond). Die Maßeinheit der Masse m ist das Kilogramm. Zwei gleich große Massen ergeben zusammen die doppelte Masse.

Es gilt der wichtige Zusammenhang zwischen Gewichtskraft und Masse: $\boldsymbol{G = m \cdot g}$ mit $\boldsymbol{g}$ als **Ortsfaktor**. Für Mitteleuropa beträgt er etwa 9,81 N/kg. An den Erdpolen ist er etwas größer, am Äquator kleiner als bei uns. Auf anderen Himmelskörpern muss mit anderen Faktoren gerechnet werden (➡ *Tabelle 1*, *Bild 2*). Bei uns erfährt eine Person mit einer Masse von 70 kg eine Gewichtskraft von $G = 70\text{ kg} \cdot 9{,}81\text{ N/kg} \approx 687\text{ N}$.

4. Die resultierende Kraft beschleunigt den Pfeil

Die Sehne in *Bild 4* ist stets vom Bogen straff gespannt. Sie kann den Pfeil aber erst dann abschießen, wenn der Schütze sie in der Mitte abgewinkelt hat. Warum ist das so?

Die nach oben gerichtete Kraft $\vec{F}$ ist **Resultierende** aus den beiden längs der Sehnenhälften schräg nach oben ziehenden **Komponenten** $\vec{F}_1$ und $\vec{F}_2$ (*Versuch 1*). Diese bilden die Seiten, die Resultierende ist die Diagonale eines **Kräfteparallelogramms** (*Bild 5*). Die Länge der Diagonalen entspricht dem Betrag der Resultierenden. Dieser wächst, wenn man den Winkel, den die Komponenten $\vec{F}_1$ und $\vec{F}_2$ einschließen, von 180° aus verkleinert. Wir sehen, warum Kräfte als Vektoren behandelt und *vektoriell* addiert werden müssen. Im Allgemeinen wäre es falsch, nur die Kraftbeträge zu addieren. Der resultierende Vektor $\vec{F}$ ersetzt die Komponenten $\vec{F}_1$ und $\vec{F}_2$, deshalb sind diese in der Zeichnung durchgestrichen.

B 4: Wie entsteht die beschleunigende Kraft?

V 1: Nach *Bild 5* ist eine „Sehne" über zwei Rollen gelegt und an beiden Enden durch Kräfte von gleich bleibendem *Betrag* $F_1 = F_2 = 5$ N gespannt. Je weiter wir diese „Sehne" in ihrer Mitte M nach unten ziehen, umso größer wird der Betrag der von ihr nach oben ausgeübten Kraft $\vec{F}$. Wir halten dieser Kraft $\vec{F}$ bis zum Loslassen der Sehne das Gleichgewicht.

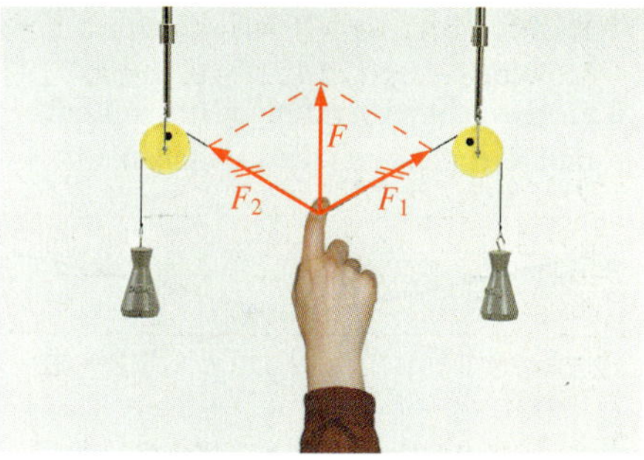

B 5: Zwei Kräfte werden durch eine ersetzt

5. Wie kann die Resultierende bestimmt werden?

Die Resultierende ist Diagonale im Vektorparallelogramm. Vereinfachend kann man sie auch als dritte Seite eines Dreiecks aus den drei Kräften sehen (*Bild 6*). Im Sonderfall des rechtwinkligen Dreiecks (*Bild 3* (3)) benutzen wir den Satz des Pythagoras. Für $F_1 = 8$ N und $F_2 = 6$ N gilt dann:
$F_{Res}^2 = F_1^2 + F_2^2 = (8\text{ N})^2 + (6\text{ N})^2 = 100\text{ N}^2$ und somit $F_{Res} = 10$ N.

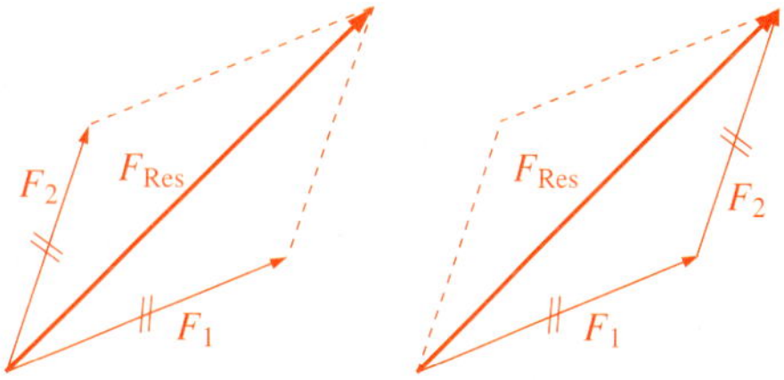

B 6: Zwei Möglichkeiten, Vektoren zu addieren

6. Bei Kräften auf einer Geraden genügen Vorzeichen

Bild 3 zeigt die Zusammensetzung zweier Kräfte für verschiedene Winkel. Für die wichtigen Sonderfälle 0° und 180° – die Kräfte liegen auf einer Geraden – kann man mit Kraft*werten* wie mit reellen Zahlen rechnen. Man vereinbart z. B.: Kräfte nach rechts erhalten positive, solche nach links negative Werte. Dann gilt in obigem Zahlenbeispiel:

$$(1)\quad F_{Res} = F_1 + F_2 = 8\text{ N} + 6\text{ N} = 14\text{ N}$$
$$(5)\quad F_{Res} = F_1 + F_2 = 8\text{ N} + (-6\text{ N}) = 2\text{ N}.$$

Kraftwerte müssen immer nur addiert werden, um den resultierenden Kraftwert zu ermitteln, alles ist schon mit dem Vorzeichen geklärt. Dies ist auch für Computeranwendungen ein Vorteil.

Im Sonderfall des **Kräftegleichgewichts** gilt für die Resultierende immer $\boldsymbol{F_{Res} = F_1 + F_2 = 0}$ (z. B. für $F_1 = 8$ N und $F_2 = -8$ N).

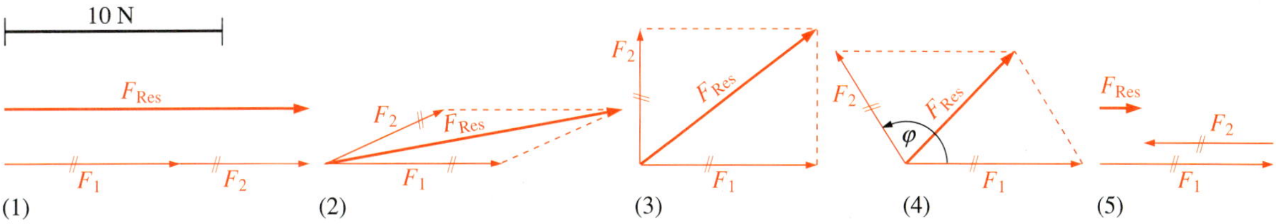

B 3: Resultierende Kraft bei verschiedenen Winkeln zwischen F_1 und F_2

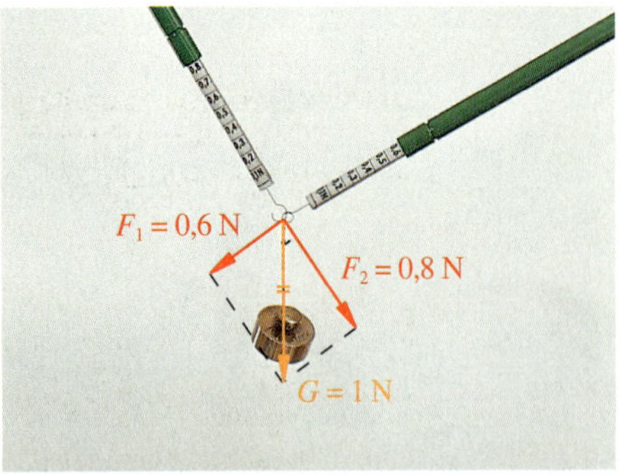

B 1: Kraftbeträge bei der Zerlegung einer Kraft in Komponenten

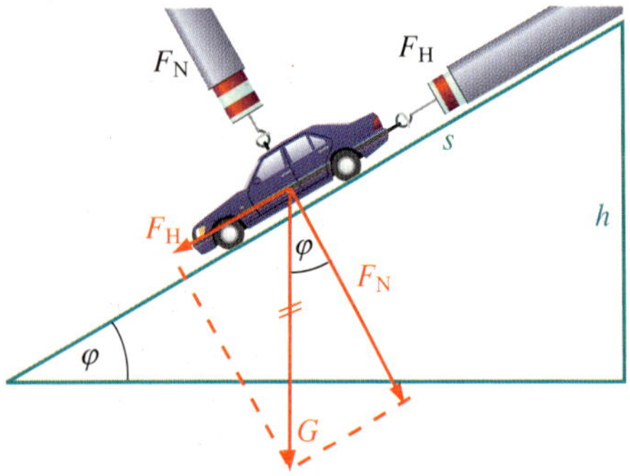

B 2: Hangabtriebskraft und Normalkraft sind Komponenten der Gewichtskraft

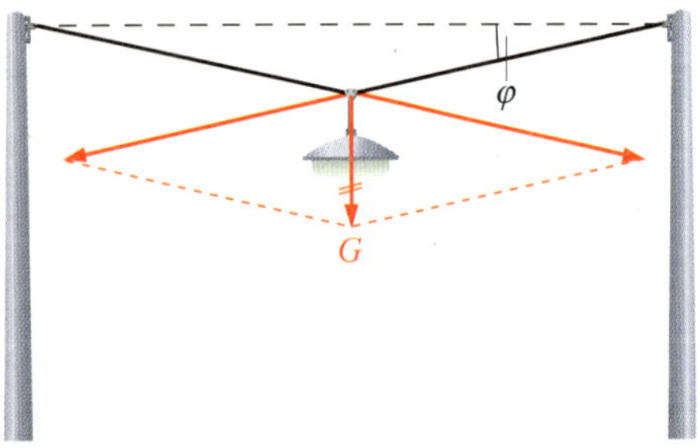

B 3: Eine Straßenlaterne zerrt an den Befestigungshaken

7. Zerlegen von Kräften

In ➡ *Bild 1* zieht die Gewichtskraft $\vec{G}$ in der Mitte nach unten. Sie kann an den beiden schräg hängenden Kraftmessern nur in deren Längsrichtung, also jeweils schräg nach unten ziehen. Wir konstruieren wieder ein Vektorparallelogramm und beginnen diesmal mit $\vec{G}$ als der Diagonalen. Die Parallelogrammseiten liegen in Richtung der Kraftmesser. So erhalten wir die beiden schräg nach unten zeigenden Komponenten $\vec{F}_1$ und $\vec{F}_2$, welche die Gewichtskraft $\vec{G}$ *ersetzen*. (Den Vektor der Gewichtskraft streichen wir deshalb in der Zeichnung durch.)

Merksatz

Kräfte sind Vektoren. Den Vektorcharakter deutet man durch einen Pfeil über dem Größensymbol an.
Zwei Kräfte $\vec{F}_1$ und $\vec{F}_2$, die in einem Punkt angreifen, lassen sich durch eine einzige Kraft $\vec{F}$, ihre Resultierende, ersetzen.
Umgekehrt kann eine gegebene Kraft $\vec{F}$ durch zwei Kräfte $\vec{F}_1$ und $\vec{F}_2$ ersetzt werden (Komponentenzerlegung).

In beiden Fällen bilden die Komponenten $\vec{F}_1$ und $\vec{F}_2$ die Seiten eines Parallelogramms; dessen Diagonale ist die Resultierende $\vec{F}$.

8. Kraftkomponenten an der schiefen Ebene

Jeder weiß, dass eine abschüssige Straße umso gefährlicher ist, je größer ihr Neigungswinkel ist. ➡ *Bild 2* zeigt, wie die auftretenden Kräfte vom Neigungswinkel der schiefen Ebene abhängen. Von Bedeutung für die beschriebenen Vorgänge ist die **Hangabtriebskraft $\vec{F}_H$**. Sie ist die Komponente der Gewichtskraft in Richtung einer möglichen Bewegung. Die zur Ebene senkrechte Komponente **$\vec{F}_N$ (Normalkraft)** gibt an, wie stark z. B. die Reifen auf die Straße gedrückt werden (wichtig beim Bremsen). Anhand der ähnlichen Dreiecke in ➡ *Bild 2* (im Lageplan grün, im Kräfteplan rot) berechnen wir den *Betrag* von Hangabtriebskraft und Normalkraft in Abhängigkeit vom Neigungswinkel φ der Ebene:

$$F_H = G \cdot \sin\varphi \quad \text{und} \quad F_N = G \cdot \cos\varphi.$$

... noch mehr Aufgaben

A 1: Ein Bogenschütze zieht mit der Kraft 100 N die Sehne so weit zurück, dass ihre beiden Hälften den Winkel $\varphi = 120°$ miteinander bilden. Wie groß sind die Kräfte in der Sehne? Lösen Sie die Aufgabe konstruktiv und rechnerisch!

A 2: Wie groß sind Hangabtriebs- und Normalkraft an einer schiefen Ebene mit 20° Neigung bei einem Körper mit der Masse 30 kg? Bei welchen Winkeln ist $F_H = G/2$, $F_H = G$ bzw. $F_H = 0$?

A 3: Eine Lampe (20 kg) hängt nach ➡ *Bild 3* in der Mitte eines Seils zwischen zwei 30 m voneinander entfernten Masten. Das Seil erfährt den Durchhang $h = 0{,}50$ m bzw. 0,10 m. Wie groß sind die Zugkräfte im Seil?

A 4: Berechnen Sie im nebenstehenden Bild die Beträge F_1 und F_2.

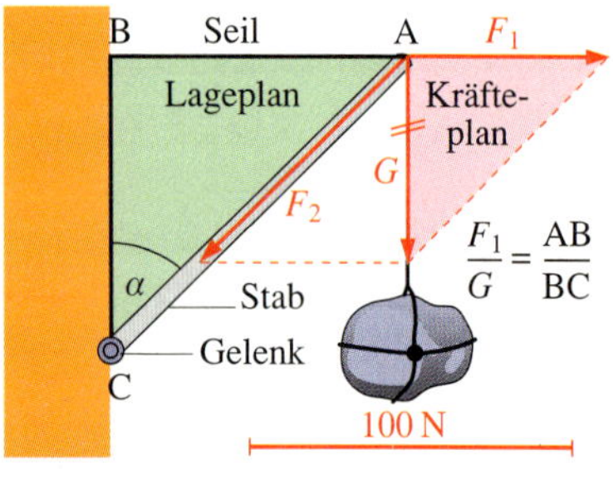

($m = 30$ kg, AB = 3 m, AC = 5 m)

Interessantes

Elektrische Kraftmessung

Computer zeigen Kräfte an – Sensoren

Bei einem Federkraftmesser wird die verformende Wirkung von Kräften direkt an einer Skala abgelesen. Für registrierende Messgeräte wie *x*-*y*-Schreiber oder Computer braucht man Kraftmesser, die eine elektrische Spannung liefern. Solche Geräte besitzen häufig einen Stab (mit Haken), der seitlich aus dem Gehäuse herausragt. Bei Belastung biegt sich der Stab. Abhängig von der Durchbiegung – und damit von der wirkenden Kraft – liefert das Gerät jetzt eine elektrische Spannung.

Der Dehnungsmessstreifen (DMS)

Ein Draht hat einen umso größeren elektrischen Widerstand, je länger und je dünner er ist. Dies gilt auch, wenn ein solcher Draht durch eine starke Kraft in die Länge gezogen wird. Wir können es überprüfen. Dazu befestigen wir einen 1 m langen Konstantandraht (d = 0,4 mm) am oberen Ende. Unten hängen wir nacheinander verschiedene Wägestücke (1 kg, 2 kg, usw.) an. Eine empfindliche Widerstandsmessung (z. B. mit einer „Brückenschaltung") bestätigt, dass der Drahtwiderstand mit der den Draht verlängernden Kraft wächst.

Nimmt man nun einen sehr dünnen Draht und schließt ihn mäanderförmig in eine kleine, dünne Folie ein (➠ *Bild 4*), so erhält man einen DMS. Die Enden des Messdrahtes stehen etwas über. An sie können die Zuleitungsdrähte angelötet werden. Die Drahtenden des DMS verbindet man mit anderen, konstanten Widerständen zu einer Brückenschaltung. Sie liefert dann eine vom Widerstand des DMS abhängige Spannung. Diese wird verstärkt und dem Messgerät zugeführt. Aus einem Draht ist ein *Kraftsensor* geworden.

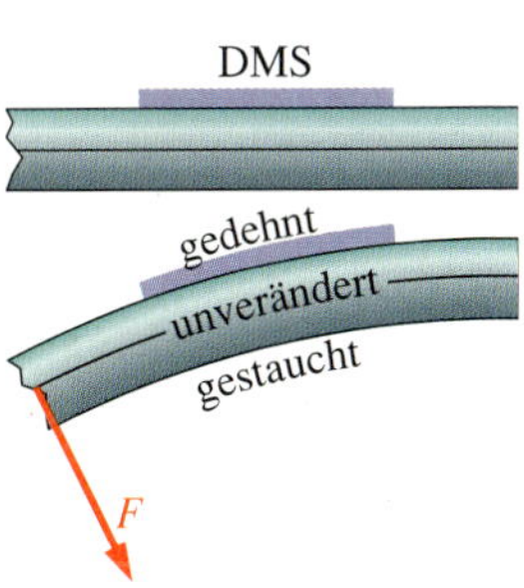

Ein solcher DMS wird nun sorgfältig auf die Stelle geklebt, deren Durchbiegung gemessen werden soll. Wird der Stab nun nach unten gebogen, so wird seine Oberseite etwas verlängert. Damit werden zugleich auch die Drahtstücke des aufgeklebten DMS gedehnt: Das Messgerät zeigt es an.

Eine „sportliche" Anwendung des DMS

Wir nehmen als Beispiel den Schaft eines Badmintonschlägers. Beim Schlag biegt er sich in zwei Raumrichtungen. Um beide Biegungen registrieren zu können, benutzen wir zwei DMS. Der eine wird „oben" (in gleicher Ebene wie die Bespannung) aufgeklebt. Er liefert mithilfe seiner Brückenschaltung das „*y*"-Signal Der andere sitzt seitlich am Schaft und liefert das „*x*"-Signal. Beide Schaltungen werden mit den Eingängen eines *x*-*y*-Schreibers verbunden. Die Anordnung funktioniert so: Verbiegen parallel zur Schlägerbespannung lenkt den Schreibstift in *x*-Richtung aus (rechts/links). Verbiegen senkrecht dazu liefert ein Signal in *y*-Richtung (oben/unten).

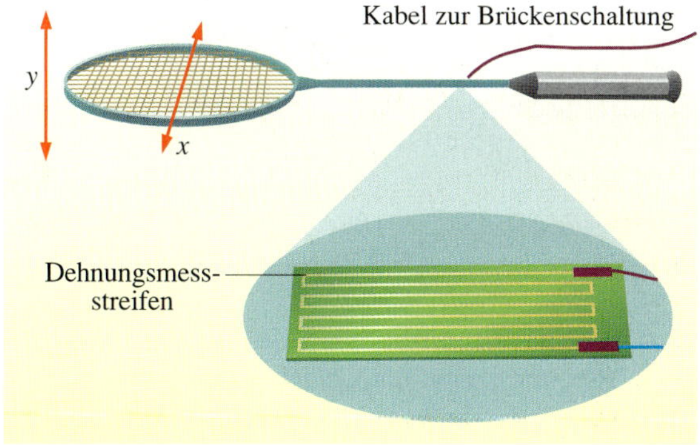

B 4: Ein DMS, hier auf einen Schlägerschaft geklebt

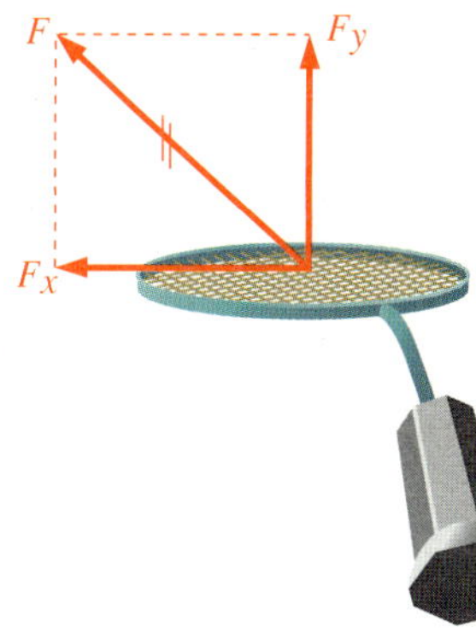

Beim „Smash", dem Schmetterschlag, befindet sich der Schläger anfangs hinter dem Rücken. Der Spieler reißt ihn von dort nach oben (Handkante nach vorn) und dreht erst über dem Kopf plötzlich den Unterarm (Handfläche nach vorn). Die dabei entstehende charakteristische Durchbiegung des Schlägerschaftes ist das Ergebnis einer sich ständig ändernden Kraft F auf den Schlägerkopf. Sie weist zum Zeitpunkt (7) etwa in die gezeichnete Richtung. Die Werte F_x und F_y der Kraftkomponenten werden durch je einen DMS gemessen.

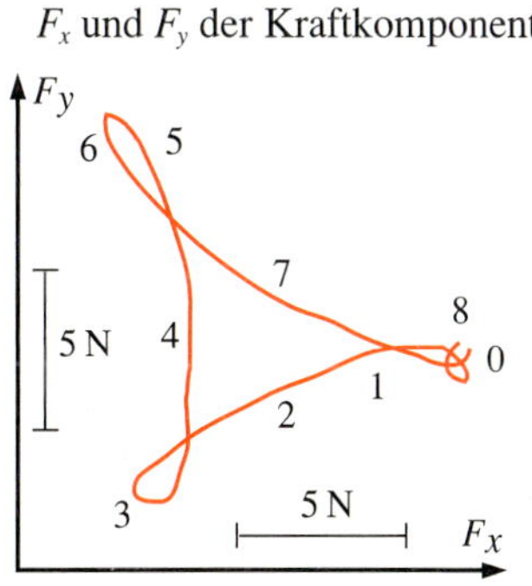

So entsteht ein Diagramm des gesamten Schlagablaufs. Nacheinander durchläuft der Schreibstift die Positionen (1) bis (8) und zeichnet dabei die Kraftwerte auf. Noch feinste Unterschiede in der Schlagtechnik werden erkennbar, jeder Spieler hinterlässt einen unverwechselbaren „Schlagabdruck".

B 1: Autobahnfahrt: Mit Motorkraft gegen die Reibung gleichförmig unterwegs

Uhrzeit	s/km	t/s	Δs/m	Δt/s
9 h 7 min	73,0	0	–	–
9 h 7 min 20 s	73,5	20	500	20
9 h 7 min 40 s	74,0	40	500	20
9 h 8 min 20 s	75,0	80	1 000	40

T 1: Zeiten und erreichte Orte längs der Autobahn

Uhrzeit	$v = \Delta s/\Delta t$
9 h 7 min	–
9 h 7 min 20 s	25 m/s
9 h 7 min 40 s	25 m/s
9 h 8 min 20 s	25 m/s

T 2: Geschwindigkeit bei gleichförmiger Bewegung

A 1: a) Sie bringen längs einer „Versuchsstrecke" Ortsmarken an (die Abstände untereinander müssen nicht gleich sein). Zeitnehmer an den verschiedenen Ortsmarken starten auf Kommando ihre Uhren. Ein Mitglied Ihres Kurses joggt nun möglichst gleichmäßig an den Markierungen vorbei; es wird jeweils die Uhr gestoppt. Übertragen Sie die Zeit- und Ortswerte in eine Tabelle und berechnen Sie die Intervallgeschwindigkeiten $\Delta s/\Delta t$. **b)** Überprüfen Sie die Tachoangabe Ihres Fahrrades durch einen ähnlichen Versuch.

A 2: Rechnen Sie um: 36 km/h in m/s und mm/ms (ms = 10^{-3} s heißt Millisekunde), 10 m/s in km/h, $3 \cdot 10^{-6}$ mm/s in m/a (Geschwindigkeit des Haarwachstums, a = annus, lat.: Jahr).

A 3: Was bedeutet der Proportionalitätsfaktor v in der Gleichung $s = v\,t$?

Gleichförmige Bewegungen

1. Natürliche Bewegung im Weltall

Körper sind träge, das Trägheitsgesetz beschreibt ihr Verhalten: Bewegt sich ein Körper, so wird er sich ohne eine von außen auf ihn wirkende Kraft immer so weiterbewegen „wollen". Nichts macht ihn ja schneller, nichts bremst ihn, nichts wirft ihn aus der geradlinigen Bahn. Diese *gleichförmige Bewegung* ist die natürliche Bewegung eines Raumgleiters im Weltall, weitab von anderen Himmelskörpern. Sie ist Ausgangspunkt der Beschreibung auch von Bewegungen auf der Erde, selbst dann, wenn diese nicht mehr gleichförmig sind. Es lohnt sich also, dass wir uns damit beschäftigen.

2. Gleichförmige Bewegung auf der Erde

Bei einer monotonen Autobahnfahrt sitzen Sie hinten im Bus. Die Kraft des Motors ist nötig, um den Bus gegen die Reibungskräfte von Fahrbahn, Luft und Achslagern in Fahrt zu halten; wir sind leider nicht mehr im Weltraum. Fährt der Bus gleichförmig?

Alle 500 m sehen Sie auf Kilometersteinen Zahlen wie 73, 73,5, 74, ... Es sind Ortswerte. Wie Zahlen auf dem Zahlenstrahl geben sie die Entfernung zu einem willkürlich festgelegten Nullpunkt an. Dieser ist für die Beantwortung der obigen Frage aber belanglos. Sie brauchen nur die Orts*änderungen* $\Delta s = s_2 - s_1 = s_3 - s_2 =$ 0,5 km (➡ *Tabelle 1*). Die Differenzbildung wird durch Δ (Delta), das große griechische D, gekennzeichnet. Der Bus bewegt sich dauernd vom Nullpunkt weg. *In diesem Fall entsprechen die Ortsänderungen den vom Bus jeweils zurückgelegten* ***Wegen****.*

Beim Vorbeifahren an den Orten s_1, s_2, s_3, ... zeigt Ihre Uhr t_1 = 9 h 7 min, t_2 = 9 h 7 min 20 s, t_3 = ... an. Mit einer Stoppuhr messen Sie auch hier nur Differenzen, z. B. $\Delta t = t_2 - t_1$ = 20 s.

Unser Bus durchfährt in gleichen Zeitabschnitten Δt immer wieder gleiche Wege Δs. Die Quotienten $\Delta s/\Delta t$ sind dann konstant (➡ *Tabelle 2*). Sie sind ein geeignetes Maß für die konstante *Geschwindigkeit*. Bei der Bewegung des Raumgleiters sind die Quotienten $\Delta s/\Delta t$ ebenfalls konstant, aber zusätzlich ändert sich bei ihm nicht einmal die Bewegungsrichtung. Eine solche Bewegung heißt in der Physik gleichförmige Bewegung.

Merksatz

Eine Bewegung mit konstanter Geschwindigkeit und gleich bleibender Richtung heißt **gleichförmige Bewegung**.
Unter der **Geschwindigkeit** $\boldsymbol{v}$ einer gleichförmigen Bewegung versteht man den konstanten Quotienten aus einer beliebigen Ortsänderung Δs und der dazu benötigten Zeit Δt:

$$\boldsymbol{v = \Delta s/\Delta t}.$$

Die Maßeinheit der Geschwindigkeit ist $[v]$ = 1 m/s = 1 m·s^{-1}.

3. Gleichförmige Bewegung im Laborexperiment

Auf einer genau waagerechten Bahn steht ein leicht beweglicher Wagen. Seine Räder sind reibungsarm gelagert. Wir stoßen ihn an und überlassen ihn dann sich selbst. Infolge des unvermeidlichen Luftwiderstands und der Rollreibung der Räder wird er langsamer. Um die der Bewegung entgegengesetzt gerichteten Kräfte auszugleichen, neigen wir die Fahrbahn leicht. Die jetzt in Fahrtrichtung entstehende Hangabtriebskraft stellt das gewünschte Kräftegleichgewicht her. Ist der Reibungsausgleich richtig gewählt – die resultierende Kraft auf den Schlitten muss null sein – wird der angestoßene Wagen weder schneller noch langsamer. Ob uns dabei der Augenschein nicht trügt, überprüfen wir im ➠ *Versuch 1* genauer.

Nach kurzem Probieren haben wir es geschafft: Der Wagen legt in gleichen Zeitintervallen in etwa gleiche Wege zurück. Anhand der ➠ *Tabelle 4* erkennen wir dieses Merkmal der gleichförmigen Bewegung. Die Quotienten $\Delta s/\Delta t$ sind konstant und damit ist es die Geschwindigkeit auch.
In dem von uns gewählten Fall – Zeiten und Wege werden jeweils von null aus gemessen – gilt aber noch mehr: Nach der doppelten (n-fachen) Zeit wird der doppelte (n-fache) Weg s zurückgelegt. s ist zu t proportional: $s \sim t$. Deshalb ist auch der Quotient s/t konstant (6. Zeile der ➠ *Tabelle 4*). Dies überrascht nicht, denn s und t sind hier ja auch nur spezielle Änderungen, nämlich solche, die sich auf null beziehen. Nur in diesem Fall gilt neben $v = \Delta s/\Delta t$ auch $v = s/t$.

Größensymbole wie v, s, t werden stets *kursiv* gedruckt, um sie von den steil gedruckten Einheitensymbolen m/s, m, s, km, h zu unterscheiden.
$\vec{v}$ ist wie der Verschiebungsweg $\vec{s}$ ein Vektor, t ist ein Skalar.

Merksatz

Bei einer gleichförmigen Bewegung mit den Anfangswerten $t = 0$ und $s = 0$ gilt neben $v = \frac{\Delta s}{\Delta t}$ auch $v = \frac{s}{t}$.
Das *Zeit-Weg-Gesetz* dieser Bewegung lautet dann $s = v\,t$.

Wachstum eines Fingernagels	0,000 000 001
Blutsenkung	0,000 002
Schnecke	0,002
Fußgänger	1,5
100 m-Sprinter	10
ICE	80
Schwalbe	90
Verkehrsflugzeug	250
Schall in Luft	340
Luftmolekül (bei 20 °C)	500
Schall in Wasser	1 480
Erde um Sonne	30 000
Licht	300 000 000

T 3: Beispiele von Geschwindigkeiten (jeweils in m/s)

B 2: Der Fahrbahnwagen schreibt Ortsmarken in Zeitabständen von $\Delta t = 0{,}1$ s

Zeit t in s	0	0,1	0,2	0,3	0,4
Ort s in m	0	0,091	0,199	0,294	0,399
Δt in s	–	0,10	0,10	0,10	0,10
Δs in m	–	0,091	0,108	0,095	0,105
$\Delta s/\Delta t$ in m/s	–	0,914	1,077	0,950	1,047
s/t in m/s	–	0,914	0,995	0,980	0,997

T 4: Tabelle zu ➠ *Versuch 1*

V 1: a) Parallel zur Fahrbahnschiene ist ein Papierstreifen gespannt. Ihm wurde eine dünne Metallschicht (meist Zink) aufgedampft. Der fahrende Wagen zieht eine dünne Spitze darüber. Ein Zeitmarkengeber legt zwischen Metallpapier und Spitze sehr kurze Spannungsstöße (etwa 35 V) in konstanten Zeitabständen Δt, z. B. alle 0,10 s. Der kurzzeitig entstehende Strom verdampft die Metallschicht auf dem Papier unter Funkenbildung und erzeugt so schwarze Punkte als Brandmarken. Der Abstand zwischen zwei Brandmarken ist jeweils Δs.
b) Wir benennen nun eine der Brandmarken zum Anfangspunkt 0 der Weg- und Zeitmessungen. In 0 war der Wagen schon in gleichförmiger Bewegung begriffen (fliegender Start). So erhalten wir die Messwerte der ➠ *Tabelle 4*.
c) Wir stoßen den Wagen stärker an. Die Brandmarken haben nun bei gleichen Δt-Werten größere Abstände Δs voneinander. Die Quotienten $\Delta s/\Delta t$ und s/t sind unter sich zwar wieder gleich groß, aber größer als bei der langsameren Bewegung. Die Geschwindigkeit ist jetzt größer.

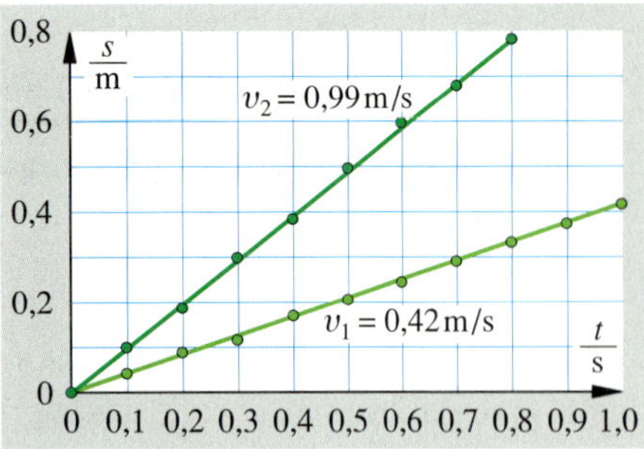

B 1: *t*-*s*-Diagramm gleichförmiger Bewegungen

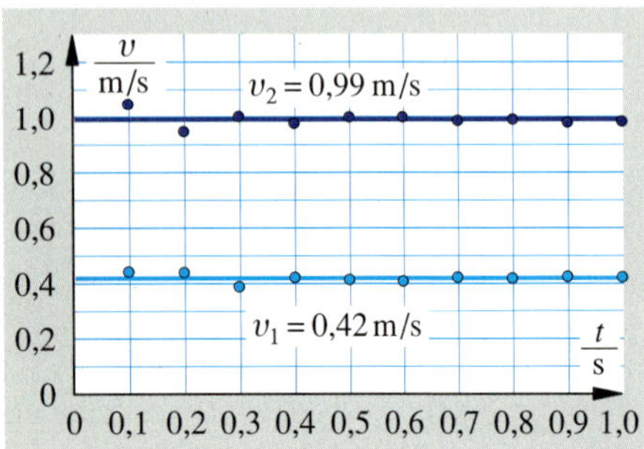

B 2: *t*-*v*-Diagramm der beiden Bewegungen

t in s	s_2 in m	$v_2 = s_2/t$ in m/s	Δs in m	$\Delta s/\Delta t$ in m/s
0,0	0,000	–	–	–
0,1	0,104	1,040	0,104	1,040
0,2	0,189	0,943	0,085	0,845
0,3	0,297	0,990	0,108	1,084
0,4	0,387	0,968	0,090	0,897
0,5	0,498	0,996	0,111	1,110

T 1: Einige Werte der zweiten Messung

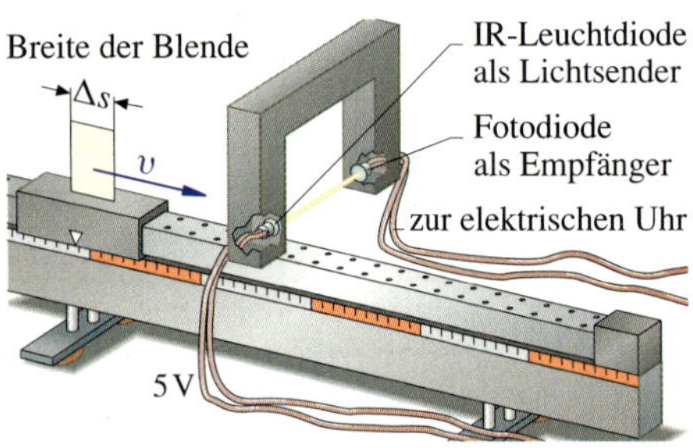

B 3: In einer Gabellichtschranke ist eine Leuchtdiode untergebracht. Sie sendet einen sehr dünnen, unsichtbaren Infrarot-(IR-)Strahl aus. Dieser trifft gegenüber auf eine Fotodiode. Bei einer Unterbrechung des Lichtwegs entsteht ein elektrisches Signal, mit dem eine Uhr gesteuert werden kann.

Bewegungen im Schaubild

1. Zeit-Diagramme für Ortsänderung und Geschwindigkeit

Trägt man die Weg- und Geschwindigkeitsmesswerte gegen die Zeit auf, so ergeben sich z. B. die Diagramme in *Bild 1* und *Bild 2*. Messwerte enthalten immer Fehler. So könnte beispielsweise bei einer Zeit-Weg-Messung jemand zu spät auf die Stopptaste der Uhr gedrückt haben. Genauer als mit Augenmaß und Handstoppuhr misst man mithilfe einer **Lichtschranke** (*Bild 3*).

- *t*-*s*-Messung: Eine Lichtschranke steht am Anfang der Messstrecke ($s = 0$). Wird die Lichtschranke nun durchfahren, startet sie eine Uhr. Gestoppt wird die Uhr später beim Durchfahren einer zweiten Lichtschranke, die an anderer Stelle der Fahrbahn steht. Die Uhr zeigt jetzt die Zeit für den zurückgelegten Weg an.
- Δt-Δs-Messung: Eine Blende mit bekannter Breite Δs verdunkelt für eine gewisse Zeitspanne eine Lichtschranke. Eine angeschlossene Uhr läuft während dieser *Dunkelzeit* und misst so Δt.

2. Streckenzug oder Ausgleichsgerade?

Den **Zeit-Weg-Geraden** in *Bild 1* liegen u. a. die Messwerte für s_2 aus *Tabelle 1* zugrunde. Im Ursprung (0|0) haben wir $t = 0$ und $s = 0$ festgesetzt. Von dort aus verbinden wir nun nicht etwa aufeinander folgende Messpunkte durch Geradenstücke. Ein solcher Streckenzug wäre gewinkelt und sähe nach einer Wiederholung der Messung anders aus. Vielmehr erscheint es uns sinnvoll, von (0|0) aus mit Augenmaß eine Ursprungsgerade so zu zeichnen, dass die Messpunkte nach beiden Seiten hin etwa gleich weit entfernt liegen. Weitere Messpunkte würden an der Lage dieser Geraden kaum etwas ändern. Diese Gerade gleicht die Messfehler aus; man nennt sie *Ausgleichsgerade*. Die Ursprungsgerade entspricht unserer Vermutung, dass zur n-fachen Zeit t der n-fache zurückgelegte Weg s gehört: Es ist $s \sim t$.
Die Messwerte für die größere Geschwindigkeit v_2 liefern eine steilere Ursprungsgerade. Die Steigung im *t-s-Diagramm* ist also ein Maß für die Geschwindigkeit der dargestellten Bewegung. Dies überrascht nicht, denn die Steigung der Geraden ist ja wie die Geschwindigkeit durch den Differenzenquotienten $\Delta s/\Delta t$ bestimmt.

Die **Zeit-Geschwindigkeit-Geraden** nach *Bild 2* mitteln u. a. die in *Tabelle 1* berechneten Geschwindigkeitswerte v_2. Beim Ausgleich der Messfehler erhalten wir jetzt zwei horizontale Geraden. Sie entsprechen den als konstant angenommenen Geschwindigkeiten $v_1 = 0{,}42$ m/s und $v_2 = 0{,}99$ m/s.

Merksatz

Das *Zeit-Weg-Diagramm* einer gleichfömigen Bewegung ist eine Gerade. Die Steigung der Geraden entspricht der Geschwindigkeit. Das *Zeit-Geschwindigkeit-Diagramm* einer gleichförmigen Bewegung ist eine Parallele zur Zeitachse.

Interessantes

Lochrad und Lichtschranke zählen Ortsmarken

Ein Rad hat an seinem Rand in gleichen Abständen kleine Löcher. Der Abstand kann klein sein, z. B. $\Delta s = 4{,}0$ mm. Über dieses „Lochrad" legt man einen dünnen Faden, der z. B. mit einem Laborwägelchen verbunden ist. Bewegt sich nun der Wagen nach rechts,

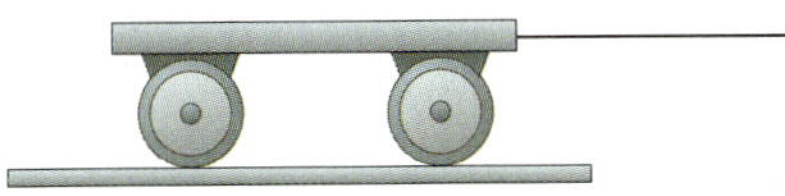

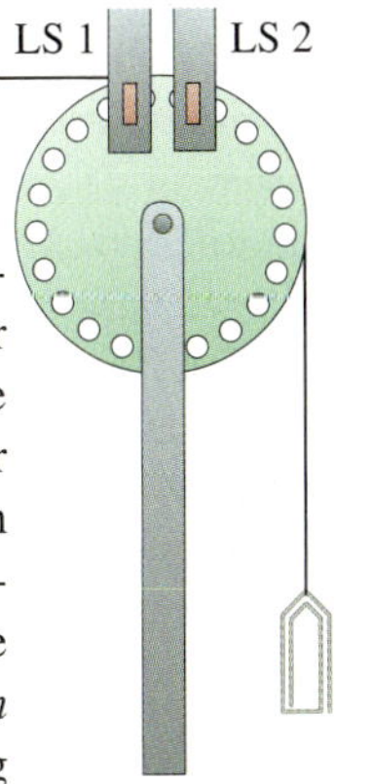

so wird das Rad im Uhrzeigersinn gedreht. Dabei wird der Strahl einer Lichtschranke (LS 1) durch die Stege zwischen den Löchern immer wieder unterbrochen. Die Unterbrechungen werden von einem Computer registriert. Solange das Rad sich nur in eine Richtung bewegt, ist ihre Anzahl n ein Maß für den zurückgelegten Weg s und damit ein Maß für den vom Wagen jeweils erreichten Ort. „Kilometerstein null" (wohl besser „Millimeterstein") muss so gewählt werden, dass $s = 0$ bei $t = 0$ ist. Man braucht den Wagen nur an die gewünschte Stelle zu schieben und den Zähler dann auf null zu setzen.

Der Computer zählt aber nicht nur. Er misst auch den zeitlichen Abstand Δt aufeinander folgender Lichtunterbrechungen an LS 1. Durch Division des bekannten Abstandes $\Delta s = 4{,}0$ mm durch die gemessene Zeit Δt berechnet der Computer die Geschwindigkeit.

Und wenn der Wagen nach kurzer Vorwärtsfahrt wieder zurückläuft? Mit *einer* Lichtschranke allein lassen sich nur Löcher *zählen*, die Dreh*richtung* des Rades wird nicht erkannt. Der Computer würde also größer werdende Ortswerte vortäuschen, obwohl sie jetzt wieder kleiner werden. Hier hilft eine zweite Lichtschranke (LS 2). Ihr Abstand zu LS 1 ist etwas größer als der Lochabstand. Wandert anfangs die Lochreihe nach rechts, so wird LS1 immer wieder etwas eher von einem Loch erreicht

als LS 2. Der Computer zählt in diesem Fall aufwärts. Bewegt sich dagegen die Lochreihe nach links, so wird LS 2 jeweils früher von einem Loch erreicht. In diesem Fall zählt der Computer rückwärts und die Ortswerte werden wieder kleiner. Links von „Millimeterstein null" werden die Ortswerte sogar wie erwartet negativ.

Die Laufzeit des Schalls liefert den Ort

Ein kleiner, batteriebetriebener Sender (S) gibt einen „Ton" konstanter Frequenz ab (meist Ultraschall mit etwa 40 000 Hz). Nach kurzer Zeit erreicht dieser den Empfänger (E). Dort wird die empfangene Schwingung verstärkt und in eine rechteckige Signalkurve umgeformt (b).

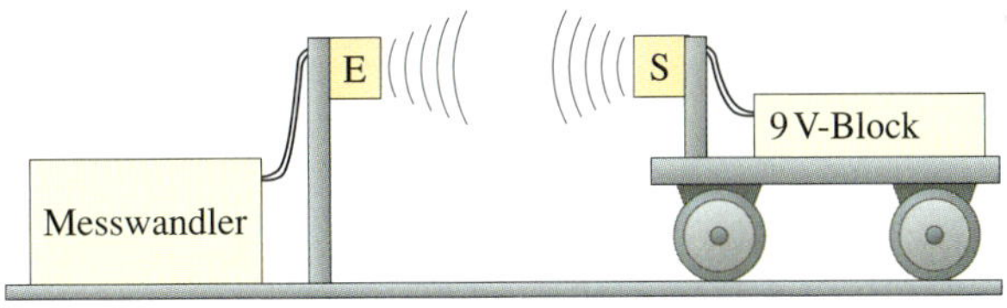

Im Messwandler wird eine zweite Rechteckkurve (a) mit exakt gleicher Frequenz erzeugt. Durch Knopfdruck am Messwandler wird Kurve (a) mit Signal (b) synchronisiert. Beide Signale springen jetzt gleichzeitig von 0 V auf 5 V; so wird „Millimeterstein null" festgelegt.

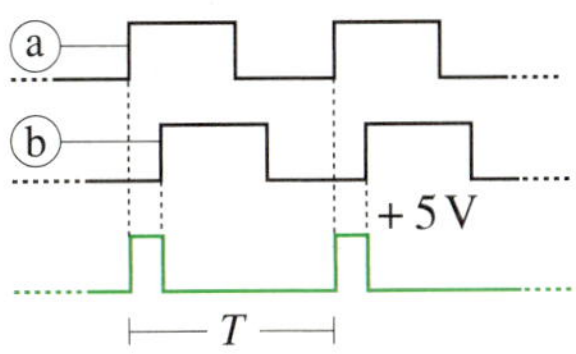

Entfernt sich nun das Fahrzeug vom Empfänger, so trifft der Schall später ein, da er für die jetzt größere Entfernung mehr Zeit braucht. Signal (b) rutscht also auf der Zeitachse nach rechts. Aus den Signalen (a) und (b) wird nun ein drittes erzeugt (grün gezeichnet). Die positive Flanke von (a) setzt das grüne Signal auf 5 V, die positive Flanke von (b) schaltet es wieder auf null. Je weiter sich nun das Fahrzeug entfernt, desto weiter verschiebt sich die Signalkurve (b) auf der Zeitachse nach rechts, die grünen „Buckel" werden im gleichen Maße breiter. Die mittlere Spannung im Zeitintervall T wird dadurch größer. Trifft die Schallwelle z. B. um $T/2$ verspätet ein, so beträgt die mittlere Spannung 2,5 V. Diese gemittelte Spannung ist also ein Maß für den Ort des Senders und damit des Fahrzeugs. Auch negative Ortswerte können dargestellt werden. Ein Ort vor Millimeterstein null schiebt Signal (b) vor das Signal (a). Jetzt wird aus (b) und (a) das dritte (grüne) Signal mit negativer Spannung erzeugt.

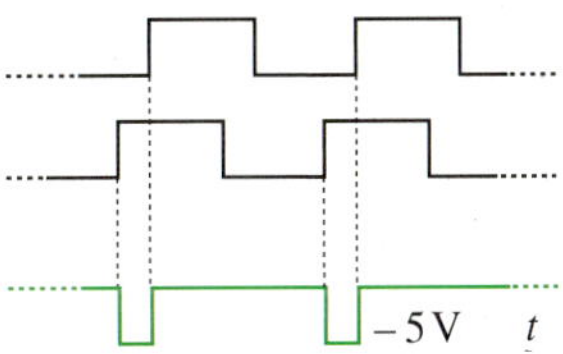

Ein Maß für die Geschwindigkeit des Fahrzeugs lässt sich ebenfalls erzeugen. Dazu synchronisiert der Messwandler Kurve (a) mit (b) unabhängig vom Ort des Senders immer wieder in kurzen Zeitintervallen Δt. Jetzt entsteht eine gemittelte Spannung, die proportional zum Quotienten $\Delta s/\Delta t$ und damit zur Geschwindigkeit v ist.

V 1: Eine Spielzeuglok fährt gleichförmig über den Tisch. Zwei Lichtschranken begrenzen die Fahrstrecke. Die erste hat zwei Aufgaben: Eine angeschlossene elektrische Uhr misst die Dunkelzeit Δt, während eine an der Lok angebrachte Blende mit der Breite Δs den Strahl unterbricht. Zusätzlich startet sie eine zweite Uhr. Diese wird gestoppt, wenn die Lok mit der Blende die zweite Lichtschranke erreicht. Der Versuch wird mit unterschiedlichen Geschwindigkeiten wiederholt.

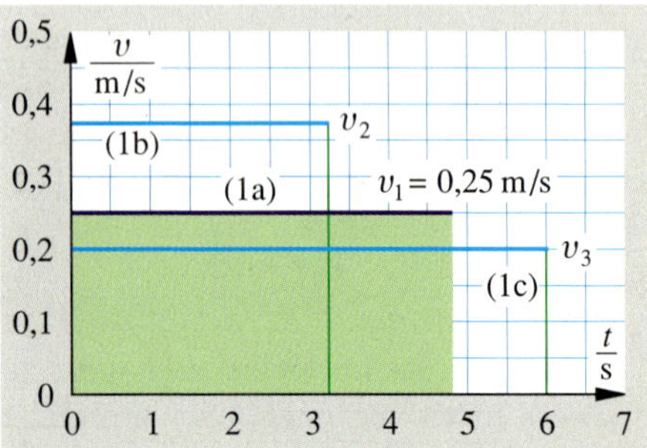

B 1: *t*-*v*-Diagramm: Die Rechteckfläche entspricht dem zurückgelegten Weg. Es ergibt sich immer $s = 1{,}2$ m.

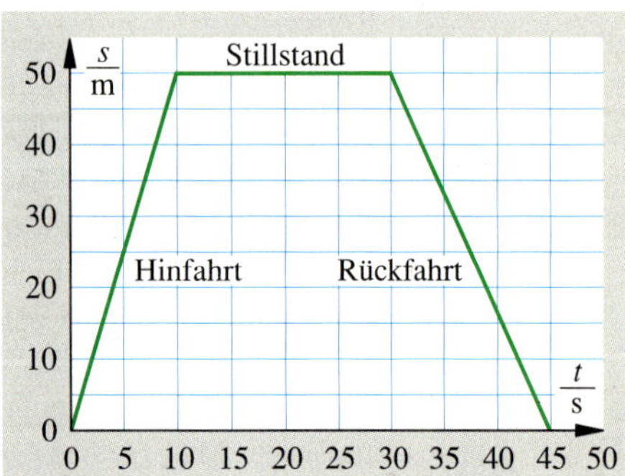

B 2: *t*-*s*-Diagramm eines Aufzugs: Gleichförmige Hin- und gleichförmige Rückfahrt

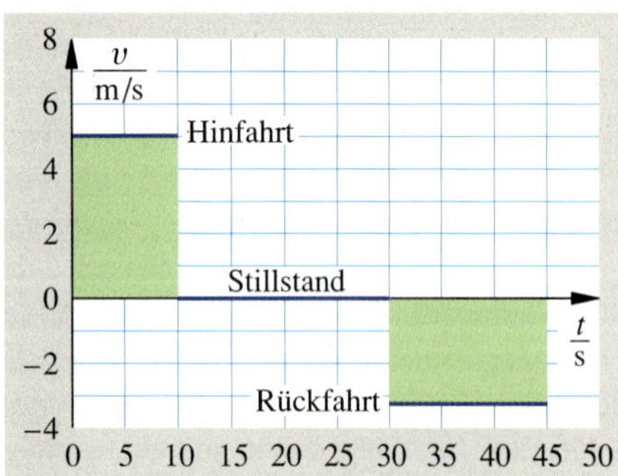

B 3: *t*-*v*-Diagramm des Aufzugs

3. Das *t*-*v*-Diagramm zeigt mehr als man vermutet

Eine Lok durchfährt gleichförmig eine bestimmte Strecke. Geschwindigkeit und Fahrzeit werden gemessen (➡ *Versuch 1*). Eine erste Messung liefert: $v = \Delta s/\Delta t = 0{,}025\ \text{m}/0{,}1\ \text{s} = 0{,}25\ \text{m/s}$. Die Fahrzeit beträgt $t = 4{,}8$ s. Das zugehörige *t*-*v*-Diagramm liefert eine Parallele zur *t*-Achse (➡ *Bild 1*). Bei weiteren Versuchen mit anderen Geschwindigkeiten entstehen die Diagramme (1 b) und (1 c). Der Versuch wird abgebaut. Nun fragt jemand nach dem zurückgelegten Weg, also nach der von null aus gemessenen Ortsänderung $\Delta s = s$ – zu spät?
Eine gleichförmige Bewegung, die bei $t = 0$ s mit $s = 0$ m beginnt, hat als Geschwindigkeit $v = s/t$. Hieraus lässt sich der unbekannte Fahrweg ermitteln: $s = v \cdot t = 0{,}25\ \text{m/s} \cdot 4{,}8\ \text{s} = 1{,}2\ \text{m}$. Dieser *Weg* erscheint – so paradox es klingt – als *Fläche* zwischen *v*-Kurve und *t*-Achse. In ➡ *Bild 1* ist es der Flächeninhalt des grün getönten Rechtecks mit der Grundseite $t = 4{,}8$ s und der Höhe $v = 0{,}25$ m/s. Wiederholt man die Fahrt mit größerer Geschwindigkeit, so braucht man für den gleichen Weg eine entsprechend kürzere Zeit. Im *t*-*v*-Diagramm entsteht ein höheres, aber dafür schmaleres Rechteck. Sein Flächeninhalt beträgt nun wieder 1,2 m (➡ *Bild 1*). Bei kleinerer Geschwindigkeit wird das Rechteck entsprechend flacher und breiter.

4. Hin- und Rückfahrt – es gibt negative Geschwindigkeiten

➡ *Bild 2* zeigt das Auf- und Abwärtsfahren eines Aufzugs (stark vereinfacht ohne Beschleunigungs- und Bremsphase). Die Änderung der Höhe, also die Ortsänderung $\Delta s = s_{\text{später}} - s_{\text{früher}}$ und deshalb auch die Geschwindigkeit $v = \Delta s/\Delta t$ sind beim Abwärtsfahren negativ. Ein ähnliches Diagramm bekämen wir, wenn wir mit einem Bewegungsmesswandler das Hin- und Zurückfahren unserer Spielzeuglok aufzeichnen würden. Immer gilt: *Wenn die Ortsachse festgelegt worden ist, z. B. nach rechts positiv, dann hat eine Bewegung nach rechts eine positive Geschwindigkeit. Eine Bewegung gegen diese Richtung hat dann einen negativen Geschwindigkeitswert.*

Im *t*-*v*-Diagramm spiegelt sich das Hin und Her ebenfalls wider; dies zeigen die unterschiedlichen Abschnitte in ➡ *Bild 3*. Die beiden sich ergebenden Flächen sind erwartungsgemäß dem Betrage nach gleich groß, schließlich ist der Rückweg nicht länger als der Hinweg. Die Vorzeichen bei der Flächenberechnung sind aber verschieden, da sie ja vom Faktor *v* im Produkt $v \cdot \Delta t$ abhängen. Eine unter der *t*-Achse liegende Fläche im *t*-*v*-Diagramm spiegelt also den Rückweg wider.

Merksatz

Im *t*-*v*-Diagramm einer gleichförmigen Bewegung wird der zurückgelegte Weg Δs durch die Rechteckfläche zwischen *v*-Kurve und *t*-Achse im Intervall Δt angegeben.
Bei einer Bewegung gegen die festgelegte positive Richtung liegen *v*-Kurve und Fläche im negativen Bereich.

Beispiel

Fahrt mit dem Aufzug

Geschwindigkeiten des Aufzugs aus dem t-s-Diagramm (*Bild 2*):

Abschnitt 1: $v > 0$ im Zeitintervall [0 s; 10 s]. Es gilt für den Aufzug:

$$\boldsymbol{v_1} = \frac{\Delta s}{\Delta t} = \frac{s(10\text{ s}) - s(0\text{ s})}{10\text{ s} - 0\text{ s}} = \frac{50\text{ m} - 0\text{ m}}{10\text{ s} - 0\text{ s}} = \mathbf{5\ \frac{m}{s}}.$$

Der zurückgelegte Weg ist direkt ablesbar: 50 m

Abschnitt 2: $v = 0$ im Zeitintervall [10 s; 30 s]. Für den Aufzug gilt:

$$\boldsymbol{v_2} = \frac{\Delta s}{\Delta t} = \frac{s(30\text{ s}) - s(10\text{ s})}{30\text{ s} - 10\text{ s}} = \frac{50\text{ m} - 50\text{ m}}{30\text{ s} - 10\text{ s}} = \frac{0\text{ m}}{20\text{ s}} = \mathbf{0\ \frac{m}{s}}.$$

Dies sieht man dem *t*-*s*-Diagramm auch direkt an: Der Ortswert bleibt konstant, der Aufzug steht.

Abschnitt 3: $v < 0$ im Zeitintervall [30 s; 45 s]. Jetzt gilt:

$$\boldsymbol{v_3} = \frac{\Delta s}{\Delta t} = \frac{s(45\text{ s}) - s(30\text{ s})}{45\text{ s} - 30\text{ s}} = \frac{0\text{ m} - 50\text{ m}}{45\text{ s} - 30\text{ s}} = \frac{-50\text{ m}}{15\text{ s}}$$

$$= \mathbf{-3\tfrac{1}{3}\ \frac{m}{s}}.$$

Die Geschwindigkeit ist jetzt negativ, ihr Betrag ist kleiner als im 1. Abschnitt. Der Aufzug fährt langsamer nach unten als nach oben.

Zurückgelegte Wege aus dem t-v-Diagramm (*Bild 3*):

Abschnitt 1: $\boldsymbol{\Delta s} = v \cdot \Delta t = 5\ \frac{\text{m}}{\text{s}} \cdot (10\text{ s} - 0\text{ s}) = \mathbf{50\ m}.$

Abschnitt 2: Die Geschwindigkeit ist null; der Aufzug erfährt keine Ortsveränderung: $\boldsymbol{\Delta s} = \mathbf{0}.$

Abschnitt 3: $\boldsymbol{\Delta s} = v \cdot \Delta t = -3\tfrac{1}{3}\ \frac{\text{m}}{\text{s}} \cdot (45\text{ s} - 30\text{ s})$
$= \mathbf{-50\ m}.$

Der Aufzug ist wieder unten angekommen.

... noch mehr Aufgaben

A 1: Ein Auto fährt 30 s mit $v_1 = 72$ km/h geradeaus, danach 48 s mit $v_2 = 36$ km/h weiter. Dann bleibt es 20 s lang stehen. Schließlich fährt es mit $v_3 = -54$ km/h an den Ausgangspunkt zurück. Zeichnen Sie dazu ein *t*-*s*- und ein *t*-*v*-Diagramm. Wie lange dauert die Rückfahrt?

A 2: Tragen Sie die Punkte aus der Tabelle in ein *t*-*s*-Diagramm ein und zeichnen Sie die Ausgleichsgerade. Bestimmen Sie die Geschwindigkeit.

t/s	0	1	2	3	4
s/m	0	4,2	7,9	11,7	16,3

A 3: Im *t*-*s*-Diagramm *Bild 4* sehen Sie zwei ansteigende Geraden, die steilere beginnt später.

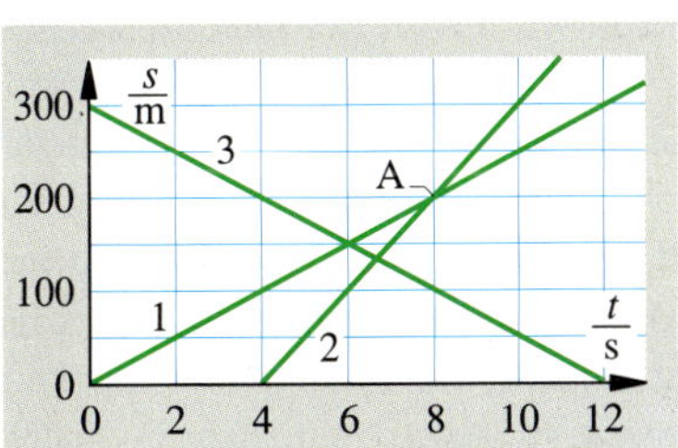

B 4: *t*-*s*-Diagramm zu *Aufgabe 3*

a) Was bedeuten sie, wenn man an Autos denkt? Welche Geschwindigkeit haben diese? Was bedeutet der Schnittpunkt A? **b)** Interpretieren Sie Gerade 3. Was bedeuten die Schnittpunkte mit den beiden anderen Geraden? **c)** Zeichnen Sie das *t*-*v*-Diagramm!

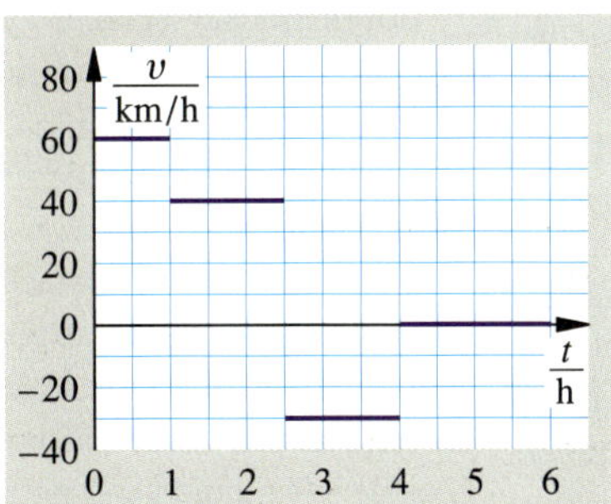

B 5: *t*-*v*-Diagramm *Aufgabe 4*

A 4: a) Interpretieren Sie *Bild 5*. Berechnen Sie die Ortsänderungen in den einzelnen Intervallen und insgesamt daraus den Zielort. Zeichnen Sie das zugehörige *t*-*s*-Diagramm ($s(0\text{ s}) = 0$ m). **b)** Ein anderes Fahrzeug fährt mit konstanter Geschwindigkeit direkt zum Zielort. Beide Fahrzeuge kommen gleichzeitig an. Welche Geschwindigkeit hatte das zweite Fahrzeug?

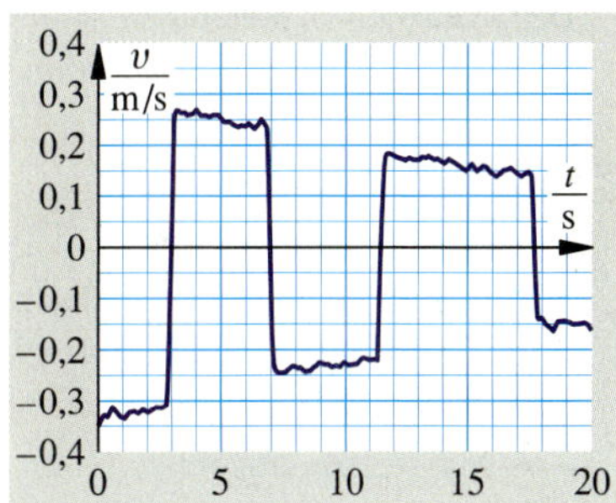

B 6: *t*-*v*-Diagramm *Aufgabe 5*

A 5: Ein Schlitten bewegt sich auf einer Luftkissenbahn. *Bild 6* zeigt das mithilfe von Sensor und Computer gewonnene *t*-*v*-Diagramm. **a)** Beschreiben Sie die Bewegung. **b)** Bestimmen Sie die mittleren Geschwindigkeitswerte in den einzelnen Bewegungsabschnitten. **c)** Berechnen Sie die jeweils zurückgelegten Wege (Beachten Sie dabei das Vorzeichen!). Was fällt auf? Um welche Bewegung handelt es sich also?

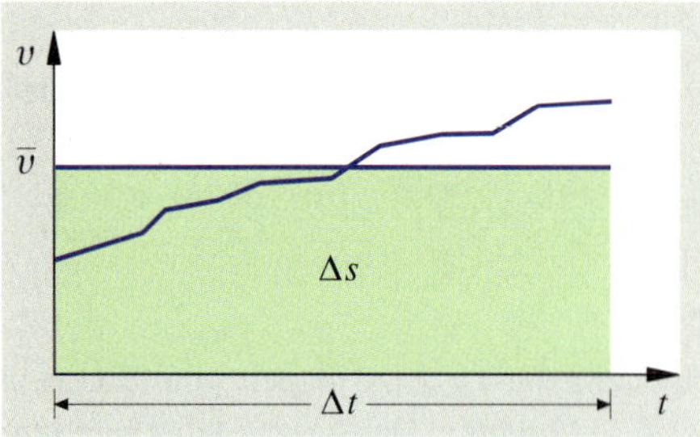

B 1: t-v-Diagramm eines von Hand gezogenen Spielzeugautos. Im Durchschnitt fuhr es so schnell, wie die waagerechte Linie es widerspiegelt.

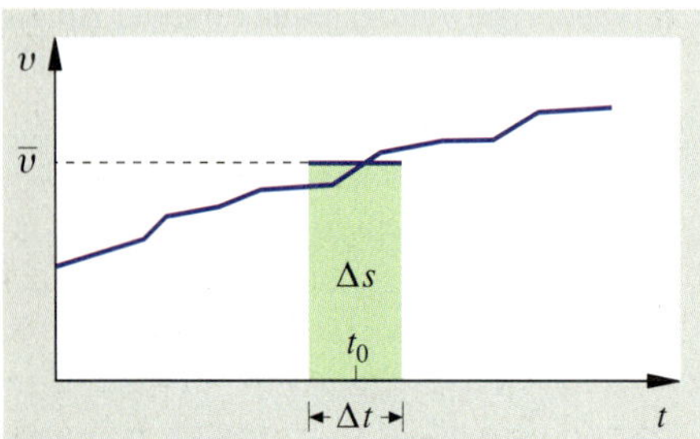

B 2: Je kleiner Δt, desto kleiner ist die Abweichung der Durchschnittsgeschwindigkeit von jeder beliebigen Momentangeschwindigkeit im gleichen Zeitintervall

Vertiefung

Näherungsüberlegung

Die Rechtecke zwischen Zeitachse und v-Kurve haben die Breite Δt. Ihre Fläche entspricht jeweils dem im Zeitintervall Δt zurückgelegten Wegstück (z. B. Δs_2) bei dort konstant angenommener Geschwindigkeit. Der wahre zurückgelegte Weg wird durch die Summe aller Rechteckflächen angenähert. Die Näherung ist umso besser, je kleiner Δt gewählt wird. Dabei nähert sich die Treppenfigur immer mehr der wahren Fläche unter der v-Kurve. Die Treppenfigur muss also das richtige Maß für den Gesamtweg sein.

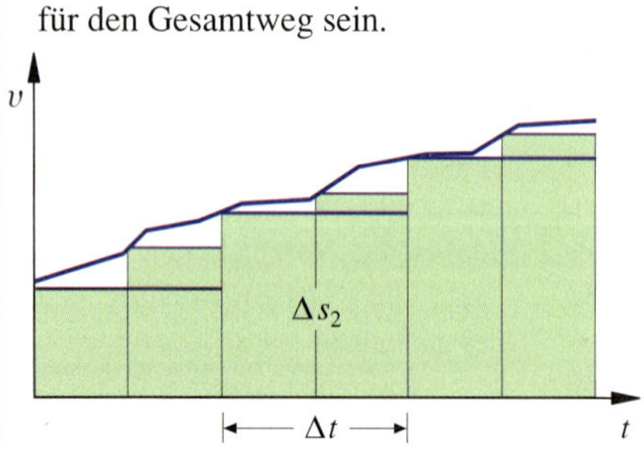

Die Momentangeschwindigkeit

1. Durchschnittsgeschwindigkeit, eine Als-Ob-Aussage

Ein Autofahrer sagt, er habe von Hannover nach Bochum (Δs = 240 km) 3 Stunden gebraucht, er sei also „im Schnitt" 80 km/h gefahren. Trotz wechselnder Fahrweise rechnet er so, *als ob* er eine konstante Geschwindigkeit eingehalten hätte.

Wir ahmen die Fahrt nach. Dazu schieben wir ein Laborwägelchen von Hand über den Tisch. Mit einem Bewegungsmesswandler zeichnen wir die wechselnde Geschwindigkeit auf. Die Fläche unter der unregelmäßigen v-Kurve (➡ *Bild 1*) entspricht dabei dem zurückgelegten Weg (➡ *Vertiefung*). Mit einem Motorwägelchen versuchen wir die „Teststrecke" in der gleichen Zeitspanne zu durchfahren. Im t-v-Diagramm (➡ *Bild 1*) entsteht daraus die zur t-Achse parallele Linie. Bei richtig gewählter Geschwindigkeit ist die Rechteckfläche unter dieser Linie jetzt genauso groß wie die zuvor entstandene Fläche. Die *Durchschnittsgeschwindigkeit* $\overline{v} = \Delta s/\Delta t$ ist also die *konstante Ersatzgeschwindigkeit*, mit der man für die gleiche Strecke dieselbe Zeit gebraucht hätte.

2. Geschwindigkeit in einem Zeitpunkt?

Als Geschwindigkeit ist definiert: $v = \Delta s/\Delta t$. In einem Zeit*punkt* kann der Ort noch nicht gewechselt worden sein, eine Geschwindigkeitsangabe erscheint sinnlos. Auch mathematisch ist $\Delta s/\Delta t$ für $\Delta t = 0$ nicht definiert. In einem Zeitpunkt kann v nicht gemessen werden.

Nun kennen wir aber Situationen, in denen eine solche Angabe dennoch gemacht wird. Denken wir an eine Autofahrt. Wir beobachten den Tacho. Zu jedem Zeitpunkt zeigt seine Nadel auf eine bestimmte Geschwindigkeit. Um Punkt 12 h ist z. B. die Geschwindigkeit genau 80 km/h. Geschwindigkeit also doch in einem Zeitpunkt, in einem Moment? Gibt es eine *Momentangeschwindigkeit*?

Nehmen wir den einfachsten Fall einer konstanten Geschwindigkeit. Hier können wir jedes Zeitintervall zur Bestimmung der Geschwindigkeit wählen, der Quotient $\Delta s/\Delta t$ ist ja immer gleich. So können wir ohne Widerspruch fordern: Die Geschwindigkeit in jedem Zeitpunkt soll die konstante Intervallgeschwindigkeit sein.

Bei nicht gleichförmiger Bewegung müssen wir uns schon mehr einfallen lassen. Hier orientieren wir uns an der Durchschnittsgeschwindigkeit in Intervallen. Für unregelmäßige v-Kurven wie in ➡ *Bild 2* zeigt, dass sich die mit einem Messwandler ermittelten Geschwindigkeiten in einem kleinen Zeitintervall nur wenig von der Durchschnittsgeschwindigkeit dort unterscheiden. Je kleiner wir dieses Intervall wählen, desto geringer werden die Unterschiede. Wir wollen deshalb hier unter „Momentangeschwindigkeit" denjenigen Geschwindigkeitswert verstehen, dem sich die Durchschnittsgeschwindigkeit bei kleiner werdenden Messintervallen immer mehr nähert.

3. Momentangeschwindigkeit – genau genug gemessen

Es gibt eine raffinierte Methode, die Momentangeschwindigkeit eines beschleunigt bewegten Schlittens auf der Luftkissenbahn exakt zu ermitteln. Dazu stellt man am Ort s_0, an dem die Momentangeschwindigkeit v_{mom} gemessen werden soll, die beschleunigende Kraft ab (➠ *Versuch 1*). Nach dem Trägheitsgesetz bewegt sich der Schlitten jetzt mit der konstanten Geschwindigkeit $v_0 = v_{mom}$ weiter. Sie kann an jeder beliebigen Stelle der nachfolgenden Strecke bequem aus $\Delta s/\Delta t$ gemessen werden. Man benutzt dazu eine Lichtschranke (LS 2), die durch eine am Schlitten befestigte Blende unterbrochen wird. Dabei ist es völlig gleichgültig, wie breit diese ist – die Bewegung ist ja gleichförmig.

Nun bestimmen wir mit einer weiteren Lichtschranke (LS 1) die *mittlere* Geschwindigkeit $\overline{v}$ der *beschleunigten* Bewegung bis zur Marke s_0. Wir stellen dazu die Lichtschranke so auf, dass die Messstrecke Δs in s_0 endet. An der einen Lichtschranke wird jetzt also die mittlere Geschwindigkeit $\overline{v}$ im Intervall, an der anderen die Momentangeschwindigkeit v_0 gemessen. ➠ *Versuch 1* zeigt, wie sich $\overline{v}$ mit kleiner werdenden Δs und Δt zunehmend besser der immer gleichen Momentangeschwindigkeit v_0 anpasst.

Merksatz

In der Praxis finden wir die **Momentangeschwindigkeit** näherungsweise als Durchschnittsgeschwindigkeit in einem möglichst kleinen Zeitintervall.

Dies gilt bei beliebigen Bewegungen, konstanten, gleichmäßig schneller werdenden und auch bei ungleichmäßig verlaufenden Geschwindigkeiten. Die Dunkelzeitmessung mit Lichtschranken ist für einzelne Messpunkte also auch eine Alternative zur Benutzung eines Bewegungsmesswandlers – er macht es übrigens auch nicht anders.

4. Der Fahrtenschreiber notiert die Geschwindigkeiten

Für Lkw und Busse gibt es strenge gesetzliche Bestimmungen. Es sollen bestimmte Höchstgeschwindigkeiten eingehalten werden (z. B. 80 km/h auf Landstraßen). Zudem dürfen die Fahrer nur eine begrenzte Zeit hinter dem Steuer sitzen, ohne eine längere Pause einzulegen. Die Polizei kann beides anhand der Diagramme eines in den Wagen eingebauten Fahrtenschreibers ermitteln. Er registriert die Momentangeschwindigkeit über viele Stunden.

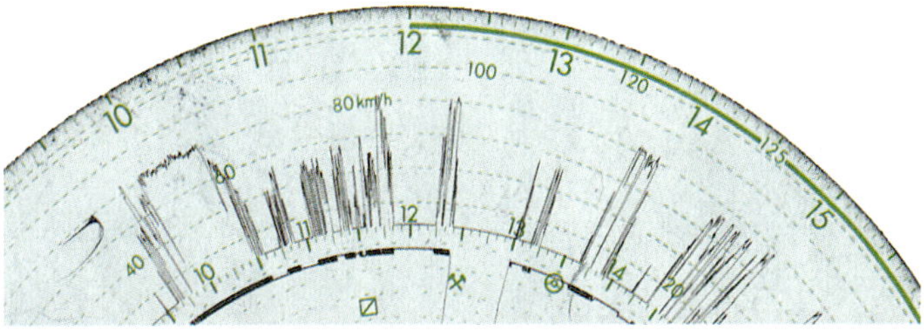

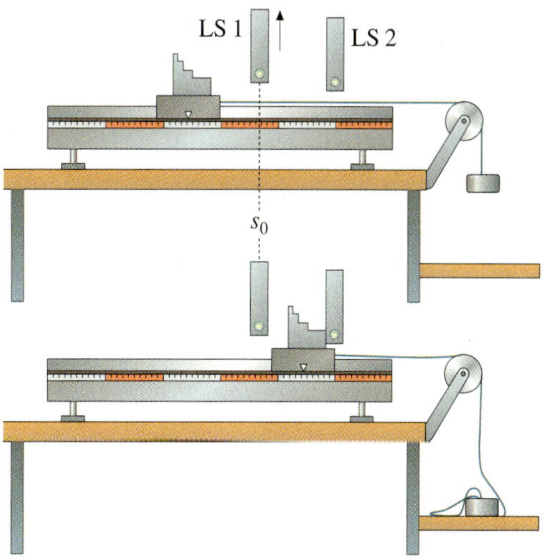

V 1: Ein Schlitten auf waagerechter Luftkissenfahrbahn wird von einem kleinen Wägestück beschleunigt. Im Zeitpunkt t_0 hat die aufgesteckte Blende die erste Lichtschranke (LS 1) gerade vollständig passiert. Genau jetzt setzt das Wägestück auf, der Schlitten fährt gleichförmig weiter. Die Momentangeschwindigkeit v_0 des Schlittens zum Zeitpunkt t_0 ist „konserviert" und kann mit einer Dunkelzeitmessung an LS 2 ermittelt werden. Vor dem nächsten Versuch wird LS 1 etwas angehoben. Die nächste Durchschnittsgeschwindigkeit $\overline{v}$ wird nun mit schmalerer Blende (Breite Δs; ebenfalls Dunkelzeitmessung) ermittelt. Ergebnisse:

Δs in m	Δt in s	$\overline{v}$ in m/s	v_0 in m/s	Differenz in %
0,100	0,103	0,974	1,000	2,6
0,050	0,051	0,987	1,000	1,3
0,025	0,025	0,994	1,000	0,6
0,010	≈ 0,010	≈ 1,000	1,000	0,0

A 1: Bestimmen Sie aus dem Diagramm unten den in 6 Stunden zurückgelegten Weg. Wie groß war die Durchschnittsgeschwindigkeit? Vergleichen Sie mit der größten Momentangeschwindigkeit.

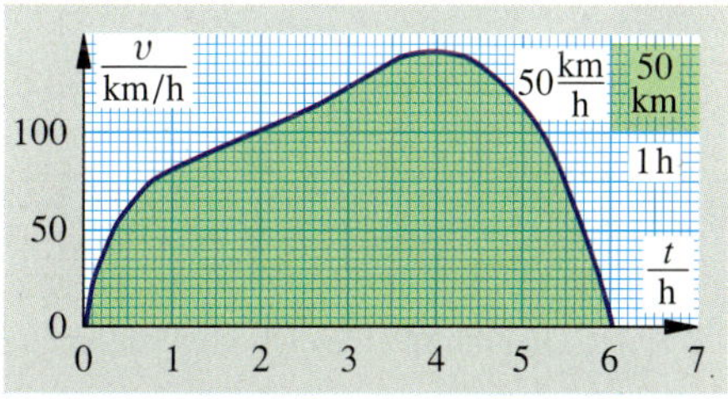

Interessantes

Verkehrsphysik I

Überholen erfordert Weit-Sicht

Viele Unfälle entstehen durch leichtsinniges Überholen. Eine Lücke vor dem Vordermann verleitet so manchen Fahrer, schnell auszuscheren und aufs Gaspedal zu treten. Aber der Überholweg ist länger als man glaubt: Der Sicherheitsabstand muss abgebaut werden, am Vordermann muss man vorbeifahren, ein neuer Sicherheitsabstand muss aufgebaut werden. Während dies alles abläuft, nähert sich gleichzeitig ein Fahrzeug aus der Gegenrichtung. Dessen Schnelligkeit ist zudem schwer einzuschätzen. Überholen will also wohl überlegt sein!

Überholvorgang im *t*-*s*-Diagramm

Wir untermauern unsere Überlegungen mit einem Beispiel. Ein Lastzug der Länge $L = 15$ m fährt mit $v_L = 54$ km/h = 15 m/s (*Bild 1*, dunkelgrüne Gerade) vor sich hin. Ein Pkw ($l = 5$ m) folgt im „2-Sekunden-Abstand" $a = 30$ m. Nach $t_1 = 3$ s überholt er den Lkw mit der jetzt größeren, konstanten Geschwindigkeit $v_P = 90$ km/h = 25 m/s. (Der Knick in der hellgrünen Linie bedeutet nicht etwa das Ausscheren auf die Gegenfahrbahn!) Erst nach Erreichen des Sicherheitsabstands a vor dem Lkw beendet der Pkw den Überholvorgang (Zeitpunkt $t_2 = 11$ s) und nimmt die ursprüngliche Geschwindigkeit wieder ein. Für das gesamte Manöver braucht er die Überholzeit $\Delta t_ü$ und legt auf der Gegenspur die Strecke $\Delta s_ü$ zurück. Dieser Überholweg $\Delta s_ü$ ist insgesamt 200 m lang (*Überholvorgang berechnet*)!

Überholvorgang berechnet:

Wie lange dauert der Überholvorgang?

Während des Überholens legt der Pkw die Strecke $\Delta s_ü$ zurück. Wir drücken sie auf zwei Arten aus (*Bild 1*):

$$\Delta s_ü = v_P \cdot \Delta t_ü \quad \text{und} \quad \Delta s_ü = 2a + L + l + v_L \cdot \Delta t_ü$$

Gleichsetzen und Umformen liefert die Überholzeit:

$$\Delta t_ü = \frac{2a + L + l}{v_P - v_L} = \frac{2 \cdot 30\ \text{m} + 15\ \text{m} + 5\ \text{m}}{25\ \text{m·s}^{-1} - 15\ \text{m·s}^{-1}} = 8\ \text{s}$$

Wie lang ist nun der Überholweg?

$$\Delta s_ü = v_P \cdot \Delta t_ü = 25\ \text{m·s}^{-1} \cdot 8\ \text{s} = 200\ \text{m}$$

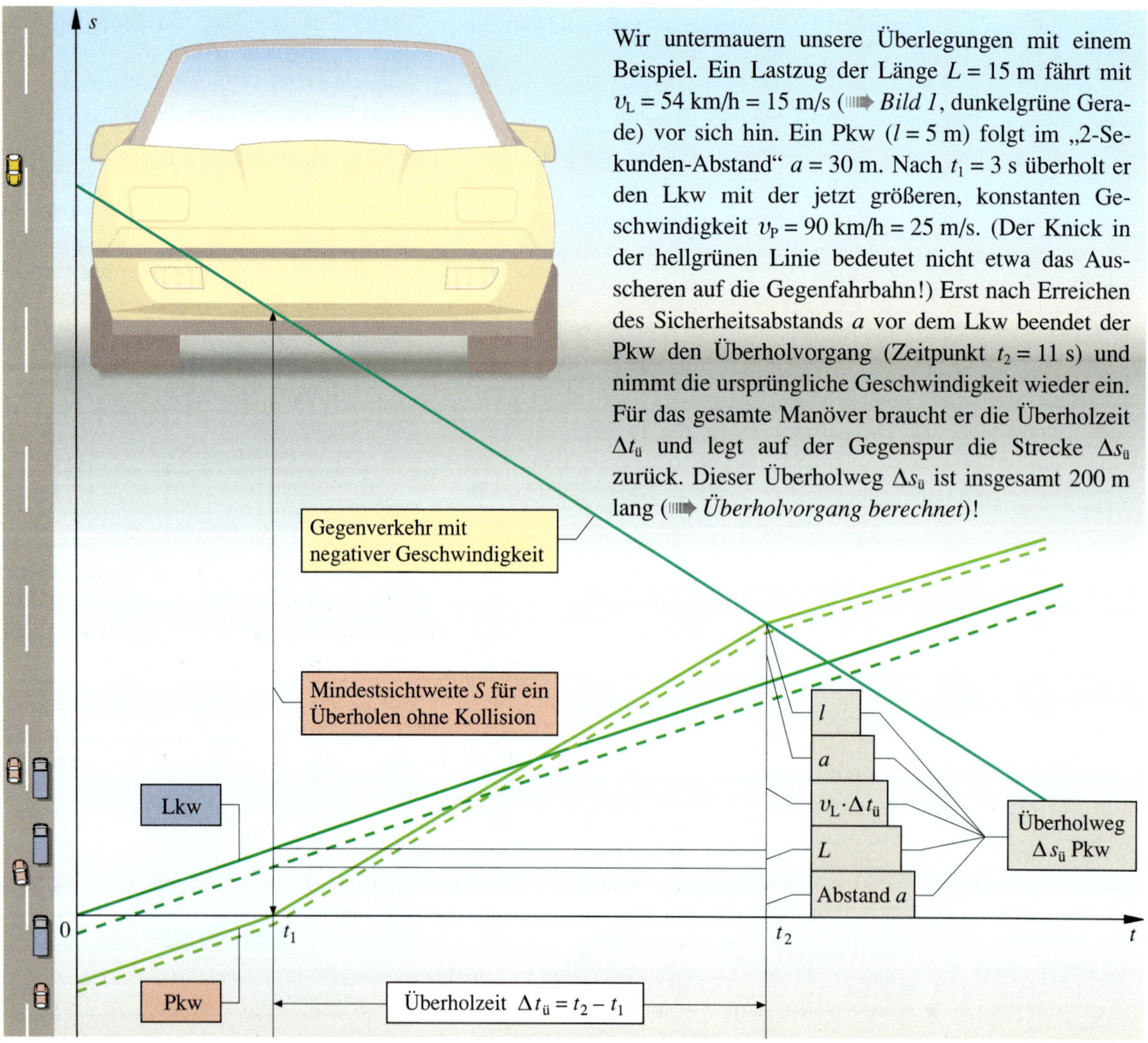

B 1: *t*-*s*-Diagramm eines Überholvorgangs mit Gegenverkehr

Interessantes

Achtung: Gegenverkehr

Dem überholenden Pkw kommt ein anderes Auto mit $v_G = -108$ km/h $= -30$ m/s entgegen. Ab welchem Mindestabstand S von diesem Auto darf der Pkw nicht mehr zum Überholen ansetzen?

Zum Zeitpunkt t_1 (➡ *Bild 1*) ist der Pkw am Ort $s_ü = 0$, der Gegenverkehr hat den Ortswert $s_G = S$. Beide treffen sich zum Zeitpunkt t_2 am *gleichen* Ort $s_G(t_2) = s_ü(t_2)$. Für beide gilt:

Neuer Ort = alter Ort + Ortsänderung, also

$$S + \Delta s_G = 0 + \Delta s_ü.$$

Mit $\Delta s_G = v_G \cdot \Delta t_ü = -30$ m/s $\cdot$ 8 s $= -240$ m und $\Delta s_ü =$ 200 m folgt nun:

$$S = 0 + \Delta s_ü - \Delta s_G = 200 \text{ m} - (-240 \text{ m}) = 440 \text{ m}.$$

Ist die *Sichtweite* kleiner als S (Kurven, Kuppen, Nebel), so wird Überholen lebensgefährlich!

Kolonnenfahrt – „Zwei-Sekunden-Abstand“

➡ *Bild 2* zeigt nicht etwa die Spuren von Motorrädern, die nach rechts oben aus dem Bild verschwanden. Vielmehr handelt es sich auch hier um *t-s-Diagramme*. In zeitlicher Abfolge sind die Positionen hintereinander fahrender Autos eingezeichnet. Zum Zeitpunkt $t = 0$ sind die Autos an der s-Achse aufgereiht. Legen Sie einen Maßstab auf die s-Achse und verschieben Sie ihn von dort nach rechts bis zum Zeitpunkt $t = 2$ s. Dann können Sie die Positionen der Autos zu diesem Zeitpunkt und die *Kopfabstände* Δs zwischen ihnen ablesen. Sie betragen etwa 40 m.

Auf der t-Achse und den Parallelen zu ihr liest man die *Zeitlücken* Δt zwischen den Fahrzeugen ab. Diese misst eine Person P am Straßenrand bei $s = 120$ m zu $\Delta t \approx 2$ s. Hieraus berechnet man die Geschwindigkeit des ersten Autos zu $v_1 = \Delta s/\Delta t = 40$ m/2 s $= 20$ m/s $=$ 72 km/h. Mit diesem *Zwei-Sekunden-Abstand* kann relativ sicher gefahren werden. So bremst z. B. Fahrer 3 etwas ab. Sein t-s-Diagramm wird flacher. Doch schließt er dann wieder zum Vordermann auf. Diese Störung ist beim Fahrzeug 6 wieder vollständig abgeklungen. Ein *stabiler Verkehrsfluss* liegt vor.

Die Zeitlücken Δt zwischen den Fahrzeugen nach ➡ *Bild 3* liegen unter 2 s. Das kurzzeitige Abbremsen von Fahrzeug 2 löst bei den nachfolgenden immer stärker werdende Reaktionen aus. Fahrzeug 4 findet zwar noch den Anschluss an die Kolonne; 5 bis 8 kommen aber zum Stehen und lösen einen *Verkehrsstau aus dem Nichts* aus. Der Verkehrsfluss ist wegen zu kurzer Zeit- und Weglücken *labil* und extrem gefährlich.

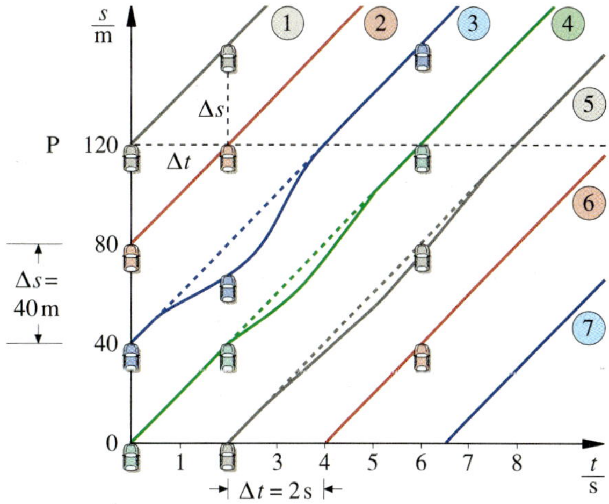

B 2: t-s-Diagramm eines stabilen Verkehrsflusses

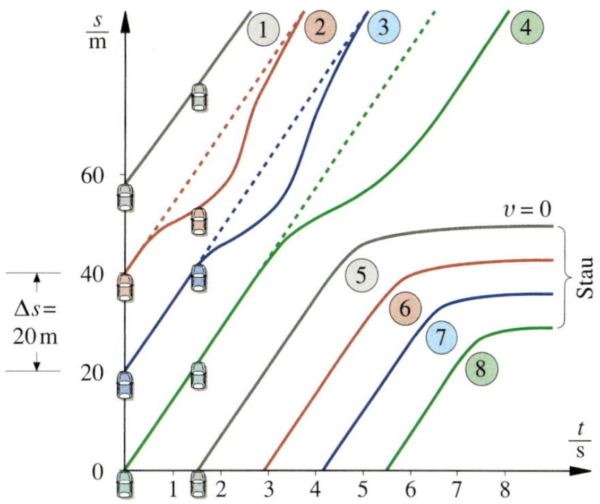

B 3: t-s-Diagramm eines labilen Verkehrsflusses

A 1: Legen Sie ein Stück Pauspapier über die s-Achse von ➡ *Bild 1* und zeichnen Sie die Positionen der drei Fahrzeuge für $t = 0$ ein. Zeichnen Sie dann weiter rechts für fünf spätere Zeitpunkte neue Positionen der drei Fahrzeuge ein.

A 2: a) Wie lange braucht ein Lkw ($v_1 = 60$ km/h), um einen anderen ($v_2 = 54$ km/h) zu überholen, wenn er bei $a = 20$ m Abstand ein- und ausschert und jeder $l = 10$ m lang ist? Wie lang ist der Überholweg? **b)** Bei welcher Sichtweite S ist Überholen noch möglich, wenn der Gegenverkehr mit $v_3 = -108$ km/h fährt?

A 3: Welches ist nach ➡ *Bild 3* der kürzeste Abstand von Auto 3 und 4, wenn die Fahrzeuge je 4,5 m lang sind? Entspricht er dem kürzesten Abstand der gezeichneten Kurven?

V 1: Eine etwa 20 m lange zweiadrige Litze wird anstelle des Lampendrahtes an die Lichtmaschine eines Fahrrades angeschlossen – zur Vorsicht in Höhe des Gepäckträgers mit Stecker und Kupplung als „Sollbruchstelle". Das andere Ende führt zu einem *t-y*-Schreiber oder dem Interface eines Computers. Die bei der Drehung des Dynamomagneten entstehende Wechselspannung wird nach ➠ *Bild 1* mit der Diode D gleichgerichtet und mit Kondensator C und Widerstand R geglättet.

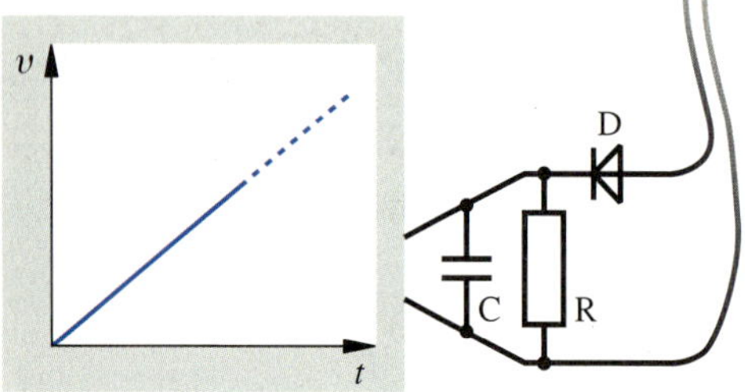

B 1: Schaltbild zur Aufzeichnung von v

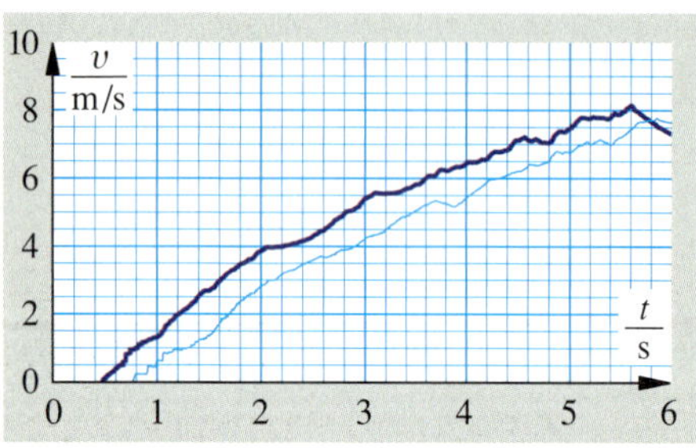

B 2: Messkurven des anfahrenden Fahrrades (zwei Fahrten)

V 2: Die Luftkissenbahn (➠ *Bild 4*) erhält ihre Neigung durch einseitiges Unterlegen eines Brettchens. Am oberen Ende wird der Gleiter von einem Elektromagneten festgehalten. Ein Knopfdruck unterbricht den Stromkreis, der Schlitten startet. Während der Fahrt misst ein Sensor kontinuierlich die Geschwindigkeit. Sein Signal wird von einem *t-y*-Schreiber oder Computer aufgezeichnet. Anstelle der kontinuierlichen Messung kann die Momentangeschwindigkeit auch mit einer Lichtschranke gemessen werden. Wird sie durchfahren, hält eine Uhr die Fahrzeit fest, eine andere die Verdunkelungsdauer. So bekommt man die Geschwindigkeit zu einem Zeitpunkt. Für weitere Messpunkte wiederholt man die Messung an einer anderen Stelle der Bahn.

B 3: Mit dem Fahrraddynamo erfassen wir die Geschwindigkeit

Beschleunigte Bewegungen

1. Jetzt geht's los – konstante Kraft voraus!

Wir starten ein Fahrrad aus dem Stand mit konstanter Kraft (immer tangential zum Pedalkreis; ➠ *Versuch 1*).

Nimmt die Geschwindigkeit dann nach einer einfachen Gesetzmäßigkeit zu? ➠ *Bild 2* zeigt das Ergebnis zweier Starts. Es sieht so aus, als nähme die Geschwindigkeit proportional zur Zeit zu. Allerdings sind auch Abweichungen zu erkennen. Hat die Versuchsperson doch nicht mit konstanter Kraft getreten? Oder ist möglicherweise die erzeugte Spannung nicht proportional zur gefahrenen Geschwindigkeit? Das müsste einmal überprüft werden. Wir wollen darauf nicht warten und gehen deshalb ins Labor.

2. Garantiert konstante Kraft auf der schiefen Ebene

Wir möchten genau wissen, was passiert, wenn auf einen Körper eine konstante Kraft in Bewegungsrichtung wirkt. Unter Laborbedingungen können wir für eine konstante Kraft garantieren.

Wir benutzen dazu eine Luftkissenfahrbahn (➠ *Versuch 2*). Durch Unterlegen eines etwa 2 cm dicken Brettchens neigen wir sie etwas. Die auf den Schlitten einwirkende Gewichtskraft erhält hierdurch eine Kraftkomponente in Bahnrichtung, die Hangabtriebskraft. Diese Kraft bleibt während des gesamten Versuches konstant. Auf Knopfdruck beginnt nun die „Talfahrt" des Gleiters; er wird dabei schneller und schneller. Während der Fahrt wird seine Momentangeschwindigkeit zu mehreren Zeitpunkten gemessen.

Der Versuch wird anschließend mit größerer Fahrbahnneigung wiederholt (Unterlegen eines 4 cm dicken Klotzes). Je steiler die Bahn, desto größer ist die Hangabtriebskraft, also die konstante „schneller machende" Kraft. Das Ergebnis der ersten Fahrt ist in ➠ *Tabelle 1* wiedergegeben. Beide Versuche liefern schließlich die Messdiagramme in ➠ *Bild 5*.

3. Eine konstante Kraft ergibt ein einfaches Gesetz

Die *Tabelle 1* wie auch das Diagramm (*Bild* 5) zeigen Folgendes:

- Die Geschwindigkeit des Schlittens erhöht sich von Sekunde zu Sekunde um den gleichen Betrag $\Delta v \approx 0{,}2$ m/s.
- Die Geschwindigkeitszunahme ist überraschenderweise schon in der ersten Sekunde genauso groß wie in einem späteren Zeitintervall.
- Im doppelten Zeitintervall $\Delta t = 2$ s erhöht sich die Geschwindigkeitsänderung auf $\Delta v = 0{,}4$ m/s. Δv ist proportional zur Zeitdifferenz Δt. Der Quotient $\Delta v/\Delta t$ ist folglich bei der hier untersuchten Bewegung konstant.
- Je stärker die einwirkende Kraft, desto größer ist der konstante Quotient $\Delta v/\Delta t$. Dies zeigt die obere Messkurve, die bei stärker geneigter Bahn aufgenommen wurde. In gleichen Zeitintervallen nimmt die Geschwindigkeit jetzt jeweils stärker zu als bei der ersten Messung.

Dieser (hier jeweils konstante) Quotient $\boldsymbol{a = \Delta v/\Delta t}$ gibt die Geschwindigkeitszunahme je Sekunde an und erhält deshalb die anschauliche Bezeichnung **Beschleunigung** (engl.: acceleration). Sie ist ein geeignetes Maß für das Schnellerwerden. Als Quotient $\Delta v/\Delta t$ hat sie die Maßeinheit 1 m·s^{-1}/s oder 1 m/s^2 = 1 m·s^{-2}.

Merksatz

Unter der **Beschleunigung *a*** versteht man den Quotienten aus der Geschwindigkeitsänderung Δv und der zugehörigen Zeitspanne Δt:

$$\boldsymbol{a = \frac{\Delta v}{\Delta t}}; \text{ ihre Einheit ist: } [a] = \frac{[v]}{[t]} = \frac{1\ \text{m·s}^{-1}}{1\ \text{s}} = 1\ \frac{\text{m}}{\text{s}^2}.$$

Galilei entdeckte die Gesetzmäßigkeit des Schnellerwerdens. Er ließ eine Kugel eine Holzrinne hinunterlaufen. Dabei konnte er die Hypothese der gleichmäßigen Zunahme der Geschwindigkeit mit der Zeit bestätigen. Galilei sprach von einer „gleichmäßig beschleunigten Bewegung".

Merksatz

Wirkt eine konstante Kraft auf einen Körper, so bewegt er sich **gleichmäßig beschleunigt**. Die Geschwindigkeit wächst linear mit der Zeit, die Beschleunigung ist konstant.

Startet der Körper aus der Ruhe, so ist $a = v/t$.
Es gilt dann das **Zeit-Geschwindigkeit-Gesetz: $\boldsymbol{v = a\,t}$.**

Was war nun mit unserer Radfahrerin am Anfang dieses Kapitels? Könnte es sein, dass sie zu Beginn der Bewegung besonders kräftig in die Pedale trat, weil sie glaubte, das Fahrrad aus der Ruhe „reißen" zu müssen? Nun, wir haben mit unserem Experiment bewiesen, dass diese Vorstellung falsch ist.

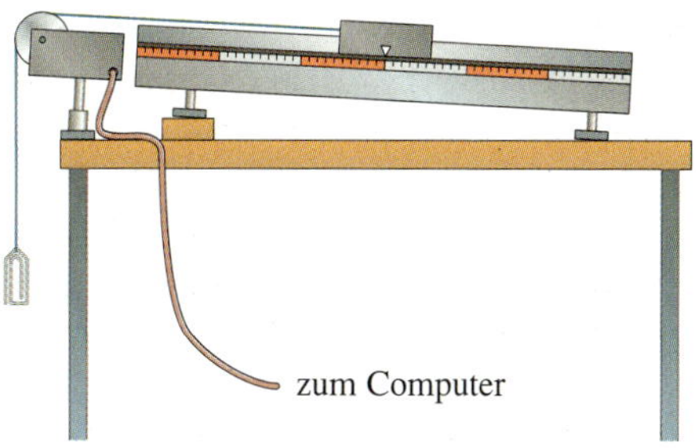

B 4: Luftkissenbahn für Beschleunigungsversuch

Anfahrzeit t in s	Geschwindigkeit v in m/s	$v/t = a$ in m/s^2
0	0	–
1	0,19	0,190
2	0,39	0,195
3	0,59	0,197

T 1: Messwerte der beschleunigten Fahrt

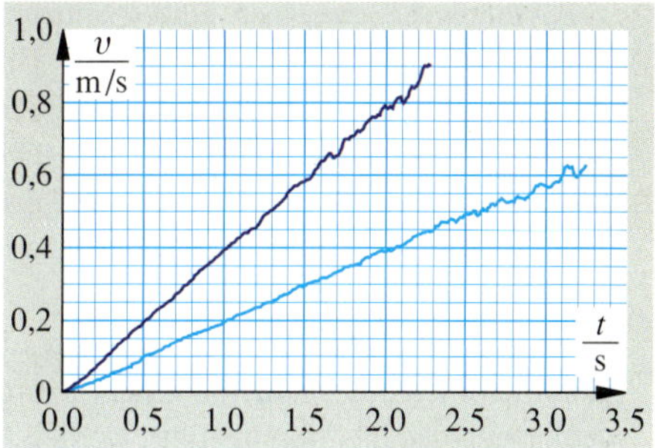

B 5: t-v-Diagramme zweier Schlittenfahrten

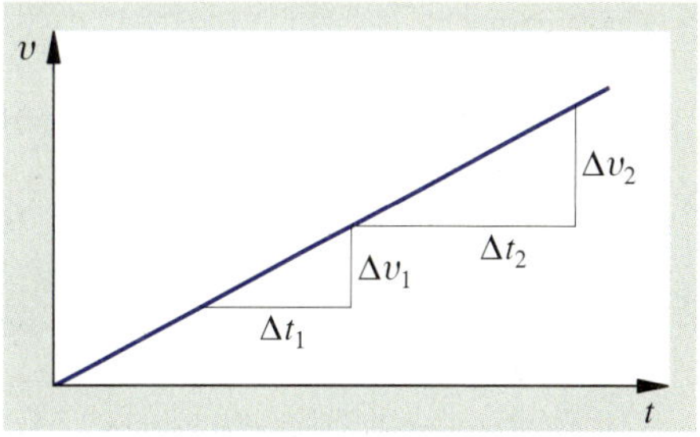

B 6: Mithilfe von Steigungsdreiecken kann die Beschleunigung abgelesen werden

A 1: a) Deuten Sie das Diagramm in *Bild 5*. Sind dort die verschiedenen Bahnneigungen abgebildet? Wenn nicht, was bedeutet dann die steilere Gerade des zweiten Experiments? **b)** Bestimmen Sie aus dem Diagramm *Bild 5* die Beschleunigung des Schlittens bei der größeren Bahnneigung.

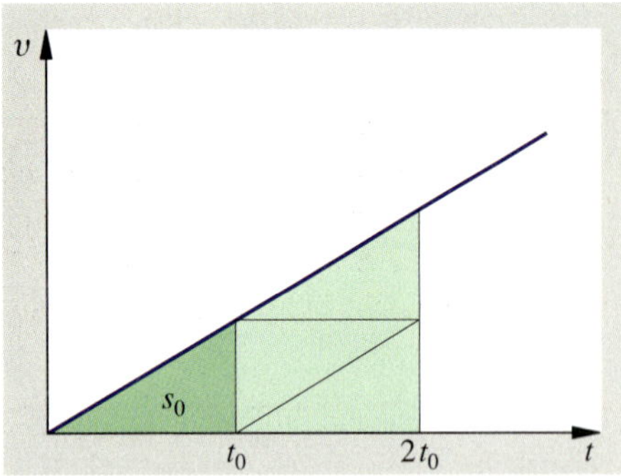

B 1: Die Geschwindigkeit (blaue Gerade) wächst linear mit der Zeit. Der Weg (grüne Fläche) ist bei doppelter Zeit sogar viermal so groß, er wächst quadratisch mit der Zeit.

V 1: Wir benutzen erneut die schräg gestellte Luftkissenfahrbahn, sodass auf den Schlitten eine konstante beschleunigende Kraft – die Hangabtriebskraft – einwirkt.
Wir starten den Schlitten aus der Ruhe – z. B. durch Lösen eines Haltemagneten. Gleichzeitig beginnt eine elektrische Uhr zu laufen. Nach einer bestimmten Fahrstrecke durchläuft der Schlitten eine Lichtschranke; dabei wird die Uhr gestoppt. Zeit und Ort werden notiert. Der Versuch wird bei verschiedenen Strecken wiederholt.
Natürlich kann das Experiment auch als kontinuierliche Messung mit einem Bewegungsmesswandler durchgeführt werden.
Im t-s-Diagramm (➠ *Bild 2*) erhalten wir in jedem Fall eine Parabel.
Wenn wir den Versuch bei größerem Neigungswinkel der Bahn wiederholen, ergibt sich wiederum eine Parabel. Sie ist jetzt aber steiler als vorher.

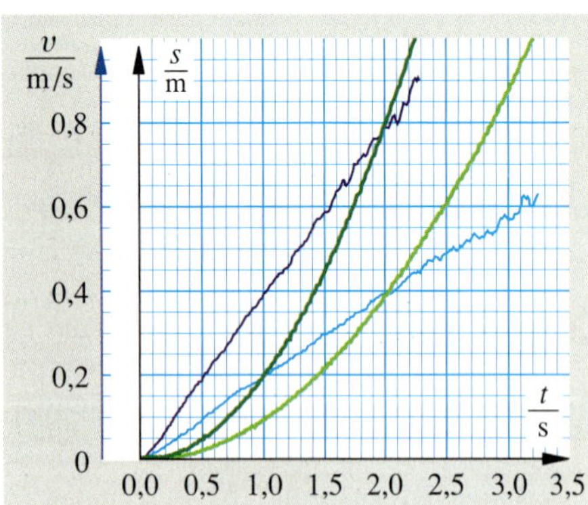

B 2: Geschwindigkeit (blau) und Weg (grün) bei der gleichmäßig beschleunigten Bewegung

4. Die Geschwindigkeit wächst linear – der Weg sogar quadratisch

Bei der gleichförmigen Bewegung hatten wir festgestellt, dass im t-v-Diagramm die Fläche zwischen v-Graphen und Zeitachse dem zurückgelegten Weg entspricht. Später sahen wir, dass dies auch bei einer beliebigen Bewegung zutrifft. Also muss es auch bei einer gleichmäßig beschleunigten Bewegung gelten. Welche Gesetzmäßigkeit für den zurückgelegten Weg würden wir mit einer Flächenbetrachtung vorhersagen?
Wir probieren es. Dazu markieren wir zunächst die Fläche s_0 (➠ *Bild 1*, dunkelgrün). Sie muss dem Weg entsprechen, der bis zur Zeit t_0 zurückgelegt wird. Bis zum Zeitpunkt $2\,t_0$ kommt als Maß für den Weg noch die hellgrüne Fläche hinzu. Der Gesamtweg ist jetzt $4\,s_0$. Zeit *und* Geschwindigkeit sind ja jeweils auf das Doppelte angestiegen.

So wächst der Weg nach unserer Überlegung weiter:

Zeit	0	$1\,t_0$	$2\,t_0$	$3\,t_0$	$4\,t_0$
Weg	0	$1\,s_0$	$4\,s_0$	$9\,s_0$	$16\,s_0$

Der Weg wächst quadratisch mit der Zeit. Demnach müsste gelten:

$$s(t) \sim t^2, \quad \text{bzw.} \quad s(t) = \text{konst.} \cdot t^2.$$

Wie groß ist die Konstante? Sie muss mit der Größe der Beschleunigung zusammenhängen, denn je steiler die v-Kurve, desto größer ist die Fläche unter der Kurve und damit der zurückgelegte Weg. Berechnen wir diese Dreiecksfläche:

$$s(t) = \frac{1}{2} \cdot t \cdot v(t) = \frac{1}{2} \cdot t \cdot (a \cdot t) = \frac{1}{2} \cdot a \cdot t^2$$

(es gilt die Geradengleichung $v(t) = a \cdot t$ mit dem Steigungsfaktor a).

Wir sind zwar ziemlich sicher, dass unsere Überlegungen stimmen und der zurückgelegte Weg quadratisch mit der Zeit wächst. Vorsichtshalber überprüfen wir unsere Vorhersage aber noch in einem Experiment (➠ *Versuch 1*). Der Versuch bestätigt unsere Hypothese, ➠ *Bild 2* zeigt das Ergebnis. Einige Messwerte haben wir herausgeschrieben und die Beschleunigung $a = 2\,s/t^2$ daraus berechnet – sie ist im Rahmen der Messgenauigkeit konstant:

t in s	0	1,03	1,44	1,76	2,02	2,27	2,48	2,68
s in m	0	0,1	0,2	0,3	0,4	0,5	0,6	0,7
$a = 2\,s/t^2$ in m/s²	–	0,19	0,19	0,19	0,20	0,19	0,20	0,20

Merksatz

Das *Zeit-Weg-Diagramm* einer gleichmäßig beschleunigten Bewegung ist eine *Parabel*. Je größer die einwirkende Kraft, desto steiler ist die Parabel.

Das **Zeit-Weg-Gesetz** für die vom Startpunkt ($t = 0$; $s = 0$; $v = 0$) aus zurückgelegten Wege lautet:

$$\boldsymbol{s = \frac{1}{2}\,a\,t^2.}$$

5. Das Geschwindigkeit-Weg-Gesetz

Sie treten bei Ihrem Rad kräftig in die Pedale und erreichen nach $s = 45$ m Anfahrweg die Geschwindigkeit $v = 30$ km/h = 8,3 m/s. Weder mit $v = at$ noch mit $s = \frac{1}{2}at^2$ allein können Sie Ihre Beschleunigung a berechnen, da Sie die Anfahrzeit t nicht gemessen haben. Nehmen wir an, dass Sie mit konstanter Beschleunigung gefahren sind. Mit $v = at$ folgt dann $t = v/a$. Dies setzen wir in $s = \frac{1}{2}at^2$ ein. Wir erhalten so die von t freie Beziehung $s = v^2/(2a)$. Aus ihr folgt $a = v^2/(2s) = 0{,}77\ \text{m/s}^2$. Die Anfahrzeit t können Sie nachträglich zu $t = v/a \approx 11$ s berechnen.

Merksatz

Das **Geschwindigkeit-Weg-Gesetz** lautet: $s = \dfrac{v^2}{2a}$.

Beispiel

Musteraufgaben

1. Geschwindigkeit und Zeit sind bekannt. **$v, t \Rightarrow s$**
Wie groß ist der zurückgelegte Weg?
Nach 3 Sekunden erreicht ein Fahrzeug die Geschwindigkeit 0,52 m/s. Wir berechnen daraus zunächst den Beschleunigungswert. Nach dem t-v-Gesetz ist $a = v/t = (0{,}52\ \text{m·s}^{-1})/3\ \text{s} = 0{,}173\ \text{m·s}^{-2}$.
Wie groß ist der in 3 s zurückgelegte Weg?

Lösung: Es gilt $s(t) = \frac{1}{2}at^2$, also
$s(3\ \text{s}) = 0{,}5 \cdot 0{,}173\ \text{m·s}^{-2} \cdot (3\ \text{s})^2 = \mathbf{0{,}78\ m}$.

2. Weg und Zeit sind bekannt. **$s, t \Rightarrow a$**
Wie groß ist die Beschleunigung?
Eine Radfahrerin startet gleichmäßig beschleunigt aus dem Stand. Nach 5 s hat sie 20 m zurückgelegt.

Lösung: Es gilt $s(t) = \frac{1}{2}at^2$, nach a aufgelöst ergibt $a = 2s(t)/t^2$, also $\boldsymbol{a} = 2 \cdot 20\ \text{m}/(5\ \text{s})^2 = \mathbf{1{,}6\ m·s^{-2}}$.

Vertiefung

Eine Besonderheit bei gleichmäßiger Beschleunigung

Bei einer gleichmäßig beschleunigten Bewegung ist die mittlere Geschwindigkeit in einem Zeitintervall genauso groß wie die Momentangeschwindigkeit in der Mitte des Zeitintervalls.
Erklären Sie dies mithilfe der Zeichnung.

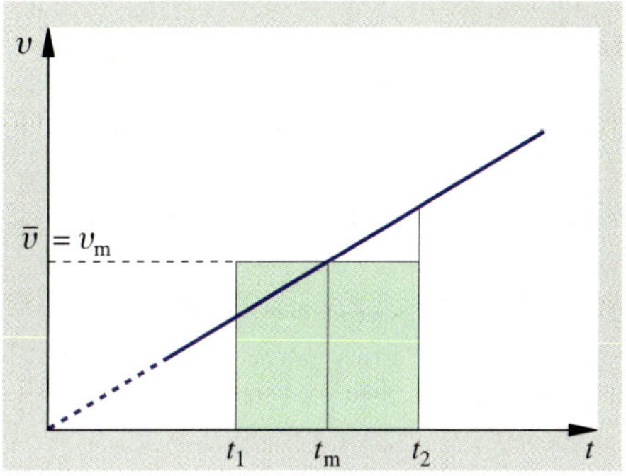

A 1: Bei der Registrierung einer Bewegung mit einer Funkenstreckenfahrbahn entstand folgendes Bild ($t_1 = 13/50$ s; $t_2 = 17/50$ s):

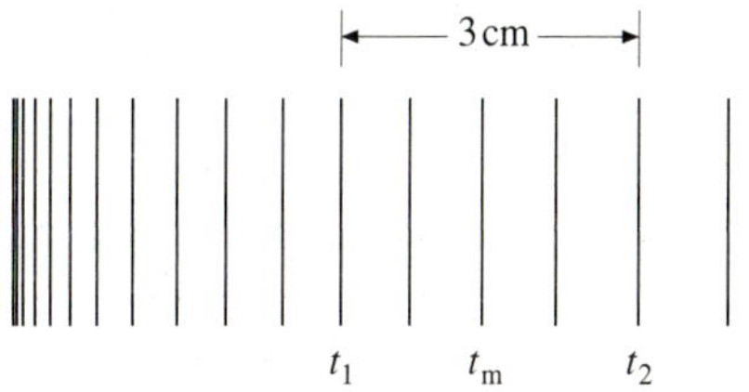

Ermitteln Sie die Momentangeschwindigkeit im Zeitpunkt t_m. Bestimmen Sie dann die (konstante) Beschleunigung. An welchem Ort $s(t_m)$ befand sich der Wagen zum Zeitpunkt t_m?

... noch mehr Aufgaben

A 2: a) Ein Auto fährt mit der konstanten Beschleunigung 2 m/s² an. Wie schnell ist es nach 3 s? Welchen Weg hat es dann zurückgelegt? **b)** Wie weit bewegt es sich in den nächsten 5 s, wenn man nach 3 s Anfahrzeit die beschleunigende Kraft wegnimmt (ohne Reibung)? **c)** Zeichnen Sie das t-v- und das t-s-Diagramm dieser Bewegung.

A 3: Ein Zug erreicht aus der Ruhe nach 10 s die Geschwindigkeit 5 m/s. Wie groß ist seine Beschleunigung? Wie weit ist er gefahren?

A 4: Ein mit konstanter Kraft anfahrender Wagen kommt in den ersten 12 s 133 m weit. Wie groß sind Beschleunigung und Geschwindigkeit nach 12 s?

A 5: ➡ *Bild 2* zeigt zwei t-s- und t-v-Graphen für unterschiedliche Beschleunigungen. Wie groß sind die Beschleunigungen? Wie groß sind die zurückgelegten Wege nach 1 s, 2 s bei beiden Bewegungen (jeweils Ermittlung auf zwei Arten)?

A 6: Ein Pfeil wird von der Sehne eines Bogens auf einer Strecke von 0,6 m beschleunigt. Er erreicht eine Geschwindigkeit von 60 m/s.
a) Warum ist die Beschleunigung nicht konstant? Wie groß ist die mittlere, konstant angenommene Beschleunigung? **b)** Wie lange dauert der Beschleunigungsvorgang?

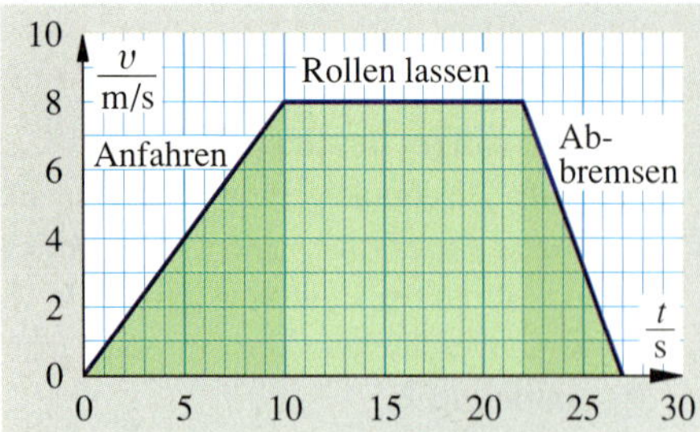

B 1: t-v-Diagramm einer Radfahrt

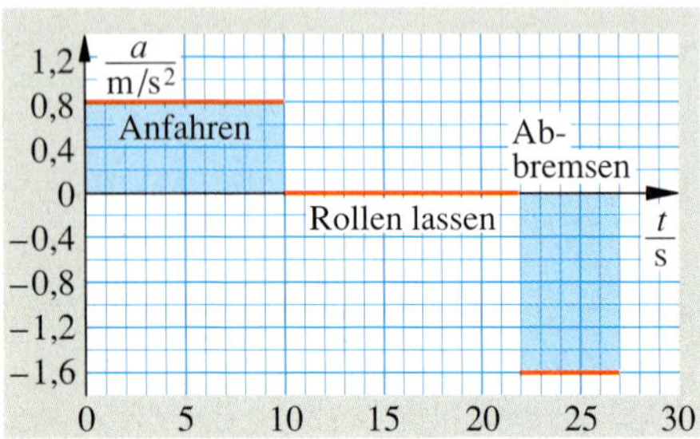

B 2: t-a-Diagramm zu *Bild 1*

V 1: Führen Sie in einem Projekt den Versuch selbst durch. Benutzen Sie die Schaltung aus dem Fahrradversuch zu Beginn des Kapitels. Ersatzweise können Sie auch die Frequenz der vom Dynamo abgegebenen Wechselspannung als Geschwindigkeitsmaß auswerten. Beschleunigen Sie zunächst aus der Ruhe. Vor dem Abbremsen lassen Sie das Fahrrad eine Weile rollen, ohne zu treten. Bestimmen Sie aus dem Diagramm für die einzelnen Intervalle Wege, Geschwindigkeiten und Beschleunigungen.

V 2: Ein Gleiter mit Bewegungsmesswandler wird auf eine nach links abfallende Luftkissenbahn gesetzt. Der Gleiter erhält anfangs einen Anstoß nach rechts (positiv gewählte Richtung), sodass er die Bahn hinaufläuft. Danach wird er sich selbst überlassen. Es entstehen die Diagramme in *Bild 4*.

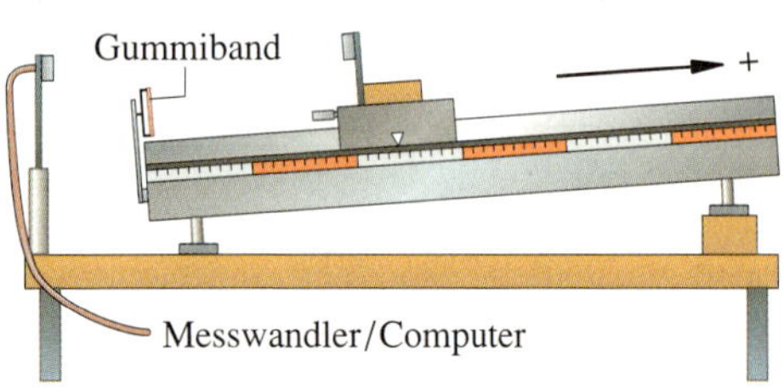

B 3: Versuchsaufbau zu *Versuch 2*

6. Negative Beschleunigungen gibt es auch

Ihr Fahrrad habe einen Fahrtenschreiber – zum Beispiel einen Tachogenerator, der ein t-v-Diagramm aufzeichnet (*Versuch 1*). *Bild 1* gibt es für eine längere Fahrt in idealisierter Form wieder. Es zeigt:

Im Zeitraum zwischen 0 s und 10 s beschleunigten Sie gleichmäßig aus der Ruhe auf $v = 8$ m/s. Ihre Beschleunigung war

$$a = \frac{\Delta v_1}{\Delta t_1} = \frac{v(10\text{ s}) - v(0\text{ s})}{10\text{ s} - 0\text{ s}} = \frac{8\text{ m/s}}{10\text{ s}} = 0{,}8\,\frac{\text{m}}{\text{s}^2}.$$

Den in dieser Beschleunigungsphase zurückgelegten Weg Δs_1 lesen wir aus der linken dunkelgrünen Dreiecksfläche ab:

$$\Delta s_1 = \frac{1}{2} \cdot v \cdot \Delta t_1 = \frac{1}{2} \cdot 8\,\frac{\text{m}}{\text{s}} \cdot (10\text{ s} - 0\text{ s}) = 40\text{ m}.$$

Anmerkung: Die Beschleunigung geschieht aus der Ruhe, deshalb könnten wir auch mit dem Zeit-Weg-Gesetz argumentieren:

$$s_1 = \frac{1}{2} \cdot a_1 \cdot t_1^2 = \frac{1}{2} \cdot 0{,}8\,\frac{\text{m}}{\text{s}^2} \cdot (10\text{ s})^2 = 40\text{ m}.$$

Anschließend fuhren Sie $\Delta t_2 = 12$ s lang gleichmäßig mit $v = 8$ m/s weiter und legten das Wegstück $\Delta s_2 = v \cdot \Delta t_2 = 96$ m zurück (hellgrüne Rechtecksfläche in *Bild 1*).

Im dritten Intervall von 22 s bis 27 s, also in $\Delta t_3 = 5$ s, sank Ihre Geschwindigkeit gleichmäßig von 8 m/s auf 0 m/s. Dabei legten Sie den Weg Δs_3 gemäß der rechten dunkelgrünen Dreiecksfläche zurück:

$$\Delta s_3 = \frac{1}{2} \cdot v \cdot \Delta t_3 = \frac{1}{2} \cdot 8\,\frac{\text{m}}{\text{s}} \cdot (27\text{ s} - 22\text{ s}) = 20\text{ m}.$$

Die gesamte Wegstrecke war also:

$$s = \Delta s_1 + \Delta s_2 + \Delta s_3 = 156\text{ m}.$$

Im dritten Zeitabschnitt wurde aus der Geschwindigkeit 8 m/s auf 0 m/s abgebremst durch eine Kraft, die der positiven Ortsachse entgegengerichtet war. Wie groß war die Beschleunigung in diesem Zeitintervall?

$$a = \frac{\Delta v_3}{\Delta t_3} = \frac{v(27\text{ s}) - v(22\text{ s})}{27\text{ s} - 22\text{ s}} = \frac{0\text{ m/s} - 8\text{ m/s}}{27\text{ s} - 22\text{ s}} = \frac{-8\text{ m/s}}{5\text{ s}} = -1{,}6\,\frac{\text{m}}{\text{s}^2}.$$

Der Beschleunigungswert ist *negativ*! Deshalb liegt für das dritte Zeitintervall die (blaue) Geschwindigkeitsfläche $\Delta v = a \cdot \Delta t$ im t-a-Diagramm unter der t-Achse (*Bild 2*) also im negativen Bereich.

Merksatz

Ein Abbremsen von einer größeren Geschwindigkeit auf eine kleinere Geschwindigkeit bedeutet negative Beschleunigung.
Allgemein: Wirkt eine Kraft gegen die positiv gewählte Ortsachse, so entsteht eine negative Beschleunigung.
Die Beschleunigung $\vec{a}$ ist wie die Kraft $\vec{F}$ ein Vektor.

Vertiefung

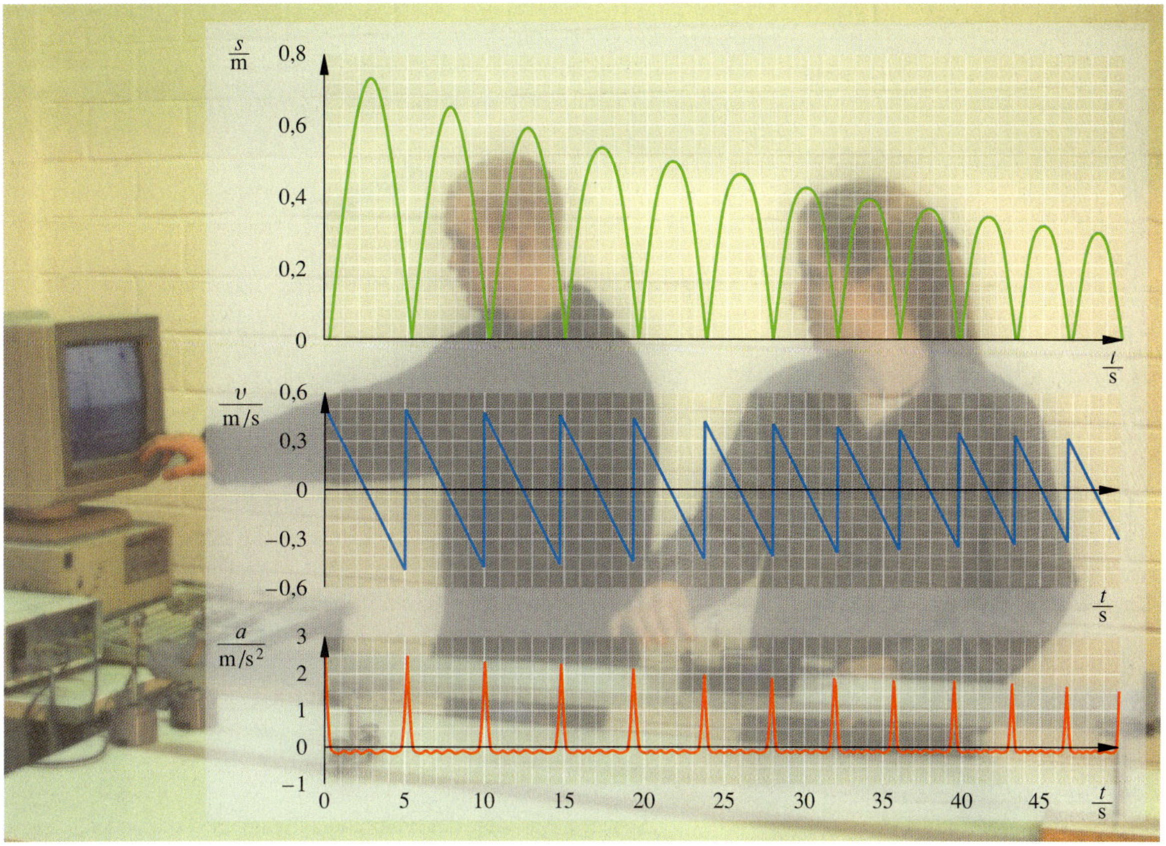

B 4: *t-s-*, *t-v-* und *t-a-*Diagramm eines Gleiters auf schief gestellter Luftkissenfahrbahn. Am unteren Ende erfolgt eine Reflexion.

Springender Ball und ähnliche Bewegungen

Die Schülerin in ➡ *Bild 4* stößt den Gleiter die nach rechts ansteigende Fahrbahn hinauf und überlässt ihn dann sich selbst (➡ *Versuch 2*). Was geschieht im folgenden Zeitraum?

Der Gleiter wird langsamer, es zieht an ihm ja jetzt dauernd eine konstante Kraft die Fahrbahn hinab nach links und damit *gegen* die als positiv gewählte Bewegungsrichtung. Die Messkurve (➡ *Bild 4*) bestätigt, dass v linear mit der Zeit abnimmt – konstante negative Beschleunigung bei negativer Kraft liegt also vor! Entsprechend flacht die *t-s*-Kurve ab – bis zum Scheitelpunkt der Parabel etwa 2,5 s nach dem Start.

Zu diesem Zeitpunkt kommt der Gleiter zur Ruhe ($v = 0$). Aber sofort geht es weiter, jetzt jedoch die Fahrbahn wieder herunter. Der Gleiter läuft nun nach links, er hat jetzt also negative Geschwindigkeitswerte (in *t-v*-Diagramm unterhalb der *t*-Achse)! Wird der Schlitten schneller? Sicherlich, aber nimmt sein Geschwindigkeitswert v zu?

Nein, er nimmt weiter in gleichem Maße ab, also von 0 m/s über −0,1 m/s, auf −0,2 m/s usw. Die Beschleunigung bleibt konstant negativ. Wir sehen es an der geradlinig weiterlaufenden Messkurve für die Geschwindigkeit v und an dem konstant negativen Wert von a im *t-a*-Diagramm (➡ *Bild 4*). Die gesamte Bewegung des Gleiters – Bahn hinauf, Bahn hinunter (bei bekanntem Startpunkt und bekannter Anfangsgeschwindigkeit) – wird eindeutig durch die negative Beschleunigung gekennzeichnet, und diese Beschleunigung ist eine Folge der negativen Kraft.

Negative Beschleunigung bedeutet nicht unbedingt bremsen! „Schneller werden" kann auch bei negativer Geschwindigkeit erfolgen, deren Betrag dann steigt.

Dramatisches passiert nach etwa 5 s in allen drei Kurven und wiederholt sich danach in etwas kürzer werdenden Abständen. Haben Sie dafür eine Erklärung? Erklären Sie auch die Folge von Parabelbögen im *t-s*-Graphen.

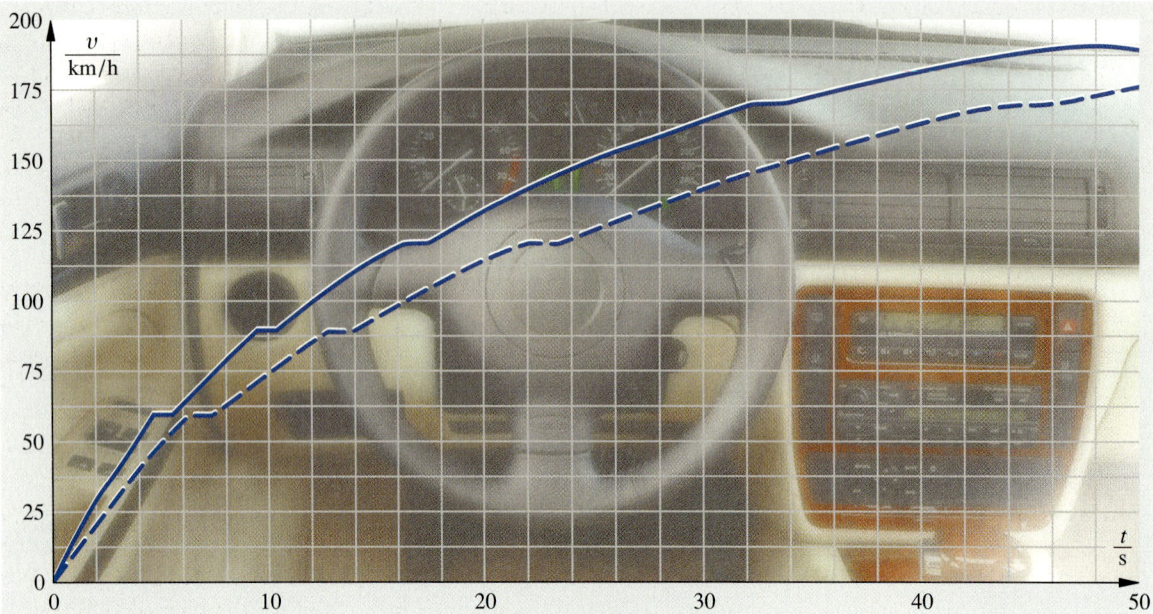

B 1: t-v-Diagramm eines startenden Pkw mit fünf Gängen. Zweite Fahrt (gestrichelte Linie) mit voller Beladung.

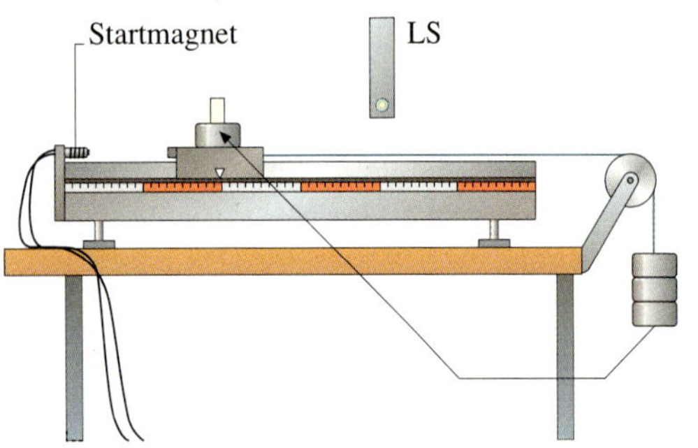

B 2: In aufeinander folgenden Versuchen (⇒ *Versuch 1*) wird das Fahrzeug durch verschiedene Kräfte beschleunigt. Die Masse bleibt unverändert. Eine t-s-Messung liefert die jeweilige Beschleunigung nach $s = \frac{1}{2} a t^2$.

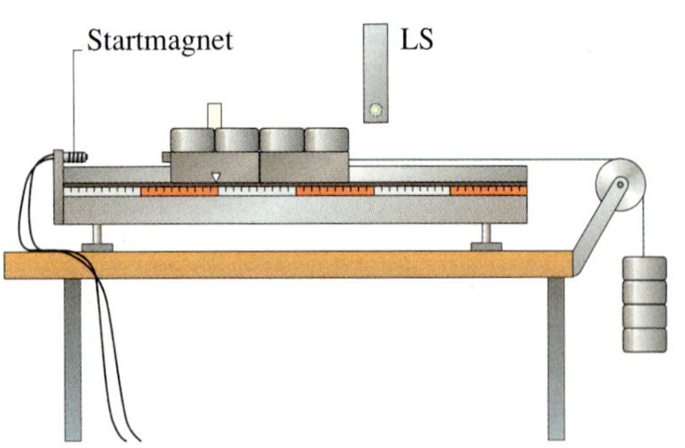

B 3: Größere Masse benötigt größere Kraft, wenn die Beschleunigung gleich bleiben soll

Die Grundgleichung der Mechanik

1. Die zentrale Frage an die Mechanik

Schauen Sie sich das Fahrtendiagramm des startenden Pkw an (⇒ *Bild 1*). Viermal verharrt das Auto kurz in seinem jeweiligen Bewegungszustand. Dies geschieht immer dann, wenn der Fahrer gerade umschaltet. In dieser Zeit fehlt die beschleunigende Kraft, und das Auto fährt aufgrund seiner Trägheit gleichförmig weiter.

Betrachten wir nun die Beschleunigungsphasen des unbeladenen Autos in den ersten zwei Gängen. Am größten ist die Steigung des t-v-Graphen – also die Beschleunigung – im ersten Gang. Dort ist auch die wirkende Kraft am größten. Beim Fahrrad ist es genauso. Wenn eine große Kraft erforderlich ist, legt man auch bei ihm den ersten Gang ein. Für uns ergibt sich eine erste Frage, die wir im Labor klären wollen:

Frage (A): Wie hängt die nötige Kraft F bei ein und demselben Fahrzeug von der gewünschten Beschleunigung a ab?

Die Antwort auf diese Frage gilt auch für das beladene Fahrzeug. Allerdings sind in gleichen Gängen jetzt die Beschleunigungswerte kleiner als vorher (⇒ *Bild 1*, gestrichelte Linie). Wollte man hier zum Beispiel im ersten Gang genauso rasant beschleunigen wie vorher, so müsste man schon die Kraft erhöhen, also einen stärkeren Motor einbauen. Es ergibt sich die nächste wichtige Frage:

Frage (B): Wie hängt die Kraft F vom Fahrzeug und seiner Beladung ab, wenn sich die Beschleunigung nicht ändern soll?

Mit diesen beiden Fragen wollen wir uns im Folgenden beschäftigen. Später wird noch zu klären sein, wieso die t-v-Abschnitte in den höheren Gängen nicht mehr linear verlaufen, und wieso eine bestimmte „Höchstgeschwindigkeit" nicht überschritten wird.

2. Große Kraft – schneller Spurt (zu Frage A)

Arbeitsgruppe A weiß aus früheren Experimenten, dass eine konstante beschleunigende Kraft F einem Körper auch konstante Beschleunigung a erteilt. Um sie zu ermitteln, genügt also jeweils eine einzige Zeit-Weg-Messung (→ *Versuch 1*). Nach jeder Messung wird die Kraft F geändert. Es ergeben sich folgende Messwerte:

F in N	0,08	0,06	0,04	0,02
a in m/s²	0,392	0,294	0,196	0,098

Bei gleich bleibender Masse ist bei n-facher Kraft die Beschleunigung also ebenfalls n-mal so groß.

Merksatz

Die Beschleunigung a, die ein bestimmter Körper erfährt, ist der an ihm angreifenden Kraft F proportional: $\boldsymbol{F \sim a}$.

3. Große Masse – träger Spurt (zu Frage B)

Hängt die zum Beschleunigen nötige Kraft auch von der *Gewichtskraft des Wagens* ab? Man braucht schließlich eine viel größere Kraft, um einen beladenen Wagen mit *gleicher Beschleunigung* anzuschieben wie einen leeren. Gegen diese Ansicht spricht:

a) Die am Schlitten nach unten ziehende Gewichtskraft wird vom Luftkissen der waagerechten Schiene durch eine Kraft nach oben ausgeglichen. Also hat die Gewichtskraft des Schlittens keinen Einfluss auf die Beschleunigung längs der horizontalen Bahn.

b) Das sich beim Beschleunigen zeigende *Trägsein* ist etwas anderes als das *Schwersein*. Auch im schwerefreien Raum brauchen Raketen zum Beschleunigen Kräfte, die umso größer sein müssen, je mehr sie geladen haben – obwohl sie dort nichts wiegen! Eine Kollision zweier Raumschiffe führt auch im All zu Unfallschäden (→ *Bild 4*). Die Körper sind auch dort *träge*.

Wird das *Trägsein* eines Körpers allein mithilfe der vom Ort unabhängigen *Masse* beschrieben? Gruppe B prüft deshalb, ob Körper *doppelter Masse* für die gleiche Beschleunigung die doppelte Kraft brauchen, d. h. ob sie auch *doppelt so träge* sind. Die Gruppe führt → *Versuch 2* durch. Dieser bestätigt die Vermutung.

Merksatz

Die Kraft F, die man zu einer bestimmten Beschleunigung braucht, ist der Masse m des zu beschleunigenden Körpers proportional:

$$\boldsymbol{F \sim m}.$$

V 1: a) Auf der Luftkissenbahn (→ *Bild 2*; Reibung durch Neigen ausgeglichen) wird ein Schlitten der Masse $m_1 = 0{,}192$ kg von einem Elektromagneten festgehalten. Am Schlitten (und an sich selbst) ziehen 4 Wägestücke von zusammen $m_2 = 8$ g mit der Gewichtskraft $G_2 = m_2 g$. Auf Knopfdruck beginnt die Fahrt, gleichzeitig startet eine Uhr. Nach $t = 2{,}26$ s haben Schlitten und Wägestücke von 0 aus 1,00 m zurückgelegt (bei $s = 1{,}00$ m steht eine Lichtschranke; sie stoppt die Uhr beim Durchfahren). Aus dem t-s-Gesetz $s = \frac{1}{2} a t^2$ folgt die Beschleunigung $a = 2\,s/t^2 = 0{,}392$ m/s².
b) Nun soll eine kleinere Kraft wirken. Wir nehmen von den 4 Wägestücken eines weg, aber legen es nicht einfach beiseite. Wir würden sonst den Zug aus Schlitten und „Zugmaschine" verkleinern und damit in den Auftrag der Gruppe B eingreifen. Wir legen also das Wägestück auf den Schlitten. Dort wird es weiterhin mitbeschleunigt, ohne dass seine Gewichtskraft noch mitzieht: Seine Kraft ist weg, die Trägheit bleibt. Als Beschleunigung ergibt sich $a = 0{,}294$ m/s².
c) Wenn wir ein weiteres Wägestück übertragen, sinkt mit der beschleunigenden Kraft auch wieder die Beschleunigung.

V 2: An den Schlitten aus → *Versuch 1c* wird nach → *Bild 3* ein zweiter, genau gleicher Schlitten gehängt. Vor den Faden werden 4 statt 2 Wägestücke gehängt (8 g statt 4 g). So ist nicht nur die Masse des Zuges, sondern auch die beschleunigende Kraft (8 cN statt 4 cN) verdoppelt. Die Beschleunigung bleibt 0,196 m/s². Dies sieht man leicht ein: Man hätte ja jeden Wagen für sich mit der Kraft 4 cN beschleunigen können.

B 4: 1997 prallte ein Raumschiff gegen die Raumstation Mir und beschädigte sie stark

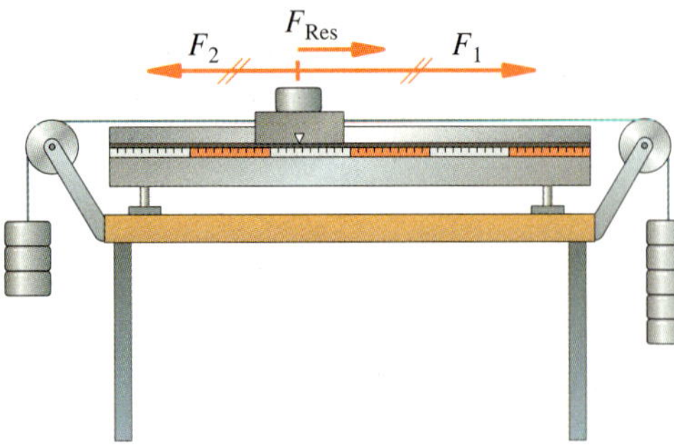

B 1: Die resultierende Kraft bewirkt die Beschleunigung

V 1: Nach *Bild 1* zieht am Fahrbahnwagen (1,000 kg) nach rechts ein Wägestück mit 50 g, nach links mit 30 g Masse. Hätte das rechte auch nur 30 g Masse, so bestünde Gleichgewicht. So aber beschleunigt als resultierende Kraft die Summe der Kräfte F_1 und F_2, die beide auf einer Geraden wirken – dafür haben die Rollen gesorgt. Den Wert der resultierenden Kraft $F = F_{Res}$ können wir deshalb durch einfache Addition der einzelnen Kraftwerte ermitteln (die positive Achse zeige nach rechts):

$$F = F_1 + F_2 = 50\ \text{cN} + (-30\ \text{cN}) = 20\ \text{cN}.$$

Der „Zug" hat die Gesamtmasse 1,080 kg. Er setzt sich in Fahrt mit der ebenfalls nach rechts gerichteten Beschleunigung

$$a = F/m = 20\ \text{cN}/1{,}080\ \text{kg} = 0{,}19\ \text{m/s}^2.$$

Vertiefung

Für ganz Neugierige

Könnten nicht auch Form, Volumen und vor allem das Material der Körper Einfluss auf ihr Trägsein haben? Man wählt deshalb einen Schlitten aus anderem Material oder von kleinerer Masse und füllt den Rest z. B. mit Schokoladentafeln gleicher Masse auf. Erfreulicherweise erfährt der neue Lastzug durch die gleiche Kraft genau die gleiche Beschleunigung wie der alte: Er ist nicht nur gleich schwer, sondern auch gleich träge! Dies wurde an den verschiedensten Orten und immer wieder mit großer Präzision bestätigt. Wenn ein Körper die Masse $m = 1$ kg hat, ist er *am gleichen Ort genauso schwer* wie das Urkilogramm und *überall genauso träge*.

4. Eine Formel, in der alles steckt!

Unsere beiden Arbeitsgruppen fanden:

A: Bei konstanter Masse m ist $F \sim a$.
B: Bei konstanter Beschleunigung a ist $F \sim m$.

Will man doppelte Beschleunigung, so braucht man doppelte Kraft. Möchte man dies sogar bei einem Körper mit dreimal so großer Masse erreichen, so muss man die Kraft nochmal verdreifachen. Insgesamt braucht man dann eine sechsmal so große Kraft. Es gilt also:

$$F \sim m \cdot a \quad \text{oder} \quad F = k \cdot m \cdot a.$$

Wir brauchen nun noch den Proportionalitätsfaktor k. Setzen wir unsere Messwerte ein (z. B. im dritten Durchgang $F = G = 0{,}04$ N und $m \cdot a = 0{,}2\ \text{kg} \cdot 0{,}196\ \text{m/s}^2 = 0{,}04\ \text{kg·m/s}^2$), so ergeben sich für F und $m \cdot a$ gleiche Maßzahlen; k hat den Zahlenwert 1. Dies ist kein Zufall. Man hat die Einheit 1 N nämlich schon als Abkürzung für $1\ \text{kg·m/s}^2 = 1\ \text{kg·m·s}^{-2}$ gewählt.

Mit dieser Festlegung $\mathbf{1\ N = 1\ kg·m·s^{-2}}$ dürfen wir als Gleichung schreiben: $0{,}04\ \text{N} = 0{,}04\ \text{kg·m·s}^{-2}$ oder allgemein:

$$\boldsymbol{F = m \cdot a}.$$

So wie die Krafteinheit 1 N werden wir im Bereich der Mechanik alle weiteren Einheiten auf die drei *Basiseinheiten* 1 m, 1 kg und 1 s zurückführen.

Bereits um 1686 hat Isaak NEWTON die Gleichung $F = m \cdot a$ aufgestellt, allerdings zunächst für die Bewegung von Himmelskörpern. Dann übertrug er sie auch auf irdische Körper, z. B. auf fallende Äpfel. Wir haben sie für Planeten und Fallobst noch nicht untersucht, wohl aber für anfahrende „Autos".

Merksatz

NEWTONsches Beschleunigungsgesetz als **Grundgleichung der Mechanik**: Beschleunigende Kraft gleich Masse mal Beschleunigung: $\boldsymbol{F = m\,a}$.
Die beim Beschleunigen auftretende Geschwindigkeits*änderung* erfolgt in Richtung der beschleunigenden Kraft. Dies drückt man durch Vektorpfeile über F und a aus (m ist ein Skalar, kein Vektor): $\boldsymbol{\vec{F} = m\,\vec{a}}$.

Dies ist nun wirklich die wichtigste Aussage in diesem Buch, sie hat ab 1686 die Welt verändert. Deshalb dürfen wir einen Augenblick verschnaufen.

5. Meistens spielen mehrere Kräfte mit

Radfahrer und unser Auto (vom Kapitelanfang) „spüren" es, dass mit zunehmender Geschwindigkeit sich eine zweite Kraft, die Luftwiderstandskraft F_2, mehr und mehr bemerkbar macht. Diese ist der positiven Antriebskraft F_1 entgegengerichtet, wird von uns also negativ gerechnet. Für die Beschleunigung bleibt nur noch die (kleinere) Summe $F = F_1 + F_2$ übrig. ➠ *Versuch 1* bestätigt dies im Labor. Die Höchstgeschwindigkeit des Autos wird dann erreicht, wenn Kräftegleichgewicht entstanden ist. Die resultierende Kraft F und damit die Beschleunigung haben jetzt den Wert null erreicht.

Merksatz

In der Grundgleichung der Mechanik $\vec{F} = m\vec{a}$ ist die beschleunigende Kraft $\vec{F}$ die Resultierende aller von außen einwirkenden Kräfte, der so genannten äußeren Kräfte.

6. Beschleunigungsmessung über Kräfte

Die Beschleunigung a ist der beschleunigenden Kraft $F = m\,a$ proportional. Deshalb kann man Beschleunigungen von Fahrzeugen und Aufzügen mit Kraftmessern bestimmen. In einem waagerecht anfahrenden Zug steht ein reibungsfreies Wägelchen der Masse 1 kg (➠ *Bild 2*). Damit es nicht zurückbleibt, muss der Kraftmesser an ihm mit der Kraft $F = 0{,}6$ N ziehen. Also erfährt es – wie der Zug – die Beschleunigung $a = F/m = 0{,}6\ \text{N}/1\ \text{kg} = 0{,}6\ \text{m/s}^2$.

Beispiel

Musteraufgabe

a) Ein Auto (Masse $m_1 = 1\,000$ kg) kommt bei rasantem Start in 2,0 s aus dem Stand auf eine Geschwindigkeit $v = 36$ km/h = 10 m/s. Welche Kraft braucht es?

Lösung: Zum Berechnen der Kraft $F = m_1\,a_1$ muss man nicht die Geschwindigkeit, sondern die Beschleunigung a_1 kennen. Diese ist $a_1 = v/t = 5{,}0\ \text{m/s}^2$; die Kraft ergibt sich dann zu

$$\boldsymbol{F} = m_1\,a_1 = 1\,000\ \text{kg} \cdot 5{,}0\ \text{m/s}^2 = 5\,000\ \text{kg} \cdot \text{m/s}^2 = \mathbf{5\,000\ N}.$$

Die Motorkraft ist also halb so groß wie die Gewichtskraft!

b) Das gleiche Auto soll mit dieser Kraft $F = 5\,000$ N auch noch einen Anhänger der Masse $m_2 = 500$ kg ziehen oder 500 kg zuladen. Wie schnell ist es jetzt nach 2,0 s?

Lösung: Wiederum müssen wir zunächst die Beschleunigung berechnen. Da sich die Masse von m_1 auf $m_1 + m_2$ erhöht hat, gilt für die nun verminderte Beschleunigung:

$$a_2 = \frac{F}{m} = \frac{F}{m_1 + m_2} = \frac{5\,000\ \text{N}}{1\,500\ \text{kg}} = \frac{5\,000\ \text{kg}\cdot\text{m/s}^2}{1\,500\ \text{kg}} = 3{,}3\ \text{m/s}^2.$$

Nach 2 s beträgt die Geschwindigkeit $\boldsymbol{v} = a_2 \cdot t = \mathbf{6{,}7\ m/s}$.

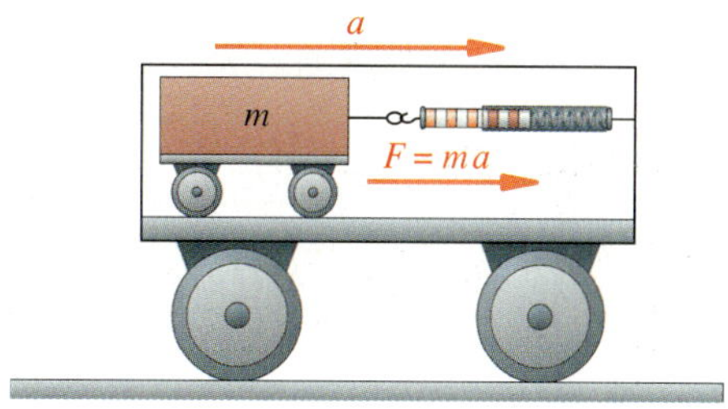

B 2: Kraftmesser und Taschenrechner liefern die Beschleunigung

... noch mehr Aufgaben

A 1: Zeigen Sie: Um einem Körper der Masse 1 kg die Beschleunigung 1 m/s² zu erteilen, braucht man die Kraft 1 N.

A 2: Ein Zug der Masse 700 t fährt mit der Beschleunigung 0,15 m/s² an. Welche Kraft braucht man zum Beschleunigen? Welcher Bruchteil der Gewichtskraft ist dies? Welche beschleunigende Kraft erfährt ein Mitfahrer (90 kg Masse)?

A 3: An einem Schlitten (80 kg, reibungsfrei auf Eis) zieht man mit der Kraft 50 N. Wie groß sind Beschleunigung, Geschwindigkeit und Weg nach 4,0 s (Anfahrt aus der Ruhe)?

A 4: (➠ *Bild 1 in Ziffer 1*): **a)** Bestimmen Sie die Beschleunigungen für Gang 1 und Gang 2 in beiden Diagrammen. **b)** Wie groß ist die jeweils beschleunigende Kraft, wenn das Auto mit Fahrer eine Masse von 1 200 kg hat? Wie groß ist die Kraft, die den Fahrer (80 kg) beschleunigt? **c)** Wie groß ist die zusätzliche Masse der Zuladung?

A 5: **a)** Ein Auto (1 000 kg) startet und legt in den ersten 10 s 100 m zurück. Welche Kraft war dazu nötig? **b)** Welche Kraft hätte für die halbe Strecke gereicht?

A 6: **a)** Ein Fahrbahnwagen (2,00 kg) steht reibungsfrei auf waagerechter Unterlage. Über einen Faden beschleunigt ihn ein Körper der Masse 100 g (ähnlich ➠ *Bild 1*). Wie groß sind die Beschleunigung und der nach 2,00 s zurückgelegte Weg sowie die dann erreichte Geschwindigkeit? **b)** Könnte man mit einem Antriebskörper von 100 kg Masse eine 1 000-mal so große Beschleunigung erreichen? **c)** Wie ändern sich die in a) berechneten Werte, wenn gemäß ➠ *Bild 1* zusätzlich ein Körper (80 g) nach links zieht?

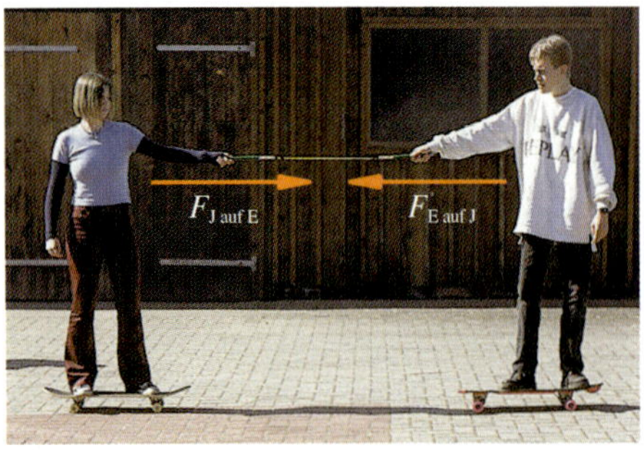

B 1: Wie immer Eva und Jan auch ziehen, stets treffen sie in der Mitte zusammen

V 1: **a)** Jan und Eva haben gleiche Masse und stehen auf Skateboards (*Bild 1*). Ziehen sie gleichzeitig an einem Seil, so treffen sie sich in der Mitte. Wie die Kraftmesser zeigen, hat jeder auf den anderen eine dem Betrage nach gleich große Kraft ausgeübt: $F_{\text{E auf J}} = F_{\text{J auf E}}$.
b) Nun versucht nur Eva zu ziehen, Jan dagegen nicht. Jan hält deshalb das Seil nur fest. Doch auch jetzt treffen beide in der Mitte zusammen! Jan stellt überrascht fest, dass er dabei wieder eine gleich große Kraft ausüben musste. Diese Kraft nennt man die reactio zur actio von Eva.
c) Jetzt nimmt sich Jan vor, auf die Kraft (actio) von Eva nicht mit einer reactio zu antworten. Dies gelingt ihm nur, wenn er das Seil loslässt. Allerdings kann dann auch Eva keine Kraft auf Jan ausüben.

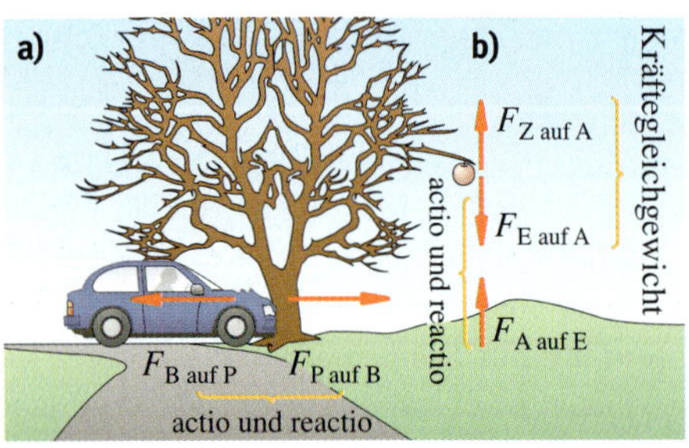

B 2: a) Die Kraft $F_{\text{P auf B}}$ beschädigt den Baum, die Gegenkraft $F_{\text{B auf P}}$ bremst das Auto abrupt und sorgt dabei für Verformung und Verletzungen. **b)** Der Apfel ruht zunächst im Gleichgewicht (die Kraftvektoren sind im Vergleich zu den Unfallkräften übergroß gezeichnet). Ohne die zum Gleichgewicht nötige Kraft $F_{\text{Z auf A}}$ ist die Ruhe plötzlich dahin. (Zu $F_{\text{Z auf A}}$ ist keine reactio gezeichnet, siehe auch *Aufgabe 3*).

Actio und reactio

1. Wer zieht, der wird gezogen

Bisher haben wir untersucht, wie Kräfte auf *einen* Körper wirken. Die Kräfte wurden stets von anderen Körpern aufgebracht. Diese anderen Körper beziehen wir nun in unsere Überlegungen mit ein. *Versuch 1* zeigt dabei eine fundamentale Eigenschaft:

Wenn ein Körper (A) auf einen anderen (B) eine Kraft ausübt, so wirkt B auf A zurück. Eine Kraft für sich allein gibt es nicht. **Actio** und **reactio** gehören zusammen, sie treten *immer als Paar* auf. Sie greifen stets an *verschiedenen* Körpern an; sie haben stets gleiche Beträge, aber immer entgegengesetzte Richtungen. Würden die beiden Kräfte am selben Körper angreifen, so gäbe es für diesen gar keine Beschleunigung, denn die resultierende Kraft wäre ja null.
Der Pkw in *Bild 2* übt bei dem Aufprall auf den Baum die Kraft $F_{\text{Pkw auf Baum}}$ ($F_{\text{P auf B}}$) aus und beschädigt so den Baum. Gleichzeitig mit dieser Kraft wirkt aber auch die Gegenkraft $F_{\text{Baum auf Pkw}}$ des Baumes auf das Auto. Diese Gegenkraft zerbeult die Motorhaube, bremst abrupt die Fahrgastzelle und mit dem Sicherheitsgurt hoffentlich auch den unvorsichtigen Fahrer.

Merksatz

Für alle Kräfte gilt das **Wechselwirkungsgesetz** (actio = reactio):
Übt ein Körper A eine **actio** $\boldsymbol{F}_{\text{A auf B}}$ auf einen Körper B aus, so übt gleichzeitig Körper B auf Körper A die **reactio** $\boldsymbol{F}_{\text{B auf A}}$ aus. Beide Kräfte sind entgegengerichtet; ihre Beträge sind gleich.

Actio und reactio greifen an verschiedenen Körpern an, sind also nicht im Gleichgewicht.
Beim Kräftegleichgewicht dagegen greifen die Kräfte am selben Körper an und sind an diesem im Gleichgewicht.

2. Reactio muss, Gleichgewicht kann sein

Der Apfel hängt am Zweig und rührt sich nicht (*Bild 2b*). Zwei Kräfte erzeugen an ihm (also am selben Körper) Gleichgewicht, die Gewichtskraft G und die durch die Biegung des elastischen Zweiges entstandene Kraft $F_{\text{Z auf A}}$. Die Gewichtskraft G können wir auch $F_{\text{Erde auf Apfel}}$ ($F_{\text{E auf A}}$) nennen. Die Resultierende aus den Kräften $F_{\text{E auf A}}$ und $F_{\text{Z auf A}}$ ist null, deshalb ändert sich der Bewegungszustand des Apfels nicht.
Nun prallt das Auto gegen den Baum. Der Apfel reißt ab, die Kraft $F_{\text{Z auf A}}$ verschwindet – und mit ihr das Kräftegleichgewicht. Es greift nur noch die Gewichtskraft $F_{\text{E auf A}}$ am Apfel an und beschleunigt ihn nach unten.

Zur Kraft $F_{\text{E auf A}}$ gehört untrennbar die reactio $F_{\text{A auf E}}$. Sie muss die Erde gleichzeitig nach oben beschleunigen. Der Effekt ist aber unmerklich; dies liegt an der großen Erdmasse.

3. Erst die reactio macht's möglich!

Zu Lande: Wenn eine Lok startet, üben ihre Räder auf die Schienen eine Kraft $F_{\text{L auf S}}$ nach hinten aus (➠ *Versuch 2*); erst deren reactio $F_{\text{S auf L}}$ bringt die Lokomotive in Fahrt. Ein 100 m-Läufer macht es nicht anders. Beim Start übt er eine möglichst große Kraft auf den Startblock nach hinten aus. Die Gegenkraft des Startblocks wirkt nach vorn und beschleunigt den Läufer. Liegt der Startblock nur locker auf der Erde, so rutscht er beim Start nach hinten weg. Der Start misslingt, da Kraft und Gegenkraft zu kurz wirken.

Im Wasser: Man sitzt im Boot wie in ➠ *Bild 3* und wirft mit großer Kraft Steine nach hinten. Die Steine wirken mit einer gleich großen reactio auf einen selbst zurück und treiben das Boot voran – wenn man nicht herausfällt. Gehen einem die Steine aus, könnte man Wasser schöpfen und dies nach hinten schleudern. Noch einfacher ist es aber, wenn man mit einem Paddel oder einer motorgetriebenen Schraube ständig Wasser nach hinten in Bewegung setzt, also mit einer Kraft nach hinten „wirft“. Dabei übt das Wasser die reactio auf das Boot nach vorne aus und treibt es voran.

In der Luft: Der Drehflügel eines Hubschraubers beschleunigt Luft nach unten und wird durch deren reactio gehoben. Im Propellerflugzeug schleudert die Luftschraube Luft nach hinten. Das Strahltriebwerk der Düsenflugzeuge erwärmt die vorn in die Düse strömende Luft stark und beschleunigt sie so, dass sie mit großer Geschwindigkeit – zusammen mit den Verbrennungsprodukten – hinten ausgeschleudert wird. Die dabei auftretenden Gegenkräfte treiben das Flugzeug voran. Der *Auftrieb* entsteht dadurch, dass der Tragflügel die anströmende Luft nach unten beschleunigt (➠ *Bild 4*). Die reactio der Luft wirkt auf den Flügel nach oben.

Im Weltraum: Im leeren Weltraum findet man keine Materie, an der man sich „abstoßen“ könnte. Die Rakete muss deshalb die hierzu nötige Materie als Treibstoff mit sich führen. Bei der Verbrennung entstehen Gase mit sehr hohem Druck. So entwickeln Weltraumraketen als actio eine sehr große Kraft (Größenordnung 10^6 N), mit der die Verbrennungsgase aus der Raketendüse ausgestoßen werden. Sie erreichen dabei eine hohe Geschwindigkeit (Größenordnung mehrere km/s). Die reactio treibt die Rakete an.

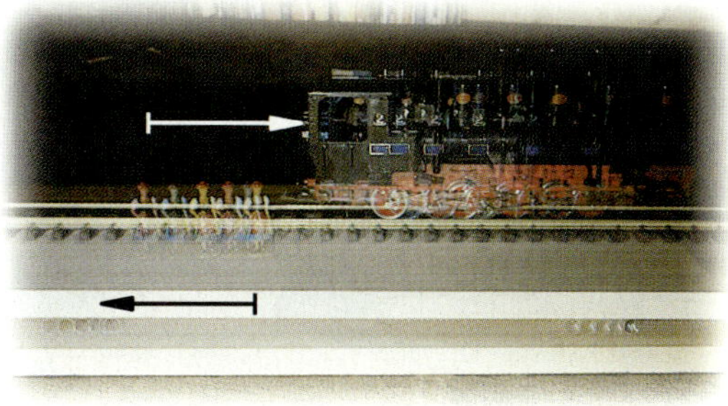

V 2: Die Schienen einer Spielzeugeisenbahn sind auf ein Brett montiert, das auf Rollen leicht läuft. Startet die Lokomotive nach vorn, so setzen sich die Schienen nach hinten in Bewegung.

B 3: Das Boot kommt durch die reactio voran

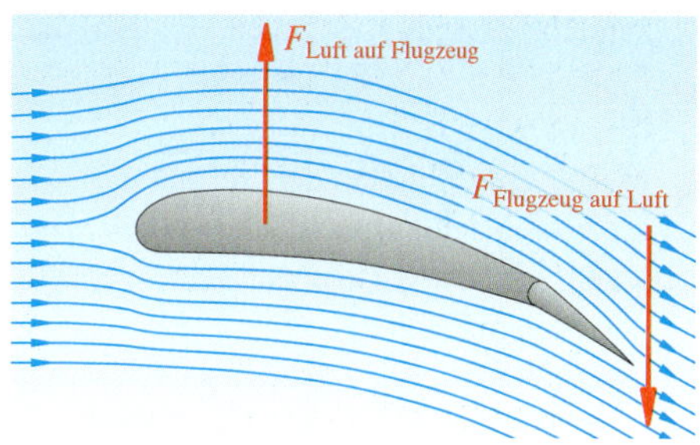

B 4: Querschnitt duch den Tragflügel eines Flugzeugs; die ihn umströmende Luft wird etwas nach unten abgelenkt.

... noch mehr Aufgaben

A 1: Oft hört man als Wechselwirkungsgesetz: Aktionskraft = Reaktionskraft oder kürzer: actio = reactio. Ergänzen Sie diese Aussage so, dass eine Verwechslung mit Gleichgewichtskräften unmöglich ist.

A 2: Jemand springt aus einem Boot ans Ufer. Wo greifen actio und reactio an? Welche Wirkungen haben sie jeweils?

A 3: In ➠ *Bild 2b* ist die Gegenkraft $F_{\text{A auf Z}}$ zu $F_{\text{Z auf A}}$ nicht eingezeichnet. Wo greift sie an? Welche Richtung hat sie und wie groß ist sie? Hat sie eine Gleichgewichtskraft? Wodurch entsteht diese?

A 4: Sie hängen an einem Reck. Welche Wechselwirkungskräfte wirken? Wo tritt Gleichgewicht auf? Wie ist es nach dem Loslassen?

A 5: Ein Esel vor einem Karren sturt: „Wenn ich an dem Karren ziehe, zieht er genau so stark an mir. Wie soll ich ihn dann in Bewegung setzen?“ Was würden Sie ihm antworten?

A 6: Sie stehen im Aufzug auf einer Waage. Er fährt nach oben. Diskutieren Sie actio, reactio und Gleichgewichtskräfte.

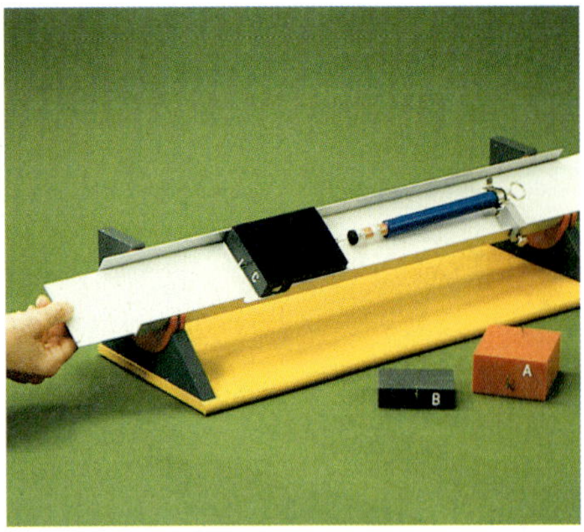

V 1: a) Wir legen einen Quader auf ein Fließband und ziehen dieses unter ihm weg. (Wenn wir den Quader über die Unterlage ziehen, können wir beschleunigende Kräfte am Körper nicht ganz vermeiden.) Ein Kraftmesser hält den Körper und zeigt so die Gleitreibungskraft F_{gl} an. Der Versuch wird mit verschiedenen Geschwindigkeiten des Bandes wiederholt.

b) Wir pressen den Körper nun unterschiedlich stark gegen seine Unterlage. Die Normalkraft F_N wird erhöht durch Auflegen von Wägestücken auf den Quader. F_N wird verkleinert, indem wir dem Fließband und damit der Unterlage (wie im Bild) eine seitliche Neigung φ geben. Es gilt dann $F_N = G \cdot \cos\varphi$. Für $\varphi = 60°$ ist $F_N = G \cdot \cos 60° = G/2$.

c) Bei gleich bleibender Normalkraft wird die Größe der Auflagefläche variiert. Dazu legen wir den Quader auf seine verschieden großen Flächen.

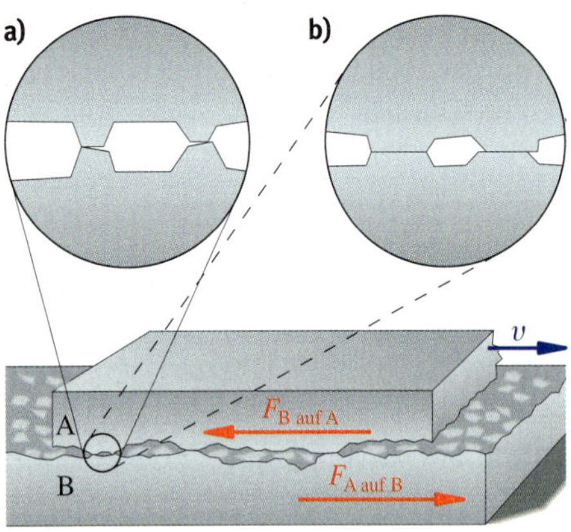

B 1: a) Mikroskopisch feine Kontaktflächen erzeugen die Reibungskräfte **b)** Bei größerer Normalkraft sind die Kontaktbereiche flacher gepresst und damit größer

Reibung

1. Gleitreibung liefert die Bremskraft

Sie müssen bei voller Fahrt plötzlich bremsen. Die Räder drehen sich nicht mehr, sondern gleiten über die Straße. Steinchen „spritzen" nach vorn. Ihr Rad übt auf die Straße eine Kraft nach vorne aus – so wie Körper A auf Körper B in ➠ *Bild 1*. Die reactio der Straße ($F_{B\,auf\,A}$) wirkt als *Gleitreibungskraft* der Gleitbewegung Ihres Rades entgegen.

Wenn Sie sanfter bremsen, tritt Gleitreibung an anderer Stelle auf, nämlich zwischen Bremsbacken und Felge. Dabei beobachtet man: Die Gleitreibungskraft ist umso größer, je stärker die Bremsbacken gegen die Felge gedrückt werden.

2. Gleitreibungskraft ist berechenbar

Wir wollen es genauer wissen und messen dazu in ➠ *Versuch 1* die Gleitreibungskraft bei unterschiedlichen Geschwindigkeiten, verschiedenen Anpresskräften und verschieden großen Kontaktflächen. Wir finden teilweise überraschende Ergebnisse:

- Die Gleitreibungskraft F_{gl} ist von der Relativgeschwindigkeit zwischen den beiden aneinander reibenden Flächen fast unabhängig. Bei schneller Bewegung sinkt F_{gl} etwas.
- Wird die Normalkraft n-fach vergrößert, dann auch die Gleitreibungskraft. Der Betrag der Gleitreibungskraft ist also proportional zum Betrag der Normalkraft:

$$F_{gl} = f_{gl} \cdot F_N \qquad (f_{gl} \text{ ist die Gleitreibungszahl}).$$

- Bei gleicher Normalkraft hängt die Gleitreibungskraft kaum von der Größe der reibenden Flächen ab, wohl aber von deren Beschaffenheit.

3. Mikroskopische Erklärung – eine mögliche Theorie

Selbst sorgfältig polierte Stahlflächen zeigen unter dem Mikroskop noch deutliche Unebenheiten (ähnlich ➠ *Bild 1*). Man erkennt in ➠ *Bild 1a*, dass die wahre, mikroskopische Berührfläche deutlich kleiner ist als die makroskopisch gemessene Fläche. An diesen wahren Mikrokontaktflächen sind die Moleküle der beiden Körper so nahe beieinander, dass manche „Höcker" miteinander verschweißen (*Adhäsion*). Zieht man nun Körper A über Körper B hinweg, so müssen dauernd solche winzigen Verschweißungen aufgebrochen werden, dauernd entstehen wieder neue. Es ergeben sich auch bleibende Verformungen vorstehender „Höcker". So kommt es zur Gleitreibungskraft.

Bei größerer Normalkraft werden die Höckeroberflächen stärker verformt (➠ *Bild 1b*), die Größe der Kontaktflächen wächst dabei etwa proportional zur Normalkraft. Mit dieser tatsächlichen Kontaktfläche muss deshalb auch die Gleitreibungskraft steigen.

4. Haften – „Reibung" ohne Rutschen

Wir ziehen vorsichtig mit einem Kraftmesser an einem Klotz. Der Klotz bewegt sich nicht. Die an ihm – und damit am Tisch – angreifende Kraft wird größer, aber in gleichem Maße wächst die reactio, die den Klotz zurückhält. Es ist die *Haftkraft* zwischen Klotz und Tischplatte. Sie erreicht bald ihren größten Wert (➡ *Bild 2a*), wir nennen sie dann die maximale Haftkraft $F_{h,\,max}$. Ziehen wir noch etwas stärker, so beginnt der Klotz zu gleiten. Dabei geht die Reibungskraft auf $F_{gl} < F_{h,\,max}$ zurück (➡ *Bild 2b*).

Mit dem Versuchsaufbau von ➡ *Versuch 1* finden wir die gleichen Gesetzmäßigkeiten wie bei der Gleitreibungskraft. Nur die Konstante hat (im Allgemeinen) jetzt einen größeren Zahlenwert:

$$F_{h,\,max} = f_h \cdot F_N. \qquad (f_h \text{ ist die Haftzahl; } f_h > f_{gl})$$

Wir müssen annehmen, dass beim Haften die gleichen Adhäsionskräfte wirken wie beim Gleiten. Aber offenbar wirken sie sich beim Gleiten bei den meisten Stoffen weniger stark aus (➡ *Tabelle 1*).

Eine für medizinische Anwendungen sehr günstige Kombination ist das Stoffpaar Stahl auf Teflon, einem besonders harten und glatten Kunststoff. Man wählt sie z. B. für Hüftprothesen (➡ *Bild 3*). Haftzahl und Gleitreibungszahl sind klein und gleich, sodass weder die Bewegung, noch der Beginn der Bewegung als unangenehm empfunden wird.

5. Die Rollreibung ist sehr klein

Eine noch geringere Zugkraft als beim Gleiten genügt, wenn wir runde Bleistifte zwischen Klotz und Tisch legen (➡ *Bild 2c*). Die jetzt wirkende *Rollreibungskraft* ist die kleinste der drei beschriebenen Reibungskräfte. Bei trockenen Berührflächen ergibt sich deshalb meist eine klare Rangfolge: $F_h > F_{gl} > F_{roll}$.

Haft- und Gleitreibungskräfte können durch Schmieren oder Ölen deutlich verringert werden. Die für trockene Berührflächen gefundenen Gesetze gelten dann aber nicht mehr, da Adhäsionskräfte zwischen Mikrokontaktflächen entfallen.

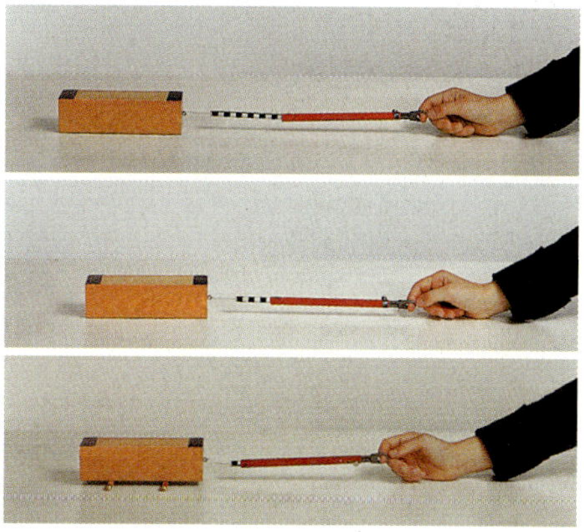

B 2: Hier gilt $F_{h,\,max} > F_{gl} > F_{roll}$

Stoffpaar	f_h	f_{gl}
Stahl/Stahl (trocken)	0,15	0,05
Stahl/Teflon	0,04	0,04
Holz/Holz	≤0,6	≤0,5
Holz/Stein	0,7	0,3
Gummi/Straße	0,65	0,5
Schlittschuh/Eis	0,03	0,01

T 1: Haftzahlen f_h und Gleitreibungszahlen f_{gl}

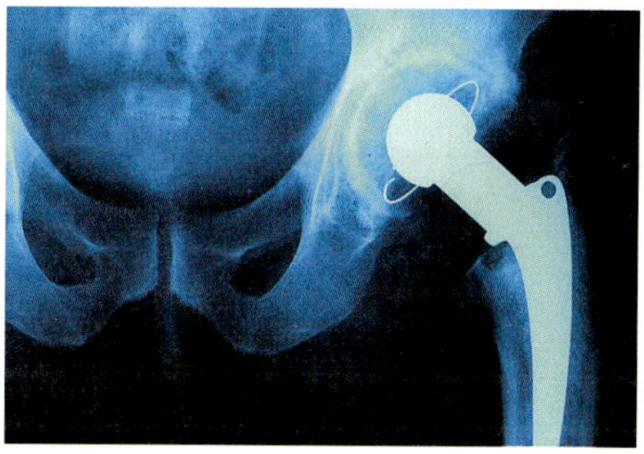

B 3: Künstliches Hüftgelenk; Teflon auf Stahl – eine Kombination, die im Reibungsverhalten dem natürlichen Gelenk nahe kommt.

... noch mehr Aufgaben

A 1: Erklären Sie nach dem mikroskopischen Modell der Gleitreibungskraft, warum die makroskopische Flächengröße praktisch keinen Einfluss auf die Größe der Reibungskraft hat.

A 2: Eine Geige und ein nicht geöltes Türscharnier haben physikalisch etwas gemeinsam (nicht den Hörgenuss!). Warum ölt man das Scharnier, nicht aber den Geigenbogen?

A 3: Nennen Sie Beispiele, bei denen das Schmieren von Berührflächen positive Auswirkungen hat. Suchen Sie auch Beispiele für negative Folgen.

A 4: Welche Kraft braucht man mindestens, um einen Stahlquader der Masse $m = 1{,}5$ kg auf einer waagerechten Stahlplatte in Bewegung zu setzen? Welche Kraft wird benötigt, um ihn gleitend zu ziehen?

A 5: Welchen Neigungswinkel muss man einer schiefen Ebene geben, damit ein auf ihr liegender Körper gerade zu gleiten beginnt ($f_h = 0{,}6$; $f_{gl} = 0{,}45$)? Gleitet er anschließend mit konstanter Geschwindigkeit oder beschleunigt er weiter? Wie groß muss der Neigungswinkel sein, damit der Körper nach einem Stoß nicht mehr schneller wird? Spielt die Masse des Körpers eine Rolle?

Interessantes

Verkehrsphysik II

Beschleunigung beim Bremsen

Zum Abbremsen aus einer (positiven) Geschwindigkeit werden (negative) Kräfte benötigt. Wie groß sie sein müssen, hängt von der Masse des abzubremsenden Körpers und von der gewünschten (negativen) Beschleunigung ab.

Fragen wir uns also einmal, welche Beschleunigungswerte beim Bremsen auftreten können. Wir wissen, dass die Beträge von maximaler Haftkraft und Gewichtskraft proportional sind: $F_{h,\,max} = f_h \cdot G$. Der Proportionalitätsfaktor f_h ist die Haftzahl. Für einen Gummireifen bei trockener Fahrbahn beträgt sie etwa 0,65. $F_{h,\,max}$ ist die maximal erreichbare Haftkraft, sie gilt für gerade noch nicht rutschende Räder. Damit ist der maximal mögliche Betrag der Beschleunigung:

$$|a| = \frac{F_{h,\,max}}{m} = \frac{f_h \cdot G}{m} = \frac{f_h \cdot m \cdot g}{m} = f_h \cdot g$$

$$= 0{,}65 \cdot 9{,}81\,\frac{\text{N}}{\text{kg}} = 6{,}4\,\frac{\text{m}}{\text{s}^2}.$$

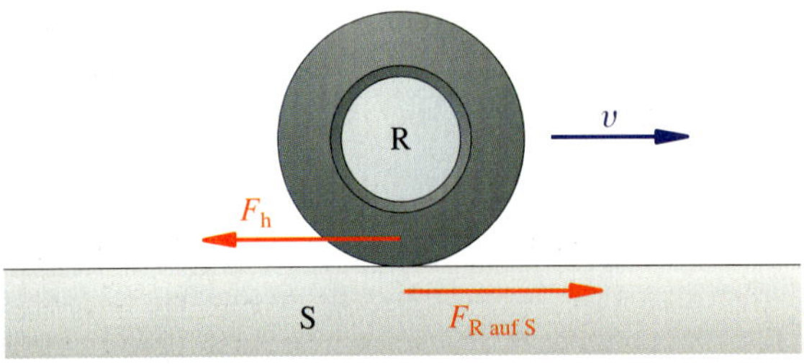

B 1: Actio ($F_{R\,auf\,S}$) und reactio (F_h) beim Bremsen

Die Haftkraft ist keine Komponente der Gewichtskraft, deshalb ist ihre Richtung auch nicht durch diese vorgegeben. Sie ergibt sich erst als reactio (Straße auf Rad) bei der gegenseitigen Bewegung von Straße und Auto (*Bild 1*). Beim Bremsen ist sie der Bewegungsrichtung entgegengesetzt. Führt die Bewegung in positive Richtung, gilt somit für den Beschleunigungswert: $a = -6{,}4\text{ m/s}^2$.

Kräfte beim Bremsen

Mit der ermittelten Beschleunigung müssen – so wie das Fahrzeug – auch die Insassen abgebremst werden. Bei einer Körpermasse von 70 kg bedeutet dies eine Kraft von $F = m\,a = 70\text{ kg} \cdot (-6{,}4\text{ m/s}^2) = -448\text{ N}$ gegen die Bewegungsrichtung. Dies ist betragsmäßig weniger als die Gewichtskraft, also werden Arme und Beine den Körper abstützen können, ohne dass etwas passiert. Für diesen Fall ist der Sicherheitsgurt offenbar noch nicht gedacht.

Brems- und Anhalteweg

Wir vergleichen die Anhaltewege zweier Fahrzeuge A und B. Fahrzeug B fährt doppelt so schnell wie A ($v_A = 36\text{ km/h}$). Beide müssen in einer Notsituation stark bremsen.

In der ersten „Schrecksekunde" $t_0 = 1\text{ s}$ fährt Fahrzeug A noch mit der Geschwindigkeit v_A weiter, also noch um die Strecke

$$s_{0A} = v_A\,t_0 = 36\text{ km/h} \cdot 1\text{ s} = 10\text{ m/s} \cdot 1\text{ s} = 10\text{ m}.$$

Mittlerweile hat der Fahrer in die Bremsen getreten. Die Bewegung ist jetzt gleichmäßig beschleunigt mit $a = -6{,}4\text{ m/s}^2$. Als Bremsweg (*Bild 2*) ergibt sich $s_A = \frac{1}{2}\,v_A\,(t_1 - t_0)$. Für die Beschleunigung gilt

$a = \frac{0 - v_A}{t_1 - t_0}$, also $t_1 - t_0 = \frac{v_A}{-a}$ und deshalb:

$$s_A = \frac{1}{2} \cdot v_A \cdot \frac{v_A}{-a} = \frac{1}{2} \cdot \frac{v_A^2}{-a} = \frac{1}{2} \cdot \frac{(10\text{ m/s})^2}{-(-6{,}4\text{ m/s}^2)} = 7{,}8\text{ m}.$$

Der gesamte Anhalteweg ist nun:

$$S_A = s_{0A} + s_A = 10\text{ m} + 7{,}8\text{ m} = 17{,}8\text{ m}.$$

Fahrzeug B kommt vielleicht nicht mehr mit dem Schrecken davon. Sein „Schrecksekundenweg" ist doppelt so lang, sein Bremsweg (v geht quadratisch ein) sogar viermal so lang! So ergibt sich als Anhalteweg von B:

$$S_B = s_{0\,B} + s_B = 20\text{ m} + 31{,}2\text{ m} = 51{,}2\text{ m}.$$

Dies ist dramatisch mehr als bei Fahrzeug A!

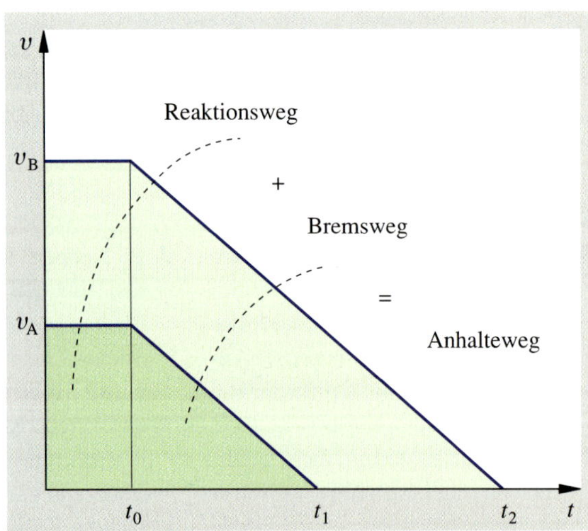

B 2: Der Schrecksekundenweg wächst linear mit der Geschwindigkeit, der Bremsweg sogar quadratisch

Interessantes

ABS – ein Freibrief für schnelles Fahren?

Kurz nach Einführen des „**A**nti-**B**lockier-**S**ystems" ABS bei Personenkraftwagen stiegen die Unfallzahlen gerade bei den hiermit ausgerüsteten Autos an. Lag ein Missverständnis vor?

ABS sorgt durch Sensoren dafür, dass beim Bremsen stets die Haftkraft Rad – Straße wirkt (➡ *Bild 3*). Diese ist immer größer als die dortige Gleitreibungskraft bei blockierten Rädern (➡ *Tabelle 1*). Dennoch ist Vorsicht geboten, denn die Haftkraft ist nicht immer gleich, sie hängt von der Straßenbeschaffenheit ab. Bei Glatteis ist deshalb der Betrag der maximalen Bremskraft nur noch weniger als ein Sechstel der Bremskraft bei trockener Straße. Was für die Bremskraft gilt, gilt auch für die Bremsbeschleunigung. Statt $-6{,}4\ \mathrm{m/s^2}$ beträgt sie bei Glatteis nur noch $-0{,}98\ \mathrm{m/s^2}$. Der eben berechnete Bremsweg für Auto A wächst deshalb von 7,8 m (bei trockener Straße) auf 51 m bei Glatteis an – trotz ABS! Viele Fahrer und Fahrerinnen glauben, mit ABS immer kurze Bremswege erreichen zu können – dies ist ein (gefährliches) Missverständnis!

Dennoch hat ABS Vorteile. Das Nichtblockieren erhält die Lenkfähigkeit der Vorderräder. Auch bei unterschiedlicher Bodenbeschaffenheit rechts und links (z. B. Ölspur) gerät das Fahrzeug nicht so leicht ins Schleudern, da jedes Rad sein eigenes ABS besitzt.

Stoffpaar	max. Haftzahl f_h	Gleitreibungszahl f_{gl}
Stahl auf Stahl	0,15	0,05
Holz auf Stein	0,7	0,3
Schlittschuh auf Eis	0,03	0,01
Gummi auf Straße	0,65	0,5
Autoreifen:		
trocken	0,65	0,5
nass	0,4	0,3
Glatteis	0,1	0,05

T 1: Haftzahlen f_h und Gleitreibungszahlen f_{gl}

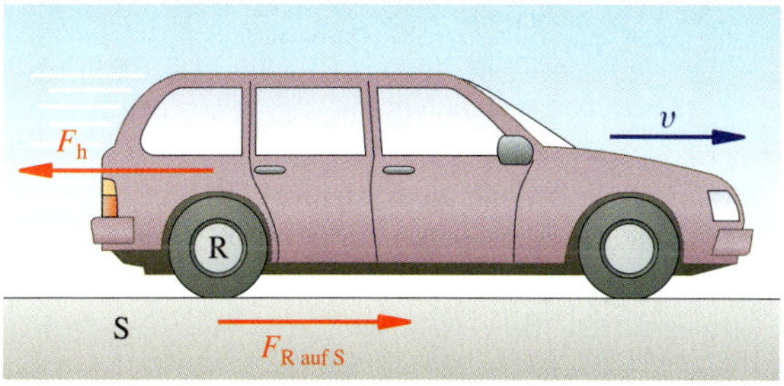

B 3: Die Reibungskraft, mit der die Straße auf die Räder wirkt, ist die Bremskraft für das Auto. ABS sorgt für Haftreibung, aber auch diese kann klein sein.

A 1: Der Fahrer eines Unfallwagens behauptet, sich an die vorgeschriebene Höchstgeschwindigkeit von 70 km/h gehalten zu haben. Da der Wagen mit blockierten Rädern gebremst wurde, kann der Gerichtsgutachter eine Bremsspur am Unfallort vermessen ($s = 62$ m). Aus der Straßenbeschaffenheit zum Unfallzeitpunkt schließt er auf eine Gleitreibungszahl von $f_{gl} = 0{,}5$. **a)** Bestimmen Sie die Fahrzeuggeschwindigkeit. **b)** Wie groß war der gesamte Anhalteweg bei einer Reaktionszeit des Fahrers von 0,8 s?

A 2: Ein Auto der Masse 800 kg wird durch Blockieren aller Räder gebremst. Wie groß sind die verzögernde Gleitreibungskraft ($f_{gl} = 0{,}50$), die Bremsbeschleunigung, die Bremszeit und der Bremsweg bei $v_0 =$ 30 km/h bzw. 50 km/h auf waagerechter Straße?

A 3: Die folgende Fahrschulregel gibt den Bremsweg in Metern: „Man streiche vom Zahlenwert der in km/h angegebenen Geschwindigkeit die Null und multipliziere das Ergebnis mit sich selbst". Bringen Sie diese Regel mit der hergeleiteten Formel $s = \frac{1}{2}\,v^2/(-a)$ in Einklang! Für welche Bremsbeschleunigung gilt sie? Beispiel: Bei $v_0 = 70$ km/h wäre nach der Faustregel der Bremsweg $7 \cdot 7$ m = 49 m.

A 4: Ein Auto bremst auf waagerechter Straße ($f_{gl} = 0{,}5$) bei $v_0 = 90$ km/h. **a)** Welche Geschwindigkeit hat es noch nach 2 s? Welchen Weg hat es dann zurückgelegt? **b)** Der Fahrer möchte – im Anblick eines Radarwagens – schnell von 90 km/h auf 50 km/h abbremsen. Wie lange und welche Strecke braucht er hierzu?

A 5: Skizzieren Sie in Diagrammen: **a)** Die Bremskraft F als Funktion des Bremsweges s bei immer der gleichen Anfangsgeschwindigkeit v_0. **b)** Den Bremsweg s als Funktion von v_0 bei konstanter Bremskraft!

A 6: Ein Auto fährt mit 54 km/h. Plötzlich taucht in 36 m Abstand ein Hindernis auf. Der Fahrer bremst und prallt 4 s später auf. **a)** Zeichnen Sie ein t-v-Diagramm. **b)** Wie groß war die Aufprallgeschwindigkeit? **c)** Wie groß war die Bremsbeschleunigung?

A 7: Die Schweiz schreibt vor, dass auf ihren unbefestigten Gebirgsstraßen der Bremsweg bei der Talfahrt unter 6 m liegen muss. Mit welcher Geschwindigkeit darf man also höchstens zu Tal fahren, wenn das Gefälle 18° beträgt und die Gleitreibungszahl auf 0,4 gesunken ist (Rollsplitt!)?

Interessantes

Crash

Der nicht zu wünschende Fall:

Bei allen Unfällen mit Zusammenstößen entsteht ein gefährlich stark verkürzter Bremsweg – selbst im Vergleich zur Vollbremsung. Welche Gefahren daraus resultieren, wollen wir an einigen unfalltypischen Beispielen belegen.

Wir haben für den Bremsweg hergeleitet: $s = \frac{1}{2}\,v^2/(-a)$. Umgekehrt lässt sich nun aus bekanntem Bremsweg und bekannter Anfangsgeschwindigkeit rückwirkend die Bremsverzögerung berechnen:

$$a = -\frac{v^2}{2\,s}.$$

Nehmen wir einmal an, Sie führen mit einer Geschwindigkeit von $v = 50$ km/h gegen einen Baum (es gibt nicht wenige, die dies für ungefährlich halten). Das Auto würde nach kurzer Zeit stehen. Ohne Gurt „fahren“ Sie jedoch zunächst fast ungebremst weiter. Während der Wagen schon zerknautscht ist, sind Sie gerade am Armaturenbrett angelangt. Dann erst beginnt für Sie der Bremsvorgang, aber es bleiben Ihnen nur noch $s \approx 5$ cm als Bremsweg! Die Bremsbeschleunigung ist $a = -v^2/(2\,s) \approx -2\,000$ m/s². Dies gibt bei einer Körpermasse von 70 kg eine Kraft vom Betrage $1{,}4 \cdot 10^5$ N. Eine solche Kraft ist im Allgemeinen tödlich! Schlägt Ihr Kopf an den Dachrahmen (➨ *Bild 1*), dann mit solcher Geschwindigkeit, als ob Sie aus dem 3. Stock mit dem Kopf voraus aufs Straßenpflaster fallen würden! Legen Sie also den Gurt auch bei Fahrten in der Stadt an!

B 1: Das Testauto steht, aber der Dummy knallt mit ungebremster Geschwindigkeit gegen Dachrahmen und Frontscheibe

Knautschzone und Gurt können Leben retten

Der eben geschilderte Unfall kann Ihnen passieren. Sie sitzen neben einem Fahrer, der bei „nur“ 50 km/h gegen einen Baum fährt. Aber der Fahrer und Sie haben sich angeschnallt – das ist ihr Beitrag zur passiven Sicherheit. Die Autokonstrukteure haben noch mehr getan: Das Vorderteil des Wagens wird – als Knautschzone vorausberechnet – um etwa 60 cm zusammengedrückt (vgl. ➨ *Versuch 1*). Ihr Gurt dehnt sich zusätzlich um 20 cm (➨ *Bild 2*). Also ist Ihr Bremsweg $s \approx 0{,}8$ m. Sie erfahren die Beschleunigung $a = -v^2/(2\,s) = -120$ m/s². Ihr Brustkorb muss die verzögernde Kraft $F = m\,a = -70$ kg · 120 m/s² = −8 400 N aushalten. Dies ist mehr als die zwölffache Gewichtskraft; eine kurze Zeit kann man sie ertragen. Sie überleben – vielleicht mit angebrochenen Rippen.

Motorradfahrern hilft wenigstens der Helm

Ihr Sturzhelm hat nicht nur die Aufgabe, den Schädelbereich vor spitzen Gegenständen und Abschürfungen zu schützen. Er verteilt auch eine einwirkende Kraft auf eine größere Fläche A. Dann wird der Druck $p = F/A$ kleiner. Bei einem Sturz vergrößert er zudem den Bremsweg von vielleicht 1 mm bei direktem Aufprall auf etwa 10 mm.

Interessantes

Ein Crashtest überprüft die geplante Wirkung

Zur Erforschung von Knautschzonen und anderen konstruktiven Sicherheitsmaßnahmen werden Testunfälle im Labor durchgeführt. Testperson ist ein „Dummy“, ausgerüstet mit Beschleunigungssensoren für *x*-, *y*- und *z*-Richtung. Nach genormtem Verfahren werden die drei Messkurven zu einer Standardkurve zusammengefasst:

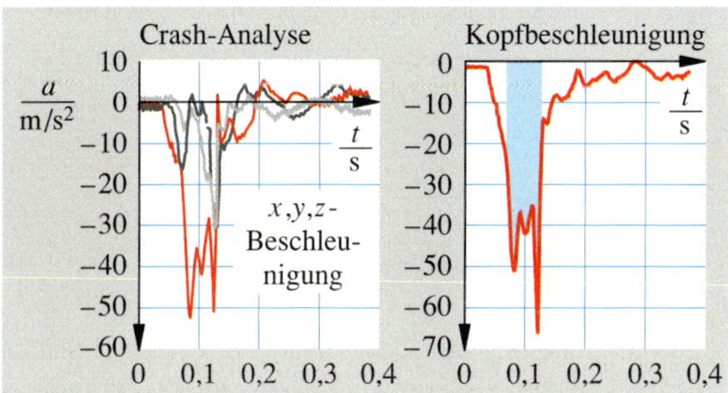

Uns fällt auf, dass die Kurve etwas breit gezogen ist und dazu noch einzelne Zacken aufweist. Wir ahmen den Versuch im Schullabor nach (➠ *Versuch 1*)

Der Kopf braucht besonderen Schutz

Der Kopf kann nicht angeschnallt werden. Beim Crash fliegt er aufgrund seiner Trägheit ungehindert weiter. Dabei werden Bänder und Muskeln der Halswirbelsäule stark überdehnt, schließlich schlägt der Schädel noch auf das Lenkrad und wird erst dort mit riesigen Kräften gebremst: Schwerste Verletzungen sind die Folge. Um dies zu vermeiden, haben Techniker die zusammenschiebbare Lenksäule und den Airbag entwickelt. Dieser wird im Kollisionsfall schlagartig (➠ *Bild 2*) mit Treibgas gefüllt und liefert so eine etwa 30 cm lange Bremsstrecke für den Kopf. Wird man selbst von hinten angefahren, sorgt die Kopfstütze dafür, dass Kopf und Körper gleich stark beschleunigt werden; die Halswirbelsäule wird geschont.

V 1: Ein Laborwagen mit Zusatzmasse (insgesamt 450 g) fährt eine schiefe Ebene hinunter. Die auftretende Beschleunigung wird mittels Bewegungsmesswandler und Computer aufgezeichnet. Im Fall **a)** lassen wir den Wagen gegen eine feste Wand prallen. Es entsteht eine kurzzeitige, starke Beschleunigung. Im Fall **b)** bilden wir vor der Wand eine Knautschzone nach. Dazu rollen wir ein Stück Schreibpapier (etwa 10 cm × 10 cm) etwas zusammen. Zuvor haben wir es zerknüllt; dies entspricht den im Autobau üblichen vorbestimmten Blechfalten. Wir lassen nun den Wagen erneut aufprallen. Das rechte Diagramm in ➠ *Bild 3* zeigt, dass der Betrag der Bremsbeschleunigung jetzt im Mittel kleiner ist. Die Bremskraft verteilt sich auf einen längeren Zeitraum. Da die Kraft beim Zusammenschieben des Papiers etwas wechselt, entstehen während dieser Zeit unterschiedliche Beschleunigungsspitzen.

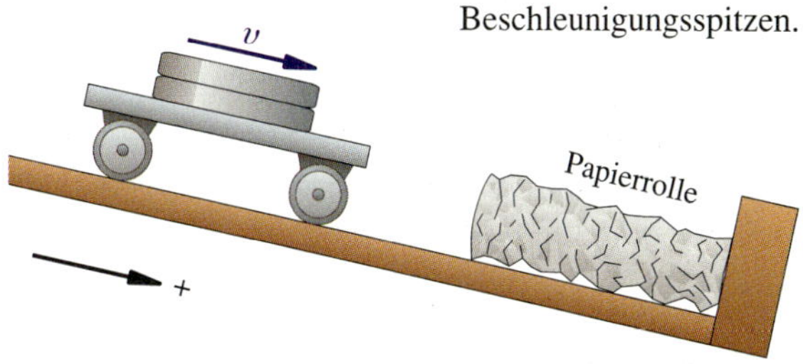

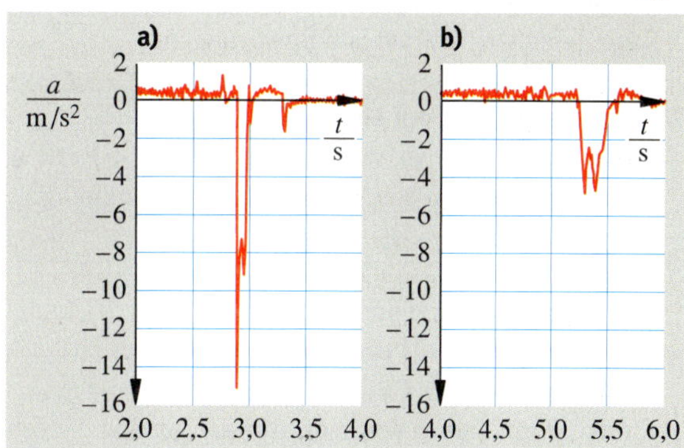

B 3: **a)** Aufprall ohne Knautschzone **b)** mit Knautschzone

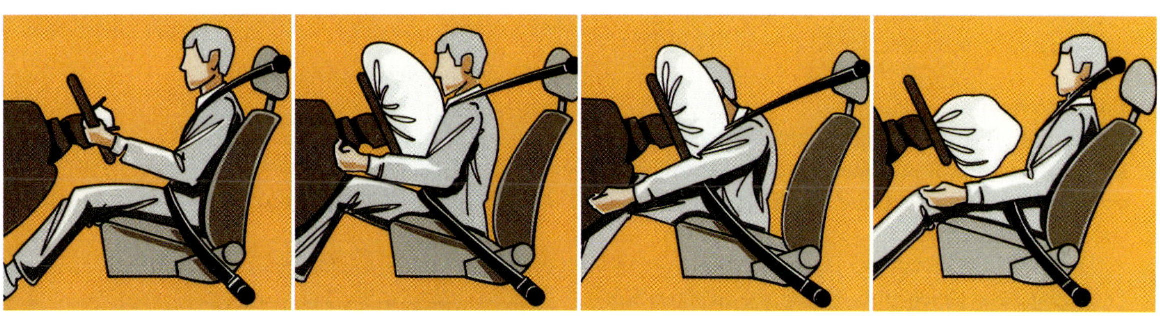

B 2: Nach 30 ms zündet der Airbag | Nach etwa 55 ms hat sich der Airbag aufgebläht | Knapp 90 ms: Die Person wird „weich“ abgebremst | 150 ms: Der Aufprall ist glücklich überstanden

Das ist wichtig

Im Jahre 1686 formulierte Isaac NEWTON in seinem Buch *„Philosophiae naturalis principia mathematica"* vier Gesetze. Damals revolutionierten sie ein Weltbild. Heute haben sie eine große technische Bedeutung – insbesondere im Straßen-, Schienen- und Luftverkehr. Die Eroberung des Weltraums durch Satelliten und Raumfähren wäre ohne sie nicht denkbar.

Kräfte sind Vektoren

Kräfte werden durch Betrag *und* Richtung beschrieben. Mehrere an einem Körper angreifende Kräfte ersetzt man durch deren Resultierende $\vec{F}_{Res}$. Eine einzelne an einem Körper angreifende Kraft kann man in Komponenten zerlegen. Das Zusammensetzen wie das Zerlegen von Kräften gehorcht der Parallelogrammregel der Vektoraddition. Liegen alle Kräfte auf einer Geraden, bestimmt man die Resultierende durch die Summe der mit Vorzeichen behafteten Kraft*werte*.

Das Trägheitsgesetz

Ein Körper ändert seinen Bewegungszustand nicht, wenn die auf ihn wirkende resultierende Kraft $F_{Res} = 0$ ist.

Diese einfache Weisheit – der geniale GALILEI fand sie zuerst – ist der Schlüssel zu einer systematischen Beschreibung von Kräften und Bewegungen.

Die Grundgleichung der Mechanik

Die auf einen Körper wirkende resultierende Kraft ist gleich dem Produkt aus Masse und Beschleunigung:

$$\vec{F}_{Res} = m\,\vec{a}.$$

Kraft und Beschleunigung haben die gleiche Richtung. Bei Bewegungen auf einer Geraden haben F und a in der Wertegleichung $F = m\,a$ das gleiche Vorzeichen.
Größe, Form und Material der Körper spielen bei fehlender Rotation keine Rolle. Es genügt, ihre Masse zu kennen.
Um einen Körper der Masse 1 kg mit 1 m/s^2 zu beschleunigen, braucht man eine Kraft von 1 N.

Actio gleich reactio

Wirkt ein Körper A mit einer Kraft auf einen anderen Körper B, so wirkt B mit einer entgegengesetzt gerichteten, gleich großen Kraft auf Körper A zurück. Actio und reactio wirken also auf *verschiedene* Körper.

Entgegengesetzt gleich große Kräfte, die an *einem* Körper in einem Punkt angreifen, halten sich das Gleichgewicht. Solche Kräfte darf man nicht mit actio und reactio verwechseln.

Bewegungen – gezeichnet und berechnet

Fall I: Die Summe aller von außen am Körper angreifenden Kräfte ist null.

Kraft: $F_{Res} = 0$

Aus $F_{Res} = 0$ folgt $a = 0$. Es gibt keine Geschwindigkeitsänderung, also liegt eine **gleichförmige Bewegung** vor.

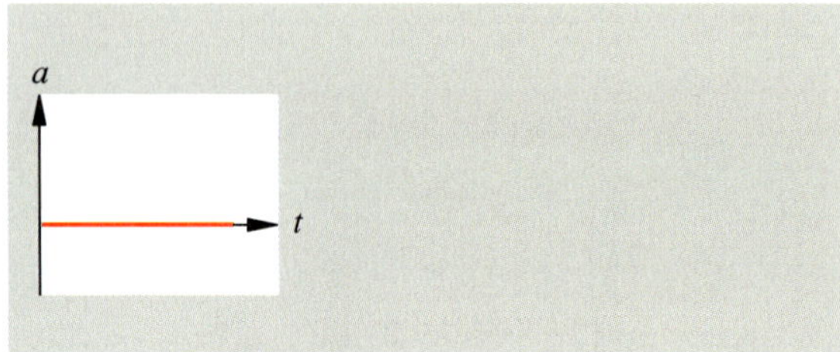

Beschleunigung: $a = 0$

Keine Änderung der Geschwindigkeit heißt Stillstand oder konstante Geschwindigkeit. Diese ist positiv, wenn die Bewegung in Richtung der von uns als positiv gewählten Ortsachse erfolgt. Die Fläche zwischen v-Kurve und t-Achse – mit Berücksichtigung des Vorzeichens – ist ein Maß für die Ortsänderung Δs.

Einige mögliche t-v-Diagramme:

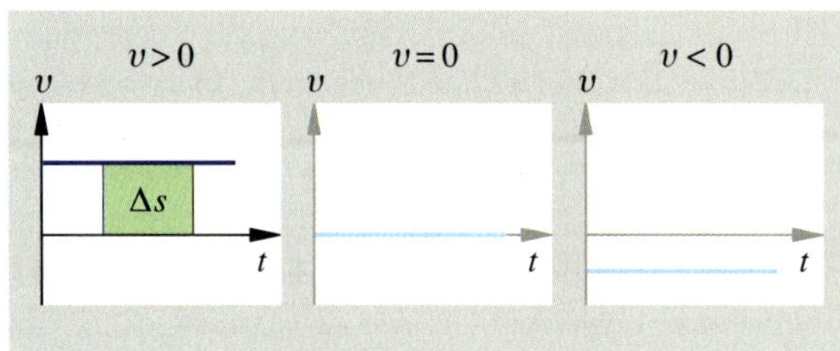

Geschwindigkeit: $v = v_0$ = konst.

Die während einer gleichförmigen Bewegung zurückgelegten Strecken sind durch die Gleichung der t-s-Geraden bestimmt. Deren Steigung – wir finden sie aus dem Steigungsdreieck – entspricht der Geschwindigkeit:

$$v = \frac{\Delta s}{\Delta t}.$$

Einige mögliche t-s-Diagramme:

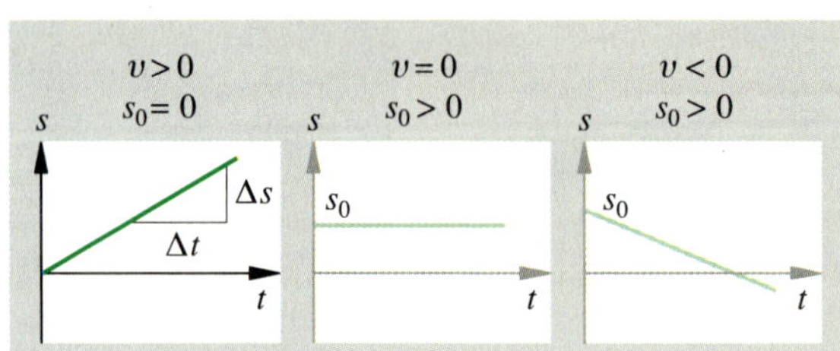

Ort: $s = v\,t + s_0$

Fall II: Die Summe aller am Körper angreifenden Kräfte ist ungleich null (aber konstant):

Kraft: $F_{Res} \neq 0$

Aus $F_{Res} \neq 0$ folgt $a \neq 0$. Die Geschwindigkeit ändert sich ständig. Bei konstanter Kraft liegt eine **gleichmäßig beschleunigte Bewegung** vor.

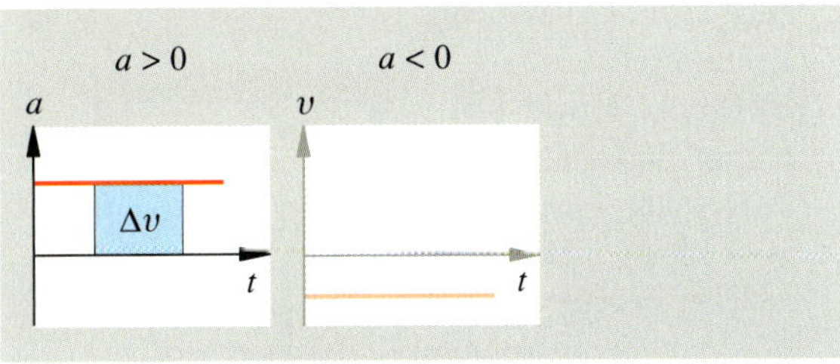

Beschleunigung: $a \neq 0$

Konstante Beschleunigung heißt konstante Geschwindigkeitsänderung. Diese ist positiv, wenn die Geschwindigkeit in der von uns als positiv gewählten Richtung zunimmt (links). Die Fläche zwischen a-Kurve und t-Achse – mit Berücksichtigung des Vorzeichens – ist ein Maß für die Geschwindigkeitsänderung. Alle während einer gleichmäßig beschleunigten Bewegung sich ergebenden Momentangeschwindigkeiten werden durch die Gleichung einer t-v-Geraden beschrieben. Deren Steigung entspricht der Beschleunigung:

$$a = \frac{\Delta v}{\Delta t}.$$

Einige mögliche t-v-Diagramme (im mittleren Diagramm ein Bremsvorgang):

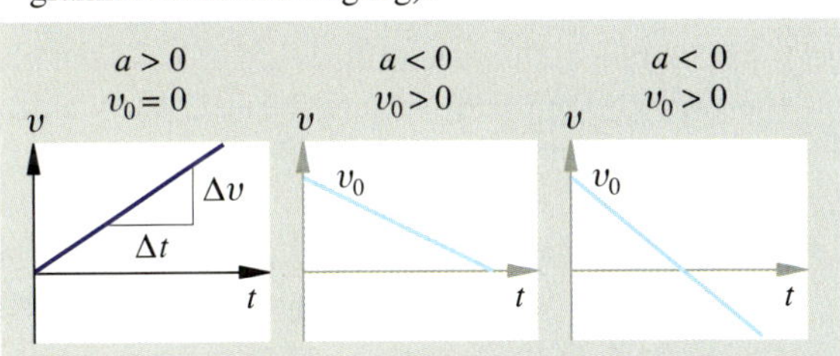

Geschwindigkeit: $v = a\,t + v_0$

Einige mögliche t-s-Diagramme (im mittleren Diagramm ein Bremsvorgang):

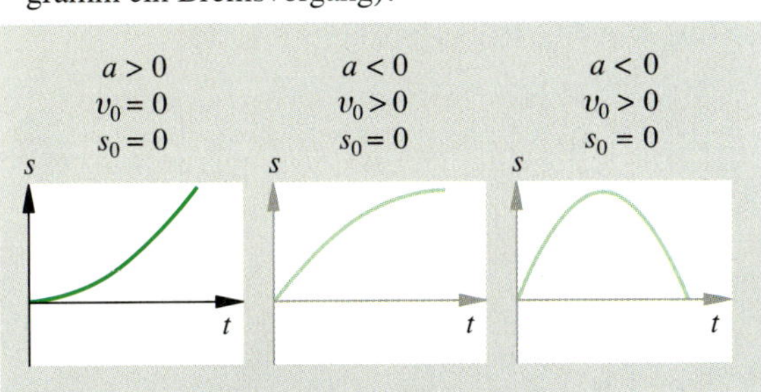

Ort: $s = \frac{1}{2}\,a\,t^2 + v\,t + s_0$

Kausalitätsprinzip

Nichts geschieht ohne Ursache, die gleiche Ursache ruft die gleiche Wirkung hervor. Anders ausgedrückt: *Kennst du den Ausgangszustand (Ort und Geschwindigkeit) und die Masse eines Körpers, so frage nach der Kraft, und du wirst den Endzustand vorhersagen können.*

Diese „Kausale Strategie" wenden wir in der gesamten klassischen Mechanik an, mit ihr lösen wir Aufgaben. Sie wird später – vor allem im Bereich der *Wärmelehre* – durch die Bilanzstrategie ergänzt. Die kausale Betrachtung findet ihre Grenzen in der *Quantenphysik*. Bei der Beschreibung von Einzelvorgängen im atomaren Bereich kann man sie nicht mehr durchgehend anwenden.

Beispiel

I. Zur gleichförmigen Bewegung

Ein Wagen bewegt sich *gleichförmig*.

Startwerte: $F_{Res} = 0$; $a = 0$;
$v(0\text{ s}) = v_0 = 4{,}8$ m/s;
$s(0\text{ s}) = s_0 = 0$ m.

Welche Werte haben Beschleunigung, Geschwindigkeit und Ort zum Zeitpunkt $t_1 = 12$ s?

Lösung: $\boldsymbol{a(12\text{ s}) = 0}$, denn die Kraft ist immer noch null.
$\boldsymbol{v(12\text{ s}) = 4{,}8\text{ m/s}}$, denn ohne äußere Kraft kann sich die Geschwindigkeit des Körpers nicht ändern.

$s(t_1) = v\,t_1$, also $\boldsymbol{s(12\text{ s})} = 4{,}8\text{ m/s} \cdot 12\text{ s} = \boldsymbol{57{,}6\text{ m}}$.

II. Zur gleichmäßig beschleunigten Bewegung

Am Wagen der Masse $m = 24$ kg greift die konstante Kraft $F_{Res} = -6$ N an. Der Wagen bewegt sich deshalb *gleichmäßig beschleunigt* gegen die als positiv gewählte Richtung.

Startwerte: $v(0\text{ s}) = 0{,}8$ m/s;
$s(0\text{ s}) = 0$ m.

Welche Werte haben Beschleunigung, Geschwindigkeit und Ort zum Zeitpunkt $t_1 = 10$ s?

Lösung: Aus $F = m\,a$ folgt

$a = F/m = -6\text{ N}/24\text{ kg} = -0{,}25\text{ m/s}^2$.

$\boldsymbol{a(10\text{ s}) = -0{,}25\text{ m/s}^2}$, denn die Kraft und damit die Beschleunigung bleiben konstant.

$\boldsymbol{v(t_1)} = a\,t_1 + v_0$, also

$\boldsymbol{v(10\text{ s})} = -0{,}25\text{ m/s}^2 \cdot 10\text{ s} + 0{,}8\text{ m/s} = \boldsymbol{-1{,}7\text{ m/s}}$.

$s(t) = \frac{1}{2}\,a\,t^2 + v\,t$, also

$\boldsymbol{s(10\text{ s})} = \frac{1}{2} \cdot (-0{,}25\text{ m/s}^2) \cdot (10\text{ s})^2 + 0{,}8\text{ m/s} \cdot 10\text{ s}$

$= \boldsymbol{-4{,}5\text{ m}}$.

Aufgaben

A 1: Zwei Kräfte von 20 N und 15 N greifen an einem Körper an: **a)** in gleicher Richtung, **b)** entgegengesetzt und **c)** unter einem Winkel von 90°. Bestimmen Sie jeweils die Resultierende.

A 2: Das Tauziehen ist schon merkwürdig. Mannschaft A zieht genauso stark an Mannschaft B wie umgekehrt. Erklären Sie, wieso diejenige Mannschaft gewinnt, die sich vom Boden stärker wegdrückt (z. B. mit 5 000 N, die andere Mannschaft mit –4 000 N).

A 3: **a)** Beschreiben Sie den Ablauf der Fahrt im folgenden *t*-*s*-Diagramm.

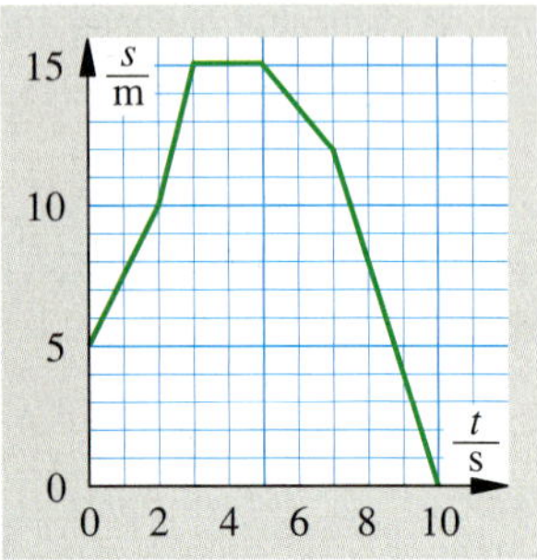

b) Übertragen Sie das *t*-*s*-Diagramm in Ihr Heft und zeichnen Sie das hierzu gehörende *t*-*v*-Diagramm. Berechnen Sie dazu vorher die Geschwindigkeitswerte in den einzelnen Zeitabschnitten.

A 4: **a)** Beschreiben Sie die Bewegung in den einzelnen Abschnitten des *t*-*v*-Diagramms! Wann wirkt eine (resultierende) Kraft auf den Körper? Bestimmen Sie ihre Richtung. **b)** Ermitteln Sie mithilfe des Diagramms durch Rechnung den am Ende erreichten Ort (s_0 = 0 m). **c)** Skizzieren Sie das zugehörige *t*-*s*-Diagramm!

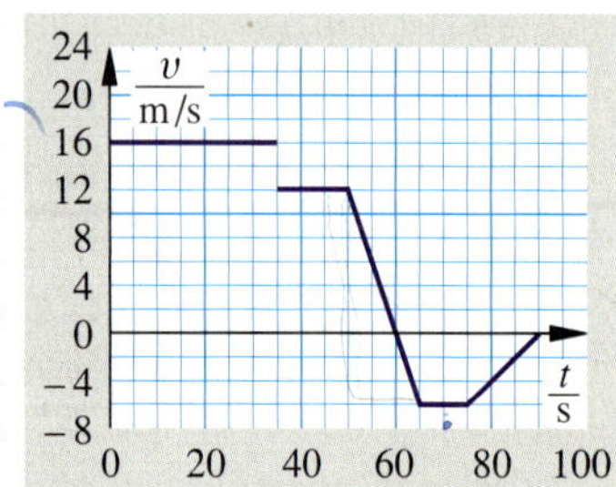

A 5: **a)** Kann ein Körper sich nach rechts bewegen, während er nach links beschleunigt wird? **b)** Ein Körper werde konstant beschleunigt. Kann sich die Richtung seiner Geschwindigkeit dabei umkehren?

A 6: Woran merkt man als Fahrgast, dass der Zug bremst? Was spürt man in einem anfahrenden Zug?

A 7: Die Tabelle enthält Messwerte von zwei Spielzeugautos, die nebeneinander herfahren. **a)** Übertragen Sie diese Werte in ein Diagramm (1 cm ≙ 1 s, 1 cm ≙ 0,1 m).

t/s	0	1	2	3	4	5	6	7
s_1/cm	0	6	14	20	26	34	40	47
s_2/cm	0	2	6	13	21	32	47	65

b) Zeichnen Sie eine Ausgleichsgerade bzw. -kurve. **c)** Bestimmen Sie die Geschwindigkeit der gleichförmigen Bewegung aus dem Diagramm wie auch aus den Tabellenwerten! **d)** Bestimmen Sie die als konstant angenommene Beschleunigung des zweiten Wagens. **e)** Wann befinden sich beide Wagen auf gleicher Höhe nebeneinander, wann haben sie gleiche Geschwindigkeit?

A 8: Zwei Körper der Masse 2 kg sind wie in der Zeichnung miteinander verbunden.

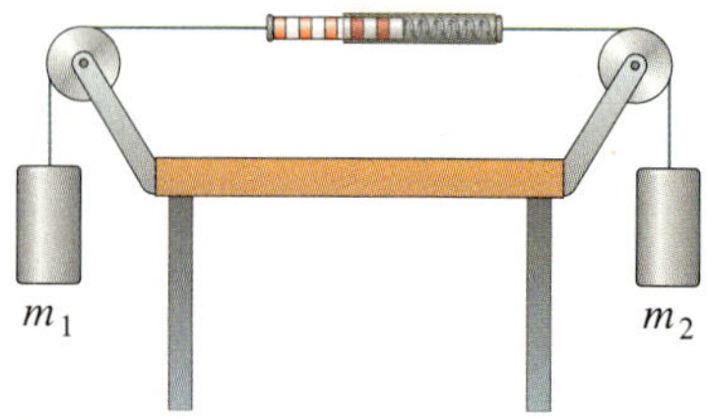

a) Welche Kraft zeigt der Federkraftmesser an? **b)** Körper 1 wird ersetzt durch ein Wägestück mit m_1 = 1,8 kg. Mit welcher Beschleunigung bewegt sich nun der „Zug"? Was zeigt der (masselose) Kraftmesser jetzt an?

A 9: Ein Transrapid beschleunigt auf einer Versuchsstrecke zwischen zwei Stationen zunächst mit a_1 = 0,95 m/s² aus der Ruhe, anschließend mit a_2 = –0,95 m/s² bis zum Stillstand. **a)** Zeichnen Sie ein *t*-*v*-Diagramm. **b)** Wie lange dauert die Fahrt bei einer Fahrstrecke von 5 km? **c)** Welche Höchstgeschwindigkeit wird erreicht? **d)** Auf der ersten Teilstrecke wird der Transrapid mit einer Kraft von *F* = 100 kN gezogen. Welche Masse hat er?

A 10: Die Mondrakete Saturn V hatte eine Startmasse von etwa $2{,}9 \cdot 10^6$ kg. **a)** Wie groß war die (noch nicht volle) Anfangsschubkraft der Raketenmotoren, als die Rakete nach der Zündung über der Rampe schwebte? **b)** Welche Schubkraft lag vor, als Saturn V kurz danach mit etwa 12 m/s² nach oben beschleunigt wurde?

A 11: **a)** Ein reibungsfreier Wagen (2,0 kg) setzt sich auf einem geneigten Brett mit der Beschleunigung *a* = 0,50 m/s² nach unten in Bewegung. Wie groß sind Hangabtriebskraft und Neigungswinkel? **b)** Wie groß ist die Beschleunigung bei einem dreifachen Neigungswinkel?

A 12: Ein Anhänger (1 000 kg) soll auf einer Straße bei 15° Neigung mit *a* = 1,0 m/s² bergauf gezogen werden. Welche Kraft ist nötig?

A 13: **a)** Ein Schrägaufzug (Neigung 30°) zieht einen Wagen (20 kg) eine Strecke von 10 m in 5 s aus der Ruhe heraus aufwärts. Welche Beschleunigung braucht er? **b)** Welche Masse muss der angehängte Körper haben, wenn die Reibungszahl *f* = 0,1 ist?

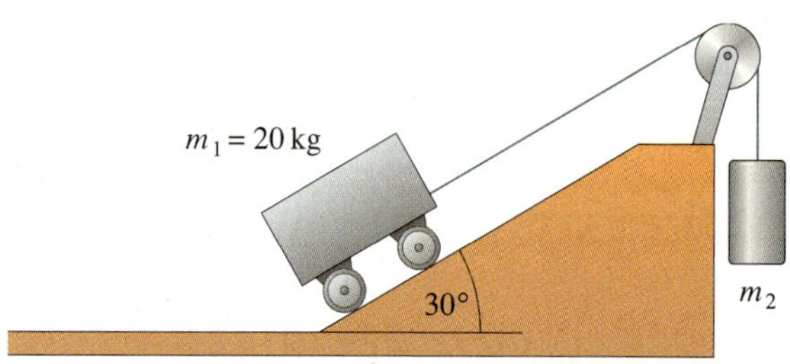

Fall- und Wurfbewegungen

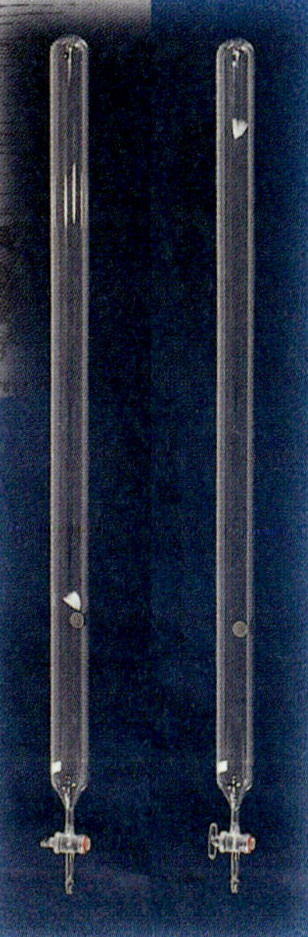

Kommt die Kanonenkugel zurück?

Wenn es mir gelingt, einen Stein *genau senkrecht* nach oben zu werfen, dann erwarte ich, dass er in meine Hand zurückkehrt. Darf ich wirklich so sicher sein? Müsste ich nicht berücksichtigen, dass sich die Erde dreht, dass sich meine Hand in jeder Sekunde mit der Erdoberfläche etwa 350 m nach Osten bewegt, während der Stein in der Luft ist?

Nach der Physik des ARISTOTELES, die das *Trägheitsgesetz* noch *nicht kannte*, wurde diese Überlegung als Argument gegen die tägliche Drehung der Erde um ihre Achse vorgebracht. Bei bewegter Erde dürfte die senkrecht nach oben geschossene Kanonenkugel auch bei Windstille nicht an den Ort des Abschusses zurückkehren. Die ersten Ansätze einer neuen Physik mussten also klarmachen, dass jeder Körper auf der Erde deren Bewegung mitmacht – und sogar beibehält, wenn keine Kraft auf ihn wirkt.

Die Kanonenkugel kommt zurück!
Die neue Physik hat diesen und manch anderen Widerspruch zu unseren Alltagsvorstellungen erst durch Versuche bewusst gemacht und dann aufgelöst.

Ein anderes Problem: Jedes Kind weiß, dass eine Bleikugel schneller zu Boden fällt als eine Flaumfeder. Der Grund scheint klar zu sein: Blei ist schwerer als Flaum. GALILEI hat diese durch Alltagserfahrung nahe gelegte Begründung in Frage gestellt und den wahren Grund aufgedeckt.

In einer Fallröhre mit und ohne Luft kann man Fallbewegungen unter vereinfachten Bedingungen beobachten. NEWTONS Physik liefert die dazu passende Theorie.

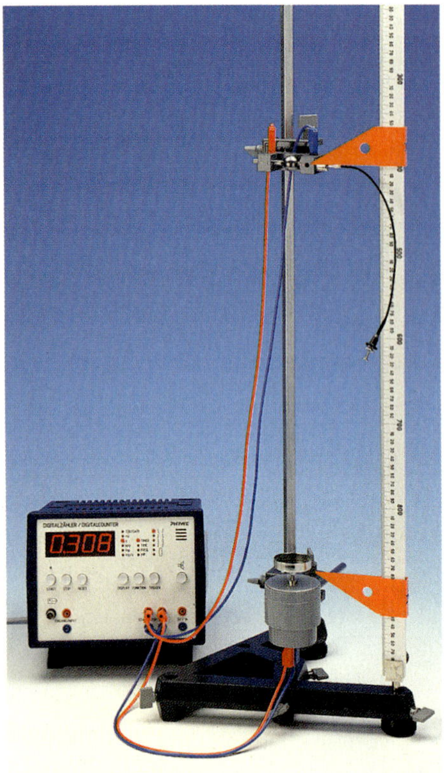

V 1: Die Stahlkugel wird im Auslöser eingeklemmt und schließt einen elektrischen Kontakt. Beim Freigeben der Kugel wird der Kontakt unterbrochen und damit die elektrische Uhr gestartet. Beim Aufprall stoppt der Schalter am Fangteller die Uhr. Die Null des nach unten gerichteten Maßstabs befindet sich in Höhe der Unterkante der startbereiten Kugel. An der Kontaktplatte wird der Fallweg abgelesen.

Fallweg s in m	Fallzeit t in s	Fallbeschleunigung g in m/s²
0,20	0,201	9,90
0,40	0,286	9,78
0,80	0,404	9,80

T 1: Vorne stehen die Messergebnisse des ➡ *Versuchs 1*. – Es gilt $s = \frac{1}{2} g\, t^2$, daraus folgt die Fallbeschleunigung $g = 2\, s/t^2$. Für jedes Wertepaar (t, s) wird damit g berechnet. Der Mittelwert dieser Messungen ist $g = 9{,}83$ m/s². Genauere Messungen liefern für Europa den Mittelwert $g = 9{,}81$ m/s². Am Nordpol ist der Wert größer, am Äquator kleiner. – Auf dem Mond ergäbe die Auswertung von Fallversuchen den Wert $g_{\text{Mond}} = 1{,}62$ m/s².

Der freie Fall

1. Mit Luftwiderstand fallen Körper langsamer

„Der Apfel fällt nicht weit vom Stamm" heißt es in einem unserer Sprichwörter. Obwohl es eigentlich anders gemeint ist, lässt es sich auch physikalisch deuten: Der Apfel fällt geradlinig senkrecht nach unten – viel schneller als die Blätter, die im Herbst zu Boden taumeln. Klar, ein Blatt ist ja viel leichter als ein Apfel; also muss es auch langsamer fallen – oder?

Physik verschafft sich für ihre Aussagen Gewissheit durch Experimente. Apfel und Blatt lassen sich leicht durch eine Metallkugel und ein Blatt Papier ersetzen. „Apfel" und Blatt werden gleichzeitig losgelassen und verhalten sich wie ihre Vorbilder in der Natur. Knüllt man aber das Papier vor dem Loslassen zu einer Kugel zusammen, so fallen beide auf dem ersten Meter etwa gleich. Keiner wird sagen, dass das Papier durch das Zusammenknüllen schwerer geworden ist. – Also?

Das Experiment mit der Kugel und dem geknüllten Papier stellt das Vorurteil in Frage, dass ein leichter Körper langsamer fällt als ein schwerer. Es führt zugleich auf die Spur einer besseren Erklärung: Das gleiche Papier fällt schneller, wenn man seine Form ändert. Es kommt darauf an, wie es beim Fallen der umgebenden Luft begegnet. Man müsste mal probieren, wie Körper im luftleeren Raum fallen.

2. Ohne Luftwiderstand fallen alle Körper gleich schnell

Man kann schlecht ganze Physikräume luftleer pumpen. Deshalb gibt es in jeder physikalischen Sammlung die so genannte **Fallröhre** (➡ *Einstiegsseite*). Sie enthält eine kleine Bleikugel und eine Flaumfeder, wird luftleer gepumpt und schnell umgedreht. Beide Körper beginnen dann gleichzeitig zu fallen. Man sieht und staunt: Die leichte Feder fällt wie ein Stein zu Boden, wenn die umgebende Luft fehlt. Lässt man die Luft wieder in die Fallröhre hineinzischen, dann zeigt die Wiederholung des Versuchs den vertrauten Unterschied zwischen dem Fall einer Bleikugel und einer Flaumfeder.

Es ist also die umgebende Luft, die leichte Körper langsamer fallen lässt als schwere. Wer die Hand aus dem Fenster eines fahrenden Autos oder Zuges hält, spürt die Kraft des Luftwiderstands. Sie wird kleiner, wenn man die Hand zur Faust ballt. Wir wollen es uns einfacher machen und zunächst nur solche Fallbewegungen untersuchen, bei denen der Luftwiderstand keine Rolle spielt, bei denen also nur die Gewichtskraft des fallenden Körpers dessen Bewegungszustand ändert. Wir sprechen dann vom freien Fall.

Merksatz

Die Fallbewegung eines Körpers, auf den allein seine Gewichtskraft wirkt, wird **freier Fall** genannt.

3. Ortsfaktor gleich Fallbeschleunigung

Die Gewichtskraft, die ein Körper erfährt, ändert sich nicht, wenn wir ihn fallen lassen. Im freien Fall – ohne Luftwiderstand – beschleunigt also die konstante Gewichtskraft $G = m\,g$ den Körper. Dabei ist g der Ortsfaktor, der bei uns den Wert 9,81 N/kg hat. Mit G statt F in NEWTONs Grundgesetz folgt für die Beschleunigung

$$a = \frac{G}{m} = \frac{m\,g}{m} = g. \qquad (1)$$

Demnach fallen ohne Luftwiderstand alle Körper am gleichen Ort mit derselben Beschleunigung. Sie ist gleich dem Ortsfaktor. Auf den ersten Blick ist das überraschend, aber auch die Einheiten sind gleich: $1\ \text{N/kg} = 1\ (\text{kg}\cdot\text{m/s}^2)/\text{kg} = 1\ \text{m/s}^2$.

Das Bleikügelchen in der Fallröhre habe die 1000fache Masse der Flaumfeder. Dann erfährt es auch eine 1000-mal so große Gewichtskraft. Es müsste also 1000-mal so stark beschleunigt werden. 1000fache Masse bedeutet aber auch 1000fache Trägheit. Schwere und Trägheit wirken einander genau entgegen; das Bleikügelchen fällt deshalb mit derselben Beschleunigung wie die Flaumfeder.

Merksatz

Beim freien Fall ist die Beschleunigung aller Körper am selben Ort gleich groß und gleich dem Ortsfaktor g.

4. Die Fallgesetze für den freien Fall

Da es sich beim freien Fall um eine gleichmäßig beschleunigte Bewegung handelt, können wir sofort die Bewegungsgesetze aufschreiben. g tritt an die Stelle der Beschleunigung a:

Merksatz

Fallgesetze für den freien Fall aus der Ruhe:

Zeit-Weg-Gesetz: $s = \frac{1}{2} g\,t^2$ (2)

Zeit-Geschwindigkeit-Gesetz: $v = g\,t$ (3)

5. Fallversuche zur Bestimmung des Ortsfaktors

Wir messen im ➡ *Versuch 1* bei einer frei fallenden Kugel gleichzeitig die Fallzeit und den Fallweg. Mit dem Zeit-Weg-Gesetz des freien Falls (*Gl. 2*) berechnen wir die Fallbeschleunigung g und damit den für uns gültigen Ortsfaktor. Die Auswertung für drei Wertepaare in ➡ *Tabelle 1* liefert den Mittelwert $g = 9{,}83\ \text{m/s}^2$.

Mit dem genaueren Wert $g = 9{,}81\ \text{m/s}^2$ berechnen wir die Geschwindigkeit, welche die Kugel nach $t = 0{,}404$ s erreicht hat: Das t-v-Gesetz (*Gl. 3*) liefert: $v = g\,t = 9{,}81\ \text{m/s}^2 \cdot 0{,}404\ \text{s} = 3{,}96\ \text{m/s}$.

Diese Geschwindigkeit kann man aus der Verdunkelungszeit einer Lichtschranke berechnen, die dort steht, wo die Kugel nach 0,404 s ist. Überschlagsrechnungen macht man gern mit dem **Näherungswert $g = 10\ \text{m/s}^2$** (➡ *Tabelle 2*).

Zeit t in s	Weg s in m	Geschwindigkeit v in m/s
0	0	0
1	5	10
2	20	20
3	45	30
4	80	40

T 2: Näherungswerte zum freien Fall, mit $g = 10\ \text{m/s}^2$ im Kopf gerechnet

... noch mehr Aufgaben

A 1: Aus welcher Höhe müsste ein Körper frei fallen, damit er Schallgeschwindigkeit (340 m/s) erreicht?

A 2: Nach welcher Zeit haben frei fallende Körper aus der Ruhe die Geschwindigkeit 25 m/s bzw. den Fallweg 10 m erreicht? Welche Werte findet man jeweils nach der doppelten Zeit? Was gilt jeweils auf dem Mond ($g_{\text{Mond}} = 1{,}62\ \text{m/s}^2$)?

A 3: Aus welcher Höhe müsste ein Auto frei fallen, damit es „Tempo 50" (50 km/h) erreicht? Kein Stuntman würde diese Fahrt wagen!

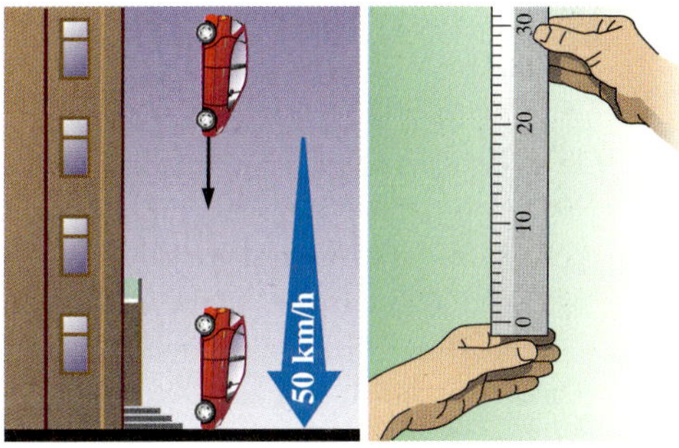

A 4: Reaktionstest: Halten Sie ein 30 cm-Lineal zwischen zwei Fingerspitzen an der 30 cm-Marke so, dass es nach unten hängt. Die Testperson hält Daumen und Zeigefinger an der 0 cm-Marke bereit, um zuzufassen und festzuhalten, wenn Sie das Lineal unerwartet loslassen. Aus dem Fallweg kann man die Reaktionszeit bestimmen. Fertigen Sie einen Pappstreifen, an dem die Reaktionszeit abzulesen ist.

A 5: Ein schwerer Stein fällt in einen 17,0 m tiefen Brunnen. Nach welcher Zeit hört man oben den Aufschlag, wenn die Schallgeschwindigkeit 340 m/s ist? Wie tief ist der Brunnen, wenn man den Aufschlag nach 2,00 s hört?

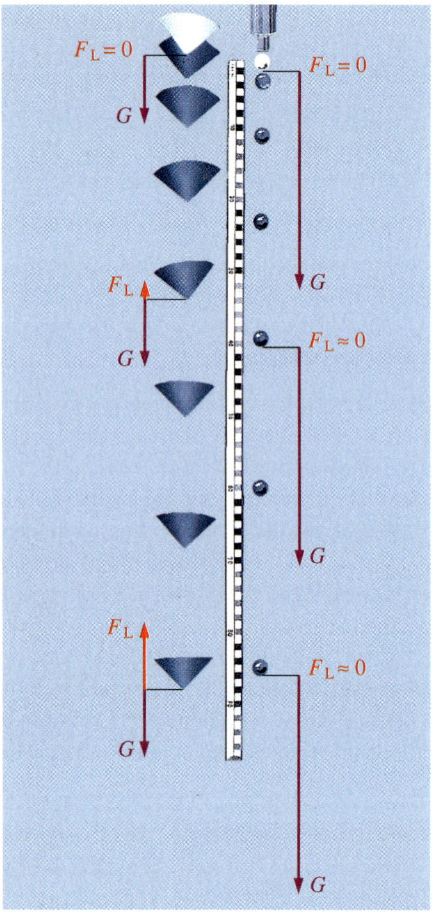

V 1: Eine Kugel und ein Papiertrichter fallen bei stroboskopischer Beleuchtung ($\Delta t = 0{,}067$ s) entlang dem nach unten gerichteten Maßstab. Sie werden gleichzeitig – beim Blitz Nummer null – losgelassen. Unterwegs ändert sich die Kräftebilanz.

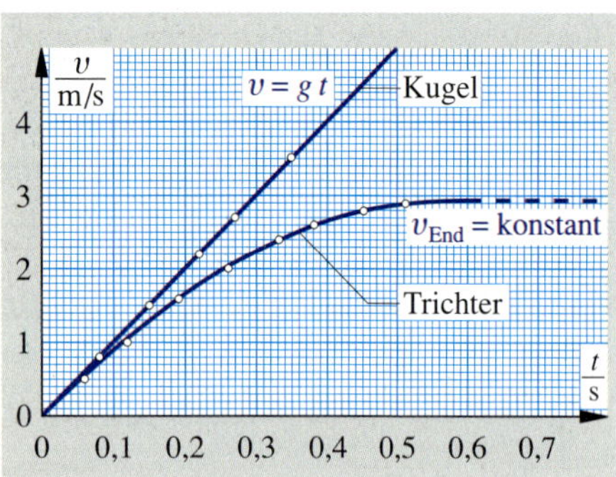

B 1: Auswertung des *Versuchs 1*: Zeit-Geschwindigkeit-Diagramm für Kugel und Papiertrichter. Die berechneten Geschwindigkeiten wurden jeweils dem Zeitpunkt in der Mitte zwischen zwei Blitzen zugeordnet.

Fall mit Luftwiderstand

1. Wenn die Luft mitmischt

Wenn Körper während ihres Falls stroboskopisch beleuchtet werden, dann erhält man in sehr anschaulicher Form Informationen über die Geschwindigkeiten unterwegs (*Versuch 1*). Man kann dem Foto die Wege zwischen zwei Blitzen entnehmen, daraus Durchschnittsgeschwindigkeiten berechnen und in einem Zeit-Geschwindigkeit-Diagramm darstellen (*Bild 1*). Kugel und Papiertrichter als Fallkörper liefern sehr unterschiedliche Ergebnisse:

Für die **Kugel** ist das Zeit-Geschwindigkeit-Diagramm eine Gerade; die Geschwindigkeit wächst proportional mit der Zeit. Die Bewegung ist gleichmäßig beschleunigt und es gilt $v = g\,t$.
Für den **Papiertrichter** wächst die Geschwindigkeit nur in den ersten hundertstel Sekunden nach $v = g\,t$. Dann bleibt er gegenüber der Kugel zurück. Die von Blitz zu Blitz zurückgelegten Wege wachsen immer weniger, die Beschleunigung nimmt also ab. Gegen Ende des Beobachtungszeitraums bewegt sich der Papiertrichter gleichförmig; die Punkte im t-v-Diagramm liegen auf einer Parallelen zur t-Achse.

Es liegt am Luftwiderstand, dass der Papiertrichter keine gleichmäßig beschleunigte Bewegung ausführt und nach einem beschleunigten „Anlauf" gleichförmig fällt.

2. Konstante Endgeschwindigkeit durch Luftwiderstand

Wir wissen, dass die Beschleunigung nach NEWTONS Grundgesetz strikt mit der resultierenden Kraft F_{Res} verbunden ist: $a = F_{Res}/m$. Die Masse ändert sich weder bei der Kugel noch beim Papiertrichter. Die Konstanz der Beschleunigung bei der Kugel bedeutet demnach konstante resultierende Kraft. Die Abnahme der Beschleunigung beim Papiertrichter bedeutet dagegen abnehmende resultierende Kraft.

Wir zeichnen für verschiedene Zeitpunkte die uns bekannten Kräfte in das Bild zu *Versuch 1* ein. Die Gewichtskräfte auf Papiertrichter und Kugel wirken ständig, sie werden jeweils durch rote Pfeile G dargestellt. Die hellroten Pfeile F_L repräsentieren die Luftwiderstandskraft; sie zeigen nach oben (entgegen der Bewegungsrichtung). Ihre Längen wachsen mit der Geschwindigkeit v.

Wir betrachten zunächst den Papiertrichter: Der Luftwiderstand wächst mit zunehmender Geschwindigkeit. Beim Start ganz oben im Bild bestimmt allein die Gewichtskraft die resultierende Kraft, der Papiertrichter bewegt sich beschleunigt. Mit wachsender Geschwindigkeit wird der Luftwiderstand größer. Schließlich ist die Luftwiderstandskraft der Gewichtskraft gegengleich. Dann ergeben beide zusammen die resultierende Kraft $F_{Res} = 0$. Mit ihr ist die Beschleunigung $a = 0$. – Der Papiertrichter bleibt aber nicht stehen, sondern fällt mit konstanter Geschwindigkeit weiter.

Auch die fallende Kugel erfährt Luftwiderstand, der ebenfalls mit zunehmender Fallgeschwindigkeit größer wird. Kräftegleichgewicht und Endgeschwindigkeit stellen sich aber erst bei etwa 60 m/s ein. Die kleinere Fläche der Kugel erfährt nämlich eine kleinere Luftwiderstandskraft, die sich gegenüber der größeren Gewichtskraft erst bei sehr viel größeren Geschwindigkeiten bemerkbar macht. In unserem Versuch ist davon noch nichts festzustellen.

Merksatz

Bei Fallbewegungen mit Luftwiderstand stellt sich nach hinreichend langer Zeit eine konstante Geschwindigkeit ein. Die Resultierende aus Gewichtskraft und Luftwiderstandskraft ist dann null.

3. Ein Kraftgesetz für den Luftwiderstand

Wir erhöhen die Gewichtskraft des Papierkegels, indem wir mehrere gleiche Exemplare ineinander stecken (➡ *Bild 2*). Form und Fläche, die den Luftwiderstand beeinflussen, ändern sich dabei nicht. Erst bei vier ineinander gesteckten Trichtern verdoppelt sich die Endgeschwindigkeit. Dann ist die Gewichtskraft vierfach, also auch die mit ihr ins Gleichgewicht gekommene Luftwiderstandskraft. Daraus folgt: Bei Verdopplung der Geschwindigkeit v vervierfacht sich die Luftwiderstandskraft F_L. Sie ist dann der Gewichtskraft von vier Trichtern gegengleich. Also ist $F_L \sim v^2$.

Die Proportionalität $F_L \sim v^2$ für den Betrag der Luftwiderstandskraft gilt allgemein. Mit dem Proportionalitätsfaktor C kann man schreiben $F_L = C \cdot v^2$. Die Größe C wird u. a. von der Fläche A bestimmt, die der Körper der Luft anbietet. Es gilt ein einfacher Zusammenhang: C ist proportional zu A, d. h. doppelte Fläche ergibt doppeltes C. Mit dem *Widerstandsbeiwert* c_w und der Dichte ϱ der Luft schreibt man: $C = \frac{1}{2} c_w \cdot \varrho \cdot A$. Die komplette Formel für die Luftwiderstandskraft heißt dann

$$F_L = \tfrac{1}{2} c_w \varrho A v^2.$$

Daraus folgt für das Kräftegleichgewicht bei der Endgeschwindigkeit v_{End} die Betragsgleichung $G = \frac{1}{2} c_w \varrho A v_{End}^2$.

Merksatz

Für den Betrag der Luftwiderstandskraft gilt:

$$F_L = \tfrac{1}{2} c_w \varrho A v^2. \qquad (1)$$

Für die Endgeschwindigkeit v_{End} des Falls mit Luftwiderstand gilt:

$$G = \tfrac{1}{2} c_w \varrho A v_{End}^2. \qquad (2)$$

Bei einer Kugel mit Radius r ist das Volumen und damit auch G proportional zu r^3; dagegen ist die Fläche A proportional zu r^2. Nach *Gl. 2* gilt dann für die Endgeschwindigkeit $v_{End}^2 \sim r$. – Aus diesem Grund fallen große Regentropfen schnell (bis zu 8 m/s), während kleine Nebeltröpfchen mit weniger als 0,08 m/s zu Boden sinken.

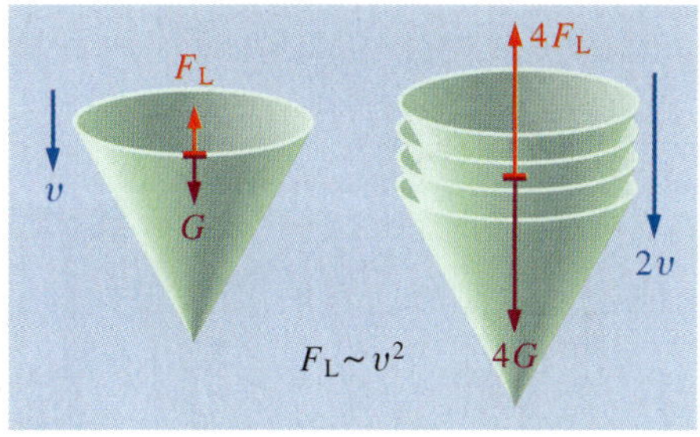

B 2: Vier Trichter erfahren zusammen vierfache Gewichtskraft. Schon bei doppelter Geschwindigkeit ist die Luftwiderstandskraft ebenfalls vervierfacht. Die Resultierende ist wieder null.

B 3: Die Sportler haben die Fallschirme noch nicht geöffnet. Sie werden so lange beschleunigt, bis Gewichts- und Luftwiderstandskraft gegengleich sind. Dann fallen sie gleichförmig mit der durch ihre Körperfläche bestimmten Endgeschwindigkeit (max. 50 m/s).

B 4: Bei geöffnetem Fallschirm sorgt das große Tuch für sehr großen Luftwiderstand. Die Sinkgeschwindigkeit beträgt dann etwa 5 m/s.

Scheibe	1,12	Pkw	0,15 – 0,7
Kugel	0,45	Stromlinien-	
Lkw	0,8 – 1	form	0,056

T 1: Einige Widerstandsbeiwerte c_w

B 1: GALILEIS Laboratorium, Nachbildung

GALILEI hatte theoretisch begründet, dass sich die Wege beim freien Fall wie die Quadrate der Zeiten verhalten und suchte die experimentelle Bestätigung. Er umging die Schwierigkeiten der Messung kurzer Fallzeiten, indem er die Bewegung auf einer schiefen Ebene, also langsamer, ablaufen ließ. Zugleich floss Wasser durch eine dünne Röhre aus einem Eimer; die Wassermenge konnte er wiegen; sie war sein Maß für die Zeit. In der Nachbildung von GALILEIS Laboratorium im Deutschen Museum sehen wir die Versuchsanordnung. Und so beginnt seine Versuchsbeschreibung:

„Auf einem Holzbrette von 12 Ellen Länge, bei einer halben Elle Breite und drei Zoll Dicke, war auf dieser letzten schmalen Seite eine Rinne von etwas mehr als einem Zoll Breite eingegraben. Dieselbe war sehr gerade gezogen, und, um die Fläche recht glatt zu haben, war inwendig ein sehr glattes und reines Pergament aufgeklebt. In dieser Rinne ließ man eine sehr harte völlig runde und glattpolierte Messingkugel laufen. …“

Der Text stammt aus den *Discorsi*. Zum ersten Mal in der Geschichte der Naturwissenschaften begegnet uns eine wissenschaftliche Veröffentlichung mit detaillierter Versuchsbeschreibung unter bewusst gewählten, idealisierenden Bedingungen. GALILEI wählt eine einfache Bewegung aus (Kugel auf schiefer Ebene), schafft einfache Versuchsbedingungen (glatte Ebene, glatte Kugel), führt genaue Messungen durch, bestätigt ein vermutetes mathematisches Gesetz ($s \sim t^2$) und überträgt die gewonnenen Ergebnisse auf den freien Fall.

Geschichte der Bewegungslehre

Was man sieht, wird durch die Theorie bestimmt.
A. EINSTEIN

Finden Sie es insgeheim nicht doch verwunderlich, dass sich Raketen im Weltall ohne Antrieb ewig weiterbewegen? Will die irgendwann künstlich in Bewegung gesetzte Rakete nicht von sich aus zur Ruhe zu kommen?

„Alles was sich bewegt, bewegt sich entweder von Natur oder durch eine äußere Kraft oder vermöge seines freien Willens.“

So hat ARISTOTELES Bewegungen in verschiedene Klassen eingeteilt; in natürliche Bewegungen, die ihren Bewegungsantrieb in sich selbst haben und in künstliche Bewegungen, die zu ihrer Aufrechterhaltung ständiger Anstrengungen von außen bedürfen. Die künstliche Bewegung des Ochsenkarrens hört auf, wenn die Verbindung von Ochsenkraft und Karren gelöst wird. Der fallende Stein strebt von alleine seinem natürlichen Ziel, der Erde, zu. ARISTOTELES vermittelt unmittelbar einleuchtende, ganzheitliche Einsichten: Bewegung bedarf der Begründung, Ruhe nicht. Die 2 000 Jahre später begründete Feststellung Isaac NEWTONS, dass Ruhe und gleichförmige Bewegung dasselbe sind, widerspricht auch heute noch dem Alltagsdenken. Vor NEWTON hatte schon Galileo GALILEI in seinen experimentellen Untersuchungen der Bewegung auf der schiefen Ebene das *Warum* von Bewegung zurückgestellt und sich auf das *Wie* der Bewegungsabläufe konzentriert. GALILEI misstraute der Frage nach den Ursachen, weil er wusste, dass die Unterscheidung von natürlicher und gewaltsamer Bewegung zu Fehlern führt.

ARISTOTELES' Bewegungslehre hatte bis dahin als Teil der von ihm überlieferten Philosophie Bestand gehabt, weil die Einteilung der Dinge und Erscheinungen in Klassen beherrschendes Prinzip war. Auch GALILEI hat zunächst die geltende Auffassung gelernt und gelehrt, nach der Erscheinungen am Himmel und auf der Erde verschiedenen Gesetzen gehorchen. Als er davon hörte, dass in den Niederlanden ein Fernrohr konstruiert worden war, hat er seine Untersuchungen von Bewegungsvorgängen unterbrochen, sich selber ein Fernrohr gebaut, und viele Beobachtungen – z. B. über die Oberflächengestalt des Mondes – gemacht, die zu Zweifeln am Weltbild des ARISTOTELES führen mussten: Für himmlische und irdische Erscheinungen gibt es nur eine Physik. Für die Wissenschaft stellte sich die Frage nach einer neuen Theorie für die Planetenbahnen.

NEWTON sah sich herausgefordert, das Problem zu lösen und hat in seinem Hauptwerk *Philosophiae Naturalis Principia Mathematica* die Geschichte der Bewegungslehre als geschlossene Theorie eines neuen Weltsystems zum Abschluss gebracht. Er hat die Bewegungslehre so formuliert, dass sie sowohl auf der Erde als auch im Universum gilt. Spätestens seit der bemannten Weltraumfahrt wird die Verlässlichkeit seiner Theorie für jeden von uns erkennbar.

ARISTOTELES (384 – 322 v. Chr.)

Als junger Mann war ARISTOTELES in Athen 20 Jahre lang Schüler des berühmten Philosophen PLATON. Später entwickelte er selber mit seinen eigenen Schülern eine intensive Lehr- und Forschungstätigkeit.

ARISTOTELES hat sehr systematisch eine große Fülle von Gegenständen und Themen bearbeitet. Er war der Erste, der eine größere Bibliothek angelegt hat. Seine Schriften haben in Europa bis in das 17. Jahrhundert hinein die Vorstellungen der Menschen über die Welt und über Naturvorgänge geprägt.

Die Einteilung der Dinge und die Unterscheidung durch Gegensätze ist für die Philosophie des ARISTOTELES kennzeichnend. In den Vorstellungen über die Welt wurden Erscheinungen des Himmels und Vorgänge auf der Erde in einer strengen Hierarchie bewertet. Der Rangunterschied zwischen den vollkommenen himmlischen Bewegungen und den unvollkommenen irdischen Bewegungen war unauflöslich.

Für die Wissenschaften galt die Rangfolge Theologie – Philosophie – Physik. Und in der Physik gab es die scharfe Abstufung von theoretischem Denken und praktischem Tun: Experimente waren deshalb kein Mittel der Erkenntnis.

Galileo GALILEI (1564 – 1642)

In Pisa in Italien geboren, studierte GALILEI Medizin, wandte sich dann der Mathematik und Physik zu, wurde 1589 Professor der Mathematik in Pisa und war später Hofmathematiker in den Diensten der Medici in Florenz.

1609 begann GALILEI mit den von ihm gebauten Teleskopen die Beobachtung von Gestirnen und beschäftigte sich dann mehr als 20 Jahre lang mit den physikalischen Eigenschaften der Himmelskörper. Seine Deutungen überzeugten ihn von der Haltlosigkeit der aristotelischen Physik. In seinem Hauptwerk, dem *Dialogo*, erörtern drei erfundene Gesprächspartner die Frage des richtigen Weltsystems:

Ist die Erde der Mittelpunkt der Welt (geozentrisch) oder bewegt sie sich um die Sonne (heliozentrisch)? GALILEI wurde wegen der von ihm vertretenen Überzeugung in Rom vor Gericht gestellt. Der berühmte Galilei-Prozess endete 1632 damit, dass er seine Lehren widerrief. – Im Hausarrest setzte er seine Arbeiten an den Grundlagen der Bewegungslehre fort. In den *Discorsi* erörtern die Gesprächspartner „neue Wissenschaft über einen alten Gegenstand": Behandelt werden u. a. gleichförmige und gleichmäßig beschleunigte Bewegungen sowie der freie Fall.

Isaac NEWTON (1643 – 1727)

In England geboren, studierte NEWTON in Cambridge alte Sprachen, Geschichte und Mathematik. Schon nach wenigen Studienjahren begann 1664 die Zeit seiner Entdeckungen in Mathematik, Mechanik und Optik. Er wurde in Cambridge Professor für Mathematik und blieb dort bis 1696. Den Rest seines Lebens verbrachte er in London, wurde Präsident der Royal Society, war hochberühmt.

In seinem Hauptwerk, den *Principia Mathematica*, entwickelt NEWTON die von ihm geschaffene Theorie der Erklärung von Bewegungen mithilfe des Kraftbegriffs. Auf der Grundlage der newtonschen Gesetze erklären Physiker seither die Bewegungsabläufe auf der Erde ebenso wie die Planetenbahnen im Weltall. Die auf einen Apfel wirkende Schwerkraft gehorcht demselben Gesetz wie der von der Erde auf seiner Bahn gehaltene Mond. Wichtige Voraussetzung für die Entdeckung des Trägheitsgesetzes war die Erkenntnis der Bedeutung des Beobachters, des *Bezugssystems*.
Erste Leser des Buches meinten, „dass sie sieben Jahre studieren müssten, um irgendetwas davon zu verstehen". Trotzdem, oder gerade deswegen wurde NEWTON zu einer Symbolfigur der Weltweisheit des 18. Jahrhunderts.

... noch mehr Aufgaben

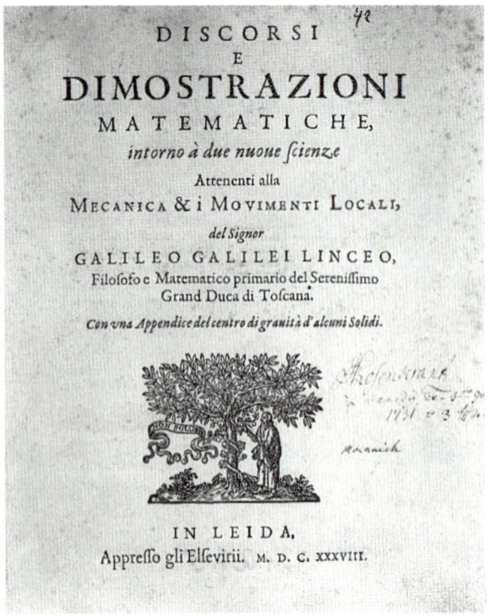
DISCORSI
E
DIMOSTRAZIONI
MATEMATICHE,
intorno à due nuove scienze
Attenenti alla
MECANICA & i MOVIMENTI LOCALI,
del Signor
GALILEO GALILEI LINCEO,
Filosofo e Matematico primario del Serenissimo
Grand Duca di Toscana.
Con una Appendice del centro di grauità d'alcuni Solidi.

IN LEIDA,
Appresso gli Elsevirii. M. D. C. XXXVIII.

B 1: Das Titelbild der *Discorsi*, der *„Unterredungen und mathematischen Demonstrationen über zwei neue Wissenszweige, die Mechanik und die Fallgesetze betreffend“* (1638)

„In drei Teile zerfällt unsere Abhandlung. In dem ersten betrachten wir die gleichförmige Bewegung. ...“

A 1: Eine Fähre verbindet zwei an einem See gelegene Häfen. Wann darf man sagen: Sie fährt gleichförmig? Wie lange braucht sie bei einer Geschwindigkeit $v = 36$ km/h für 12 km?

A 2: Joggen ist – physikalisch gesehen – eine ziemlich gleichförmige Angelegenheit. Sie messen für die Zeit zwischen zwei Kilometersteinen 6 Minuten. Welche Strecke wird in einer Stunde zurückgelegt? Wie groß ist die Geschwindigkeit in m/s?

A 3: Ein Körper bewegt sich gleichförmig unter dem Einfluss zweier äußerer Kräfte. Was folgt daraus für die beiden Kräfte?

A 4: Funksignale bewegen sich gleichförmig – wie Licht mit $3 \cdot 10^8$ m/s. Schätzen Sie die Laufzeit für satellitengestützte Telefongespräche zwischen Washington und Berlin. Entnehmen Sie die Entfernungen einem aus Apfelsine und Stecknadel gefertigten Modell (geostationärer Satellit).

„„... In dem zweiten beschreiben wir die gleichmäßig beschleunigte Bewegung. ...“

A 5: Wie weit fällt ein Stein in freiem Fall in 0,1 s, 0,2 s, 0,3 s? Wie schnell ist er nach 0,75 m Fallweg?

A 6: Aus welcher Höhe müsste man auf dem Mond herabspringen, um genauso schnell anzukommen wie auf der Erde beim Sprung aus 1 m Höhe?

A 7: Berechnen Sie für einen Ort mit dem Ortsfaktor 5 m/s² die Gewichtskräfte, die die Massen 3 kg und 3 g erfahren. Berechnen Sie die Fallwege für die Fallzeiten 1 s, 2 s, 3 s.

Für ARISTOTELES gab es ein Grundprinzip: Je schwerer ein Körper ist, desto mehr hat er das Bestreben zu seinem Bestimmungsort, dem Weltzentrum, zu gelangen. Daraus folgt zwingend: „Der schwere Körper fällt schneller als der leichte.“ GALILEI konstruierte aus diesem Satz einen Widerspruch: Wenn man einen schweren (schnell fallenden) Körper mit einem leichten (langsam fallenden) verbindet, so müsste der langsam fallende (leichte) den schnell fallenden (schweren) Körper zurückhalten. Andererseits sind beide Körper zusammen schwerer als der schwere Körper allein; deshalb sollte die Kombination auch schneller fallen als der schwere Körper.

A 8: Eine Kugel ($d = 2{,}00$ cm) durchquert nach 1,00 m Fallstrecke eine Lichtschranke. Gesucht ist die Dunkelzeit Δt.

A 9: Von einem hohen Turm lässt man zu den Zeitpunkten $t = 0$ s, 1 s, 2 s, 3 s, 4 s je einen Stein fallen. Welche Abstände haben sie im Zeitpunkt $t = 4$ s? Zeichnen Sie ein maßstäbliches Bild der Situation zum Zeitpunkt $t = 5$ s.

A 10: Fertigen Sie eine Fallschnur (*Bild 2*) zum Gebrauch in einem Treppenhaus in Ihrer Schule. Verwenden Sie große Schraubenmuttern als Fallkörper. Die Fallkörper sind so in eine Schnur geknüpft, dass sie in starrem Takt (tak-tak-tak-...) den Boden erreichen. Zum Start wird das obere Ende so gehalten, dass der unterste Fallkörper gerade den Boden berührt.

B 2: Fallschnur

A 11: Bleibt eine Fallschnur eine Fallschnur, wenn man sie in beliebigem Maßstab verlängert oder verkürzt? Ist eine Fallschnur auf dem Mond noch eine Fallschnur?

„Soviel ich weiß, hat noch niemand bewiesen, dass die vom fallenden Körper zurückgelegten Strecken sich zueinander verhalten wie die ungeraden Zahlen.“

A 12: Bilden Sie – beginnend mit 1 – die Summe der ungeraden natürlichen Zahlen: Jede Zwischensumme ist eine Quadratzahl! Stellen Sie Zusammenhänge her zum Fallgesetz $s = \frac{1}{2} g t^2$ und zu der Folge von Abständen bei der Fallschnur.

A 13: Eine Kugel von 1,5 cm Durchmesser fällt im freien Fall durch eine Lichtschranke; eine Uhr misst die Dunkelzeit 0,003 s. Wie lange war die Kugel bis zur Lichtschranke unterwegs, welche Fallstrecke hat sie bis dahin zurückgelegt?

... noch mehr Aufgaben

A 14: **a)** Zwei Äpfel, die an einem Baum 1,25 m übereinander hängen, beginnen gleichzeitig zu fallen. Verändert sich ihr Abstand beim Fallen? **b)** Der untere Apfel beginnt nun genau dann zu fallen, wenn der obere an ihm vorbeifliegt. Befinden sich beide Äpfel nun ständig nebeneinander auf gleicher Höhe? Wie groß ist ihr Abstand, wenn der untere Apfel 1 s lang gefallen ist? **c)** Lösen Sie die Aufgaben grafisch, indem Sie jeweils ein gemeinsames *t-s*-Diagramm zeichnen.

A 15: Kombinieren Sie die Fallgesetze $s = \frac{1}{2} g t^2$ und $v = g\,t$ zu einer Gleichung zwischen der Fallstrecke s und der dort erreichten Geschwindigkeit v, welche die Zeit t nicht mehr enthält. Darf man sagen, nach der doppelten Strecke sei der fallende Körper auch doppelt so schnell?

GALILEI erkannte die ständige Zunahme der Geschwindigkeit als wesentlich für die Fallbewegung. Eine Zeitlang glaubte er, die Fallgeschwindigkeit v sei dem Fallweg proportional ($v \sim s$). Darüber lässt er einen der Gesprächspartner in den Discorsi sagen:

„Es ist mir recht tröstlich, in diesem Irrtum einen Genossen gehabt zu haben; überdies muss ich euch sagen, dass eure Überlegung so wahrscheinlich zu sein scheint, dass selbst unser Autor eine Zeit lang, wie er mir selbst gesagt hat, in demselben Irrtum befangen war."

Nach Widerlegung der irreführenden Annahme hat GALILEI aus der Hypothese, die Geschwindigkeit v wachse proportional mit der Zeit t ($v \sim t$) theoretisch (deduktiv) abgeleitet, dass dann der Weg s dem Quadrat der Zeit proportional sein müsse. Er benutzte eine Mittelwertsbetrachtung, die in unserer Sprechweise lautet: Wenn $v \sim t$ ist, hat der fallende Körper nach der Zeit t von $v = 0$ aus die Geschwindigkeit $v = g\,t$ erreicht. Seine mittlere Geschwindigkeit ist $\overline{v} = g\,t/2$. Mit ihr hätte ein gleichförmig bewegter Körper in der Zeit t die Strecke von $s = \overline{v}\,t = g\,t^2/2 = \frac{1}{2} g\,t^2$ zurückgelegt. Dann erst zog GALILEI wieder das Experiment heran.

A 16: Der Raketenmotor eines Raumschiffs wirbelt beim Landen auf dem Mond sehr viel Staub auf. Warum ist nach dem Abstellen des Motors die Sicht sofort wieder klar – im Gegensatz zur Landung auf der staubigen Erdoberfläche?

GALILEI hat beobachtet, dass Gold in Quecksilber nach unten sinkt, während Blei steigt. In Wasser fallen Körper aus beiden Stoffen, das Gold aber voraus. In Luft dagegen sind die Unterschiede belanglos. Also abstrahierte er sogar von der Luft und lehrte: Alle Körper fallen gleich schnell. In der Geschichte der Physik war GALILEI der Erste, der von störenden Nebenumständen einfach absah und so den Kern gesetzmäßiger Zusammenhänge fand.

A 17: Rechnen Sie nach: Ein halbkugelig geformter Fallschirm (c_w-Wert 1,35) mit 2 m Radius sorgt in Luft ($\varrho = 1{,}25\ \text{kg/m}^3$) bei einer Last von 50 kg für die Sinkgeschwindigkeit 6,8 m/s.

A 18: Ein Pkw ($c_w = 0{,}35$) mit der Querschnittsfläche $2{,}0\ \text{m}^2$ fährt gleichförmig mit 30 m/s. Wie groß ist die Luftwiderstandskraft ($\varrho = 1{,}25\ \text{kg/m}^3$)? Bei Gegenwind mit der Windgeschwindigkeit 10 m/s erhöht sich die Strömungsgeschwindigkeit auf 40 m/s. Wie groß ist jetzt die Luftwiderstandskraft?

A 19: Erklären Sie die Wirkungsweise des abgebildeten Geräts zur Messung der Windgeschwindigkeit (Anemometer), dessen Flügelschalen-Antrieb bei jeder Windrichtung funktioniert.

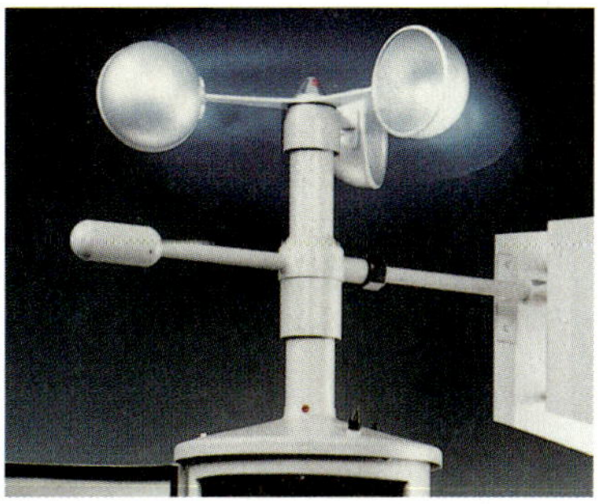

„In dem dritten handeln wir von der gewaltsamen Bewegung oder von den Wurfgeschossen."

Bevor wir uns in diesem Buch den Wurfbewegungen zuwenden, schauen wir uns an, wie die Physik des ARISTOTELES den Wurf deutete:

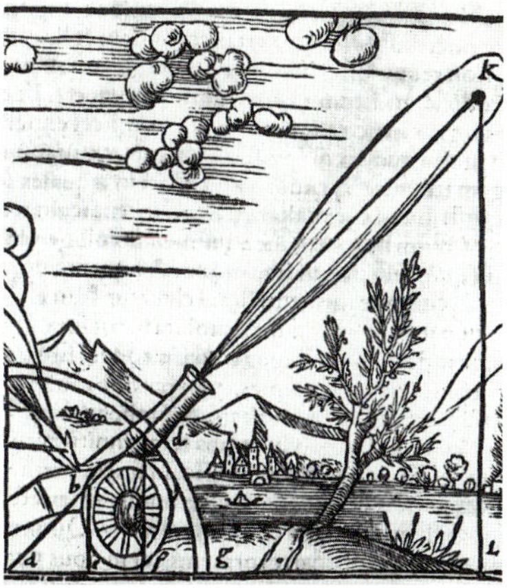

B 3: Dieser Holzschnitt aus dem Jahre 1561 illustriert die Lehre, dass die Kanonenkugel zuerst der ihr aufgezwungenen Bewegung in gerader Linie folgen müsse, bis ihre Bewegung auf null abgenommen habe. Dann erst wirke ihr Bestreben, wie jeder schwere Körper zum Weltzentrum zu gelangen.

Seit NEWTON muss man aber zu anderen Deutungen kommen.

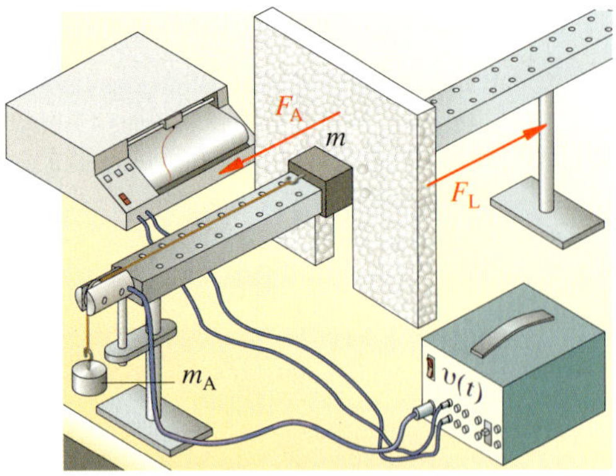

V 1: Der angehängte Körper mit der Masse m_A erzeugt die Antriebskraft F_A für das Gespann (Masse m), während das große Segel (eine Styroporplatte) auf dem Schlitten für die Luftwiderstandskraft F_L sorgt. Ein geeigneter Messwandler liefert Daten für das t-v-Diagramm in ⇒ *Bild 1*.

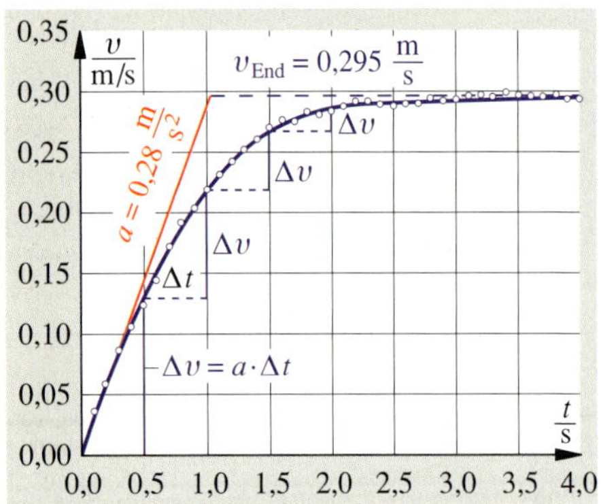

B 1: Das t-v-Diagramm der Fahrt nach Versuch 1 mit großem Luftwiderstand. Die Bewegung beginnt mit der Beschleunigung $a = 0{,}28$ m/s². v_{End} hat den Wert 0,295 m/s.

Konstanten			
	$F_A =$	0,226	N [$m_A = 0{,}023$ kg]
	$m =$	0,81	kg
	$C =$	2,59	N/(m²/s²) [F_A/v_{End}^2]
	delta t =	0,1	s

t in s	a in m/s²	v in m/s	F_L in N	F_{Res} in N
0,00	0,280	0,000	0,000	0,226
0,10	0,279	0,028	−0,002	0,224
0,20	0,277	0,056	−0,008	0,218
0,30	0,269	0,083	−0,018	0,208
0,40	0,257	0,109	−0,031	0,195

T 1: Die schrittweise Zunahme der Geschwindigkeit rechnet man am besten mithilfe einer Tabelle aus – Zeile für Zeile

Rechenmodelle für Bewegungen mit Luftwiderstand

1. Luftwiderstand ändert die beschleunigende Kraft

Das Gespann in ⇒ *Versuch 1* wird durch die Gewichtskraft $F_A = m_A\, g$ des angehängten Körpers in Bewegung gesetzt. Mit zunehmender Geschwindigkeit v wirkt ihr die Luftwiderstandskraft mit dem Wert $F_L = -C \cdot v^2$ immer stärker entgegen. Deshalb sinkt die resultierende Kraft $F_{Res} = m_A\, g - C\, v_{End}^2$ und mit ihr die Beschleunigung $a = F_{Res}/m$. Kraft und Beschleunigung gehen gegen null, wenn sich v der Endgeschwindigkeit $v = 0{,}295$ m/s nähert (t-v-Diagramm in ⇒ *Bild 1*). Aus $F_{Res} = m_A\, g - C\, v_{End}^2 = 0$ folgt mit $m_A = 0{,}023$ kg die Konstante C der Luftwiderstandskraft zu $C = m_A\, g/v_{End}^2 = 2{,}59$ Ns²/m². Mit der Gesamtmasse $m = 0{,}81$ kg des Gespanns erhalten wir die während der Fahrt abnehmende Beschleunigung

$$a = F_{Res}/m = (m_A\, g - C\, v^2)/m. \qquad (1)$$

Leider können wir hier das Gesetz $v = a\,t$ nicht benutzen; es gilt nur bei konstanter Beschleunigung. Wir müssen auf die Gleichung $\Delta v = a \cdot \Delta t$ zurückgreifen, die für hinreichend kleine Δt immer gilt. Dabei ist a die nach *Gl. (1)* aus F_{Res} und m berechnete Beschleunigung. In ⇒ *Bild 1* ist nun das t-v-Diagramm in gleich schmale Δt-Streifen aufgeteilt. Mit v_{alt} zu Beginn eines Streifens wird jeweils F_{Res} und daraus a berechnet. Zum v_{alt} am Anfang eines jeden Streifens wird die Geschwindigkeitszunahme Δv in diesem Streifen addiert. Aus $a \cdot \Delta t = \Delta v$ erhält man $\boldsymbol{v_{neu} = v_{alt} + \Delta v}$ am Ende des Streifens. Die Summe aller bis dahin von $v = 0$ m/s aus erzeugten Δv ist die jeweils erreichte Geschwindigkeit v.

2. Bewegung in der Rechenschleife – in Δt-Schritte aufgelöst

Das Aufsummieren der Δv zur Geschwindigkeit v geschieht mit $\boldsymbol{v_{neu} = v_{alt} + \Delta v}$ in ⇒ *Tabelle 1*. Deren Zeilen durchläuft ein Computer nach der folgenden **Rechenschleife**. Dabei legt er in Zeile (3) die rechts vom Gleichheitszeichen berechneten Werte $v_{alt} + \Delta v$ als v_{neu} im v-Speicher ab und holt sie von dort als v für die Zeile (4). Das F_{Res} in Zeile (5) wird wieder in Zeile (2) benutzt.

Rechenschleife:

(1)	$t = t + \Delta t$	Zeitschritt der Uhr ←
(2)	$a = F_{Res}/m$	Beschleunigung aus F_{Res} und m
(3)	$v = v + a \cdot \Delta t$	Geschwindigkeit aus a und Δt
(4)	$F_L = -C\, v^2$	Luftwiderstandskraft F_L aus C und v
(5)	$F_{Res} = F_A + F_L$	F_{Res} aus F_A und F_L

Vor der Schleife geben wir die **Konstanten** $m = 0{,}81$ kg, $C = 2{,}59$ Ns²/m², $F_A = m_A\, g = 0{,}226$ N und $\Delta t = 0{,}5$ s ein, auf die der Computer ständig zurückgreift. Wenn man mit dem Startwert $v = 0$ beginnt, entsteht ⇒ *Tabelle 1* oder das t-v-Schaubild ⇒ *Bild 2*.

3. Wozu Computermodelle in der Physik?

Mit dem Computer zerlegt man Rechnungen für komplizierte Bewegungsvorgänge in kleine Zeitschritte Δt. Wie eben gezeigt, greift man dabei auf die **Grundlagen der Mechanik** zurück: $F = m\,a$, $v = \Delta s/\Delta t$ und $a = \Delta v/\Delta t$ (für hinreichend kleine Δt). $s = \frac{1}{2} a\,t^2$ und $v = a\,t$ gelten ja nur für a = konstant.
Die so gebildeten *Rechenschleifen* kann man mit *Tabellenkalkulation, Modellbildungssystemen* oder mithilfe von anderen Programmen (z. B. in PASCAL) schnell abarbeiten lassen. Wer den Luftwiderstand genauer untersuchen will, ändert ➡ *Versuch 1* ab, indem er z. B. das Segel verkleinert. Dann kann er am Realexperiment die Ergebnisse der Computerrechnungen bei anderen Konstanten und Startwerten nachprüfen. Er kann sogar das Gesetz zur Reibungskraft von $F_L = C\,v^2$ in $F_L = C\,v$ ändern, also das dem Computer eingegebene **Rechenmodell.** Letztlich bestimmen nicht Computer, sondern Experimente die Richtigkeit der Naturgesetze. Doch spart der Computer bei dieser **Modellbildung** Zeit und eröffnet viele Möglichkeiten, mit Gedankenmodellen zu experimentieren.

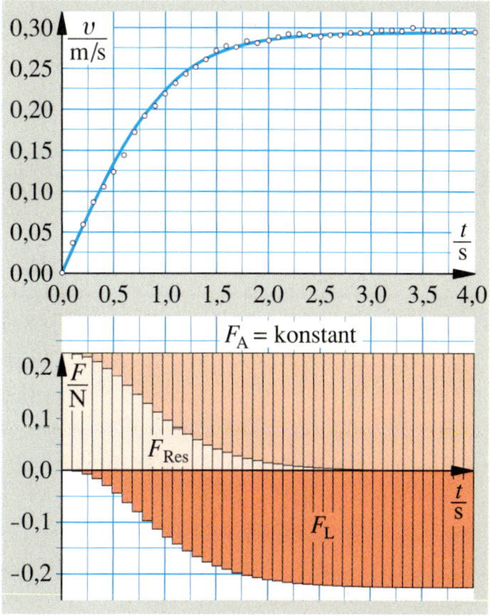

B 2: Computerprogramme liefern diese Diagramme nach der angegebenen Rechenschleife zu dem Rechenmodell für ➡ *Versuch 1*. In das t-v-Diagramm sind zusätzlich Messwerte aus ➡ *Bild 1* eingetragen; man sieht, wie gut Rechenmodell und Realexperiment übereinstimmen. Das Balkendiagramm der Kräfte zeigt, wie mit zunehmendem Luftwiderstand die resultierende Kraft kleiner und kleiner wird.

Vertiefung

Rechenmodell zum Zeit-Weg-Gesetz beim freien Fall

Im folgenden Rechenmodell zum freien Fall werden auch die Fallwege $\Delta s = v \cdot \Delta t$ zur ganzen Fallstrecke s aufsummiert:

Konstanten: $g = 9{,}81$ (m/s²)
$\Delta t = 0{,}01$ (s)

Startwerte: $t = 0$ (s)
$v = 0$ (m/s)
$s = 0$ (m)

Rechenschleife: WIEDERHOLE

$t = t + \Delta t$ (1)
$a = g$ (2)
$v = v + a \cdot \Delta t$ (3)
$s = s + v \cdot \Delta t$ (4)

BIS $t = 1{,}6$

In Zeile (3) wird die Geschwindigkeit v wie in Ziff. 2 ermittelt. Zeile (4) summiert nun die zurückgelegten Wegstücke $\Delta s = v \cdot \Delta t$ nach $s = s + v \cdot \Delta t$ zum Gesamtweg s auf. In ➡ *Bild 3a* sind die Zuwächse Δs bei großem Δt als Flächen $v \cdot \Delta t$. Der gesamte Weg s setzt sich in ➡ *Bild 3b* aus den vorangehenden Δs zusammen. – Der so erhaltene Fallweg stimmt mit dem Fallgesetz $s = \frac{1}{2} g\,t^2$ bei $\Delta t = 0{,}01$ s gut überein, ist aber bei $\Delta t = 0{,}2$ s deutlich zu groß. Das muss so sein: Die rechteckigen Streifen ragen in ➡ *Bild 3a* überall über das t-v-Diagramm hinaus – je größer Δt, desto stärker. Denn im Rechenmodell wird in Zeile (4) mit der in (3) berechneten Endgeschwindigkeit $v_{neu} = v_{alt} + a \cdot \Delta t$ des Intervalls Δt gerechnet und nicht mit dessen Durchschnittsgeschwindigkeit $\overline{v} = v_{alt} + a \cdot \Delta t/2$.

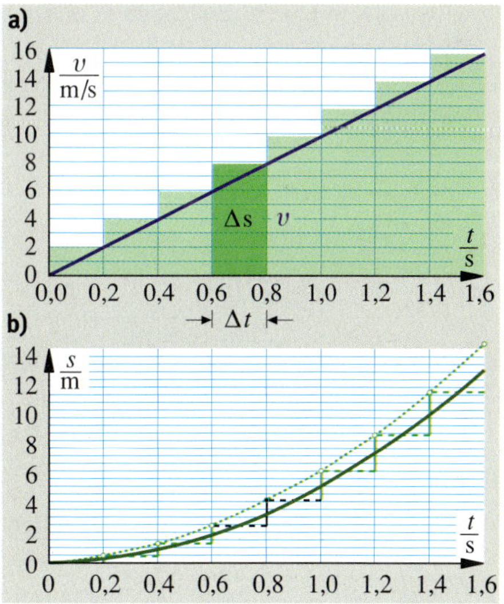

B 3: So berechnet der Computer den bis zu einem Zeitpunkt t zurückgelegten Weg aus der Fläche im t-v-Diagramm (a). Die ausgezogene Linie gehört zu $\Delta t = 0{,}01$ s. Bei $\Delta t = 0{,}2$ s (punktierte Linie) sieht man, dass die Δs-Werte immer etwas zu groß sind.

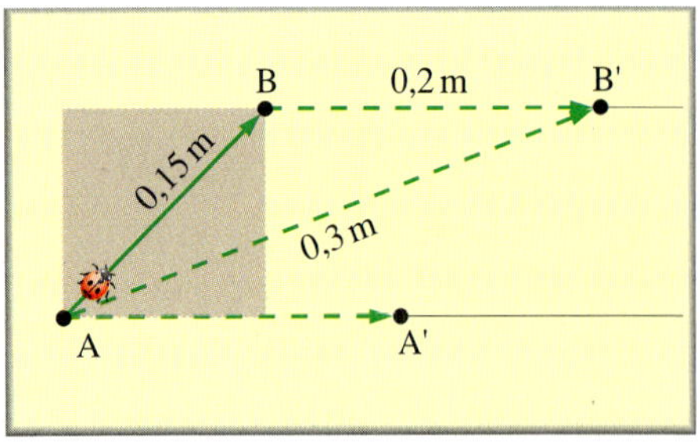

B 1: Während der Käfer in seiner Käferwelt auf der getönten Folie von A nach B krabbelt, ziehen wir außenstehende Beobachter diese von A nach A′. Für uns, in unserem Bezugssystem, legt der Käfer die viel längere Strecke AB′ zurück.

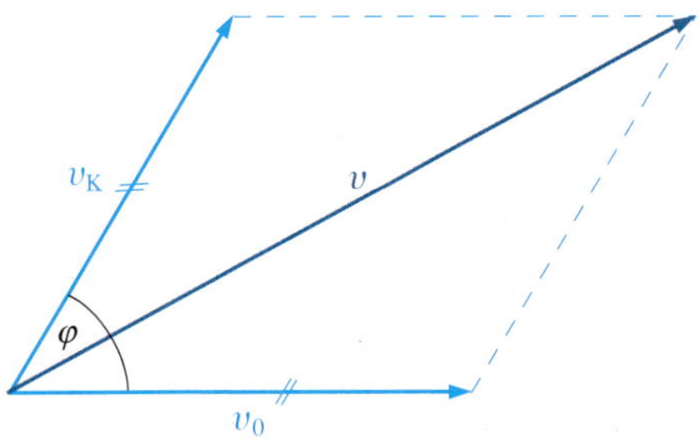

B 2: Geschwindigkeitsparallelogramm; $\vec{v}_K$: Geschwindigkeit des Käfers in seiner Käferwelt, $\vec{v}_0$: Geschwindigkeit der Käferwelt relativ zu unserem Bezugssystem, $\vec{v}$: Geschwindigkeit des Käfers in unserem System (von uns aus gesehen).
Aus den Komponenten $\vec{v}_0$ und $\vec{v}_K$ wird vektoriell die Resultierende $\vec{v}$ gebildet.

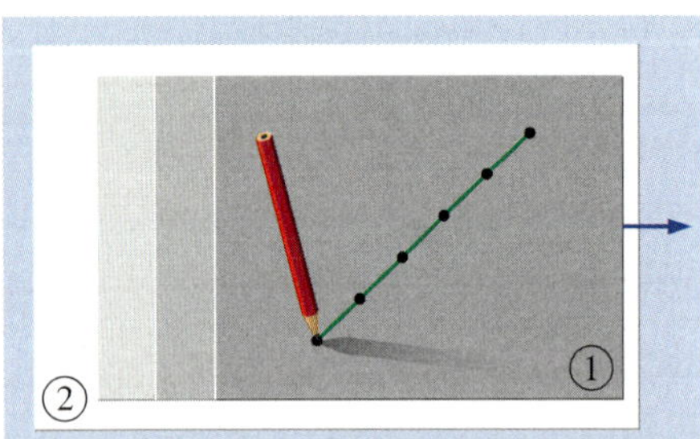

V 1: Legen Sie zwei Blatt Papier übereinander und markieren auf dem oberen Papier ① eine Gerade. Drücken Sie diese mit der Bleistiftspitze in gleichabständigen Punkten auch auf das untere Blatt ② durch. Nun verschieben Sie das obere Blatt um jeweils gleiche Stücke in gleichen Zeiten nach rechts und drücken die Punkte nochmals durch – wie oben beschrieben. Vergleichen Sie mit *Bild 1*.

Bewegungen in verschiedenen Bezugssystemen

1. Ein Wechsel beim Bezugssystem

Ein Käfer krabble nach *Bild 1* gleichförmig in seiner Käferwelt während der Zeit $t = 10$ s von A nach B. Dort legt er die Strecke AB = 0,15 m zurück. Diese Käferwelt ist als dunkler Kasten auf eine Folie des Tageslichtprojektors gezeichnet. Bei einer Wiederholung ziehen wir als **außenstehende Beobachter** diese Folie und damit die Käferwelt in der gleichen Zeit t gleichförmig von A nach A′ um die Strecke AA′ = 0,20 m. Der Käfer in seiner Käferwelt kommt wieder im Punkt B „seiner" Folie an, was Beobachter bestätigen, die *relativ zur Käferwelt* ruhen. Doch ist *relativ zu uns* dieser Punkt B um 0,20 m nach B′ verschoben. Für uns außenstehende Beobachter legt der Käfer den geraden Weg AB′ ≈ 0,3 m zurück. Die *Bahn*, auf der sich der Käfer bewegt, wird also von verschiedenen Beobachtern unterschiedlich „gesehen" und auch vermessen. Man beschreibt Bewegungen *relativ* zu dem gewählten **Bezugssystem**.

Die Wege AB, AA′ und AB′ werden alle *in der gleichen Zeit* $\Delta t = 10$ s zurückgelegt. Deshalb sind sie proportional zu den Beträgen der jeweiligen konstanten Geschwindigkeiten.

Geschwindigkeitsbetrag
a) des Käfers in der Käferwelt: $v_K \sim$ AB,
b) der Käferwelt gegenüber uns: $v_0 \sim$ AA′,
c) des Käfers gegenüber uns: $v \sim$ AB′.

Für jeden der drei Wege gilt also: Er hat dieselbe Richtung wie die zugehörige Geschwindigkeit; seine Länge ist ein Maß für den Betrag der Geschwindigkeit. Dies legt nahe, Geschwindigkeiten als Vektoren aufzufassen.

2. Vektorparallelogramm für Geschwindigkeiten

In *Bild 2* sind die drei Wege aus *Bild 1* in Geschwindigkeitsvektoren umgedeutet worden. Wir sehen: Man kann bei Geschwindigkeiten wie bei Kräften nach dem *Parallelogramm*-Gesetz aus einzelnen **Komponenten** eine **Resultierende** bilden (hier aus $\vec{v}_0$ und $\vec{v}_K$ die Resultierende $\vec{v}$). Man nennt dies die aus der Erfahrung abgeleiteten **Unabhängigkeitssätze** für Kräfte bzw. Geschwindigkeiten. Wir nahmen ja an, dass sich der Käfer relativ zur Folie unbeirrt mit der Geschwindigkeit $\vec{v}_K$ bewegt, *unabhängig* davon, ob wir die Folie – relativ zu uns – in Ruhe lassen oder bewegen.

Merksatz

Geschwindigkeiten hängen vom gewählten Bezugssystem ab. Ein Körper habe relativ zu einem System 1 die Geschwindigkeit $\vec{v}_1$. Dieses System 1 bewege sich relativ zu einem System 2 mit der Geschwindigkeit $\vec{v}_2$. Dann ist die Geschwindigkeit des Körpers im System 2 die *Vektor*summe aus $\vec{v}_1$ und $\vec{v}_2$. Sie kann man aus dem Vektorparallelogramm bestimmen.

3. Auf die Richtungen kommt es an!

In *Bild 2* hängt der Betrag der resultierenden Geschwindigkeit $\vec{v}$ nicht nur von den Beträgen der Komponenten $\vec{v}_K$ und $\vec{v}_0$ ab, sondern auch vom Winkel φ dazwischen. Dies wird mit dem Pappmodell (*Bild 3*) deutlich. Der vom $\vec{v}_0$-Ende zur $\vec{v}_K$-Spitze zeigende Vektor ist der Vektor der resultierenden Geschwindigkeit $\vec{v}$. An diesem *Pappmodell* veranschaulichen wir einige praktische Sonderfälle, bei denen wir rechnen können:

a) Sie wollen mit dem Kahn ans andere Ufer eines Flusses der Breite AB = 36 m. Dessen Strömungsgeschwindigkeit relativ zum Ufer hat den Betrag $v_0 = 3$ m/s (*Bild 3a*). Nun stellen Sie den Geschwindigkeitsvektor des Kahns relativ zum Wasser (Betrag $v_K = 4$ m/s) senkrecht zum Ufer. Relativ zum Ufer liegt die resultierende Geschwindigkeit des Kahns nun schräg. Sie werden also flussabwärts abgetrieben. Im ruhend gedachten Wasser fahren Sie die Strecke AB = 36 m quer zum Ufer mit $v_K = 4$ m/s. Dazu brauchen Sie $t = \text{AB}/v_K = 9$ s. Während dieser Zeit treibt Sie der Fluss relativ zum Ufer um die Strecke $v_0\, t = 27$ m ab. Nach PYTHAGORAS beträgt Ihre Fahrstrecke s relativ zum Ufer $s = \sqrt{(36\text{ m})^2 + (27\text{ m})^2} = 45$ m. Daraus folgt der Betrag Ihrer Geschwindigkeit relativ zum Ufer zu $v = 45$ m/9 s = 5 m/s. Dasselbe Ergebnis liefert $v = \sqrt{v_0^2 + v_K^2} = \sqrt{(3\text{ m/s})^2 + (4\text{ m/s})^2} = 5$ m/s.

b) Sie wollen auf dem kürzesten Weg über den Fluss. Dazu stellen Sie im Vektormodell die Resultierende nun senkrecht zum Ufer (*Bild 3b*). Ihr Geschwindigkeitsbetrag berechnet sich jetzt zu $v = \sqrt{(4\text{ m/s})^2 - (3\text{m/s})^2} = \sqrt{7\text{ m}^2/\text{s}^2} = 2{,}6$ m/s. Die Überfahrt dauert jetzt $t = 36$ m/(2,6 m/s) = 14 s > 9 s, also länger als auf dem Weg in a). Dies ist verständlich, denn Sie müssen ja *schräg* gegen die Strömung fahren.

c) Wenn im *Bild 3c* der $\vec{v}_K$-Pfeil so gedreht wird, dass $\vec{v}_K$ in die Richtung von $\vec{v}_0$ zeigt, können wir als ruhende Beobachter die für uns beobachtbare Geschwindigkeit durch *Addition der Werte* v_0 und v_K bestimmen (*Beispiel*).

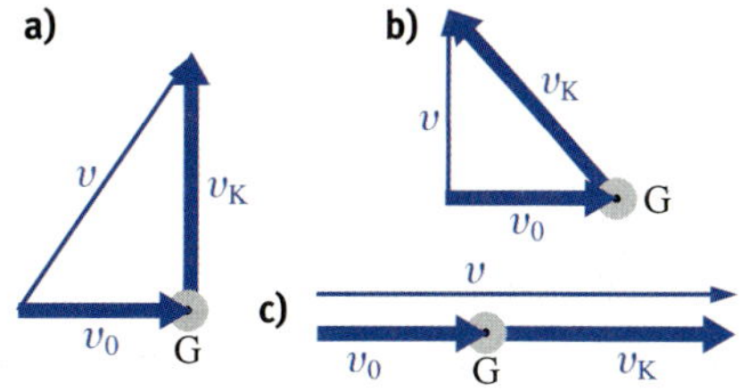

B 3: Die Vektoren $\vec{v}_0$ und $\vec{v}_K$ sind aus Pappe ausgeschnitten und gelenkig (bei G) verbunden. $\vec{v}_0$ ist die Geschwindigkeit des Bezugssystems relativ zu uns, $\vec{v}_K$ die in diesem Bezugssystem beobachtete Geschwindigkeit. Die von uns beobachtete resultierende Geschwindigkeit $\vec{v}$ hängt vom eingestellten Winkel ab.

Beispiel

Ein Flugzeug fliegt mit der Eigengeschwindigkeit $v_1 = 540$ km/h eine Strecke $s = 1\,200$ km von West nach Ost und zurück. Es herrscht Ostwind mit –60 km/h. Wie lange dauert der Flug?

Lösung: Die Geschwindigkeit vom Land aus gemessen beträgt auf dem Hinweg
$v_H = (-60\text{ km/h}) + 540\text{ km/h} = 480\text{ km/h}$
und auf dem Rückweg
$v_R = (-60\text{ km/h}) + (-540\text{ km/h})$
$\quad = -600\text{ km/h}$.
Daraus berechnet man die Flugzeiten für die jeweils 1 200 km lange Strecke:
$t_H = 1\,200\text{ km}/(480\text{ km/h}) = 2{,}5\text{ h}$ und
$t_R = -1\,200\text{ km}/(-600\text{ km/h}) = 2\text{ h}$.
Der Flug dauert also **4,5 h**.

Vertiefung

Inertialsysteme

Eine Kugel, die auf einer waagerechten Tischplatte liegt, bleibt in Ruhe. Sie setzt sich in Bewegung, wenn die Platte geneigt ist. Dies beobachten Sie auch im Allgemeinen in einem fahrenden Zug. Manchmal jedoch setzt sich dort *für Sie* die Kugel auf waagerechter Bahn „von selbst" ohne jede Kraft in Bewegung – wie von Geisterhand gezogen. Für Sie gilt also das Trägheitsgesetz nicht mehr. Ein *außenstehender Beobachter* stellt dagegen zweierlei fest:

1.) Die Kugel bewegt sich nach dem Trägheitsgesetz mit konstanter Geschwindigkeit geradlinig weiter.

2.) Der Zug ändert seine Geschwindigkeit nach Betrag oder Richtung.

Man sagt: Der außenstehende Beobachter, für den das Trägheitsgesetz erfüllt ist, befindet sich in einem **Inertialsystem**, der mit dem Zug beschleunigte Beobachter dagegen nicht. Was sieht nun ein Beobachter, der sich relativ zum außenstehenden **Inertialbeobachter** gleichförmig bewegt? Für ihn bewegt sich die Kugel ebenfalls gleichförmig, wenn auch mit anderer Geschwindigkeit. Auch er ist ein Inertialbeobachter.

Bezugssysteme, in denen das Trägheitsgesetz gilt, heißen Inertialsysteme. Alle relativ zu ihm gleichförmig bewegten Bezugssysteme sind ebenfalls Inertialsysteme.

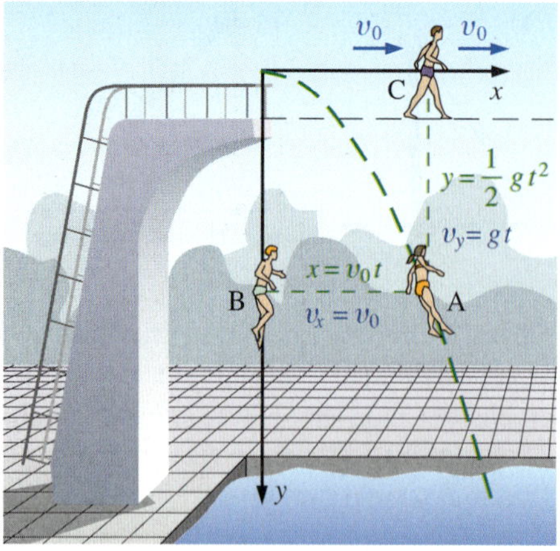

B 1: Anna springt mit Anlauf waagerecht ab. Bernd lässt sich einfach fallen. Beide tauchen gleichzeitig ein. – *In einem Gedankenexperiment* bleibt Claus in der Absprunghöhe. Er läuft mit Annas Absprunggeschwindigkeit über den Laufsteg und beobachtet ihren Fall in die Tiefe. – Der Fotograf des Bildes beobachtet vom Beckenrand.

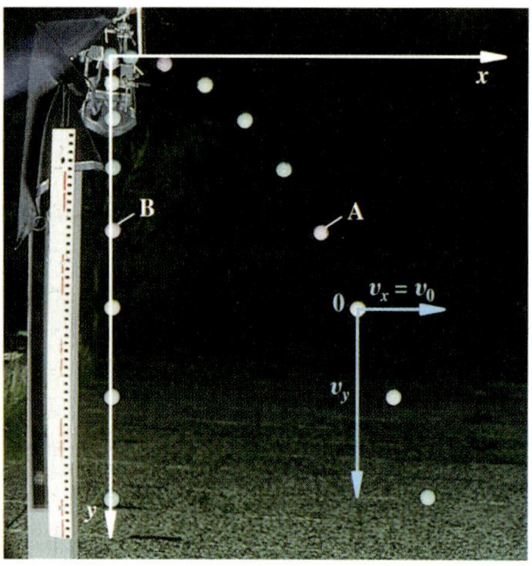

V 1: Zwei Kugeln A und B übernehmen die Rollen von Anna und Bernd. Kugel A wird von einer Feder waagerecht abgestoßen, Kugel B gleichzeitig in gleicher Höhe losgelassen. Die stroboskopische Beleuchtung zeigt: A und B befinden sich ständig in gleicher Höhe.

A 1: Wie würde der Fotograf ➠ *Versuch 1* beobachten, wenn er sich mit Annas v_0 nach rechts bewegte? Gehen Sie systematisch vor: Das Bezugssystem Badeanstalt bewegt sich für den Fotografen nach links, wir sind für ihn die bewegten Beobachter.

Waagerechter Wurf

1. Wer ist zuerst unten?

Anna und Bernd springen vom 5 m-Turm. Anna nimmt einen weiten Anlauf und bewegt sich dann auf krummer Bahn. Bernd lässt sich einfach fallen, wenn Anna abspringt (➠ *Bild 1*). Er denkt, dass er so schneller unten sei, weil doch Anna den weiteren Weg zurücklegt. Hat er Recht?

Im ➠ *Versuch 1* übernehmen zwei Kugeln **A** und **B** die Rollen von **A**nna und **B**ernd. Kugel A wird waagerecht geworfen, B im gleichen Moment und auf gleicher Höhe fallen gelassen. *Man hört*, dass die Kugeln gleichzeitig auf dem Boden aufprallen. Nach der Stroboskopaufnahme befinden sie sich sogar ständig auf gleicher Höhe. Sieht man vom Luftwiderstand ab, so hängt das Ergebnis des Experiments weder von der Abwurfhöhe über dem Boden, noch von der Abwurfgeschwindigkeit v_0 oder den Massen der Körper ab. – Anna und Bernd erreichen die Wasseroberfläche stets gleichzeitig.

2. Drei Beobachter – drei verschiedene Beschreibungen

Hält **B**ernd auf dem Weg in die Tiefe die Augen offen, dann sieht er **A**nna stets auf seiner Höhe. Nur in waagerechter Richtung bewegt sie sich von ihm weg. Im Bild zu ➠ *Versuch 1* kann man nachmessen, dass sich die Kugel **A** im Zeitraum zwischen zwei Blitzen in x-Richtung immer um das gleiche Wegstück von **B** entfernt. In x-Richtung wirkt keine Kraft, also bleibt v_x konstant: $v_x = v_0$.

Claus dagegen beobachtet **A**nnas Sprung von seinem Laufsteg aus (**C** in ➠ *Bild 1*). Er ruht in einem Bezugssystem, das sich für uns Außenstehende gleichförmig mit v_0 nach rechts bewegt; seine y-Achse zeigt nach unten. Für **C**laus fällt **A**nna beschleunigt senkrecht nach unten; gemäß dem Fallgesetz ist $y = \frac{1}{2} g t^2$. **A**nnas Geschwindigkeit nimmt dabei wie beim freien Fall zu: $v_y = g t$.

Als 3. Beobachter steht der **F**otograf des Bildes am Beckenrand. Er sieht **A**nna auf einer krummlinigen Bahn. Um diese zu beschreiben, verwendet er ein gegenüber dem Becken ruhendes Koordinatensystem (➠ *Bild 1*) mit der x-Achse nach rechts und der y-Achse nach unten. Als y-Koordinaten misst er die gleichen Werte, die **C**laus auf seinem bewegten Maßstab als Fallwege abliest: $y = \frac{1}{2} g t^2$. Als x-Werte übernimmt der Beobachter am Beckenrand die Ortskoordinaten $x = v_0\, t$ des auf dem Laufsteg bewegten **C**laus.

Merksatz

Ein Körper werde mit der Anfangsgeschwindigkeit v_0 waagerecht abgeworfen. Sieht man vom Luftwiderstand ab, so beschreibt ein außenstehender Beobachter Ort und Geschwindigkeit mit den Gleichungen

$$x = v_0 t, \qquad y = \tfrac{1}{2} g t^2, \qquad (1)$$

$$v_x = v_0, \qquad v_y = g t. \qquad (2)$$

Für gleichförmig mit v_0 bewegte Beobachter ist es ein freier Fall.

3. Wurfbahn mit Koordinaten beschrieben

Mit der Anfangsgeschwindigkeit v_0 und der Fallbeschleunigung g kann man Koordinaten für die **Orte zu verschiedenen Zeitpunkten** berechnen (*Tabelle 1*) und in ein Koordinatensystem übertragen (*Bild 2*).

Beim „Wasserwerfer" nach *Bild 3* strömt Wasser horizontal aus einer Düse. Am „Laufsteg" des mit v_0 horizontal bewegten Beobachters Claus sind Wegmarken angebracht und Maßstäbe für die Fallwege angehängt. Sie geben die Ortskoordinaten der abgespritzten Wasserteilchen an. Daraus lässt sich z. B. deren Startgeschwindigkeit v_0 berechnen. Für den senkrechten Fallweg $y = \frac{1}{2} g t^2 = 48$ cm braucht ein Wassertropfen im freien Fall $t = \sqrt{2y/g} = \sqrt{2 \cdot 0{,}48 \text{ m}/9{,}81 \text{ m·s}^{-2}} = 0{,}31$ s. Wenn der Beobachter Claus über ihm dabei in horizontaler Richtung $x = 80$ cm zurücklegt, dann ist wegen $x = v_0 t$ die Startgeschwindigkeit $v_0 = x/t = 0{,}8 \text{ m}/0{,}31 \text{ s} = 2{,}6$ m/s.

$g = 10$ m/s²
$v_0 = 75$ m/s

t in s	x in m	y in m	v_x in m/s	v_y in m/s	v in m/s
0,0	0,0	0,0	75,0	0,0	75,0
1,0	75,0	5,0	75,0	10,0	75,7
2,0	150,0	20,0	75,0	20,0	77,6
3,0	225,0	45,0	75,0	30,0	80,8
4,0	300,0	80,0	75,0	40,0	85,0
5,0	375,0	125,0	75,0	50,0	90,1
6,0	450,0	180,0	75,0	60,0	96,0
7,0	525,0	245,0	75,0	70,0	102,6
8,0	600,0	320,0	75,0	80,0	109,7

T 1: x-y-Wertepaare und v_x-v_y-Wertepaare für den waagerechten Wurf mit $v_0 = 75$ m/s und $g = 10$ m/s². $v = \sqrt{v_x^2 + v_y^2}$ ist der Betrag des Geschwindigkeitsvektors (*Bild 2*).

4. Geschwindigkeitsvektoren längs der Wurfbahn

Geworfene Körper legen längere Wege zurück als „nur" fallende. Wenn beide trotzdem unten gleichzeitig ankommen, muss der geworfene Körper unterwegs schneller sein. Der ruhende Beobachter kann die von ihm beobachtete **Geschwindigkeit $\vec{v}$** des geworfenen Körpers **zu einem beliebigen Zeitpunkt t** bestimmen. Er setzt sie aus der *Horizontal*-Geschwindigkeit $\vec{v}_0$ von Claus und der von ihm gemessenen *Vertikal*-Geschwindigkeit $\vec{v}_y$ (mit dem Betrag $g \cdot t$) des Körpers vektoriell zusammen. Im *Bild 2* sind für den Zeitpunkt $t = 4$ s diese Vektoren sowie der resultierende Vektor eingezeichnet. Er schmiegt sich tangential an die Bahnkurve. Könnte man nämlich die beschleunigende Kraft $G = m g$ abschalten, so bliebe nach dem Trägheitsgesetz die Geschwindigkeit nach Betrag und Richtung konstant; der Körper flöge geradlinig weiter.

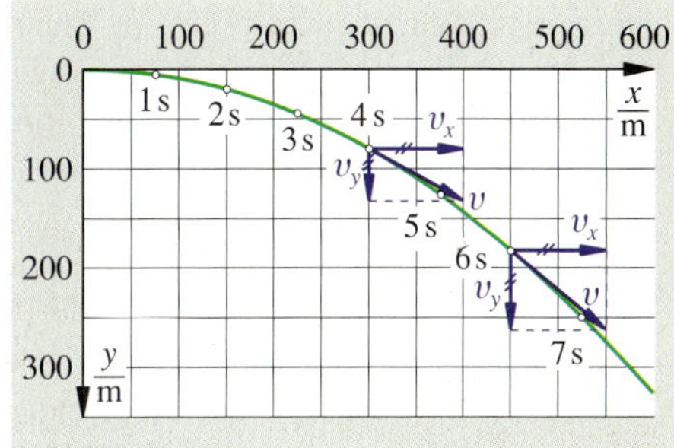

B 2: Bahnkurve mit den in *Tabelle 1* punktweise berechneten Werten. – Der Geschwindigkeitsvektor $\vec{v}$ schmiegt sich jeweils tangential an die Bahnkurve.

Den *Betrag* v der resultierenden Geschwindigkeit kann man mit dem Satz des PYTHAGORAS berechnen: $v^2 = v_0^2 + v_y^2$. Man sieht: v ist größer als jeder der beiden Beträge v_0 und v_y. Dem Vektorbild kann man auch den Winkel φ entnehmen, unter dem die Bahn des waagerechten Wurfs gegen die Horizontale geneigt ist: $\tan \varphi = v_y/v_x = g\,t/v_0$. – Obwohl die Bewegung nach rechts nicht aufhört, wird die Wurfbahn immer steiler.

5. Wie groß ist die Wurfweite?

Bei $y_1 = 80$ m Falltiefe kommt der waagerecht mit $v_0 = 75$ m/s abgeworfene Körper in *Bild 2* $x_1 = 300$ m weit. Wie weit geht der Wurf bei der Falltiefe $y_2 = 350$ m, die man auf dem Bild nicht mehr ablesen kann?

Mit der Fallzeit t_2 liefern die Koordinatengleichungen (1) und (2) (*Merksatz*) für die Wurfweite x_2 und die Falltiefe y_2 den Ansatz $t_2 = \sqrt{2 y_2/g}$ und $x_2 = v_0\, t_2$. Daraus folgt $x_2 = v_0 \sqrt{2 y_2/g} = 627$ m. – Könnte der Körper 500 m tief fallen (ohne Luftwiderstand), dann würde er sich 750 m weit waagerecht bewegen (in 10 s).

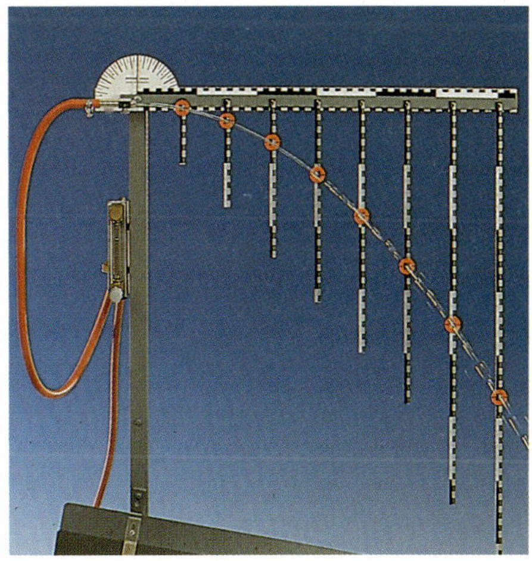

B 3: Während sich „der Beobachter auf dem Laufsteg" 80 cm nach rechts bewegt, fällt für ihn das Wasser 48 cm tief; in der Hälfte dieser Zeit nur 12 cm.

Interessantes

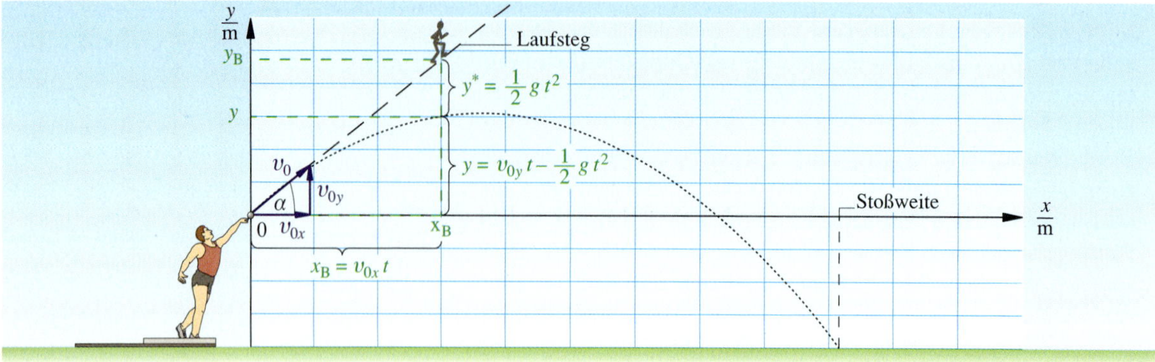

B 1: Kugelstoß ist schiefer Wurf

Bahnkurven beim Kugelstoß

Beim Kugelstoß kommt es auf große Stoßweiten an. Sportlerinnen und Sportler wissen, dass neben dem Betrag der Stoßgeschwindigkeit die Stoßrichtung eine wichtige Rolle spielt. Mit den beim waagerechten Wurf entwickelten Methoden können wir prüfen, ob der Sportler im ➡ *Bild 1* den richtigen Abwurfwinkel trainiert hat.

Wir zeichnen ein Koordinatensystem ins Bild – mit dem Ursprung dort, wo die Kugel die Hand verlässt, die positive y-Richtung nach oben. Wir denken uns einen Beobachter, der sich mit der Abstoßgeschwindigkeit v_0 schräg nach oben gleichförmig fortbewegt (➡ *Bild 1*). Er legt längs seines schrägen „Laufsteges" in der Zeit t den Weg $s = v_0\, t$ zurück. Der „Laufsteg" bildet mit der x-Achse den Winkel α. Die Ortskoordinaten dieses Beobachters entnehmen wir den rechtwinkligen Dreiecken in ➡ *Bild 1* zu:

$$x_B(t) = s \cos\alpha = v_0\, t \cos\alpha$$
$$y_B(t) = s \sin\alpha = v_0\, t \sin\alpha.$$

Wir denken uns einen Augenblick die Gewichtskraft ausgeschaltet. Dann würde die Kugel den Beobachter auf seinem schrägen „Laufsteg" ständig begleiten. Nun wirkt aber die Gewichtskraft. Deshalb stellt der bewegte Beobachter auf dem „Laufsteg" fest, dass die Kugel unter ihm senkrecht fällt. Der von ihm gemessene x^*-Wert bleibt immer $x^* = 0$; der y^*-Wert befolgt das Fallgesetz: $y^*(t) = -\frac{1}{2} g\, t^2$ (ohne Luftwiderstand).

Aus dem Unabhängigkeitssatz folgt, dass wir in unserem Bezugssystem die x- und y-Werte je für sich addieren dürfen. Also gilt:

$$x(t) = v_0\, t \cos\alpha + x^*(t) = v_0\, t \cos\alpha + 0 \quad (1)$$
$$y(t) = v_0\, t \sin\alpha + y^*(t) = v_0\, t \sin\alpha + (-\tfrac{1}{2} g\, t^2) \quad (2)$$

Wie wird man Meister?

Im Wettkampf kommt es auf die größte Weite an, dafür muss trainiert werden. Physikalische Sicht kann zum richtigen Trainingsprogramm beitragen:

Wenn man den Computer für die Auswertung der Koordinatengleichungen *Gl. (1)* und *(2)* eingerichtet hat, kann man leicht die Parameter v_0 und α ändern und deren Einfluss auf die Bahnkurve anschauen. In ➡ *Bild 3* ist bei einer festen Abstoßgeschwindigkeit von $v_0 = 8{,}5$ m/s der Abstoßwinkel variiert. Die Wurfbahn endet in der Sandgrube, 2 m unter dem Abstoßpunkt also bei $y = -2$ m.

Wir lassen den Computer für verschiedene Winkel α rechnen und tragen die Stoßweite über dem Abstoßwinkel in einem neuen Diagramm auf, um den Zusammenhang bei $v_0 = 8{,}5$ m/s abzuschätzen. Man sieht, dass es einen optimalen Abstoßwinkelbereich gibt (➡ *Bild 2*).

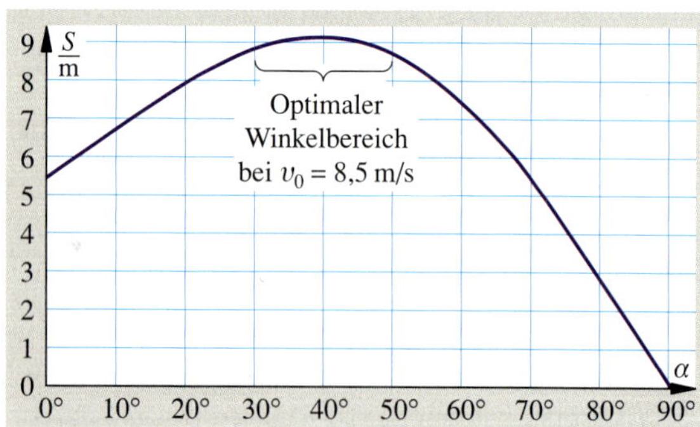

B 2: Stoßweite S über Abstoßwinkel α aufgetragen. Aus dem sehr flachen Buckel dieser Kurve folgt unser erster Rat fürs richtige Training: Man muss mit etwa 40° abstoßen, kleine Abweichungen vom optimalen Abstoßwinkel machen nichts aus.

Interessantes

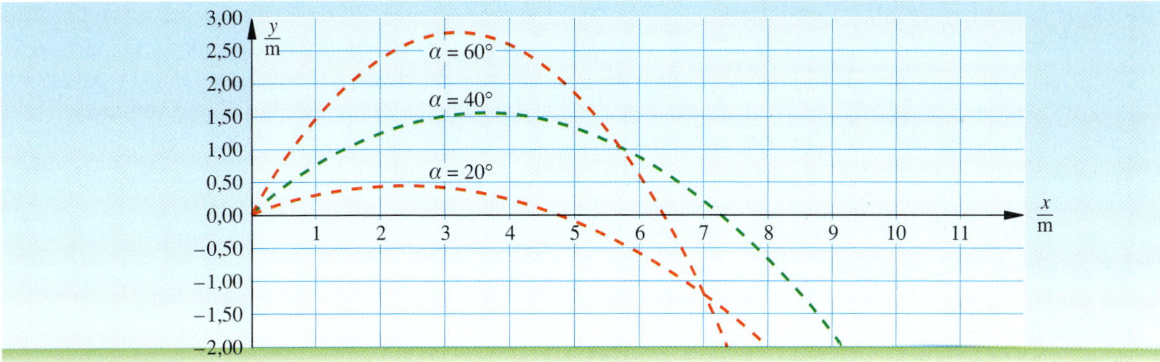

B 3: Kugelstoß bei konstanter Abstoßgeschwindigkeit v_0 = 8,5 m/s, aber verschiedenen Abstoßwinkeln

Lässt man umgekehrt den Computer mit festem Abstoßwinkel ($\alpha = 40°$) und verschiedenen Werten für v_0 rechnen, dann kann man studieren, wie die Kugelstoßweite von der Abstoßgeschwindigkeit abhängt (*Bild 4*). Der Anstieg der Kurve in *Bild 4* liefert den zweiten Rat fürs richtige Training: Anfangsgeschwindigkeit ist fast alles. Es lohnt, die Stoßtechnik so zu verbessern, dass die Anfangsgeschwindigkeit v_0 möglichst groß wird.

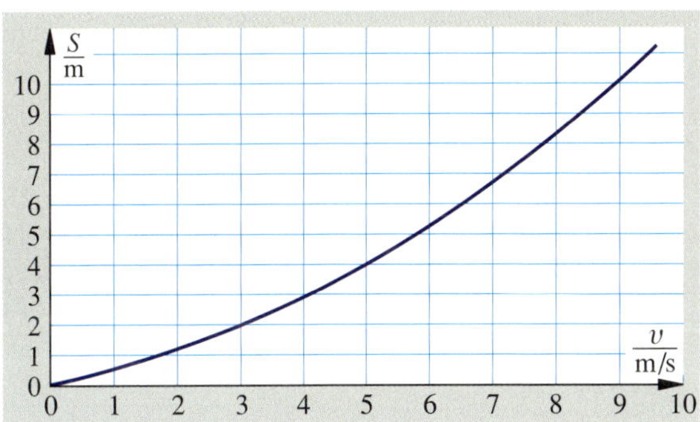

B 4: Stoßweite S in Abhängigkeit von der Abstoßgeschwindigkeit ($\alpha = 40°$)

Bahnkurven beim Wasserwurf

Wenn wir die Düse des Wasserwerfers schräg nach oben richten und mit ihr die Latte, an der die Maßstäbe für die Fallwege hängen, dann können wir auch an diesem Modell Koordinaten für die Punkte der Wurfbahn ablesen (*Bild 6*).

Wie beim waagerechten Wurf können wir vergleichen: Während der „Beobachter auf dem Laufsteg" um 80 cm schräg nach oben geht, beobachtet er den Fallweg 60 cm. Dies geschieht in der Zeit $t = \sqrt{2\,s/g} = \sqrt{2 \cdot 0{,}6\ \text{m}/9{,}81\ \text{m·s}^{-2}} = 0{,}35\ \text{s}$. In der halben Zeit 0,175 s kommt der Beobachter auf dem Steg 40 cm weit, das Wasser fällt $s/4$ = 60 cm/4 = 15 cm tief. Die Geschwindigkeit des „Beobachters auf dem Laufsteg" hat den Betrag $v_0 = s/t$ = 0,8 m/0,35 s = 2,29 m/s. Das Wasser tritt mit eben dieser Geschwindigkeit aus der Düse aus.

Die Bahnkurven des Löschwassers in *Bild 5* verlaufen wenig gekrümmt. Wir erkennen daran, dass es mit großer Geschwindigkeit aus den Löschwasserkanonen geschossen wird.

B 5: Das Wasser schießt mit hoher Geschwindigkeit aus den Löschwasserkanonen

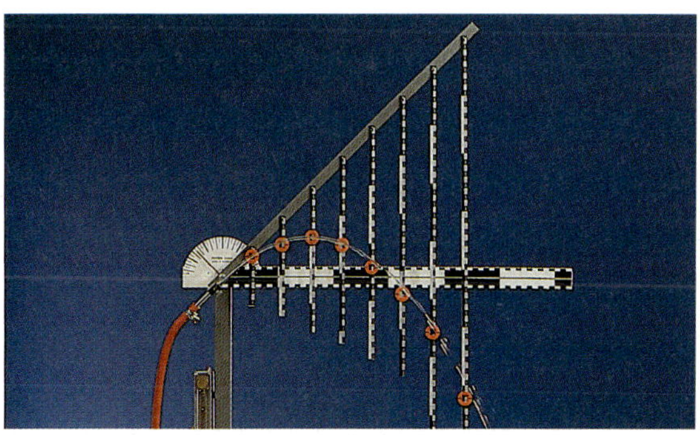

B 6: Wassermodell für den schiefen Wurf.
Das Wasser verlässt mit v_0 = 2,29 m/s die Düse.

Vertiefung

Ballwurf mit Luftwiderstand und mehr

Durch stückweises Rechnen mit kleinem Δt haben wir mit dem Computer geradlinige Bewegungen berechnet und grafisch dargestellt. Diese Methode erweitern wir auf *krummlinige Bewegungen*. Wir schreiben ein Programm für den Wurf eines Balles mit Luftwiderstand.

Die Physik für das Rechenmodell

Für die Wurfbahn in der Ebene brauchen wir ein ***x*-*y*-Koordinatensystem** (➠ *Bild 1*). Der Ball soll vom Ort $(x \mid y) = (0\text{ m} \mid 0\text{ m})$ unter dem Abwurfwinkel $\alpha = 60°$ und mit dem Geschwindigkeitsbetrag $v_0 = 10$ m/s abgeworfen werden. Die Unabhängigkeitssätze erlauben eine Beschreibung und Berechnung der zu erwartenden krummlinigen Bewegungen mithilfe einer Horizontalbewegung längs der x-Achse und einer davon unabhängigen Vertikalbewegung längs der y-Achse. Deshalb zerlegen wir den durch die (Abwurf-)Richtung α und den Betrag v_0 festgelegten Geschwindigkeitsvektor in seine Komponenten mit den Werten $v_x = v_0 \cdot \cos\alpha$ und $v_y = v_0 \cdot \sin\alpha$.

Alle für das Rechenmodell benötigten **Startwerte** stehen jetzt in den Zeilen (a) bis (g). In den Zeilen (h) bis (k) folgen die erforderlichen **Konstanten**: die Masse des Balles, die Fallbeschleunigung, die Konstante C für den Betrag der Luftwiderstandskraft $F_L = C\,v^2$. Die Größe des Zeitschrittes Δt setzen wir mit 0,01 s fest.

Für die getrennt betrachteten Bewegungen in x- und y-Richtung gibt es je eine resultierende Kraft. Deren Berechnung bildet das Kernstück der **Rechenschleife**. Aus dem in (1) berechneten Geschwindigkeitsbetrag (Satz des Pythagoras) wird in (2) der Betrag $F_L = C\,v^2$ der **Luftwiderstandskraft** ermittelt. Ihr Vektor zeigt stets dem Vektor der Geschwindigkeit entgegen. Für das Computerprogramm reichen die Betragsgleichung und das Wissen über die Richtung von F_L nicht aus, wir brauchen die Komponenten F_{Lx} und F_{Ly} von F_L. Deren *Werte* werden in (3) und (4) getrennt berechnet. Wie wir zu diesen Wertegleichungen kommen, ist bei ➠ *Bild 1* erläutert.

In Zeile (5) ist F_{Lx} die einzige Kraft der x-Bewegung. In y-Richtung muss in Zeile (6) zu F_{Ly} der Wert $-m \cdot g$ der nach unten gerichteten Gewichtskraft addiert werden. Der y-Wert der resultierenden Kraft ist somit $F_y = -m\,g + F_{Ly}$. In (7) und (8) werden aus F_x und F_y mithilfe des newtonschen Grundgesetzes die Werte a_x und a_y der **Beschleunigungskomponenten** berechnet. Diese liefern in (9) und (10) die Zuwächse der v_x- und v_y-Werte der **Geschwindigkeitskomponenten**. Mit den neuen Werten für v_x und v_y werden dann in (11) und (12) die **Koordinaten** x und y der **Wurfbahn** berechnet.

Das Rechenmodell

{Startwerte}	$t = 0$ (s)	(a)
	$x = 0$ (m)	(b)
	$y = 0$ (m)	(c)
	$v_0 = 10$ (m/s)	(d)
	$\alpha = 60$ (°)	(e)
	$v_x = v_0 \cdot \cos\alpha$ (m/s)	(f)
	$v_y = v_0 \cdot \sin\alpha$ (m/s)	(g)
{Konstanten}	$m = 1$ (kg)	(h)
	$g = 9{,}81$ (m/s²)	(i)
	$C = 0{,}1$ (Ns²/m²)	(j)
	$\Delta t = 0{,}01$ (s)	(k)
{Rechenschleife}		
WIEDERHOLE		
{Geschwindigkeitsbetrag}	$v = \text{SQRT}(v_x^2 + v_y^2)$	(1)
{Luftwiderstandskraft}	$F_L = C\,v^2$	(2)
	$F_{Lx} = -v_x \cdot (F_L/v)$	(3)
	$F_{Ly} = -v_y \cdot (F_L/v)$	(4)
{resultierende Kraft}	$F_x = +F_{Lx}$	(5)
	$F_y = -m \cdot g + F_{Ly}$	(6)
{Beschleunigung}	$a_x = F_x/m$	(7)
	$a_y = F_y/m$	(8)
{Geschwindigkeit}	$v_x = v_x + a_x \cdot \Delta t$	(9)
	$v_y = v_y + a_y \cdot \Delta t$	(10)
{Bahnpunkte}	$x = x + v_x \cdot \Delta t$	(11)
	$y = y + v_y \cdot \Delta t$	(12)
{Zeit}	$t = t + \Delta t$	(13)
BIS …		

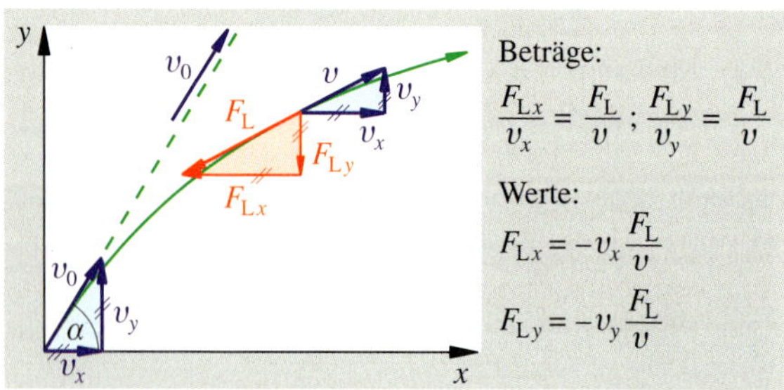

B 1: Die Vektoren von Geschwindigkeit v (blau) und Luftwiderstandskraft F_L (rot) schmiegen sich gegensinnig an die Wurfbahn (grün). Ihre Komponentenpaare bilden ähnliche Dreiecke und liefern so *Verhältnisgleichungen für die Beträge*. Wir machen daraus *Werte-Gleichungen* für F_{Lx} und F_{Ly}. Das Minuszeichen drückt unser Wissen über die stets gegensinnigen Richtungen von Geschwindigkeit und Luftreibungskraft aus.

Vertiefung

Proben aufs Exempel: Wurfbahnen …

Für den Test des Programms wählen wir einen Fall, dessen Lösung wir gut kennen, den waagerechten Wurf ohne Luftwiderstand. Mit $C = 0$ kommt für die Werte F_{Lx} und F_{Ly} der Luftwiderstandskraft immer null heraus; das Kraftgesetz ist allein durch $F_x = 0$ und $F_y = -m\,g$ bestimmt. Wir lassen uns für $v_0 = 12$ m/s und $\alpha = 0$ die Bahnkurve anzeigen:

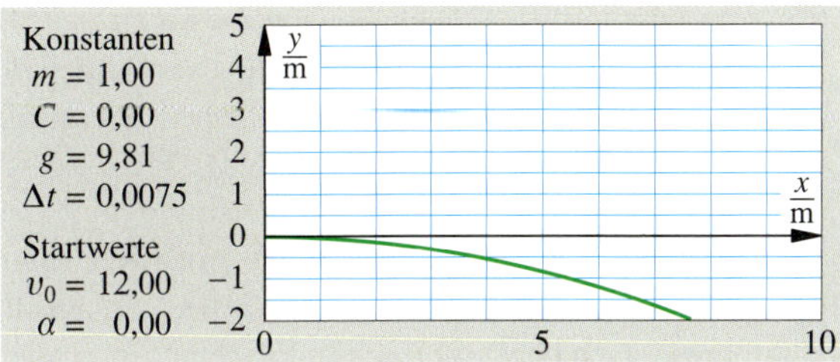

Wir überprüfen den für $t = 0{,}5$ s eingetragenen Punkt mit $x = 6$ m und $y = -1{,}25$ m. Diese Angaben werden mit $x = v_0\,t$ und $y = -\frac{1}{2}g\,t^2$ schnell bestätigt. Sobald wir für α den Winkel 50° angeben, wird aus dem waagerechten Wurf ein schiefer Wurf schräg nach oben:

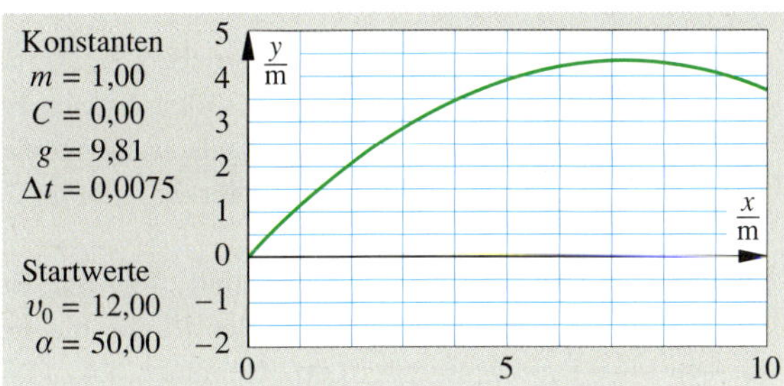

Ohne Luftwiderstand ist die Kurve symmetrisch, das ändert sich, wenn wir den Luftwiderstand einschalten:

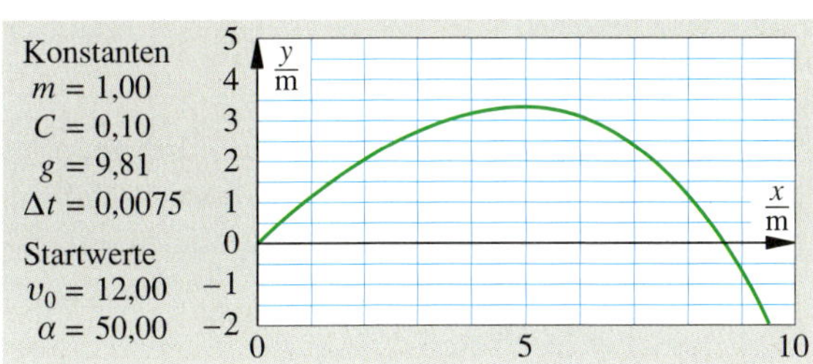

Das Ergebnis ist plausibel, das Programm zum Gebrauch freigegeben! So, wie man bei einem Experiment den Ablauf mit verschiedenen Einstellungen wiederholt, so können wir mit dem Programm Würfe mit verschiedenen Startwerten simulieren.

… oder Zeitfunktionen des senkrechten Wurfs

Wer einen Ball senkrecht nach oben wirft, erwartet, dass dieser sich auf gerader Bahn nach oben und dann wieder nach unten bewegt. Die Physik in unserem Programm gilt auch für diesen Fall. Mit den Startwerten $\alpha = 90°$, $v_0 = 5$ m/s und $C = 0$ (Luftwiderstand ausgeschaltet) zeichnet der Computer als Bahnkurve eine Linie auf der y-Achse – der x-Wert ist immer null. Damit wir mehr erkennen können, lassen wir nicht die x-y-Bahnkurven, sondern t-y- und t-v-Diagramme zeichnen:

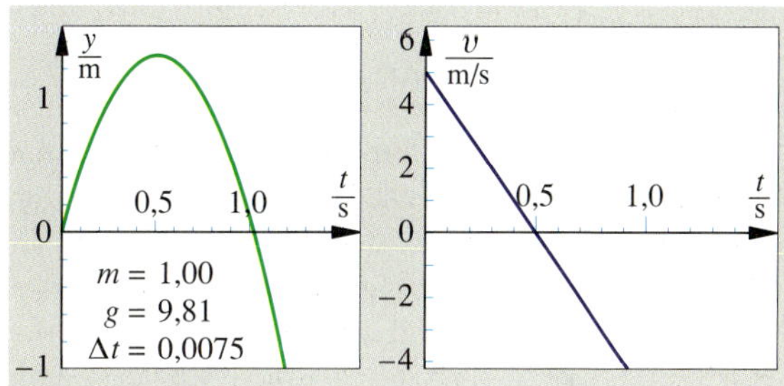

Aufgaben

A 1: Zeichnen Sie die Bahn des waagerechten Wurfs mit der Anfangsgeschwindigkeit $v_0 = 20$ m/s im Maßstab 1 : 1 000. Zeichnen Sie die Geschwindigkeitsvektoren für $t_1 = 2{,}0$ s und $t_2 = 4{,}0$ s ein (Geschwindigkeitsmaßstab 1 cm ≙ 10 m/s).

A 2: Ein unerfahrener Pilot lässt einen Versorgungssack genau senkrecht über dem Zielpunkt aus dem in 500 m Höhe fliegenden Flugzeug fallen. Der Sack schlägt 1,0 km vom Ziel entfernt auf. Welche Geschwindigkeit hat das Flugzeug, mit welcher Geschwindigkeit erreicht der Sack den Boden (ohne Luftwiderstand)?

A 3: Wie groß ist die Absprunggeschwindigkeit des Weitspringers? Benutzen Sie die eingeblendeten Informationen – es gibt verschiedene Lösungswege!

A 4: Widerstandsbeiwert c_w und wirksame Fläche eines Autos liefern zusammen mit der Dichte der Luft den C-Wert 0,875 Ns²/m². Bestimmen Sie die Antriebskraft, mit der das Auto die Endgeschwindigkeit 120 km/h erreicht.

Das ist wichtig

1. Die Fallbewegung eines Körpers, auf den allein die Gewichtskraft wirkt, wird **freier Fall** genannt. An ein und demselben Ort beobachtet man für alle Körper beim freien Fall die gleiche Beschleunigung; sie ist gleich dem Ortsfaktor g.
Für die Beschleunigung beim freien Fall gilt in Europa $\mathbf{g = 9{,}81\ m/s^2}$. Mit diesem Wert werden die Bewegungsgleichungen der gleichmäßig beschleunigten Bewegung zu den **Fallgesetzen für den freien Fall aus der Ruhe**:

Zeit-Weg-Gesetz: $s = \frac{1}{2} g t^2$
Zeit-Geschwindigkeit-Gesetz: $v = g t$

2. Bei **Fallbewegungen mit Luftwiderstand** bestimmt ständig die Resultierende aus Gewichtskraft G und Luftwiderstandskraft F_L die momentane Beschleunigung a. Der Luftwiderstand ist der Geschwindigkeit v entgegen gerichtet, für den Betrag gilt

$$F_L = \frac{1}{2} c_w \varrho A v^2.$$

Solange (für die Beträge) $F_L < G$ gilt, nimmt die Fallgeschwindigkeit zu. Ist $F_L = G$ erreicht, wird die Bewegung gleichförmig mit der **Endgeschwindigkeit** v_{End}. Es gilt:

$$G = \frac{1}{2} c_w \varrho A v_{End}^2, \quad \text{also} \quad v_{End} = \sqrt{\frac{2G}{c_w \varrho A}}.$$

3. Bewegungen können von verschiedenen Bezugssystemen aus betrachtet werden:
Ein Körper K habe die Geschwindigkeit v_K in einem Bezugssystem, das sich mit der Geschwindigkeit v_0 relativ zu einem Beobachter B bewegt. Die von B beobachtete Geschwindigkeit v des Körpers K kann einem **Vektorparallelogramm** aus v_0 und v_K entnommen werden (wie bei Kräften).

4. Bei **Wurfbewegungen ohne Luftwiderstand** denke man sich einen Beobachter, der sich gleichförmig mit der Abwurfgeschwindigkeit v_0 (Richtung und Betrag) unter dem Winkel α weiterbewegt. Er beobachtet eine Fallbewegung. Die Beschreibung von außen lässt sich in Koordinaten darstellen:

$$x = v_0 t \cos\alpha \qquad y = v_0 t \sin\alpha - \tfrac{1}{2} g t^2$$
$$v_x = v_0 \cos\alpha \qquad v_y = v_0 \sin\alpha - g t$$

Die Koordinatenrichtungen sind dabei horizontal (x) und senkrecht nach oben (y) gewählt.

Strategien beim Problemlösen

1. Galileo GALILEI hat für die Entwicklung von Denkschemata der Physik eine große Bedeutung. Wir arbeiten wie er oft mit dem **hypothetisch-deduktiven Verfahren**: Zu einer *Beobachtung* (Zunahme der Geschwindigkeit beim freien Fall) *deduzieren* wir aus einer *Hypothese* (Gewichtskraft ist alleinige Kraft) mit der schon verfügbaren Theorie (Bewegungsgesetze bei konstanter Kraft) eine *Vorhersage* (Fallgesetz), die wir im *Experiment* bestätigen.

2. Bei konstantem Wert der Beschleunigung a gelten – für Bewegungen aus der Ruhe mit Startpunkt ($t = 0$; $s = 0$) – die Bewegungsgesetze für gleichmäßig beschleunigte Bewegungen: $\mathbf{v = a\,t;\ s = \frac{1}{2} a\,t^2}$.
Bei sich ändernder Beschleunigung a verwenden wir **Rechenmodelle.** Während eines kleinen Zeitschritts Δt gelten jeweils die Gleichungen $v_{neu} = v_{alt} + a \cdot \Delta t$ und $s_{neu} = s_{alt} + v \cdot \Delta t$.
Dabei hilft der Computer. Dessen große Rechengeschwindigkeit erlaubt kleine Zeitschritte. Deshalb dürfen wir, auch bei komplizierten Bewegungen, a und v während des Zeitschritts Δt als konstant ansehen. In Rechenmodellen für Bewegungen steckt die Physik vor allem in dem **Kraftgesetz**. Bei Bewegungen mit Luftwiderstand setzt sich die resultierende Kraft aus den Kraftgesetzen für Schwerkraft $G = m g$ und Luftwiderstandskraft $F_L = \frac{1}{2} c_w \varrho A v^2$ zusammen. Zeitschritt für Zeitschritt wird die neue resultierende Kraft berechnet.

3. Um Fall- und Wurfbewegungen zu berechnen, hat der **Wechsel des Bezugssystems** den Erfolg beschert. Was der eine Beobachter als waagerechten Wurf in der Ebene sieht, beobachtet ein anderer als geradlinige Fallbewegung.
Diese Strategie haben wir erweitert: Für die Beschreibung einer **Bewegung in der Ebene** machen wir vom **Unabhängigkeitssatz** Gebrauch. Dazu legt man ein Koordinatensystem fest und rechnet mit **Komponenten** für Kraft, Beschleunigung und Geschwindigkeit sowie mit **Koordinaten** des Ortes. In jeder Komponentenrichtung lässt sich das NEWTON-Gesetz unabhängig von den anderen Komponenten anwenden.

Aufgaben

A 1: Wie muss die Antriebskraft eines Fahrzeugs gesteigert werden, wenn – mit Luftwiderstand – die Endgeschwindigkeit verdoppelt werden soll?

A 2: Wie hoch kann man Wasser spritzen, das mit 15 m/s die Düse verlässt?

A 3: Eine senkrecht nach oben geschossene Kugel kommt zurück! Es gibt einen Beobachter, der für diese Kugel nichts anderes beobachtet als eine Fallbewegung. Versetzen Sie sich in die Rolle dieses Beobachters und wenden Sie unsere Strategie an! Übertragen Sie das Ergebnis auf einen nebenstehenden Beobachter.

ERHALTUNGSSÄTZE

Hohe Trampolinsprünge wären ohne die Erhaltung mechanischer Energie unmöglich. Leider entweicht bei jedem Sprung ein Teil von ihr durch unvermeidliche Reibung. Die Sportlerin muss ihn ersetzen, wenn sie dieselbe Höhe erreichen will. Wir lernen mit Energie zu bilanzieren.
Wen wundert nicht das seltsame Verhalten der Kugeln? Nach dem Aufprall der ersten fliegt die letzte weg und erreicht die gleiche Höhe der ersten. Die übrigen haben sich scheinbar nicht bewegt. Doch sie müssen sich ein kleines Stück bewegt haben, denn frei herunterhängend berühren sie einander nicht: Beim Aufprall überträgt die linke Kugel ihre Bewegungsenergie vollständig auf die gestoßene und bleibt mit einem Schlag stehen. Die gestoßene trifft mit derselben Geschwindigkeit auf die folgende. So wandert die Energie durch die Reihe bis zur letzten Kugel, die schließlich die Höhe der ersten erreicht. Und warum gibt die stoßende Kugel jeweils ihre gesamte Energie weiter und nicht nur einen Teil? Die Frage führt uns auf eine weitere Erhaltungsgröße, den Impuls. Auch die Impulsbilanz muss stimmen. Sie lässt nur eine einzige Verteilung der Energie zu.
Ein „Raketenversuch" im Labor. Eine Pumpe schleudert das Wasser nach links und beschleunigt den Wagen nach rechts. Die Impulsbilanz führt uns zur Berechnung der beschleunigenden Kraft.

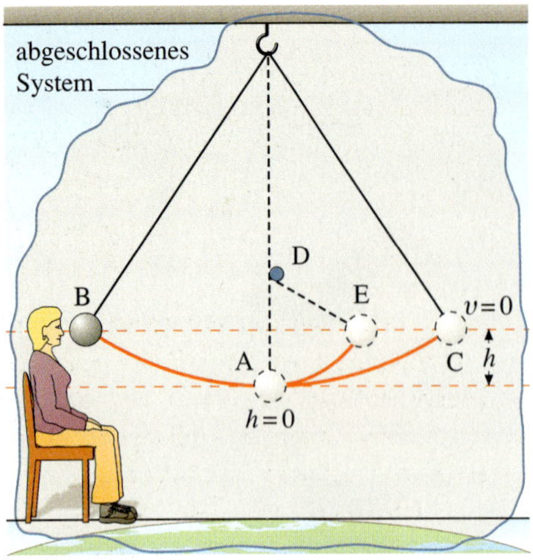

V 1: a) Wir hängen eine Kugel an der Decke auf. Aus der Gleichgewichtslage A lenken wir sie bis B aus, direkt vor die Nasenspitze einer Schülerin. Dort ist die Kugel gegenüber A um die Strecke *h* angehoben. Lassen wir los, so schwingt sie nach A zurück. Dann steigt sie auf der anderen Seite gleich hoch bis C und kommt zurück nach B, aber nicht höher! Die Schülerin kann beruhigt sitzen bleiben.

b) Während sich die Kugel zwischen A und B bewegt, befestigen wir bei D einen Stab. Anschließend schwingt die Kugel auf der Bahn BAE zum Punkt E, der gleich hoch liegt wie B und C, dann zurück zu B.

c) Erst mit der Zeit nimmt die Höhe der Umkehrpunkte B, C bzw. E infolge der nicht zu vermeidenden Reibung ab.

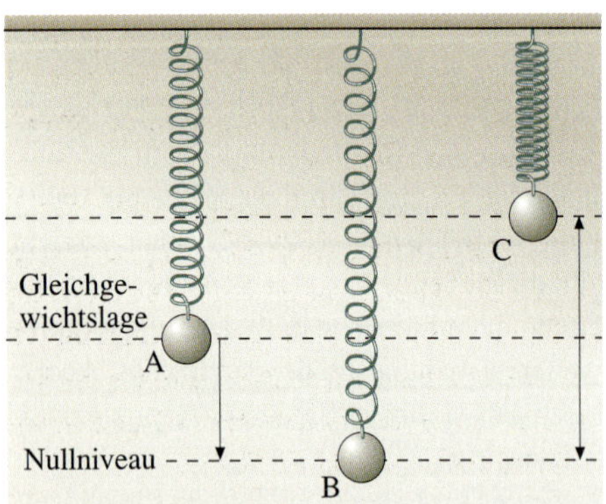

V 2: Ein Wägestück hängt an einer Feder. Aus der Gleichgewichtslage A lenken wir es bis B aus und lassen los. Es schwingt periodisch auf und ab (vertikales Federpendel). Die Höhen der Umkehrpunkte C und B bleiben zunächst gleich. Sie ändern sich mit der Zeit nur infolge der Reibung.

Energieerhaltung; Energieumwandlung

1. Immer dieselben Höhen und Geschwindigkeiten

Lassen wir ein Fadenpendel schwingen (➠ *Versuch 1a*). Der Bewegungszustand der Kugel ändert sich laufend. Trotzdem erreicht sie – wenn man nicht zu lange wartet – immer wieder den Zustand, aus dem sie gestartet ist, genauso wie alle Zwischenzustände. Allerdings darf sich von außen niemand einmischen, indem er etwa die Kugel hinterlistig anbläst. – Selbst wenn wir die Bewegung des Pendels durch den Stab D in ➠ *Versuch 1b* ändern, erreicht die Kugel ihre Ausgangshöhe, allerdings auf einem anderen Weg. – Ähnliche Bewegungen finden Sie bei ➠ *Versuch 2* und ➠ *Versuch 3*.

Die Versuche zeigen: Bei allem Wandel kehren dieselben Höhen und Geschwindigkeiten von Körpern oder Spannungszustände der Federn wieder. Lässt sich dabei eine Größe finden, die sich zwar in verschiedenen Formen äußert, die aber insgesamt erhalten bleibt? Aus der Mittelstufe kennen Sie die **Energie**. Erinnern Sie sich?

2. Energie tritt in vielen Formen auf und kann sich wandeln

Der Autofahrer kauft Energie mit Benzin teuer ein. Auch in Gas, Öl, Kohle und in unserer Nahrung steckt sie, allerdings in ganz verschiedenen **Formen**; sie ist ein Verwandlungskünstler:

In den Punkten B, C und E von ➠ *Versuch 1* ist die Kugel gegenüber A um die Strecke *h* angehoben, hat aber keine Geschwindigkeit. Die in dem System steckende Energie hängt mit der angehobenen Kugel zusammen. Man sagt, die Kugel habe in B, C und E gegenüber dem Niveau von A **Höhenenergie** (auch **Lageenergie** oder **potentielle Energie** genannt). Wie bei der Angabe einer Höhe muss man sich bei der Höhenenergie auf ein Ausgangsniveau beziehen. Man nennt es **Nullniveau,** abgekürzt **NN.**

Im Punkt A von ➠ *Versuch 1* hat die Kugel maximale Geschwindigkeit, ist aber gegenüber dem Nullniveau nicht angehoben, hat also keine Höhenenergie. Die nach wie vor vorhandene Energie hängt mit der Bewegung zusammen. Man sagt, die Kugel habe in A **Bewegungsenergie (kinetische Energie)**. Zwischen B und A bzw. A und C besitzt die Kugel sowohl Höhen- als auch Bewegungsenergie. Dort finden laufend **Energieumwandlungen** statt.

Ist in ➠ *Versuch 2* das Wägestück im tiefsten Punkt B, wo wir das Nullniveau der Höhenenergie hinlegen, so hat es momentan keine Geschwindigkeit, also weder Höhen- noch Bewegungsenergie. Dafür ist die Feder maximal gespannt. Die Energie steckt in der gespannten Feder. Gespannte Federn haben **Spannenergie.** Beim Auf und Ab des Wägestücks wandeln sich laufend Spannenergie, Bewegungsenergie und Höhenenergie ineinander um. – Höhenenergie, Bewegungsenergie und Spannenergie fasst man unter dem Oberbegriff **mechanische Energieformen** (oder **mechanische Energie**) zusammen.

3. Energieerhaltung im abgeschlossenen System

Energie ist bei diesen Schwingungen (➡ *Versuche 1–3*) immer vorhanden. Sie verschwindet nicht, um sofort wieder aus dem Nichts aufzutauchen. *Vielmehr bleibt sie erhalten, wechselt aber ständig die Form.* Denken wir an die Geldmenge auf einer völlig abgeschlossenen Insel. Gleichgültig, was sich dort abspielt und wie dort das Geld auf Einwohner und Banken verteilt ist, immer bleibt die Geldsumme konstant.

Wie das Geld auf der Insel gewissermaßen in einem einzigen Tresor eingeschlossen ist, so können wir bei jedem der vorigen Versuche einen Bereich abgrenzen, der die Energie einschließt. Zu diesem Bereich gehören alle Körper, die während des Versuchs miteinander in Wechselwirkung stehen und die Energie untereinander austauschen. Beim Fadenpendel (➡ *Versuch 1*) z. B. muss man neben dem Pendelkörper, dem Faden und der Aufhängevorrichtung auch die Erde dazunehmen, da sie mit der Gewichtskraft auf den Pendelkörper einwirkt. Um diesen Bereich kann man in Gedanken eine Hülle legen, die nichts durchlässt. Beliebige Vorgänge in der Hülle sind aber möglich. Das so entstandene Gebilde nennt man ein **energetisch abgeschlossenes System**. Es ist ein **Energietresor**.

Allerdings kommt jedes Pendel infolge der Reibung allmählich zur Ruhe (➡ *Versuch 1c*). Daraus folgern Sie vielleicht, dass es doch kein abgeschlossenes System gibt oder dass Energie versickert. ➡ *Versuch 4* gibt eine andere Antwort.

In ➡ *Versuch 4a* können sich die kleinen Kugeln in der untersten Schale nicht gegeneinander bewegen. Der Wagen wird mit der betragsmäßig gleichen Geschwindigkeit an der Feder reflektiert. Sobald die kleinen Kugeln in den Schalen aber Eigenbewegungen ausführen können (➡ *Versuch 4b*), ist der Wagen nach der Reflexion an der Feder deutlich langsamer. Dafür bewegen sich jetzt die Kügelchen völlig ungeordnet. Sie haben einen Teil der Energie übernommen. Doch hört diese Bewegung der Kügelchen bald auf; sie versickert in deren Innern, im „ganz Kleinen“ und mündet schließlich in einer verstärkten Bewegung der unsichtbaren kleinsten Teilchen, der Atome oder Moleküle. Man sagt die **innere Energie** der Körper sei größer geworden. Also bleibt das System abgeschlossen, seine Energie konstant. Genau dies passiert bei *Reibungsvorgängen.* Auch dort geht keine Energie verloren, vielmehr erhöht sich die innere Energie der im abgeschlossenen System zusammengefassten Körper.

Merksatz

1. Energie kann ihre Form wandeln. Mechanische *Energieformen* sind Höhenenergie, Bewegungsenergie und Spannenergie.
2. Einen Bereich, der mit seiner Umgebung keine Energie austauscht, nennt man ein energetisch *abgeschlossenes System.*
3. In einem abgeschlossenen System bleibt unabhängig von den Vorgängen, die sich darin abspielen, die *Energie erhalten.*

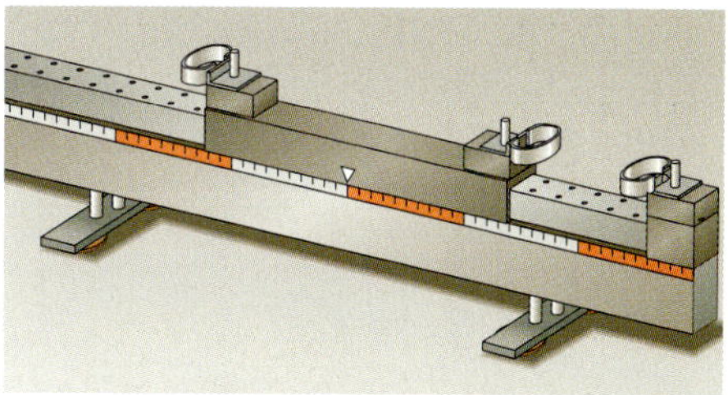

V 3: Auf einer waagerecht gestellten Luftkissenfahrbahn, an deren Enden elastische Federn befestigt sind, wird ein Schlitten angestoßen. Er gleitet – solange nicht eine der Federn zusammengedrückt wird – mit konstantem Geschwindigkeitsbetrag über die Bahn und dies trotz der Reflexionen an den Bahnenden. Nur die Reibung bremst ihn mit der Zeit ab.

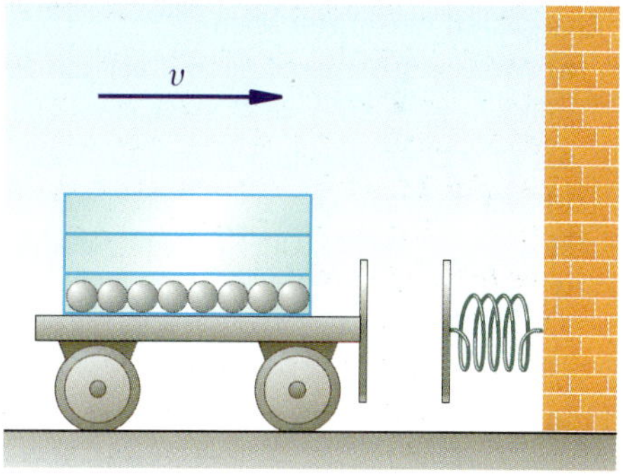

V 4: Auf einem leichten Wagen sind drei durchsichtige Schalen übereinander befestigt. Die zwei obersten sind leer, die unterste ganz mit Kugeln gefüllt, sodass dort keine Relativbewegung der Kugeln möglich ist.
a) Der Wagen wird auf einer ebenen Unterlage angestoßen. Nach der Reflexion an einer Feder hat er betragsmäßig dieselbe Geschwindigkeit wie vorher.
b) Man verteilt die Kugeln gleichmäßig auf die Schalen. Stößt der Wagen jetzt gegen die Feder, hat er nach der Reflexion betragsmäßig eine deutlich kleinere Geschwindigkeit als vorher. Dafür schwirren die Kugeln regellos in den Schalen herum, kommen aber bald zur Ruhe.

A 1: Beschreiben Sie in Versuch 1 bis 3 die auftretenden Energieumwandlungen. Geben sie jeweils das System an.

A 2: Ein Auto fährt einen Berg hinauf. Welche Energieumwandlungen treten auf? Welches System haben Sie betrachtet?

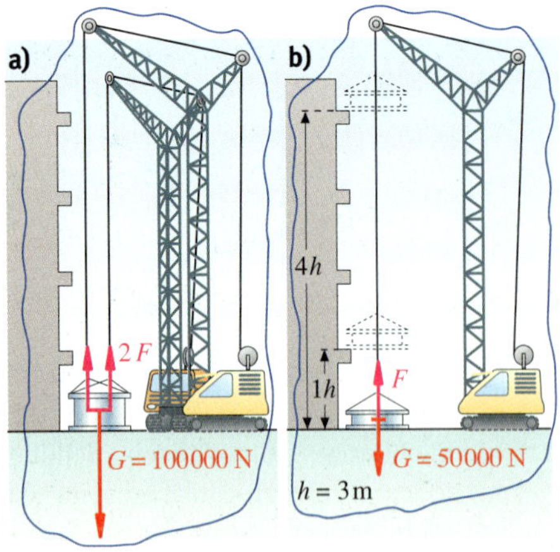

B 1: Die im Dieselöl steckende chemische Energie wird in Höhenenergie umgewandelt

Beispiel

Energiebeträge im Vergleich

a) Welche Höhenenergie W_H hat ein Eisenträger (m = 50 t) im 4. Stock eines Hauses (h = 12 m) gegenüber dem Erdboden?

b) Bei welcher Geschwindigkeit hat ein Pkw (m = 1 200 kg) die Bewegungsenergie W_B = 1 MJ?

Lösung:

a) Das Nullniveau NN ist am Erdboden:

$$W_H = m\,g\,h = 50\,000 \text{ kg} \cdot 10 \frac{\text{m}}{\text{s}^2} \cdot 12 \text{ m}$$

$$= 6{,}0 \cdot 10^6 \frac{\text{kg} \cdot \text{m}^2}{\text{s}^2} = 6{,}0 \cdot 10^6 \text{ J} = \mathbf{6{,}0\ MJ}.$$

b) Aus $W_B = \frac{1}{2} m\,v^2$ ergibt sich:

$$v = \sqrt{\frac{2\,W_B}{m}} = \sqrt{\frac{2 \cdot 1{,}0 \cdot 10^6 \text{ J}}{1\,200 \text{ kg}}}$$

$$= \sqrt{1{,}67 \cdot 10^3 \frac{\text{m}^2 \cdot \text{kg}}{\text{s}^2 \cdot \text{kg}}} = \mathbf{40{,}8\ \frac{m}{s}} = 147 \frac{\text{km}}{\text{h}}.$$

Zum Vergleich: 1 l Benzin hat einen Heizwert von etwa 43,5 MJ. Oder: 1 MJ erwärmt 10 l Wasser um $\Delta\vartheta$ = 24 °C.

Messen und Berechnen von Energie

1. Der Energiebuchhalter gießt Energie in eine Formel

Buchhalter Bill kann ohne Schwierigkeiten Geld in einem Banktresor zählen, wenn er den Inhalt kontrollieren soll. Will er dagegen im Energietresor die vorhandene Energie bilanzieren, so ergeben sich Probleme. Für die Energie hat er nämlich noch keine Messvorschrift. Um eine solche zu finden, hat der „Energiebuchhalter" sorgfältig zu beachten, dass in einem abgeschlossenen System die Energie erhalten bleibt. Bills Konzept ist es, unter dieser Vorgabe die Energieformen in „Formeln zu gießen"!

Bill sucht zunächst einen sinnvollen Ausdruck für die *Höhenenergie*. Dazu betrachtet er ein abgeschlossenes System (➠ *Bild 1a*), in dem sich ein Gebäude, zwei gleiche Kräne, die mit Dieselöl betrieben werden, und die Erde befinden. Beim Anheben von Lasten wird die im Dieselöl steckende chemische Energie in Höhenenergie umgewandelt. Die Menge an verbrauchtem Dieselöl kann Bill also als Maß für die Höhenenergie der angehobenen Last ansehen, selbst wenn ein bestimmter Bruchteil der Energie im Öl als Wärme abgeführt wird.

a) Hebt nur einer der Kräne einen Eisenträger (G = 50 000 N) in den 1. Stock, benötigt er eine bestimmte Menge Öl (➠ *Bild 1b*).

b) Hebt dieser Kran die Last in den 4. statt in den 1. Stock, so braucht er die 4fache Ölmenge, da er die 4fache Höhe h zu überwinden hat. Bill folgert: Der Eisenträger besitzt im 4. Stock eine 4-mal so große Höhenenergie wie im 1. Stock. Also ist die Höhenenergie W_H proportional zur Höhe h: $\boldsymbol{W_H \sim h}$. Als **Nullniveau NN,** das man beliebig festlegen kann, ist dabei der Erdboden gewählt.

c) Nun soll ein doppelt so schwerer Eisenträger (mit der Gewichtskraft G = 100 000 N) in den 1. Stock gehoben werden. Da die maximale Hubkraft eines Krans dazu nicht ausreicht, verwendet man beide Kräne, die zusammen gegenüber a) die doppelte Kraft F aufbringen, dafür aber die doppelte Menge an Öl benötigen. Vernünftigerweise sagt Buchhalter Bill deshalb: Im 1. Stock besitzt die Last mit G = 100 000 N gegenüber dem Nullniveau doppelt so viel Höhenenergie wie die mit G = 50 000 N. Allgemein setzt man also an: $\boldsymbol{W_H \sim G}$.

Zustand Nr.	Zeit t in s	Höhe h über dem Nullniveau in m	Höhenenergie $W_H = m\,g\,h$ in Joule	Geschwindigkeit $v = g\,t$ in m/s	Bewegungsenergie $W_B = \frac{1}{2} m\,v^2$ in Joule	Energiesumme $W_H + W_B$ in Joule
1	0	45	4 500	0	0	4 500
2	1	40	4 000	10	500	4 500
3	2	25	2 500	20	2 000	4 500
4	3	0	0	30	4 500	4 500

T 1: Energiebilanz $W_H + W_B$ für 4 Zustände beim freien Fall eines Körpers der Masse 10 kg aus einer Höhe h = 45 m. NN am Boden.

d) Hebt man die doppelt so schwere Last in den 4. Stock, so braucht man die $4 \cdot 2$fache = 8fache Ölmenge. Die Höhenenergie W_H einer Last G in der Höhe h über dem Nullniveau ist also dem Produkt $G \cdot h$ proportional. Nach diesen Überlegungen wird die Höhenenergie zu $\boldsymbol{W_H = G \cdot h = m \cdot g \cdot h}$ festgelegt. Ihre **Einheit** ist also **1 Nm**, **1 Joule (1 J)** genannt. Da sich Höhenenergie in andere Energieformen umwandeln lässt, *ist 1 Joule zugleich die Einheit einer jeden Form von Energie.*

Merksatz

1. Die *Höhenenergie* eines Körpers mit der Gewichtskraft G in der Höhe h über dem Nullniveau ist: $W_H = G\,h = m\,g\,h$.
2. Die Einheit der Energie ist 1 Joule, abgekürzt 1 J.
   Es ist: $1\text{ J} = 1\text{ Nm} = 1\text{ kg}\cdot\text{m}^2/\text{s}^2$.

2. Wie misst der Energiebuchhalter Bewegungsenergie?

Bill lässt einen Körper, der mit der Erde ein abgeschlossenes System bildet, aus der Höhe h frei fallen. Der Körper verliert Höhenenergie, gewinnt aber Bewegungsenergie. Fällt er die Strecke s, so nimmt seine Höhenenergie um ΔW_H ab. Es ist:

$$\Delta W_H = m \cdot g \cdot s = m \cdot g \cdot \frac{1}{2} g \cdot t^2 = \frac{1}{2} m \cdot (g \cdot t)^2 = \frac{1}{2} m \cdot v^2.$$

Wir werden zusammen mit Bill der Energieerhaltung gerecht, wenn wir festsetzen: Für die verschwundene Höhenenergie ΔW_H ist Bewegungsenergie entstanden. Ein Körper mit der Geschwindigkeit v hat also die Bewegungsenergie $\boldsymbol{W_B = \frac{1}{2} m \cdot v^2}$.

➡ *Tabelle 1* zeigt die Bilanz für 4 Zustände eines aus 45 m Höhe frei fallenden Körpers. Dabei bleibt die Summe $W_H + W_B = m\,g\,h + \frac{1}{2} m\,v^2$ konstant. Die Energien dieses Systems lassen sich also messen. Dies gilt auch für das Fadenpendel (➡ *Versuch 1*)! Völlig gleichgültig ist es dabei, welche Vorgänge sich im Detail in einem abgeschlossenen System abspielen, in dem nur Höhen- und Bewegungsenergie auftreten. Die Summe $W_H + W_B$ ist immer konstant und gibt die Energie des Systems an. Bills Konzept stimmt.

Merksatz

Ein Körper der Masse m und der Geschwindigkeit v hat die *Bewegungsenergie* $W_B = \frac{1}{2} m\,v^2$.

3. Unterscheide Energie und Kraft!

Das Kranbeispiel (➡ *Bild 1*) macht deutlich, dass *Energie Mengencharakter* hat und von Kraft klar zu unterscheiden ist! Je höher ein Kran die Last hebt, desto mehr Energie wird aus Dieselöl in Höhenenergie umgesetzt. Stellt der Kranfahrer den Motor ab und legt eine Sperrklinke ein, so bleibt die Last in einer bestimmten Höhe hängen. Energie wird nicht mehr umgesetzt; trotzdem muss der Kran die Last auf gleicher Höhe halten. Dazu braucht er nur Kraft, keine Energie! Diese ist im Gegensatz zur Kraft ein *Skalar*.

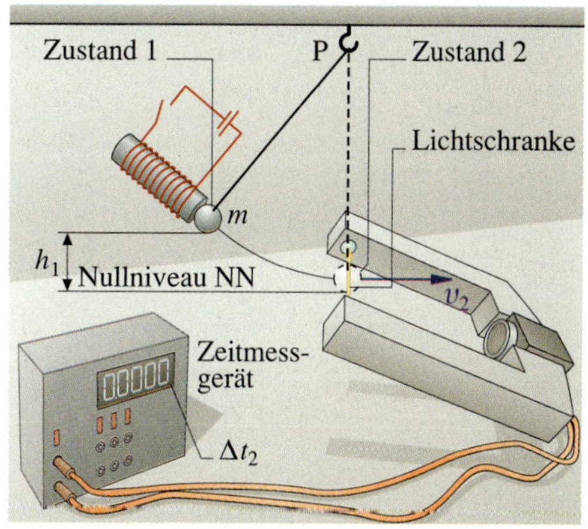

V 1: a) Wir halten die Kugel eines Fadenpendels (0,500 kg) mit einem Elektromagneten fest. Gegenüber der tiefsten Stellung (NN) wurde sie um $h_1 = 0{,}085$ m gehoben. In diesem *Zustand 1* hat die Kugel die Höhenenergie $W_{H1} = m\,g\,h_1 = 0{,}417$ J, die Bewegungsenergie $W_{B1} = 0$ und somit insgesamt die Energie W_1:

$$W_1 = m\,g\,h_1 + \frac{1}{2} m\,v_1^2 = 0{,}417\text{ J} + 0\text{ J} = 0{,}417\text{ J}.$$

Nachdem die Kugel vom Durchmesser $\Delta s = 5{,}0$ cm losgelassen worden ist, durchfällt sie im tiefsten Punkt, dem *Zustand 2*, eine Lichtschranke. Diese misst die Dunkelzeit $\Delta t_2 = 0{,}040$ s. Dort ist also $v_2 = \Delta s/\Delta t_2 = 1{,}25$ m/s und damit die Bewegungsenergie $W_{B2} = 0{,}391$ J. Für die Energiesumme im Zustand 2 gilt somit:

$$W_2 = m\,g\,h_2 + \frac{1}{2} m\,v_2^2 = 0\text{ J} + 0{,}391\text{ J} = 0{,}391\text{ J}.$$

Im Rahmen der Messfehler ist $W_1 = W_2$.

b) Wir bringen die Lichtschranke an eine andere Stelle der Bahn. Dann erhalten wir die Messwerte in ➡ *Tabelle 2* ($g = 9{,}81\text{ m/s}^2$). Aus der letzten Spalte erkennen wir, dass in jedem Zustand der Bewegung des Fadenpendels $W_H + W_B$ konstant ist.

h_1 in mm	Δt in s	v in m/s	W_H in J	W_B in J	$W_H + W_B$ in J
0,085	–	–	0,417	0	0,417
0,062	0,081	0,617	0,304	0,095	0,399
0,035	0,052	0,962	0,172	0,231	0,403
0,015	0,044	1,136	0,074	0,323	0,397
0	0,040	1,250	0	0,391	0,391

T 2: Zu ➡ *Versuch 1b*

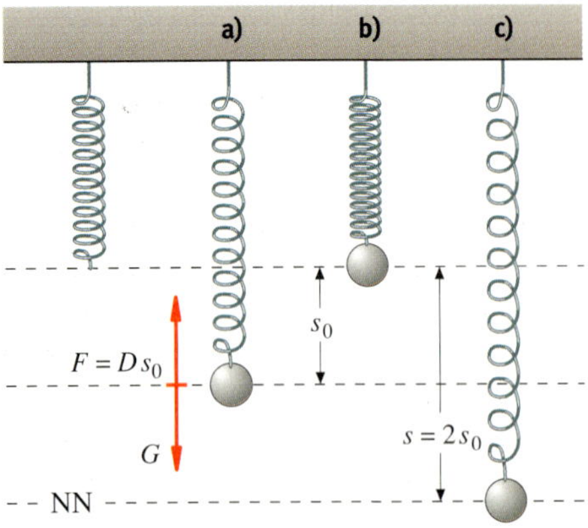

V 1: a) Wir hängen an eine entspannte Feder (z. B. $D = 5{,}5$ N/m) ein Wägestück (z. B. $m = 0{,}200$ kg) und lassen es vorsichtig bis in die Gleichgewichtslage absinken (*Bild a*). Die Feder ist dann um die Strecke s_0 gedehnt und die Federkraft $F = D\, s_0$ hält dort der Gewichtskraft $G = m\, g$ das Gleichgewicht. Also gilt: $m\, g = D\, s_0$.

b) Wir hängen wie in a) das Wägestück an die entspannte Feder (*Bild b*), lassen es aber jetzt fallen. Das Wägestück schwingt bis zum unteren Umkehrpunkt durch (*Bild c*). Wir messen die Dehnung s der Feder in diesem Zustand und finden: $s = 2\, s_0$. Dies gilt für jede Feder.

c) Legen wir in den unteren Umkehrpunkt das Nullniveau der Höhenenergie, so ist dort die gesamte Höhenenergie des Ausgangszustandes $W_H = m\, g\, h = m\, g\, s$ in Spannenergie W_{Sp} der Feder umgewandelt worden (*Bild b*). Da die Energie erhalten bleibt, gilt für diese Spannenergie:

$$W_{Sp} = m \cdot g \cdot s = D \cdot s_0 \cdot s = D \cdot \frac{s}{2} \cdot s = \frac{1}{2} D \cdot s^2.$$

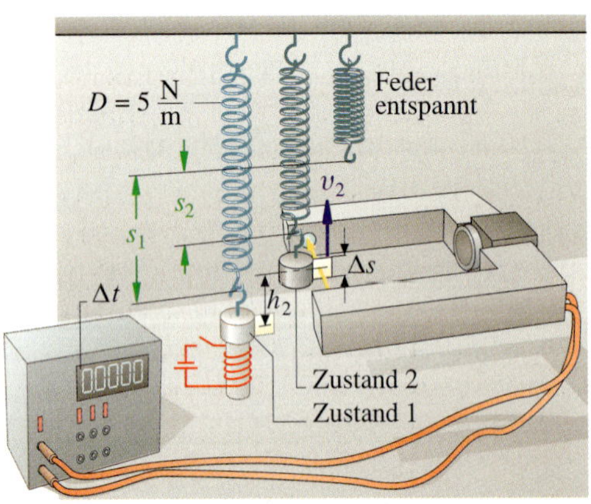

B 1: Zu *Versuch 2*

4. Mit Spannenergie zum Energieerhaltungssatz der Mechanik

Bill braucht noch eine Formel für die Spannenergie. Dazu setzt er wie in *Versuch 1* Höhenenergie in Spannenergie um. Die Auswertung zeigt:

Merksatz

Dehnt man eine Feder mit der Federhärte D aus der entspannten Lage um die Strecke s, dann hat sie die Spannenergie

$$W_{Sp} = \frac{1}{2} D\, s^2.$$

Unter Beachtung der Formeln für die Höhenenergie W_H, die Bewegungsenergie W_B und die Spannenergie W_{Sp} zeigt *Versuch 2* am vertikalen Federpendel quantitativ: Die Summe aus allen drei Energiebeträgen $W_H + W_B + W_{Sp}$ ist *in jedem beliebigen Zustand* des abgeschlossenen Systems konstant, wenn keine Reibung auftritt. Von diesem Ergebnis sind wir zusammen mit Bill ausgegangen. Doch sind wir nun in der Lage, für jede einzelne mechanische Energieform eine Formel anzugeben und damit die Energieerhaltung bei rein mechanischen Vorgängen experimentell zu bestätigen. Der **Energieerhaltungssatz der Mechanik** lautet damit:

Merksatz

Die **Summe aus Lage-, Bewegungs- und Spannenergie ist** bei reibungsfrei verlaufenden mechanischen Vorgängen in einem abgeschlossenen System **konstant**:

$$W_H + W_B + W_{Sp} = m\, g\, h + \frac{1}{2} m\, v^2 + \frac{1}{2} D\, s^2 = \text{konstant}.$$

Wenn also Energiebuchhalter Bill in einem System, in dem nur reibungsfreie mechanische Vorgänge auftreten, die Energiebilanzen in zwei beliebigen Zuständen 1 und 2 aufstellt, so muss die Summe der einzelnen mechanischen Energiebeträge in beiden Zuständen gleich sein, d. h. es gilt:

$$m\, g\, h_1 + \frac{1}{2} m\, v_1^2 + \frac{1}{2} D\, s_1^2 = m\, g\, h_2 + \frac{1}{2} m\, v_2^2 + \frac{1}{2} D\, s_2^2.$$

5. Vorhersagen mit Bilanzrechnungen

Mit dem Energieerhaltungssatz verfolgen wir eine andere Strategie als früher. Dort haben wir im Zusammenhang mit $F = m\, a$ nach den Kräften, also den *Ursachen* einer Bewegung gefragt. Die dort vertretene *kausale* Betrachtungsweise ergänzen wir nun durch ein *Bilanzdenken*. Dann können wir wie ein Buchhalter mithilfe des Energieerhaltungssatzes der Mechanik Energiebilanzen für bestimmte Zustände aufstellen und Vorhersagen treffen. So lassen sich, wie wir gleich sehen werden, Bewegungsaufgaben oft relativ einfach lösen. Allerdings können Fragen nach *dem zeitlichen Ablauf einer Bewegung* nicht unmittelbar mit dem Energieerhaltungssatz beantwortet werden, da die Zeit t in diesem Satz nicht auftritt.

Beispiel

Ballwurf

Ein Ball ($m = 300$ g) wird von einem 25 m (h_1) hohen Turm mit dem Geschwindigkeitsbetrag $v_1 = 10$ m/s weggeworfen. Mit welchem Geschwindigkeitsbetrag v_2 erreicht er den Erdboden, wenn man vom Luftwiderstand absieht? Diskutieren Sie das Ergebnis!

Lösung:

Wir bezeichnen im System Ball-Erde als Zustand 1 den Abwurf und als Zustand 2 das Auftreffen am Erdboden. Das Nullniveau der Höhenenergie legen wir auf den Erdboden. Für beide Zustände stellen wir die *Energiebilanz* auf:

	Zustand 1	Zustand 2
Höhenenergie W_H	$m g h_1$	0
Bewegungsenergie W_B	$\frac{1}{2} m v_1^2$	$\frac{1}{2} m v_2^2$
Energiesumme $W_H + W_B$	$W_1 = m g h_1 + \frac{1}{2} m v_1^2$	$W_2 = \frac{1}{2} m v_2^2$

Nach dem Energieerhaltungssatz der Mechanik gilt: $W_1 = W_2$.

Daraus folgt hier: $m g h_1 + \frac{1}{2} m v_1^2 = \frac{1}{2} m v_2^2$.

In dieser Bilanzgleichung sind mit Ausnahme von v_2 alle Größen bekannt. Man löst daher die Gleichung nach v_2 auf und setzt anschließend die gegebenen Werte ein. Man erhält:

$$v_2 = \sqrt{2 g h_1 + v_1^2} = \sqrt{2 \cdot 9{,}81\,\frac{\text{m}}{\text{s}^2} \cdot 45\text{ m} + \left(10\,\frac{\text{m}}{\text{s}}\right)^2} = \mathbf{31{,}4\,\frac{m}{s}}.$$

Ergebnisse:

a) Dieses Ergebnis gilt für jeden Körper, den man auf dem Turm mit 10 m/s wegwirft, da sich die Masse m herauskürzt.

b) *Es ist gleichgültig, in welche Richtung man den Ball wirft.* Er kommt am Boden immer mit demselben Geschwindigkeitsbetrag v_2 an! In $\frac{1}{2} m v^2$ tritt die Geschwindigkeit v nämlich quadratisch auf. *Die Energie ist als Skalar richtungsunabhängig.*

c) Setzt man zur Kontrolle $v_1 = 0$ (freier Fall), so erhält man $v_2 = \sqrt{2 g h_1}$, ein Ergebnis, das uns längst bekannt ist.

V 2: a) An eine Feder ($D = 5{,}00$ N/m) wird ein Körper ($m = 0{,}200$ kg) aus Eisen gehängt und nach unten gezogen. Dort wird er von einem Elektromagneten festgehalten (➡ *Bild 1*). Hierbei ist die Feder um $s_1 = 0{,}500$ m verlängert. Legen wir in diesen *Zustand 1* des Systems das Nullniveau der Höhenenergie, so lassen sich dort die einzelnen Energiebeträge berechnen (➡ *Tabelle 1*).

b) Schaltet man den Magnetstrom aus, wird der Körper von der Feder nach oben gezogen. An einer beliebigen Stelle, die z.B. $h_2 = 0{,}150$ m über dem Nullniveau liegt, ist eine Lichtschranke befestigt. Ein am Körper seitlich angebrachter Flügel der Höhe $\Delta s = 0{,}020$ m unterbricht den Lichtstrahl während der Zeit $\Delta t = 0{,}041$ s. In diesem *Zustand 2* beträgt die Geschwindigkeit des Körpers somit $v_2 = \Delta s/\Delta t = 0{,}488$ m/s. Die Feder ist dabei um $s_2 = s_1 - h_2 = 0{,}350$ m verlängert. – Mit diesen Daten berechnet man die einzelnen Energiebeträge der Höhen-, Bewegungs- und Spannenergie im Zustand 2 (➡ *Tabelle 1*; $g = 9{,}81$ m/s²).

c) Wir finden im Rahmen der Messgenauigkeit wie erwartet, dass die Energiesummen $W_H + W_B + W_{Sp}$ jeweils gleich sind.

	Zustand 1	Zustand 2
$W_H = m g h$	0 J	0,294 J
$W_B = \frac{1}{2} m v^2$	0 J	0,024 J
$W_{sp} = \frac{1}{2} D s^2$	0,625 J	0,306 J
$W_H + W_B + W_{Sp}$	0,625 J	0,624 J

T 1: Zu ➡ *Bild 1* und ➡ *Versuch 2*

... noch mehr Aufgaben

Hinweis: Geben Sie jeweils das System an, das Sie betrachten.

A 1: Ein Auto prallt mit 108 km/h gegen eine feste Mauer. Aus welcher Höhe müsste es frei herabfallen, um die gleiche zerstörende Energie zu bekommen?

A 2: Ein Radfahrer kommt mit 10 m/s an einen Abhang, verliert 5 m Höhe und prallt auf eine Mauer. Welche Geschwindigkeit hat er kurz vor dem Aufprall?

A 3: Während ein Auto mit der Geschwindigkeit 72 km/h eine Straße mit 5° Steigung aufwärts fährt, kuppelt der Fahrer den Motor aus. Wie weit kommt das Auto dann noch (ohne Reibung)?

A 4: Ein Auto (m = 1 000 kg) wird von null auf 36 km/h, dann von 36 km/h auf 72 km/h beschleunigt. Wird jeweils die gleiche Menge an Energie aus Benzin in Bewegungsenergie umgesetzt?

A 5: a) Welche Höhe müsste ein Wanderer ($m = 70$ kg) überwinden, um den „Brennwert" einer Scheibe Brot ($m = 40$ g) von 400 kJ [einer Tafel Schokolade mit 2 400 kJ] in Höhenenergie umzusetzen? **b)** Ein Lkw ($m = 5$ t) wird von 100 km/h zum Stillstand abgebremst. Um wie viel Grad werden die Bremsen aus Eisen erwärmt?
($m = 10$ kg; spezifische Wärme $c = 0{,}45$ kJ·kg⁻¹·K⁻¹)

Beispiel

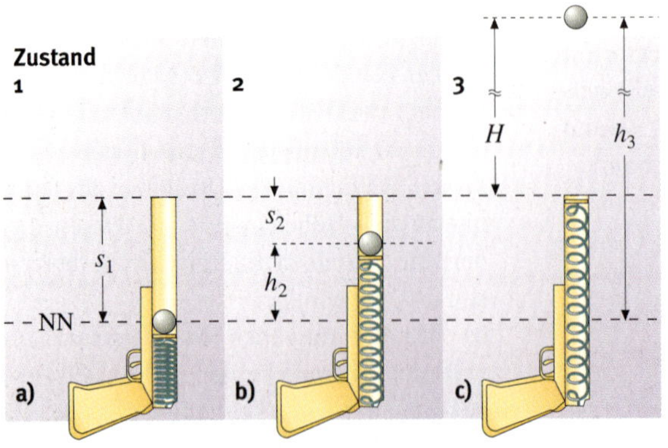

Federpistole

Die Feder ($D = 100$ N/m) einer vertikal gehaltenen Federpistole wird um $s_1 = 0{,}15$ m zusammengedrückt und rastet ein. Anschließend legt man eine Kugel ($m = 200$ g) auf die Feder (➡ *Bild a*) und schießt sie nach oben. **a)** Wo hat die Kugel bei der Aufwärtsbewegung ihre größte Geschwindigkeit v_2? **b)** Wie groß ist v_2? **c)** Welche Höhe H über der Pistolenmündung erreicht die Kugel? (Reibung, Luftwiderstand und Masse der Feder sind zu vernachlässigen; $g = 9{,}81$ m/s².)

Lösung:

a) In der Höhe h_2 über der Abschussstelle habe die Kugel die größte Geschwindigkeit (➡ *Bild b*). Die Feder ist dann noch um die Strecke s_2 zusammengepresst. Die größte Geschwindigkeit hat die Kugel, wenn die Kraft der Feder $D\,s_2$ nach oben genauso groß wie die Gewichtskraft $m\,g$ ist. Dann wird die Kugel nämlich weder beschleunigt noch verzögert. Aus $D\,s_2 = m\,g$ folgt:

$$s_2 = \frac{m\,g}{D} = \frac{0{,}20\text{ kg}\cdot 9{,}81\text{ m}\cdot\text{s}^{-2}}{100\text{ N}\cdot\text{m}^{-1}} = 0{,}020\text{ m.}$$

Die gesuchte Höhe ist somit $h_2 = s_1 - s_2 = \mathbf{0{,}13\ m}$.

b) und c):

Wir bezeichnen im System Feder-Kugel-Erde als:
Zustand 1: Den Abschuss, dort ist das Nullniveau NN,
Zustand 2: Maximale Geschwindigkeit der Kugel,
Zustand 3: Kugel am höchsten Punkt (➡ *Bild c*).
Die *Energiebilanzen* lauten dort:

	Zustand 1	Zustand 2	Zustand 3
Höhenenergie W_H	0	$m\,g\,h_2$	$m\,g\,h_3$
Bewegungsenergie W_B	0	$\frac{1}{2}m\,v_2^2$	0
Spannenergie W_{Sp}	$\frac{1}{2}D\,s_1^2$	$\frac{1}{2}D\,s_2^2$	0
Energiesumme $W_H + W_B + W_{Sp}$	$W_1 = \frac{1}{2}D\,s_1^2$	$W_2 = m\,g\,h_2 + \frac{1}{2}m\,v_2^2 + \frac{1}{2}D\,s_2^2$	$W_3 = m\,g\,h_3$

Nach dem Energieerhaltungssatz gilt: $W_1 = W_2$.

Daraus folgt: $\frac{1}{2}D\,s_1^2 = m\,g\,h_2 + \frac{1}{2}m\,v_2^2 + \frac{1}{2}D\,s_2^2$, aufgelöst nach v_2: $v_2 = \sqrt{\frac{D}{m}(s_1^2 - s_2^2) - 2\,g\,h_2}$ und damit:

$$v_2 = \sqrt{\frac{100\text{ N}\cdot\text{m}^{-1}}{0{,}20\text{ kg}}\cdot[(0{,}15\text{ m})^2 - (0{,}02\text{ m})^2] - 2\cdot 9{,}81\,\frac{\text{m}}{\text{s}^2}\cdot 0{,}13\text{ m}}$$

$= \mathbf{2{,}92\ m/s}$.

Aus $W_1 = W_3$ folgt hier: $\frac{1}{2}D\,s_1^2 = m\,g\,h_3$.

Auflösung nach h_3 liefert: $h_3 = \frac{D\,s_1^2}{2\,m\,g}$, also ergibt sich:

$$h_3 = \frac{100\text{ N}\cdot\text{m}^{-1}\cdot(0{,}15\text{ m})^2}{2\cdot 0{,}20\text{ kg}\cdot 9{,}81\text{ m}\cdot\text{s}^{-2}} = 0{,}57\text{ m.}$$

Deshalb ist die gesuchte Höhe: $H = h_3 - s_1 = \mathbf{0{,}42\ m}$.

Vertiefung

Rückblick

Am Anfang unserer Überlegungen zum Thema Energie haben wir im Grunde genommen den Energieerhaltungssatz als Tatsache oder Absichtserklärung verwendet. Beobachtungen an periodischen Bewegungen wie dem Fadenpendel zeigten, Energie wandelt sich und präsentiert sich in verschiedenen Formen. Wir haben dann sinnvolle Ausdrücke für die Höhenenergie W_H, die Bewegungsenergie W_B und die Spannenergie W_{Sp} gebildet und konnten so den Energieerhaltungssatz mathematisch formulieren und experimentell bestätigen sowie als Energiebuchhalter Bilanzen ziehen. Dabei haben wir u. a. die Grundgleichung der Mechanik und bekannte Messvorschriften verwendet. Alle Überlegungen zur Energie waren in sich konsistent und deshalb können wir sie guten Gewissens in unser Grundlagenwissen einbinden. Nur, „was Energie ist", können wir trotzdem nicht sagen. Für uns stellt sie eine *Rechengröße* dar, der wir infolge der Beliebigkeit des Nullniveaus bei der Höhenenergie nicht einmal einen „absoluten Nullpunkt" zuschreiben können. Richard FEYNMAN sagt in seinem Buch The Feynman Lectures on Physics: „It is important to realize that in physics today, we have no knowledge of what energy *is*."

... noch mehr Aufgaben

A 1: Die *Bilder 1 und 2* zeigen Energieumwandlungen mit Wasser. Beschreiben Sie jeweils die Umwandlungen. Geben Sie das System an, das Sie betrachten.

A 2: a) Mit welcher Anfangsgeschwindigkeit v_0 muss ein Handball senkrecht nach oben geworfen werden, damit er eine Höhe von 20 m erreicht? **b)** In welcher Höhe ist die Geschwindigkeit $v_0/2$?

A 3: Eine Radfahrerin kommt mit 20 km/h an den Beginn einer 150 m langen Strecke mit 3% Gefälle und hört auf zu treten. Welche Geschwindigkeit hat sie am Ende dieser Strecke, wenn ca. 10% der ursprünglichen Bewegungsenergie durch Reibung und Luftwiderstand als mechanische Energie verloren gehen?

A 4: Bei einem Lkw versagen beim Bergabwärtsfahren die Bremsen. Glücklicherweise gibt es an dieser Steigung Bremsstrecken, die von der Straße abbiegen und steil ansteigen. Der Fahrer lenkt deshalb seinen Lkw mit 90 km/h auf eine dieser Bremsstrecken, die unter einem Winkel von 14° gegen die Waagerechte ansteigt. Wie weit fährt der Lkw die Bremsstrecke hinauf, wenn ca. 20% der anfänglichen Bewegungsenergie durch Reibung und Luftwiderstand in innere Energie umgesetzt werden?

A 5: Eine Trampolinspringerin (m_1 = 50 kg) hat in jeder Hand eine Hantel (m_2 = 5 kg). Sie springt aus einer Höhe von 2 m auf das Sprungtuch. In dem Augenblick, in dem sie den tiefsten Punkt erreicht hat, wirft sie die Hanteln zur Seite. Wie hoch kommt sie jetzt, wenn man von Reibung und Luftwiderstand absicht?

A 6: Betrachten Sie ein Trampolin als eine vertikal geführte Feder, die sich zusammenpressen lässt. Ein Junge (m = 60 kg) stellt sich auf das Trampolin und drückt die „Feder" um 25 cm zusammen. Anschließend wird das Trampolintuch zusammen mit dem Jungen um weitere 40 cm nach unten ausgelenkt und losgelassen. **a)** Welche Richtgröße D hat dieses Trampolin? **b)** Wo hat der Junge bei der Aufwärtsbewegung seine größte Geschwindigkeit und wie groß ist sie? **c)** Wie groß ist die Geschwindigkeit des Jungen, wenn er die Höhe des entspannten Trampolintuchs erreicht hat? **d)** Welche Höhe über dem entspannten Trampolin erreicht der Junge?

A 7: Die zwei gleichen Pufferfedern eines Eisenbahnwagens (m = 10 t) werden um je 10 cm zusammengedrückt, wenn er mit v = 1 m/s auf ein Hindernis prallt. Wie groß ist die Härte einer Feder?

A 8: Man hängt an eine Feder (D = 5 N/m) ein Wägestück von 100 g Masse und lässt es los. Wo kommt es momentan zur Ruhe? Wo hat es seine größte Geschwindigkeit? Wie groß ist sie?

A 9: An eine entspannte Feder der Federhärte D = 100 N/m wird ein Wägestück der Masse m = 3 kg gehängt. Dabei wird die Feder insgesamt um 50 cm ausgedehnt. Anschließend wird die Feder losgelassen. **a)** Welche Geschwindigkeit hat das Wägestück, wenn es von der Feder wieder 10 cm hoch gezogen worden ist? **b)** In welcher Höhe über dem unteren Umkehrpunkt kommt es vorübergehend zur Ruhe? **c)** In welcher Höhe hat es die Geschwindigkeit 0,80 m/s? Warum gibt es hier zwei Lösungen? **d)** In welcher Höhe hat es die größte Geschwindigkeit?

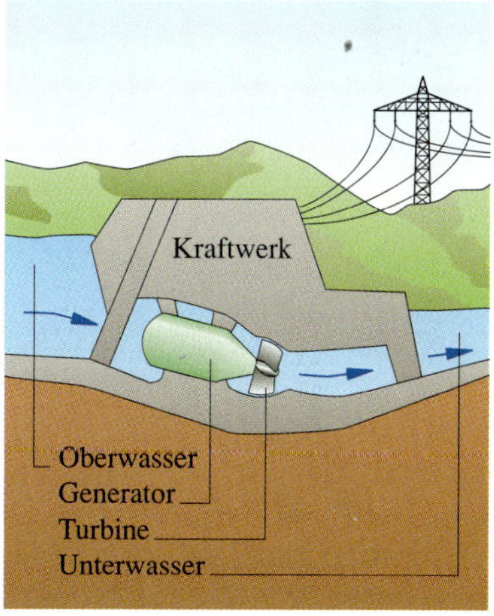

B 2: Laufwasserkraftwerk

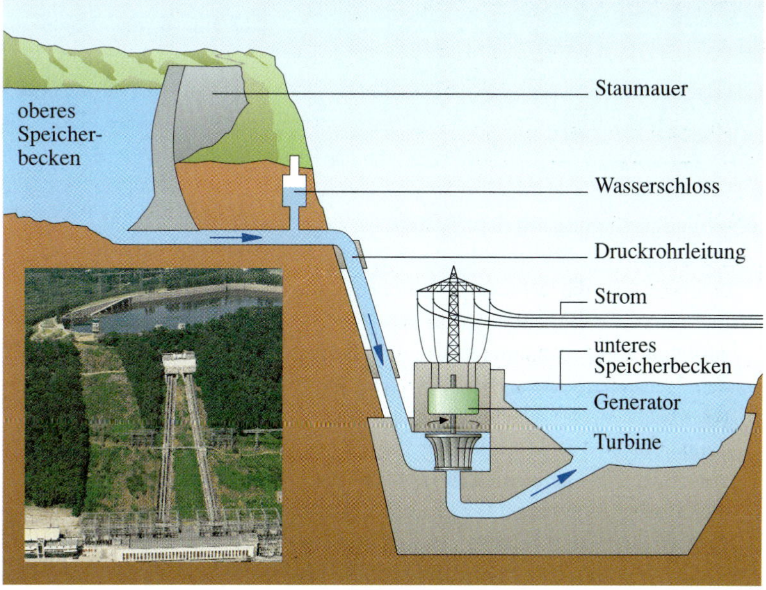

B 1: Prinzip und Bild eines Speicherkraftwerkes

B 1: Gleichgültig, wie das Fass angehoben wird, das Produkt $F_s \cdot s$ ist immer gleich

Vertiefung

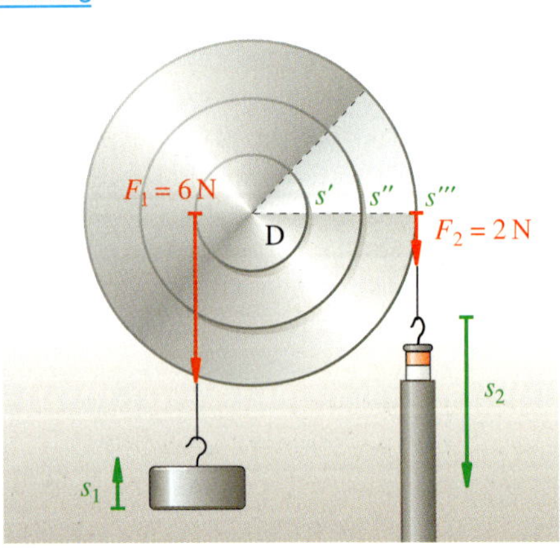

Energieübertragung mit dem Wellrad

Wird links am Wellrad die Last L ($F_1 = G = 6$ N) um die Strecke s_1 gehoben, so muss man die Höhenenergie $G \cdot h = F_1 \cdot s_1$ zuführen. Zieht man nun rechts am Rad mit dem 3fachen Radius, benötigt man nur die Kraft $F_2 = F_1/3 = 2$ N. Man muss allerdings einen 3-mal so langen Kraftweg $s_2 = 3\,s_1$ in Kauf nehmen, wenn die Last um die Strecke s_1 gehoben werden soll. Das Produkt aus F_2 und s_2 ist:

$$F_2 \cdot s_2 = \frac{F_1}{3} \cdot 3\,s_1 = F_1 \cdot s_1 = G \cdot h.$$

Arbeit: Energie überschreitet die Systemgrenzen

1. Der Energietresor wird geöffnet und Energie zugeführt

Legt man Geld in einen Banktresor, so erhöht sich sein Geldbestand. Kann man analog dazu einem Energietresor, also einem abgeschlossenen System mit festgelegten Systemgrenzen, Energie zuführen?

a) Ein Fass mit der Gewichtskraft G soll auf einen Lastwagen geladen werden. Ein kräftiger Mann hebt es senkrecht um die Strecke h an (*Bild 1a*), gibt ihm also auf kürzestem Weg die Höhenenergie $W_H = G\,h = m\,g\,h$ gegenüber dem Boden. Sie kommt nicht aus dem Nichts, sondern wird von dem Mann auf das System „Fass-Erde" übertragen.
Bei diesem Energieübergang benötigt er längs des Verschiebungsweges $s = h$ die Kraft F, die den gleichen Betrag wie die Gewichtskraft G hat. Energiebuchhalter Bill bilanziert. Dazu legt er eindeutige *Systemgrenzen fest, um klarzumachen, was zu welchem System gehört.* Er stellt fest, dass der Energietresor des Systems „Fass-Erde" offen war; seine Energie nahm um $G\,h = F\,h$ zu. Dafür hat die Energie des Systems „Mann" um denselben Betrag abgenommen. Andernfalls wäre der Energieerhaltungssatz im Gesamtsystem „Fass-Erde-Mann" verletzt.

b) Ein anderer Mann legt eine Leiter an die Laderampe und bringt so das Fass längs der schiefen Ebene (Winkel φ) auf den Wagen (*Bild 1b*). Sie hat die Länge $s = h/\sin\varphi$. Der Mann braucht *in Wegrichtung* nur eine Kraft F_s, die betragsmäßig gleich der Hangabtriebskraft $F_H = G \cdot \sin\varphi$ ist. Also gilt:
$F_s \cdot s = [G \cdot \sin\varphi] \cdot [h/\sin\varphi] = G \cdot h$.
Wieder ist $F_s \cdot s$ die dem System „Fass-Erde" zugeführte Energie. Die Kraft ist zwar kleiner als in a), der Weg aber länger.

c) Ein dritter Mann zieht ein Fass mit einem einfachen Flaschenzug hoch (*Bild 1c*). Er braucht am Seil nur die Kraft $F_s = G/4$. Doch muss er die Seillänge $s = 4\,h$ durch „die Hand ziehen", bis das Fass auf dem Lastwagen ist. Auch jetzt ist: $F_s \cdot s = (G/4) \cdot 4\,h = G \cdot h$.

d) Solange im Beispiel c) das Fass in gleichbleibender Höhe am Seil des Flaschenzugs hängt, braucht der Mann zwar eine Kraft F, aber dem System „Fass-Erde" wird keine Energie zugeführt. Auch das Produkt $F_s \cdot s$ ist null, da kein Seil durch seine Hand läuft ($s = 0$). Dies gilt auch, wenn der Mann den Flaschenzug horizontal hin und her verschiebt, ohne ihn anzuheben. Die Kraft, mit der das Fass festgehalten wird, steht nun senkrecht zur Bewegungsrichtung. Doch ist die Kraft in Bewegungsrichtung F_s null und damit auch das Produkt $F_s \cdot s$.

e) Vorrichtungen zum Hochheben enthalten häufig Getriebe mit Zahnrädern. Ihre Wirkung kennen Sie vom *Wellrad*. Auch hier ist das Produkt $F_s \cdot s$ beim Anheben eines Körpers um die Strecke h immer gleich $G\,h$. Dies zeigt die nebenstehende *Vertiefung*.

2. Die Bewegungsenergie wird erhöht

Ein Auto wird mit einem Seil abgeschleppt (➠ *Bild 3*). Das System „Auto" ist nicht abgeschlossen, da über das Seil eine Kraft F ausgeübt wird. Ist sie konstant, wird das Auto mit $a = F/m$ beschleunigt. Nach der Zeit t hat es den Weg $s = \frac{1}{2}a t^2$ zurückgelegt und die Geschwindigkeit $v = a t$ erreicht. Daher gilt:

$$F_s \cdot s = (m a) \cdot (\tfrac{1}{2} a t^2) = \tfrac{1}{2} m a^2 t^2 = \tfrac{1}{2} m v^2.$$

Das Produkt $F_s \cdot s$ aus der in Wegrichtung am System „Auto" angreifenden konstanten Kraft F_s und dem Weg s ist also genauso groß wie die Zunahme der Bewegungsenergie des Autos. Dies gilt völlig unabhängig davon, mit welcher Kraft das Auto auf die Geschwindigkeit v beschleunigt wird (➠ *Tabelle 1*).

In allen Beispielen gibt das Produkt $\boldsymbol{F_s \cdot s}$ *aus der in Wegrichtung am System angreifenden* ***konstanten*** *Kraft F_s und dem Weg s die dem System zugeführte Energie W an.*

F_s in N	a in m/s²	t in s	s in m	$F_s \cdot s$ in J
100	0,1	150	1 125	$1{,}125 \cdot 10^5$
1 000	1,0	15	112,5	$1{,}125 \cdot 10^5$
1 500	1,5	10	75	$1{,}125 \cdot 10^5$

T 1: Ein Auto ($m = 1\,000$ kg) wird mit verschiedenen Kräften auf 15 m/s beschleunigt

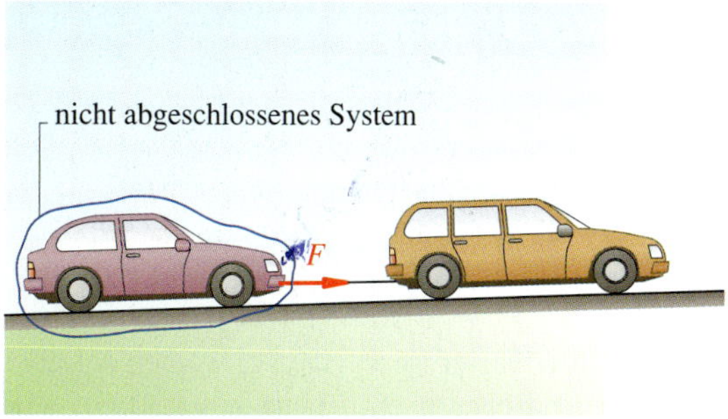

B 3: Dem System Auto wird über das Seil mit der Kraft F Energie zugeführt

3. Die mit Kraft übertragene Energie heißt Arbeit

Was wir zu einem System zählen wollen, legen wir durch Grenzen fest. In den obigen Beispielen überschritt Energie diese Grenzen mithilfe einer am System angreifenden Kraft F_s. Dabei war die in Wegrichtung wirkende Kraftkomponente F_s zu berücksichtigen (➠ nebenstehende *Vertiefung*). Der mithilfe einer Kraft F_s längs eines Verschiebungsweges s von einem System auf ein anderes übertragenen Energiemenge W gibt man einen eigenen Namen und nennt sie **Arbeit** (➠ *Bild 2*). *Diese Energieübertragung geht nicht von allein,* sondern nur mittels einer Kraft vor sich. Dagegen nennt man Energie, die allein *von sich aus* aufgrund eines Temperaturgefälles von einem Körper auf einen anderen übergeht, **Wärme**.

Merksatz

1. Die Grenzen eines Systems müssen eindeutig festgelegt sein.
2. Arbeit ist die mithilfe einer Kraft von einem System auf ein anderes übertragene Energiemenge W.
3. Ist die in Richtung des Verschiebungsweges s wirkende Kraft F_s konstant, so ist die Arbeit das Produkt aus F_s und s: $\boldsymbol{W = F_s \cdot s}$.

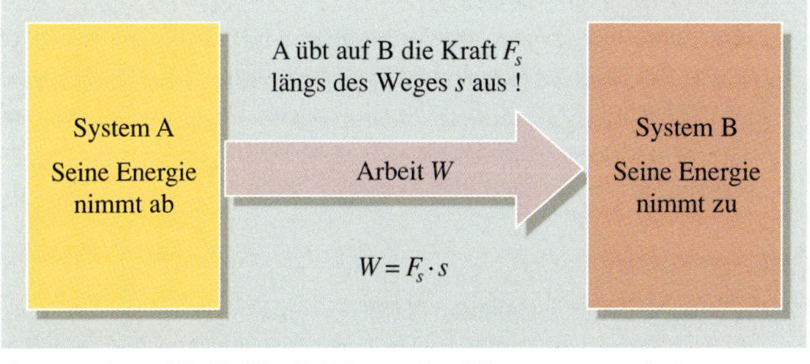

B 2: A übt auf B die Kraft F_s längs des Weges s aus und überträgt so die Energiemenge $W = F_s \cdot s$, Arbeit genannt, von A nach B

Vertiefung

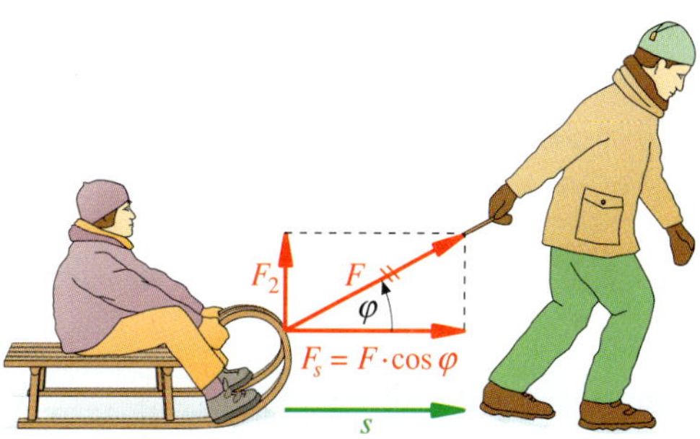

Wenn Kraft und Weg verschiedene Richtungen haben

Sie ziehen fast reibungslos einen Schlitten über eine Eisfläche. Dazu üben Sie über die Schnur eine Kraft F schräg noch oben auf den Schlitten aus. Man zerlegt sie in eine Komponente F_s in Wegrichtung und eine Komponente F_2 senkrecht dazu. Den Schlitten beschleunigt nur die Komponente F_s. Die Kraft F_2 hebt einen Teil der Gewichtskraft auf. Somit übertragen Sie nur mit der Kraft F_s auf den Schlitten Energie. Für die übertragene Energie ist also das Produkt $F_s s$ verantwortlich und nicht das Produkt $F s$. Es ist $F_s = F \cdot \cos\varphi$ mit dem Winkel φ zwischen den Richtungen von F und s. Die übertragene Energie ist:

$$\boldsymbol{W = F_s \cdot s = F \cdot s \cdot \cos\varphi}.$$

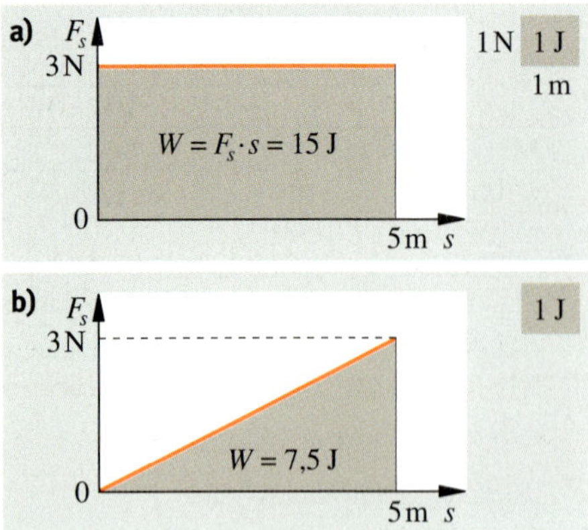

B 1: s-F_s-Diagramm: **a)** F_s konstant
b) $F_s \sim s$. Die Fläche unter der s-F_s-Kurve entspricht der Arbeit.

A 1: Fässer (je $m = 50$ kg) werden auf einen Lastwagen (Ladehöhe $h = 1{,}30$ m) verladen. Die erste Person hebt ein Fass lotrecht an, die zweite schiebt eines auf einer 2,70 m langen Laderampe hoch. Bestimmen Sie für beide Wege die Arbeit.

A 2: Der Förderkorb eines Grubenaufzuges ($m = 4\,000$ kg) wird gleichmäßig nach oben beschleunigt und erreicht nach 10 s $v = 8$ m/s. Welche Arbeit ist dazu nötig?

A 3: Ein Junge ($m = 50$ kg) hat sich ein Seil um den Bauch gebunden, das über eine Rolle läuft. **a)** Mit welcher Kraft muss er am anderen Seilende mit den Händen ziehen, wenn er schwebt? **b)** Wie viel Seil muss er „durch die Hand ziehen", damit er 5 m höher kommt? **c)** Welche Energie setzt er um? (System angeben!)

A 4: Ein Pkw ($m = 1\,000$ kg) wird von einem Abschleppwagen einen 150 m langen Berg (Höhenunterschied $\Delta h = 10$ m) hochgezogen. Am Fuße des Berges ist $v = 1$ m/s, oben 3 m/s. Es ist $f_{gl} = 0{,}40$. Wie groß ist die übertragene Energiemenge? (Systeme angeben!)

A 5: Ein Elektromotor zieht einen Baumstamm ($m = 500$ kg) mit einem Seil mit konstanter Geschwindigkeit 70 m über einen waagerechten Steinboden ($f_{gl} = 0{,}8$). **a)** Beschreiben Sie die Energieumwandlungen. Unterscheiden Sie verschiedene Systeme. **b)** Wie groß ist die Arbeit?

4. Und wenn F_s nicht konstant ist?

Thomas dehnt eine zu Beginn entspannte Feder ($D = 5$ N/m). Bei der Kraft $F = 2$ N ist sie um $s = F/D = 0{,}4$ m verlängert. Thomas meint, damit habe er dem System „Feder" die Energie $W = F_s \cdot s = 0{,}8$ J zugeführt. Diese Energie müsste jetzt als Spannenergie in der Feder stecken. Leider ist $W_{Sp} = \frac{1}{2} D s^2 = 0{,}4$ J nur halb so groß! Die Kraft F zur Dehnung der Feder ist nämlich nicht konstant, sondern folgt dem hookeschen Gesetz $F \sim s$. Was nun?

a) Ist die an einem System angreifende Kraft F_s konstant und trägt man sie in einem s-F_s-Diagramm auf, so erhält man eine Parallele zur s-Achse (➡ *Bild 1a*). Die Fläche darunter stellt die Arbeit $W = F_s \cdot s$ dar.

b) Folgt die Kraft F_s dem hookeschen Gesetz, so erhält man im s-F_s-Diagramm eine Ursprungsgerade (➡ *Bild 1b*). Hier ist die grau getönte Dreiecksfläche mit der Grundseite s und der Höhe $F_s = D\,s$ ein Maß für die gesamte beim Spannen um die Strecke s auf die Feder übertragene Energie, also ein Maß für die Arbeit. Man findet so: $W = \frac{1}{2} \cdot s \cdot F_s = \frac{1}{2} \cdot s \cdot (D \cdot s) = \frac{1}{2} \cdot D \cdot s^2$, genau wie erwartet!

Merksatz

Im s-F_s-Diagramm entspricht die Fläche unter der s-F_s-Kurve der dem System zugeführten Energie, also der Arbeit.

5. Reibungskräfte erhöhen die innere Energie

Hinweis: Zur Vereinfachung bedeuten in diesem Abschnitt die Symbole s, v, a und F immer nur Beträge physikalischer Größen.

Ein Autofahrer bremst sein Fahrzeug bei der Geschwindigkeit v_0 durch Blockieren der Räder scharf ab und bringt es zum Stillstand. Die konstante Gleitreibungskraft F_{gl} bremst das Auto mit $a = F_{gl}/m$. Nach dem Bremsweg $s = v_0^2/2a$ steht das Auto. Die Energie $W_B = \frac{1}{2} m v_0^2$ ist verschwunden und hat sich innerhalb des Systems „Auto-Straße" als innere Energie „verkrümelt". Sowohl Reifen als auch Straßenoberfläche werden erwärmt. Es ist:

$$\frac{1}{2} m v_0^2 = \frac{1}{2} m \cdot (2a \cdot s) = m \cdot a \cdot s = F_{gl} \cdot s.$$

Das Produkt aus Kraft F_{gl} und Weg s liefert also die Abnahme der mechanischen Energie des Systems.

Zieht man einen Wagen mit konstanter Kraft F_s längs der waagerechten Strecke s mit konstanter Geschwindigkeit, so hält die Kraft F_s der Reibungskraft F_R das Gleichgewicht. Die Energie $F_R \cdot s$, die sich – wie gezeigt – im System „Wagen-Boden" als innere Energie „verkrümelt", wird durch die Arbeit $F_s \cdot s$ des Ziehenden geliefert.

Merksatz

Reibung mit der konstanten Kraft F_R entzieht dem System längs des Reibungsweges s die mechanische Energie $W = F_R\,s$ und wandelt diese in innere Energie des Systems um.

Beispiel

Bilanzdenken am Schanzentisch

Die Anlaufbahn einer Sprungschanze ist eine schiefe Ebene mit $\varphi = 30°$ Neigung (→ *Bild 2*). Im Punkt A, der $h_1 = 40$ m über dem Sprungtisch liegt, hat der Skispringer ($m = 80$ kg) durch Anlauf die Geschwindigkeit $v_1 = 5$ m/s. Wie groß ist seine Geschwindigkeit v_2 am Schanzentisch **a)** ohne und **b)** mit Reibung ($f_{gl} = 0{,}05$)?

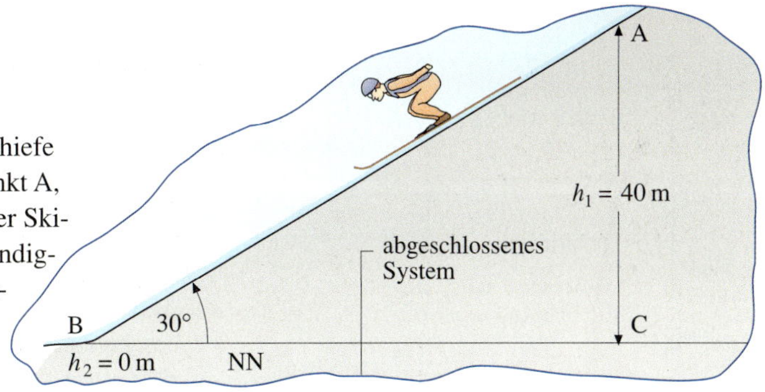

B 2: System Schanze und Skispringer

Lösung:

Wir fassen die Schanze und den Skispringer zu einem einzigen System zusammen und legen das Nullniveau der Höhenenergie auf den Schanzentisch, d. h. durch den Punkt B.

a) *Ohne Reibung:*

Die mechanische Energie W_1 im Punkt A ist ($g = 10$ m/s²):

$$W_1 = W_{H1} + W_{B1} = m\,g\,h_1 + \tfrac{1}{2}\,m\,v_1^2 = 32\,000\text{ J} + 1\,000\text{ J} = 33\,000\text{ J}.$$

Die mechanische Energie W_2 im Punkt B ist:

$$W_2 = W_{H2} + W_{B2} = m\,g\,h_2 + \tfrac{1}{2}\,m\,v_2^2 = 0 + \tfrac{1}{2}\,m\,v_2^2.$$

Nach dem Energieerhaltungssatz der Mechanik ist $\boldsymbol{W_1 = W_2}$, also $m\,g\,h_1 + \frac{1}{2}\,m\,v_1^2 = \frac{1}{2}\,m\,v_2^2$ oder nach v_2 aufgelöst:

$$v_2 = \sqrt{2\,g\,h_1 + v_1^2} \Rightarrow \boldsymbol{v_2} = \sqrt{2 \cdot 10\,\frac{\text{m}}{\text{s}^2} \cdot 40\text{ m} + \left(5\,\frac{\text{m}}{\text{s}}\right)^2} = \mathbf{28{,}7\ m/s.}$$

Winkel φ und Länge s der Bahn muss man hier gar nicht kennen.

b) *Mit Reibung:*

Die Geschwindigkeit am Sprungtisch sei jetzt v_2' und die kinetische Energie W_2'. Die Energiesumme W_1 im Punkt A ist unverändert, im Punkt B dagegen gilt $W_2' = \frac{1}{2}\,m\,v_2'^2$.

Die Energiebilanz liefert jetzt $\boldsymbol{W_2' = W_1 - W_R}$, wobei W_R die durch Reibung dem System entzogene mechanische Energie ist. Sie bestimmen wir zuerst. Die Gleitreibungskraft ist:

$$F_{gl} = f_{gl} \cdot F_N = f_{gl} \cdot m\,g\cos\varphi = 35\text{ N}.$$

Die Strecke s folgt aus dem rechtwinkligen Dreieck ABC. Es ist $\sin\varphi = \frac{h_1}{s}$ und damit $s = \frac{h_1}{\sin\varphi} = \frac{40\text{ m}}{\sin 30°} = 80$ m. Somit wird $W_R = F_{gl} \cdot s = 2\,800$ J und damit: $W_2' = 33\,000\text{ J} - 2\,800\text{ J} = 30\,200$ J.

Mit $W_2' = \frac{1}{2}\,m\,v_2'^2$ folgt daraus: $\boldsymbol{v_2' = 27{,}5}$ **m/s.**

Allgemeine Lösung mit Reibung:

Die dem System entzogene mechanische Energie ist

$$W_R = F_{gl} \cdot s = f_{gl} \cdot m\,g\cos\varphi \cdot \frac{h_1}{\sin\varphi} = \frac{f_{gl}\,m\,g\,h_1}{\sin\varphi/\cos\varphi}, \quad \text{also}$$

$$W_R = \frac{f_{gl}\,m\,g\,h_1}{\tan\varphi}.$$

Aus der Energiebilanz $\boldsymbol{W_2' = W_1 - W_R}$ folgt:

$$\frac{1}{2}\,m\,v_2'^2 = \left(m\,g\,h_1 + \frac{1}{2}\,m\,v_1^2\right) - \frac{f_{gl}\,m\,g\,h_1}{\tan\varphi} \quad \text{und somit}$$

$$v_2'^2 = 2\,g\,h_1\left(1 - \frac{f_{gl}}{\tan\varphi}\right) + v_1^2.$$

Man erhält schließlich das Ergebnis $\boldsymbol{v_2' = 27{,}5}$ **m/s.**

Auch hier spielt – wie ohne Reibung – die Masse m keine Rolle.

... noch mehr Aufgaben

A 6: **a)** Eine entspannte Feder wird durch 20 N um 10 cm verlängert. Welche Arbeit ist nötig? **b)** Welche Arbeit ist nötig, um sie weitere 10 cm zu verlängern? **c)** Lösen Sie a) und b) mit einem s-F_s-Diagramm.

A 7: Ein Stein ($m = 2$ kg) rutscht mit der Anfangsgeschwindigkeit 15 m/s einen Berg hinunter (Höhenunterschied $\Delta h = 50$ m) und kommt infolge der Reibung am Fuße des Berges zum Stillstand. Um wie viel hat die innere Energie des Systems „Stein-Berg“ zugenommen?

A 8: Eine Schlittenfahrerin fährt mit ihrem Schlitten einen Hang ($\varphi = 8°$) von 200 m Länge hinab. Welche Geschwindigkeit erreicht sie ($f_{gl} = 0{,}1$)?

A 9: In einem Auto ($m = 800$ kg) werden bei $v_1 = 72$ km/h die Bremsen betätigt, sodass alle Räder blockieren. Wie groß sind Bremsweg und Bremszeit ($f_{gl} = 0{,}50$)?

A 10: Eine Autofahrerin fährt mit ihrem Pkw ($m = 900$ kg) eine Straße bergauf ($\varphi = 5°$). Plötzlich muss sie scharf bremsen, sodass alle Räder blockieren. Eine Polizistin misst die Länge der Bremsspur zu 10 m und schätzt $f_{gl} = 0{,}5$. Hielt die Autofahrerin die Geschwindigkeit von 30 km/h ein?

A 11: Ein Autofahrer fährt mit seinem Pkw ($m = 1\,000$ kg) mit $v_1 = 20$ m/s einen Berg ($\varphi = 10°$) hinauf und kuppelt den Motor aus. Wie hoch und wie weit kommt er **a)** ohne Reibung **b)** mit Reibung ($f_{roll} = 0{,}02$)? **c)** Mit welcher Geschwindigkeit passiert er beim Zurückrollen die Stelle des Auskuppelns mit bzw. ohne Reibung?

A 12: Ein Körper ($m = 100$ kg) wird eine 20 m lange schiefe Ebene ($\varphi = 30°$) mit 20 m/s hochgestoßen. Wie groß ist f_{gl}, wenn er oben mit $v = 0$ m/s ankommt?

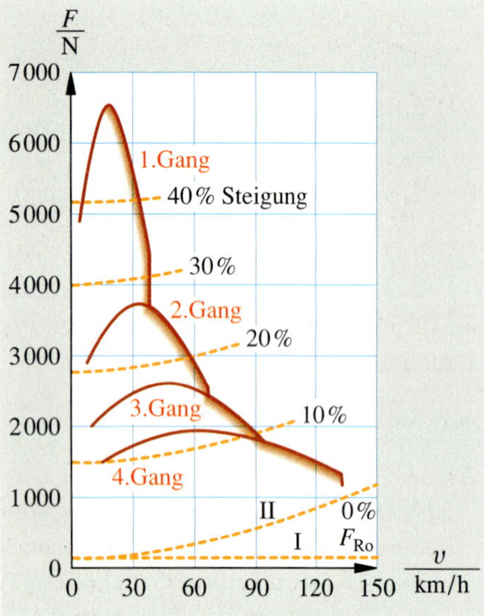

B 1: Kraft-Geschwindigkeitsdiagramm für einen Pkw (53 kW). Rot: Kräfte, die das Auto höchstens aufbringen kann; Orange: Kräfte, die es beim Fahren braucht.

Interessantes

Die Kraft ändert sich beim Schalten

In ➠ *Bild 1* sind die Antriebskräfte F (rot) eines Pkw ($m = 800$ kg) im 1. bis 4. Gang in Abhängigkeit von der Geschwindigkeit v aufgetragen (bei Vollgas). Jeder Gang zeigt ein für ihn ausgeprägtes Maximum. Anschließend sinkt die Kraft F schnell ab; bei diesem Pkw muss man deshalb bald in den nächsten Gang schalten. Orange sind die zur Fortbewegung nötigen Kräfte eingetragen.

Kurve I gibt den Rollwiderstand F_{Ro} (ca. 200 N) an. In Kurve II ist dazu die schnell mit der Geschwindigkeit v ansteigende Luftwiderstandskraft F_L addiert. Damit haben wir die Kraft, die auf waagerechter Straße ($\varphi = 0°$) zu überwinden ist. Unser Pkw bringt sie im 4. Gang bis 130 km/h noch auf. Schneller wäre er nur bei Rückenwind oder bergab.

In den Kurven darüber sind die Kräfte addiert, die bei Bergfahrten hinzutreten. Was unser Wagen darüber hinaus noch an Kraft aufbringt, kann er zum Beschleunigen verwenden. Im 3. Gang hat er z. B. bei 60 km/h am Hang mit 10% Steigung noch ca. 2 600 N – 1 800 N = 800 N übrig. Er kann dort mit $a = F/m = 1\ \text{m/s}^2$ beschleunigen.

Leistung

1. Wie schnell wird Energie abgegeben?

Eine Familie will sich ein neues Auto kaufen und schaut sich Prospekte an. Über die Leistung steht dort z. B.: 66 kW bei genormten Bedingungen. Gemeint ist damit, dass der Motor in der Zeit $\Delta t = 1$ s die Energie $\Delta W = 66$ kJ liefert. Die Leistung $P = \Delta W/\Delta t$ beschreibt also, wie schnell Energie – z. B. von einer Maschine – abgegeben wird. Geschieht dies ungleichmäßig, so unterscheidet man zwischen **mittlerer Leistung $\overline{P}$** und **Momentanleistung P**. Die Letztere bildet man aus $\overline{P}$, so wie die Momentangeschwindigkeit v aus der mittleren Geschwindigkeit $\overline{v}$. Man betrachtet dazu die Änderung ΔW in einem messtechnisch möglichst kleinen Intervall Δt. Die Einheit der Leistung ist **1 Watt**. Es ist 1 W = 1 J/s oder 1 kW = 1kJ/s. Für die häufig benutzte **Energieeinheit 1 kWh** gilt: 1 kWh = 1 kW · 1 h = 10^3 W · 3,6·10^3 s = 3,6 MJ.

Merksatz

1. Die mittlere Leistung $\overline{P}$ ist der Quotient aus der Energie ΔW und der Zeit Δt, in der sie abgegeben wird: $\overline{P} = \Delta W/\Delta t$.
2. Die Momentanleistung P ist der Quotient $\Delta W/\Delta t$ für messtechnisch möglichst kleines Δt.
3. Die Einheit der Leistung ist 1 Watt: 1 W = 1 J/s; 1 kW = 10^3 W.
4. Eine Einheit der Energie ist 1 kWh = 3,6 MJ.

2. Kraft haben ist noch keine Leistung

Übt ein Motor bei größerer Leistung nicht auch eine größere Kraft aus? Betrachten wir dazu die Gleichung $\overline{P} = \Delta W/\Delta t$ genauer. Die Energie ΔW werde mithilfe einer Kraft F_s längs eines Weges Δs von einem System an ein anderes abgegeben, d. h. es werde die Arbeit $\Delta W = F \cdot \Delta s$ übertragen. Somit ist:

$$\overline{P} = \frac{\Delta W}{\Delta t} = \frac{F_s \cdot \Delta s}{\Delta t} = F_s \cdot \frac{\Delta s}{\Delta t} = F_s \cdot \overline{v}.$$

In einem genügend kleinen Intervall Δt können wir Kraft und Geschwindigkeit als konstant ansehen. Dort ist $\overline{v}$ durch die Momentangeschwindigkeit v und $\overline{P}$ durch die Momentanleistung P zu ersetzen und wir finden: $\boldsymbol{P = F_s \cdot v}$. Die Kraft F_s und die Momentangeschwindigkeit v haben dabei dieselbe Richtung, da F_s immer die Richtung des Weges Δs und damit auch von $\Delta s/\Delta t$ hat. – Der Zusammenhang $P = F_s \cdot v$ ist vom Autofahren her bekannt. Im 1. Gang setzt das Getriebe die gelieferte Leistung P mit großer Kraft, aber nur kleiner Geschwindigkeit v ein. Im höchsten Gang dagegen wird bei annähernd gleicher Leistung des Motors nur wenig Kraft bei großer Geschwindigkeit v geliefert (➠ *Bild 1*).

Merksatz

Wird die Energie ΔW durch eine Kraft F_s in Richtung der Geschwindigkeit v übertragen, so ist die **Leistung P** das Produkt aus der Kraft F_s und der Geschwindigkeit v: $P = F_s \cdot v$.

3. Warum wächst der Luftwiderstand mit v^2?

Ein schnell bewegter Körper wirbelt Luft auf. Die Luftteilchen bekommen dabei kinetische Energie. Wir schätzen ab, welche Energie W_L die Luftteilchen zusammen erhalten:

Ein Pkw mit der Querschnittsfläche A überstreicht bei der Geschwindigkeit v in der Zeit Δt die Strecke $\Delta s = v \cdot \Delta t$ (*Bild 2*). Er schiebt in dieser Zeit Luft etwa vom Volumen $V = A \cdot \Delta s = A \cdot v \cdot \Delta t$, also der Masse $m = \varrho \cdot V = \varrho \cdot A \cdot v \cdot \Delta t$ beiseite (ϱ: Dichte der Luft). Wir nehmen weiter an, dass alle Luftteilchen bei diesem Wegschieben eine Geschwindigkeit u erhalten, die proportional zur Geschwindigkeit v ist. Dann hat die beiseite geschobene Luftmasse m die kinetische Energie:

$$W_L = \tfrac{1}{2} m \cdot u^2 = \tfrac{1}{2} \varrho \cdot A \cdot v \cdot \Delta t \cdot u^2 \quad \text{oder}$$
$$W_L = \tfrac{1}{2} c_w \cdot \varrho \cdot A \cdot \Delta t \cdot v^3.$$

Hierbei wurde $u^2 = c_w \cdot v^2$ gesetzt, da aus der Annahme $u \sim v$ auch $u^2 \sim v^2$ folgt. Der Proportionalitätsfaktor c_w wird *Widerstandsbeiwert* genannt. Er hängt von der „Windschnittigkeit" des Pkw ab.

Zum Beschleunigen der Luft muss der Pkw die Leistung $P_L = W_L/\Delta t$ aufbringen. Er erfährt die Luftwiderstandskraft F_L, der er bei der Geschwindigkeit v das Gleichgewicht halten muss. Deshalb ist andererseits $P_L = F_L \cdot v$. Für F_L folgt also:

$$F_L = \tfrac{1}{2} c_w \cdot \varrho \cdot A \cdot v^2.$$

F_L wächst also proportional zu v^2! F_L ist zudem umso kleiner, je kleiner c_w ist. *Autos mit einem kleinen c_w-Wert und kleinem Querschnitt A sparen Benzin*! In jedem Autoprospekt wird deshalb der c_w-Wert angegeben. Er liegt für Pkw bei 0,3 bis 0,4.

4. Leistungsgesellschaft in Watt gemessen

Ein Mensch selbst braucht pro Tag beim Nichtstun etwa 1 kWh = 3,6 MJ an Energie, bei Schwerstarbeit 4 kWh. Die Intensität seines Energieumsatzes wird durch die Leistung $P = W/t$ gekennzeichnet. Beim Nichtstun sind das ca. 40 W, bei Schwerstarbeit 160 W, das entspricht 4 Glühlampen von je 40 W, die ständig leuchten. – Ein Mensch kann übrigens kurzzeitig maximal 1 kW Leistung erbringen.

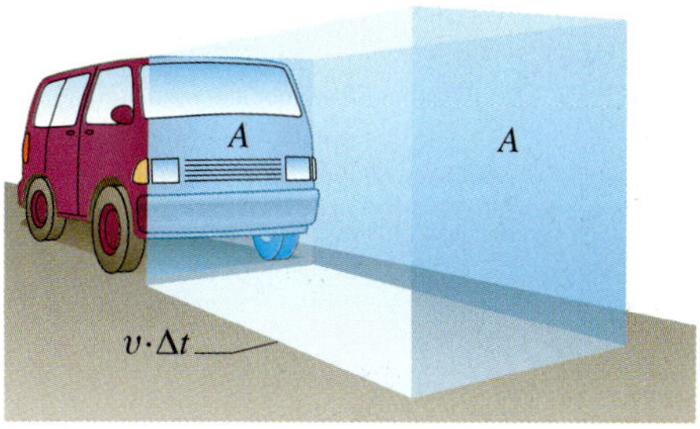

B 2: Luft, die ein Pkw bei der Geschwindigkeit v in der Zeit Δt wegschiebt

Beispiel

Wettlauf im Treppenhaus

Ein Lehrer (75 kg) und ein Schüler (50 kg) rennen ein 7,5 m hohes Treppenhaus hoch. Der Lehrer braucht 8,6 s, der Schüler 7,1 s. Wer hat die größere Leistung erbracht? – Die Leistung des Lehrers beträgt $P = \Delta W/\Delta t = m\,g\,h/\Delta t = 5\,625$ J/8,6 s ≈ 650 W, die des Schülers $P = 3\,750$ J/7,1 s ≈ 530 W!

Interessantes

Ein technisch wichtiger Begriff

Maschinen setzen Energie um, ein Elektromotor z. B. elektrische Energie in mechanische. Die Umsetzung gelingt aber nie zu 100%, da z. B. von den Maschinen nutzlose Wärme abgeht. Man nennt den Quotienten aus **Nutzleistung** und **Eingangsleistung** den **Wirkungsgrad η** der Maschine:

$$\text{Wirkungsgrad } \eta = \frac{\text{Nutzleistung}}{\text{Eingangsleistung}}.$$

Ein Elektromotor hat z. B. einen Wirkungsgrad von über 95%, eine Glühlampe mit Wendel bei Erzeugung von Licht aus elektrischer Energie nur ca. 5%.

... noch mehr Aufgaben

A 1: Welche Leistung kann einem 50 m hohen Wasserfall entnommen werden, der 0,60 m³ Wasser je Sekunde führt?

A 2: Ein Mensch (Masse mit Gepäck: 100 kg) leistet 160 W. Um wie viel Meter steigt er im Gebirge in 1 h höher?

A 3: Ein Auto ($m = 900$ kg) wird in 22 s von 0 auf 80 km/h konstant beschleunigt. **a)** Wie groß ist die Momentanleistung zum Beschleunigen bei $t = 5$ s und 11 s? **b)** Wie groß ist die mittlere Leistung zum Beschleunigen in den ersten 5 s bzw. 11 s?

A 4: **a)** Berechnen Sie die Leistung des Motors (*Bild 1*) für die vier Gänge bei ihrer größten Kraft. **b)** Welcher Anteil entfällt jeweils auf die Überwindung von Roll- und Luftwiderstand? **c)** Wie viel Liter Benzin braucht der Motor in einer Stunde (1 h) bei $v = 100$ km/h und $v = 120$ km/h auf ebener Straße (1 l Benzin liefert 43,5 MJ)?

A 5: Welche Leistung braucht ein Pkw (Querschnittsfläche 2,0 m², Widerstandsbeiwert $c_w = 0{,}45$) bei 72 km/h, welche bei 144 km/h?

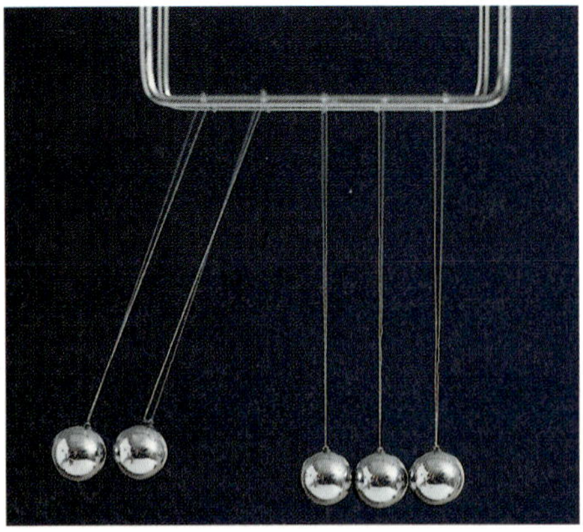

B 1: Gern gesehene Zusammenstöße. Wie viele Kugeln fliegen rechts weg?

V 1: Wir lenken in *Bild 1* zunächst die erste Kugel der Reihe aus und lassen sie auf die anderen prallen. Nur die letzte fliegt in der gleichen Richtung weg und erreicht dieselbe Höhe wie die erste. Diese kam beim Aufprall zur Ruhe.
Auch wenn wir zwei oder noch mehr Kugeln auslenken, so sehen wir stets ebenso viele wegfliegen wie auftreffen.
Wir nehmen jetzt nur zwei Kugeln und lassen die eine Kugel auf die andere ruhende gleicher Masse prallen. Die stoßende kommt mit einem Schlag zum Stillstand und überträgt ihre gesamte Bewegungsenergie auf die gestoßene. Wie wird sich die Energie auf beide Kugeln verteilen, wenn ihre Massen unterschiedlich sind?

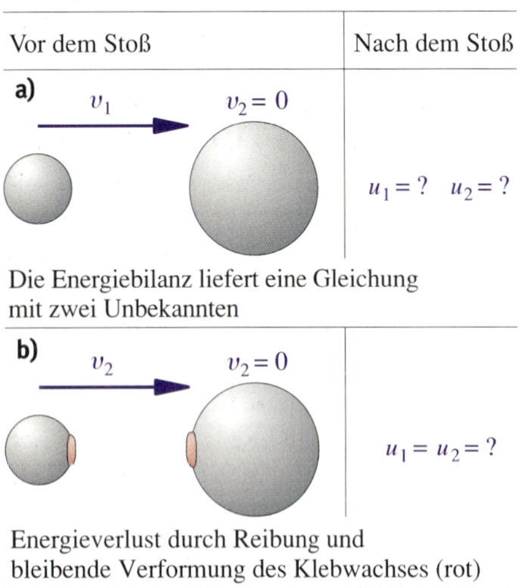

B 2: Probleme des Energieerhaltungssatzes der Mechanik beim **a)** elastischen und **b)** unelastischen Stoß?

Impulserhaltung

1. Der Energiesatz auf dem Prüfstand

Was fasziniert uns an dem Kugelspiel in *Versuch 1*? Auch schon für zwei Kugeln gibt es uns Rätsel auf. Wir lassen eine Kugel auf eine ruhende gleicher Masse prallen. Die auftreffende Kugel kommt zur Ruhe. Am Ausschlag der gestoßenen erkennen wir, dass ihr die gesamte Bewegungsenergie übertragen wurde. Der Energieerhaltungssatz ist also erfüllt. Gilt er, so sprechen wir von **elastischen Stößen**. Erstaunlicherweise teilt sich die Energie nicht auf beide Kugeln auf, zum Beispiel so, dass jede die Hälfte erhält.

Und wenn ihre Massen verschieden sind? Vermutlich bewegen sich nach dem Stoß beide Kugeln. Wie, wissen wir noch nicht. Versuchen wir es deshalb mit dem Energiesatz zu berechnen. Kugel 1 stößt mit der Geschwindigkeit v_1 elastisch auf die ruhende Kugel 2. Wir suchen die Geschwindigkeiten u_1 und u_2 nach dem Stoß (*Bild 2a*). Es gilt der Energieerhaltungssatz:

$$\tfrac{1}{2}\, m_1 u_1^2 + \tfrac{1}{2}\, m_2 u_2^2 = \tfrac{1}{2}\, m_1 v_1^2.$$

Die Gleichung enthält die *zwei* Unbekannten u_1 und u_2. Wir können dem Energiesatz allein also keine Vorhersage entlocken. Es fehlt noch eine weitere Gleichung, die u_1 und u_2 enthält.

Gelingt uns eine Vorhersage, wenn wir den Versuch so abändern, dass nach dem Stoß beide Kugeln dieselbe Geschwindigkeit $u_1 = u_2 = u$ haben? Mit kleinen Klumpen Klebwachs an den Kugeln sorgen wir dafür, dass sie nach dem Stoß zusammenhaften (*Bild 2b*). Doch darf man den Energiesatz der Mechanik hier anwenden? Sicher nicht, denn beim Aufprall wird Energie durch Reibung und Verformung abgezweigt. Solche Stöße, bei denen die Stoßpartner wie Kletten aneinander hängen und sich gemeinsam weiter bewegen, heißen **(völlig) unelastische Stöße**. Wie hilfreich war also der **Energiesatz der Mechanik**? Wir sehen:

Beim **elastischen** Stoß **reicht er nicht**,
beim **unelastischen** Stoß **gilt er nicht**.

2. Ein neues Gesetz für Stoßvorgänge?

Wir beschränken uns auf so genannte **gerade Stöße**. Bei ihnen liegen die Geschwindigkeitsvektoren der Stoßpartner auf einer Geraden. Gibt es eine für alle geraden Stöße gültige Aussage? Vielleicht sogar für solche, die weder elastisch noch völlig unelastisch sind, wie etwa der Auffahrunfall in *Bild 3*?

Die dort paarweise auftretenden Kräfte gehorchen zu jedem Zeitpunkt dem Gesetz über **actio und reactio**. Erfährt der langsame Wagen in einem Augenblick des Stoßvorgangs vom schnellen eine Kraft nach rechts, so wirkt der langsame mit einer gleich großen Kraft zurück.

Wie ändern nun diese Kräfte die Geschwindigkeiten der Wagen? NEWTONS Grundgesetz $F = m \cdot \Delta v/\Delta t$ sagt, wie eine konstante Kraft F die Geschwindigkeit eines Körpers in der Zeit Δt um Δv ändert. Nun sind die Kräfte auf Wagen 1 und 2 während des Stoßvorgangs sicher nicht konstant, doch stimmen sie *in jedem Moment* betragsmäßig überein. Wir können sie uns deshalb durch zwei konstante mittlere Kräfte F_1 und F_2 ersetzt denken, die *ebenfalls* in ihren Beträgen übereinstimmen. Sie rufen während der Stoßdauer Δt dieselben Geschwindigkeitsänderungen Δv_1 und Δv_2 hervor wie die dauernd wechselnden Momentankräfte. Wir wählen sie nach rechts positiv und nach links negativ. Wegen actio = reactio gilt:

$$\boldsymbol{F}_{2\,\text{auf}\,1} = -\boldsymbol{F}_{1\,\text{auf}\,2}.$$

Wagen 1 wird um Δv_1 langsamer, Wagen 2 um Δv_2 schneller. Mit $F = m \cdot \Delta v/\Delta t$ folgt

$$m_1 \cdot \Delta v_1/\Delta t = -m_2 \cdot \Delta v_2/\Delta t$$

und nach Multiplikation mit der gemeinsamen Stoßdauer Δt

$$m_1 \cdot \Delta v_1 = -m_2 \cdot \Delta v_2.$$

Aus $\Delta v_1 = u_1 - v_1$ und $\Delta v_2 = u_2 - v_2$ folgt somit

$$m_1 \cdot (u_1 - v_1) = -m_2 \cdot (u_2 - v_2)$$

oder geordnet $$\boldsymbol{m_1 u_1 + m_2 u_2 = m_1 v_1 + m_2 v_2}.$$

In dieser Gleichung kommen nur die Produkte *Masse mal Geschwindigkeit* vor. Die Kräfte und die Stoßdauer müssen nicht bekannt sein. Um sich bequem ausdrücken zu können, gibt man dem Produkt $\boldsymbol{p = m\,v}$ den Namen **Impuls**. Die Einheit des Impulses ist dann 1 kg·m/s = 1 Ns. Wir haben einen neuen Erhaltungssatz gefunden, hier als Wertegleichung formuliert:

Merksatz

Impulserhaltungssatz für gerade Stöße:
Die Impulssumme $p = m_1 v_1 + m_2 v_2$ beider Partner vor dem Stoß ist gleich ihrer Impulssumme $p = m_1 u_1 + m_2 u_2$ nach dem Stoß.
Der Gesamtimpuls p bleibt beim Stoß erhalten.
Auf die Körper wirken dabei nur Kräfte, die mit ihrer reactio zum System der Körper gehören. Man nennt sie **innere Kräfte**.

Das Produkt $m \cdot \Delta v = \Delta p$ ist nichts anderes als die Änderung des Impulses $p = m\,v$. Sie ist bei beiden Stoßpartnern gleich groß, aber entgegengesetzt gerichtet. Was der eine verliert, gewinnt der andere hinzu (→ *Beispiel*). Das ist wie bei Geld, das der Inhaber zweier Konten von einem zum anderen überträgt. Auch dabei ändert sich sein Gesamtvermögen nicht.
Der betrachtete Auffahrunfall ist weder elastisch noch völlig unelastisch. Die Impulssumme ändert sich beim Stoß nicht, wohl aber die Summe der Bewegungsenergien. Wie viel Energie abgezweigt wird, kann erst ein Experiment entscheiden. Das ist anders bei Stößen, die elastisch oder völlig unelastisch verlaufen. Diese werden wir nun berechnen.

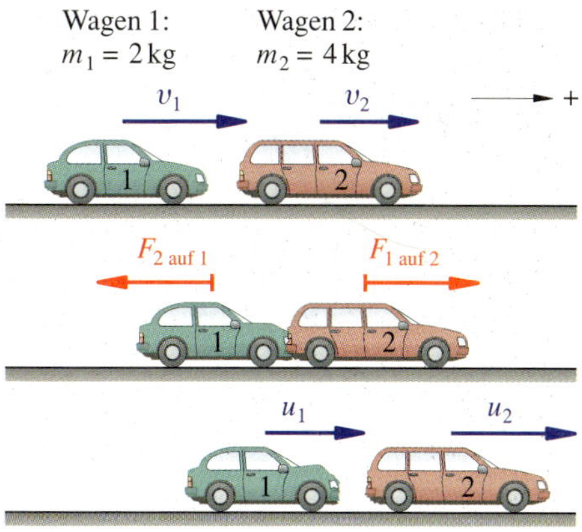

B 3: Auch bei diesem Auffahrunfall gilt actio = reactio. Der Stoß ist weder elastisch noch völlig unelastisch. Wir nennen ihn unelastisch, da auch hier Bewegungsenergie durch Reibung und bleibende Verformung verloren geht.

Beispiel

Impulsübertrag beim Zusammenstoß
Wir lassen zwei Modellautos nach → *Bild 3* zusammenstoßen:
Wagen 1 ($m_1 = 2$ kg; $v_1 = 5$ m/s) fährt auf Wagen 2 ($m_2 = 4$ kg; $v_2 = 4$ m/s). Der stoßende Wagen hat also den Impuls $m_1 v_1 = 10$ Ns, der gestoßene $m_2 v_2 = 16$ Ns. Der Gesamtimpuls beträgt $p = 26$ Ns. Nach dem Stoß misst man $u_1 = 4$ m/s und $u_2 = 4{,}5$ m/s. Die Wagen haben also die Impulse $m_1 u_1 = 8$ Ns und $m_2 u_2 = 18$ Ns. Der Gesamtimpuls ist nun wieder $p = 26$ Ns. Der schnelle Wagen übertrug also auf den langsamen den Impuls $\Delta p = 2$ Ns.

Wir dürfen den Impuls nicht mit der Bewegungsenergie verwechseln. Während der Gesamtimpuls erhalten blieb, sank in dem Beispiel die Summe der Bewegungsenergien von 57 J auf 56,5 J. Die Differenz von 0,5 J wurde zur Verformung der Autos benutzt und erhöhte deren innere Energie.

Der Impuls $\vec{p} = m\vec{v}$ ist ein Vektor in Richtung des Geschwindigkeitsvektors $\vec{v}$. Bei einer Bewegung des Wagen nach links ist der Wert v und damit auch p negativ. Das unterscheidet den Impuls besonders auffällig von der Bewegungsenergie, die ja nie negativ ist; dafür sorgt schon v^2 im Energieterm.

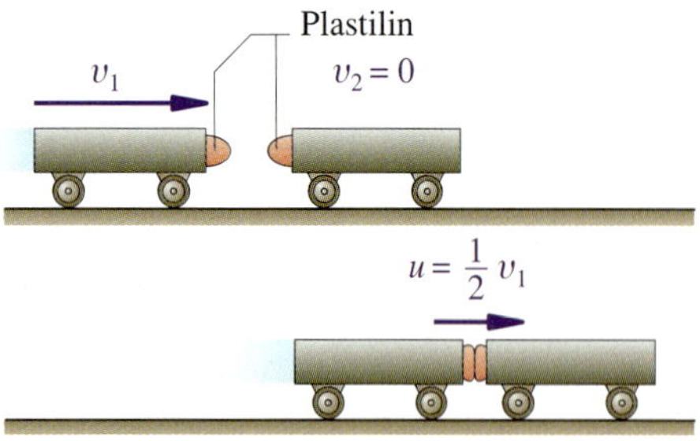

V 1: Ein Wagen der Masse m_1 fährt auf einen ruhenden gleicher Masse ($m_2 = m_1$). Die Geschwindigkeiten vor und nach dem Stoß messen wir mit zwei Lichtschranken. Sie werden von einer am stoßenden Wagen angebrachten Fahne nacheinander unterbrochen.

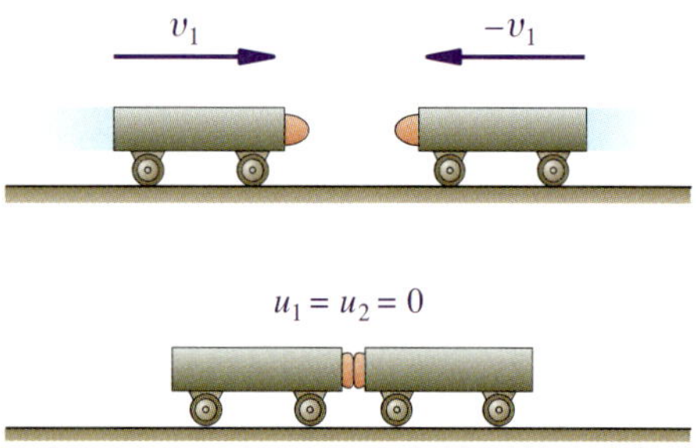

V 2: Hier ist vor dem Stoß der Gesamtimpuls null.

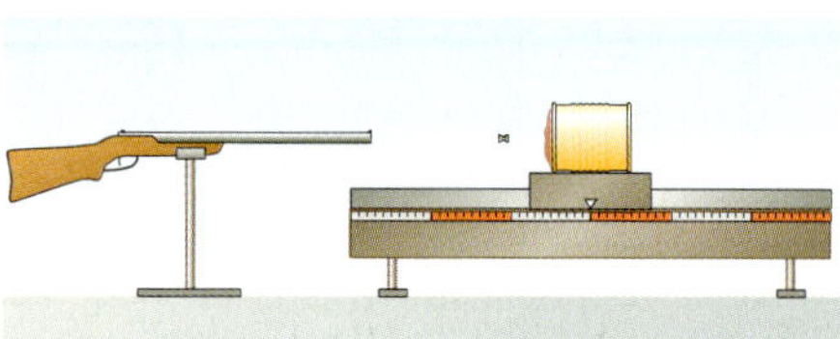

B 1: Schuss in den Luftkissengleiter

A 1: In ➡ *Bild 1* wird eine Luftgewehrkugel ($m = 0{,}5$ g) abgeschossen. Sie bleibt in der mit Plastilin gefüllten Dose stecken. Dose und Wagen wiegen zusammen 150 g. Anschließend legt der Gleiter 0,8 m in 3,2 s zurück. Welche Geschwindigkeit hatte die Kugel?

A 2: In ➡ *Bild 2* fahre jetzt der schwere Wagen mit $v_2 = 4$ m/s nach rechts, sodass der leichtere von hinten mit $v_1 = 5$ m/s auffährt. Wie groß sind die Geschwindigkeit und der Energieverlust nach einem völlig unelastischen Stoß? Warum unterscheidet sich der Energieverlust (hier) von dem im Zahlenbeispiel auf der vorangegangenen Seite?

Stöße werden berechenbar

1. Gerade unelastische Stöße

Nach einem *völlig unelastischen* Stoß haften beide Körper aneinander. Sie haben danach also die gleiche Geschwindigkeit. Diese können wir nun allein mit dem Impulssatz bestimmen.

a) Ein Wagen mit dem Impuls $p_1 = m_1 v_1$ stößt völlig unelastisch auf einen ruhenden gleicher Masse (➡ *Versuch 1*). Der Gesamtimpuls $p = m_1 v_1 + 0\ \text{Ns} = 2 m_1 u$ bleibt erhalten. Er ist nun verteilt auf beide Wagen. Jeder hat den Impuls $p/2$ und die Geschwindigkeit $u = u_1 = u_2 = v_1/2$.

b) Beide Wagen haben dieselbe Masse und bewegen sich gleich schnell aufeinander zu (➡ *Versuch 2*). Ihr Gesamtimpuls ist $p = m_1 v_1 + m_2 v_2 = m_1 v_1 + m_1(-v_1) = 0$. Sie kommen also zur Ruhe.

In ➡ *Versuch 2* wird der Vektorcharakter des Impulses besonders deutlich. Vor dem Stoß sind die Impulse wegen $v_2 = -v_1$ entgegengesetzt gerichtet, nur ihre Beträge stimmen überein. Der Gesamtimpuls ist also schon vor dem Aufprall null. Dagegen ist die Summe der Bewegungsenergien von null verschieden. Sie geht bei diesem Stoß völlig in innere Energie des Plastilins über.

Beispiel

Musteraufgabe für gerade unelastische Stöße (➡ *Bild 2*):
Zunächst betrachten wir die Impulssumme jeweils vor und nach dem Stoß und vereinfachen die Terme:
Vorher: $p_v = m_1 v_1 + m_2 v_2 = 2\ \text{kg} \cdot 5\ \text{m/s} + 4\ \text{kg} \cdot (-4\ \text{m/s}) = -6\ \text{Ns}$.
Nachher: $p_n = (m_1 + m_2)\, u = (2\ \text{kg} + 4\ \text{kg})\, u = 6\ \text{kg} \cdot u$.
Wir setzen $p_n = p_v$ und lösen nach der gesuchten Größe u auf:
$6\ \text{kg} \cdot u = -6\ \text{Ns}$ oder $\boldsymbol{u = -1\ \textbf{m/s}}$.
Ergebnis: Beide Wagen bewegen sich mit 1 m/s nach links.

Wir berechnen auch noch den Verlust ΔW der gesamten Bewegungsenergie:
Energiesumme vorher: $W_v = \frac{1}{2} m_1 v_1^2 + \frac{1}{2} m_2 v_2^2 = 57\ \text{J}$.
Energiesumme nachher: $W_n = \frac{1}{2}(m_1 + m_2)\, u^2 = 3\ \text{J}$.
Energieverlust: $\Delta W = W_v - W_n = 57\ \text{J} - 3\ \text{J} = \mathbf{54\ J}$.
Ergebnis: Von anfangs 57 J Bewegungsenergie bleiben nur 3 J übrig. Der Rest $\Delta W = 54$ J steckt im verformten Plastilin.

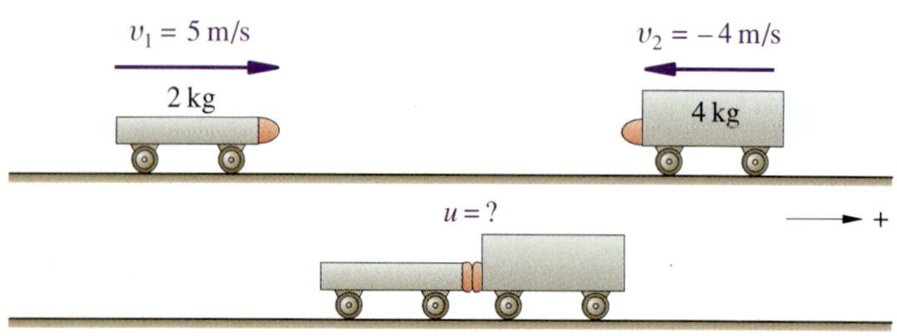

B 2: Zusammenstoß zweier Modellautos

2. Gerade elastische Stöße

Nach einem elastischen Stoß haben die beiden Wagen verschiedene Geschwindigkeiten. Um diese zu berechnen, brauchen wir sowohl den Impuls- als auch den Energieerhaltungssatz.

In *Versuch 3a* stößt ein Wagen auf einen ruhenden gleicher Masse. Er überträgt diesem vollständig seine Bewegungsenergie. Der Energiesatz wäre jedoch auch erfüllt, wenn jeder die Hälfte erhielte. Doch lässt der Impulssatz nur eine einzige Verteilung zu. Jetzt legen nämlich zwei Gleichungen die beiden Unbekannten u_1 und u_2 eindeutig fest.
Wir berechnen u_1 und u_2 für einen geraden Stoß auf einen ruhenden Körper. Die Massen m_1 und m_2 sollen beliebig sein. Das Verhältnis der Massen bezeichnen wir mit $k = m_2/m_1$.

Energieerhaltung: $\frac{1}{2} m_1 v_1^2 + 0 = \frac{1}{2} m_1 u_1^2 + \frac{1}{2} m_2 u_2^2$
Impulserhaltung: $m_1 v_1 + 0 = m_1 u_1 + m_2 u_2$

Wir setzen $m_2 = k \cdot m_1$ und teilen durch $\frac{1}{2} m_1$ bzw. m_1:

$v_1^2 = u_1^2 + k \cdot u_2^2$
$v_1 = u_1 + k \cdot u_2$

Wir subtrahieren die u_1-Terme und setzen $v_1^2 - u_1^2 = (v_1 - u_1)(v_1 + u_1)$:

$(v_1 - u_1)(v_1 + u_1) = k \cdot u_2^2$
$v_1 - u_1 = k \cdot u_2$

Wir teilen jede Seite der ersten Gleichung durch die der zweiten:

$v_1 + u_1 = u_2$
$v_1 - u_1 = k \cdot u_2$

Wir lösen das Gleichungssystem durch Addition bzw. Einsetzung und erhalten

das Ergebnis: $\boldsymbol{u_1 = v_1 (1 - k)/(1 + k)}$ und $\boldsymbol{u_2 = 2\, v_1/(1 + k)}$.

Beispiel

a) In *Versuch 3a* ist das Massenverhältnis $k = m_2/m_1 = 1$. Wir erhalten $\boldsymbol{u_1 = 0}$ und $\boldsymbol{u_2 = v_1}$.

b) In *Versuch 3b* stößt ein Wagen auf einen ruhenden doppelter Masse. Mit $k = 2$ folgt $\boldsymbol{u_1 = -\frac{1}{3} v_1}$ und $\boldsymbol{u_2 = \frac{2}{3} v_1}$.
Der leichte Wagen prallt mit einem Drittel seiner Geschwindigkeit zurück, während der schwere auf $\frac{2}{3} v_1$ beschleunigt wird. Dabei ändert der leichte stoßende Wagen seinen Impuls um $m_1 \cdot \Delta v_1 = m_1 (-\frac{1}{3} v_1 - v_1) = -1\frac{1}{3} m_1 v_1$, überträgt also dem gestoßenen mehr Impuls als er vor dem Stoß besaß. Er hat nicht nur seinen Besitz abgegeben, sondern sogar Schulden gemacht. Deshalb bewegt er sich dem Minuszeichen folgend nach dem Stoß nach links. Der schwere Wagen besitzt nun den Impuls $m_2 u_2 = 2 m_1 \cdot \frac{2}{3} v_1 = 1\frac{1}{3} m_1 v_1$. Sie sehen, die Impulsbilanz stimmt.

c) In *Versuch 3c* hat der gestoßene Wagen (2) die halbe Masse. Also ist $k = \frac{1}{2}$ und $\boldsymbol{u_1 = \frac{1}{3} v_1}$ sowie $\boldsymbol{u_2 = 1\frac{1}{3} v_1}$. Der leichte Wagen fährt schneller weg als sich der schwere näherte. Der schwere folgt mit $\frac{1}{3}$ seiner Anfangsgeschwindigkeit.

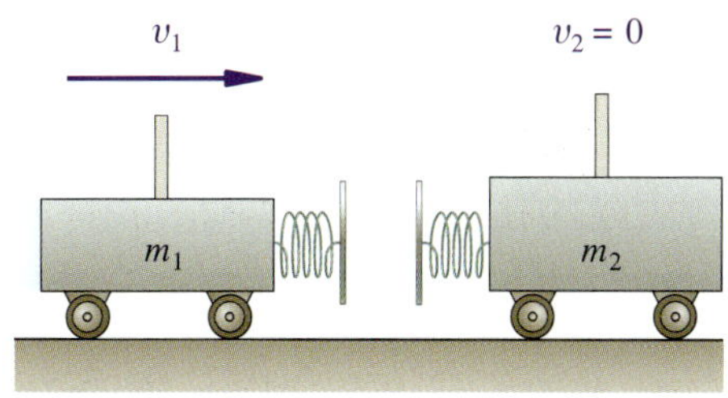

V 3 a)–c): Wir führen die elastischen Stöße zu *Bild 3a)–c)* mit zwei Wagen aus. Die Fahnen der Wagen unterbrechen zwei Lichtschranken. Die Geschwindigkeiten gewinnen wir aus der Fahnenbreite und den Verdunkelungszeiten.

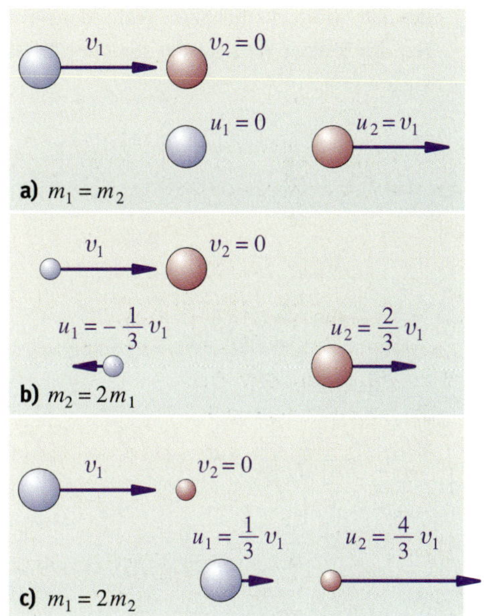

B 3 a)–c): Elastische Stöße auf einen ruhenden Körper

A 3: Eine 250 g-Kugel stößt mit 2 m/s elastisch auf eine ruhende 100 g-Kugel. Wie groß sind die Geschwindigkeiten nach dem Stoß?

A 4: Welchen Bruchteil seiner Bewegungsenergie hat der stoßende Wagen in *Versuch 3a)–c)* jeweils an seinen Stoßpartner übertragen?

A 5: Ein Wagen stößt elastisch auf einen ruhenden. Wie viel seines Impulses und seiner Energie wird jeweils bei sehr großem bzw. bei sehr kleinem Massenverhältnis $k = m_2/m_1$ auf den gestoßenen Wagen übertragen?

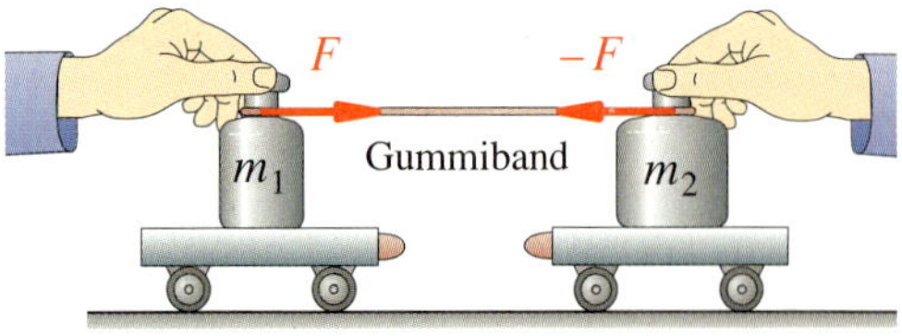

V 1: Wir bewegen die Wagen (im Bild oben) auseinander und spannen dabei das sie verbindende Gummiband. Dann geben wir beide gleichzeitig frei. Plastilin sorgt dafür, dass die Wagen nach dem Zusammenstoß aneinander haften. Erstaunt Sie, dass sie in diesem Moment gleichzeitig zum Stillstand kommen? Das ändert sich auch nicht, wenn wir durch Verkürzen des Gummibandes die Kräfte vergrößern. Außerdem treffen die Wagen stets an der gleichen Stelle zusammen.

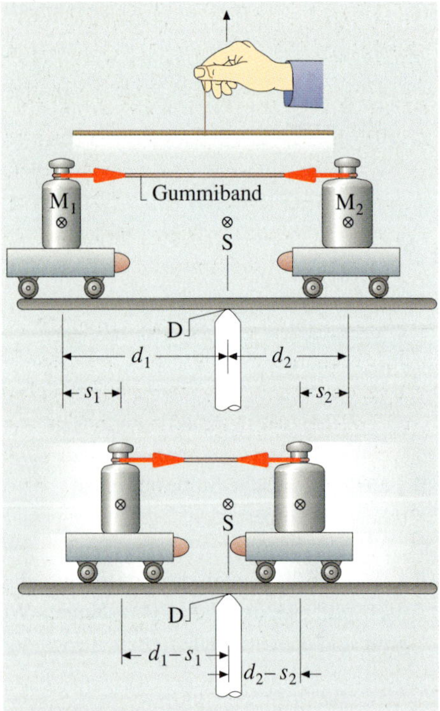

V 2: Bleibt die Waage im Gleichgewicht? Wir stellen die Wagen aus *Versuch 1* auf eine Wippe und sorgen für Gleichgewicht. Ein möglichst leichter Holzstab hält sie dabei zunächst gegen die Zugkräfte des Gummibandes auseinander. Wir entfernen den Stab rasch nach oben, ohne dabei in Fahrtrichtung auf die Wagen eine Kraft auszuüben. Die Wagen bewegen sich so wie in *Versuch 1*, ohne dass die Wippe kippt.

Der Schwerpunkt ist Zentrum des Geschehens

1. Wenn innere Kräfte längere Zeit am Werk sind

Wie bewegen sich die Wagen in *Versuch 1* nach dem Loslassen? Beim Start ist ihr Gesamtimpuls null. Nach dem Loslassen wirken die Zugkräfte des Gummibandes als innere Kräfte auf die Wagen. Wegen actio = reactio stimmen sie in jedem Augenblick betragsmäßig überein. Folglich ändert sich während des Bewegungsablaufs der Gesamtimpuls $p = m_1 u_1 + m_2 u_2 = 0$ nicht, denn dieselben Überlegungen, die uns zum Impulssatz führten, gelten ebenso bei länger wirkenden Kräften. Auch nach dem Aufprall ist $p = 0$. Beide Wagen sind dann wieder in Ruhe.

Was wissen wir über die in *Versuch 1* zurückgelegten Strecken? In jedem Augenblick haben die Wagen entgegengesetzt gerichtete Impulse von gleichem Betrag: $|m_1 u_1| = |m_2 u_2|$. Der Wagen 1 ist also in jedem Moment (m_2/m_1)-mal so schnell wie der Wagen 2. Dann ist seine Fahrstrecke s_1 auch (m_2/m_1)-mal so lang wie die vom Wagen 2 zurückgelegte Strecke s_2. Es gilt:

$$s_1/s_2 = m_2/m_1 \Rightarrow m_1 \cdot s_1 = m_2 \cdot s_2. \qquad (1)$$

2. Der Schwerpunkt lässt sich nicht beirren

In *Versuch 2* befinden sich die Wagen auf einer Wippe im Gleichgewicht. Ein zwischen sie geklemmter Holzstab hält sie zunächst auseinander. Entfernen wir den Stab rasch nach oben, so bewegen sich die Wagen so wie in Versuch 1. Warum bleibt dabei die Anordnung zu jedem Zeitpunkt im Gleichgewicht?

Gleichgewicht besteht, wenn der Schwerpunkt S beider Massen über dem Drehpunkt D liegt. Für die Abstände $d_1 = \mathrm{M_1 S}$ und $d_2 = \mathrm{M_2 S}$ der Massenmittelpunkte M_1 und M_2 zum Schwerpunkt gilt (Hebelgesetz):

$$m_1 \cdot d_1 = m_2 \cdot d_2. \qquad (2)$$

Legen nun die Wagen bei ihrer Bewegung die Strecken s_1 bzw. s_2 zurück, so verkleinern sich zwar die Abstände zum Schwerpunkt S von d_1 bzw. d_2 auf $(d_1 - s_1)$ bzw. $(d_2 - s_2)$, S selbst ändert seine Lage jedoch nicht. Dies folgt aus der Subtraktion der Gleichung (1) von Gleichung (2). Man erhält wieder das Hebelgesetz

$$m_1 \cdot (d_1 - s_1) = m_2 \cdot (d_2 - s_2).$$

Der Schwerpunkt S bleibt also während der ganzen Bewegung an derselben Stelle, genau über dem Drehpunkt D der Wippe.

Man kann den Versuch auch in einem fahrenden Zug ausführen. Ein Beobachter am Bahndamm wird dann feststellen, dass sich der Schwerpunkt beider Wagen so wie der Zug bewegt. Unsere Überlegungen führen zu dem **Schwerpunktsatz**:

Merksatz

Die Bewegung des Schwerpunkts eines Systems wird durch innere Kräfte nicht geändert.

3. Die Erde, ein vergessener Partner?

Beim Fallen des Springers in *Bild 1* betrachteten wir bisher nur dessen Gewichtskraft. Doch sie hat einen Partner, eine reactio, die an der Erde angreift und diese auch beschleunigt. Wir kamen zu den Fallgesetzen, ohne die Impulsänderung der Erde zu betrachten. Haben wir sie zu Recht außer Acht gelassen?

In *Bild 1* nimmt die Geschwindigkeit des Springers von A nach B um Δv, sein Impuls um $m \cdot \Delta v$ zu. Die Erde erfährt folglich eine Impulsänderung $m_E \cdot \Delta v_E$ von gleichem Betrag zum Springer hin. Ihre Geschwindigkeit ändert sich nur um $\Delta v_E = m/m_E \cdot \Delta v \approx 10^{-23} \cdot \Delta v$, also einem wahrlich vernachlässigbaren Bruchteil von Δv. Der Schwerpunkt von Erde und Springer bleibt also (praktisch) im Erdmittelpunkt. Wir haben folglich richtig gerechnet.

4. Eine äußere Kraft ändert den Gesamtimpuls

Impulserhaltung finden wir in jedem System, das alle Wechselwirkungspartner enthält. Dennoch schließen wir häufig einen oder mehrere aus unserem Beobachtungsrahmen aus.

Wer die Autotür hinter sich geschlossen hat, ist überzeugt, in einem abgeschlossenen System zu sitzen. Lässt er den Motor an, so werden in der Tat zunächst nur innere Kräfte erzeugt. Bei Glatteis bleibt es dabei. Impuls bekommt das Auto erst durch äußere Kräfte. Hilfreiche Passanten, die auf gestreutem Boden stehen, üben zur *actio* auf das Auto die *reactio* auf die Straße aus. Auf das Auto wirkt jetzt eine **äußere Kraft**, die dessen Gesamtimpuls ändert.

Auch die Gewichtskraft des Autos (samt Insassen) ist eine äußere Kraft. Für die waagerechte Bewegung ist sie bei reibungsfreiem Gleiten ohne Belang. Deshalb brauchen wir sie weder hier noch bei der Anwendung des Impulssatzes auf waagerechte Stöße zu berücksichtigen.

B 1: Während des Falls erhält der Springer von der Erde Impuls, den er beim Eintauchen an sie zurückgibt. Den Schwerpunkt beider hat dies auf seiner Bahn um die Sonne nicht erschüttert.

A 1: a) Beschreiben Sie zum *Bild 1* die Wechselwirkungskräfte und Impulsänderungen vom Absprung bis zum Eintauchen. **b)** Welche Impulsänderung erfährt der Springer (60 kg) vom höchsten Punkt A auf der Strecke AB = 5 m, welche die Erde?

... noch mehr Aufgaben

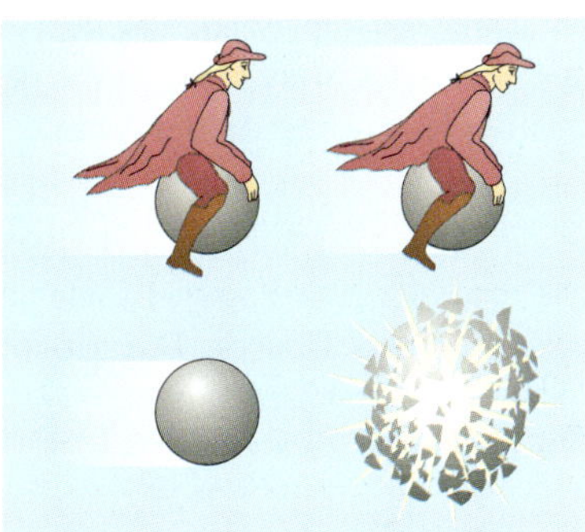

A 2: Münchhausen begleitet eine Kanonenkugel, die plötzlich explodiert. Wie bewegen sich die Bruchstücke aus seiner Sicht? Kann ein Beobachter auf der Erde seine Schilderung überprüfen?

A 3: In *Bild 2* hält ein Faden die beiden Luftkissengleiter gegen die gedrückten Federn zusammen. Nach dem Durchbrennen des Fadens werden die Wagen kurz beschleunigt und gleiten anschließend gleichförmig weiter. **a)** Der linke Wagen ($m_1 = 100$ g) legt in 2 s 60 cm, der rechte 20 cm zurück. Welchen Impuls bekam jeder Wagen, welchen habe beide zusammen? Welche Energie wurde aus der Feder freigesetzt? **b)** Wo befindet sich der Schwerpunkt der beiden Wagen? Wie bewegt er sich?

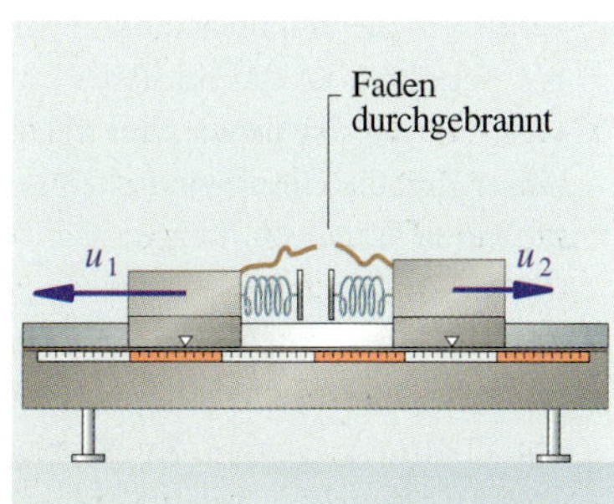

B 2: Eine gezähmte Explosion auf der Luftkissenfahrbahn

B 1: Beim Anschieben erhält das Auto Impuls. Kraft und Kraftdauer bestimmen seinen Wert.

Beispiel

Wird das Auto 8 s lang mit der konstanten Kraft $F = 300$ N beschleunigt, so nimmt sein Impuls um $\Delta p = F \cdot \Delta t = 300 \text{ N} \cdot 8 \text{ s} = 2\,400 \text{ Ns} = 2\,400 \text{ kg·m/s}$ zu. Der Kraftstoß ändert die Geschwindigkeit des 600 kg schweren Autos um

$$\Delta v = \Delta p / m = 2\,400 \text{ Ns} / 600 \text{ kg} = 4 \text{ m/s}.$$

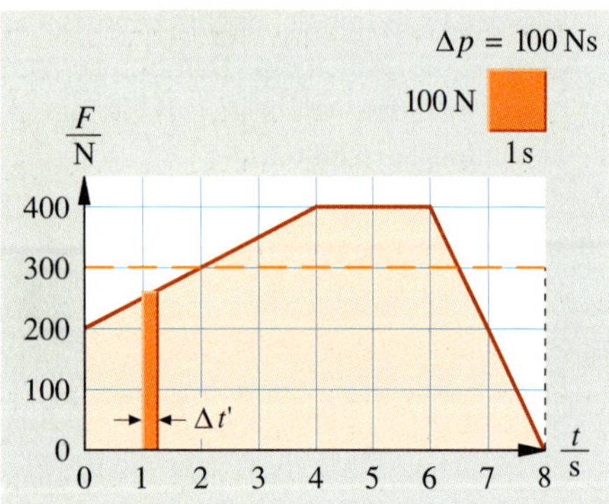

B 2: Die Fläche des t-F-Diagramms ist ein Maß für die Impulsänderung Δp

A 1: Bestimmen Sie zum Kraftverlauf nach *Bild 2* die Impulsänderung von 2 s bis 5 s. Wie groß ist die mittlere Kraft in diesem Zeitraum? Um wie viel ändert sich in dieser Zeit die Geschwindigkeit des 600 kg schweren Wagens?

A 2: a) Der gemäß *Bild 2* in 8 s beschleunigte Wagen soll danach innerhalb von 4 s durch eine konstante Kraft wieder zum Stehen gebracht werden. Wie groß muss sie sein? **b)** Ergänzen Sie das Diagramm bis $t = 12$ s. Warum hat der Flächeninhalt von 8 s bis 12 s einen negativen Wert?

Kräfte ändern den Impuls

1. Wie viel Impuls erhält das Auto?

Wir schieben ein Auto an und versuchen dabei, die Kraft konstant zu halten (*Bild 1*). Die Reibungskräfte seien vergleichsweise klein. Aus Erfahrung wissen wir: Das Auto erhält eine umso größere Geschwindigkeit, je größer unsere Kraft ist und je länger wir schieben. Nach NEWTONS Gesetz ist $\vec{F} = m\vec{a} = m\Delta\vec{v}/\Delta t$. Nach Multiplikation mit Δt folgt:

$$\vec{F} \cdot \Delta t = m \cdot \Delta\vec{v} = \Delta\vec{p}; \text{ als Wertegleichung } F \cdot \Delta t = m \cdot \Delta v = \Delta p.$$

Wir erhalten also aus der Kraft $\vec{F}$ und der Beschleunigungsdauer Δt die Impulsänderung $\Delta\vec{p}$ – auch ohne die Masse zu kennen.

Merksatz

Wird ein Körper während der Zeit Δt durch eine konstante Kraft $\vec{F}$ beschleunigt, so erfährt er die Impulsänderung

$$\Delta\vec{p} = \vec{F} \cdot \Delta t.$$

Das Produkt $\vec{F} \cdot \Delta t$ nennt man auch Kraftstoß.

2. Der Kraftstoß bei veränderlicher Kraft

Beim Anschieben eines Autos gelingt es kaum, die Kraft konstant zu halten. Nehmen wir an, die ausgezogene Linie in *Bild 2* zeige den tatsächlichen Verlauf. Können wir aus diesem t-F-Diagramm die Impulsänderung ermitteln?
Betrachten wir zunächst die gestrichelte Linie. Sie zeigt die konstante Kraft $F = 300$ N, mit der im *Beispiel links* das Auto während der Zeit $\Delta t = 8$ s beschleunigt wird. Das Produkt $F \cdot \Delta t = 2\,400$ Ns (Hochwert mal Rechtswert) entspricht dem Flächeninhalt des Rechtecks unter der gestrichelten Linie. Dieser ist also ein Maß für den Kraftstoß. – Bei der sich ändernden Kraft ist nur in einem sehr kurzen Zeitabschnitt $\Delta t'$ die Kraft F hinreichend konstant. Der dunkel getönte Streifen gibt durch seine Fläche den Kraftstoß $F \cdot \Delta t'$ an; das ist die Impulsänderung des Autos in der Zeit $\Delta t'$. Die Summe all solcher Streifen ergibt die hell getönte Fläche, also die gesamte Impulszunahme Δp des Autos.

Beispiel

In *Bild 2* besteht die Fläche unter der ausgezogenen Linie aus einem Trapez, einem Rechteck und einem Dreieck. Die gesamte Fläche liefert in der Stoßzeit $\Delta t = 8$ s die Impulsänderung:

$$\Delta p = \tfrac{1}{2} \cdot (200 \text{ N} + 400 \text{ N}) \cdot 4 \text{ s} + 400 \text{ N} \cdot 2 \text{ s} + \tfrac{1}{2} \cdot 400 \text{ N} \cdot 2 \text{ s} = 2\,400 \text{ Ns}.$$

Diese Impulsänderung erhält das Auto in derselben Zeit auch durch die konstante Kraft $F = 300$ N. F ist der zeitliche Mittelwert der sich ändernden Kraft. Mit einem Kraftstoß nach links ($F < 0$) könnten wir das Auto wieder abbremsen. Die Fläche liegt dann unterhalb der Rechtsachse.

Interessantes

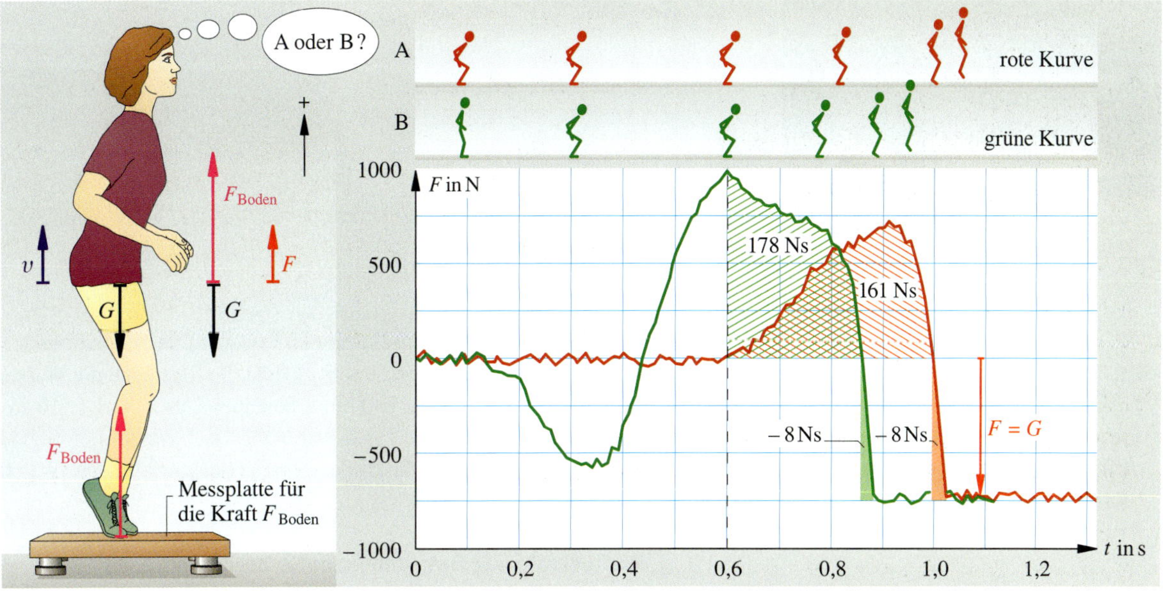

B 3: Gesamtkraft F auf eine Sportlerin beim senkrechten Sprung A *ohne* und B *mit* Gegenbewegung. Die Bodenkraft F_{Boden} wurde mit einer Messplatte registriert. Für die Kraftwerte gilt: $F = F_{Boden} + G$.

Warum beschäftigen sich Sportler mit dem Kraftstoß?

Sensoren ermöglichen die Registrierung des zeitlichen Kraftverlaufs. Er hilft dem Sportler, den Einsatz seiner Kräfte zu analysieren und zu verbessern. Je größer die Fläche unter der t-F-Kurve, umso größer ist die Impulsänderung und damit der Erfolg des Sportlers.

Das *Bild 3* zeigt zwei verschiedene Sprünge (A und B) senkrecht nach oben. Bei A beginnt die Sportlerin zum Zeitpunkt 0,6 s mit der Bewegung aus einer ruhenden Hockstellung. Bei B führt sie bis zu dieser Hockstellung zunächst aus dem Stand eine Gegenbewegung nach unten aus. In beiden Fällen beginnt also die Aufwärtsbewegung in derselben Körperhaltung zum Zeitpunkt 0,6 s. Warum erreicht die Sportlerin beim Sprung B dennoch eine größere Höhe? Betrachten wir die auf die Sportlerin wirkende Gesamtkraft F:

Fall A: Bei A ruht die Sportlerin bis zum Zeitpunkt 0,6 s. Ihre Gewichtskraft und die Kraft des Bodens auf sie sind im Gleichgewicht. Sie erfährt also zur Zeit 0,6 s die Gesamtkraft $F = 0$. Durch die dann beginnende Streckbewegung der Beine vergrößert sie die Kraft auf den Boden über ihre Gewichtskraft hinaus. Die reactio des Bodens F_{Boden} überwiegt nun die Gewichtskraft G, der Körperschwerpunkt wird nach oben beschleunigt. Von 0,98 s bis 1,02 s, dem Zeitpunkt des Abhebens, ist die reactio geringer als die Gewichtskraft. Die Aufwärtsbewegung wird ein wenig verzögert. Die rot schraffierte Fläche liefert den Impuls 161 Ns. Er wird von 0,98 s bis 1,02 s um 8 Ns verringert. Die Sportlerin hebt mit dem Impuls $p_A = 161\ \text{Ns} - 8\ \text{Ns} = 153\ \text{Ns}$ ab.

Fall B: Bei B ist die Gesamtkraft F bei 0,6 s bereits voll entwickelt. Warum? Betrachten wir die vorangehende Abwärtsbewegung des Körperschwerpunkts. Bis 0,43 s wird der Körper zunächst nach *unten* beschleunigt, denn die Gesamtkraft F hat einen negativen Wert. Dann verzögert die Sportlerin die Abwärtsbewegung. Das erfordert eine Kraft F_{Boden} nach oben, die G überwiegt. $F = F_{Boden} + G$ ist nun positiv. Im tiefsten Punkt der Bewegung ist $F = 1\,000$ N. Mit dieser Kraft beginnt bei B zum Zeitpunkt 0,6 s die Aufwärtsbewegung. Bei A dagegen wächst F von null beginnend erst an.

Beim Sprung A aus der Hockstellung gelingt es der Sportlerin nicht, mit einem Schlag die Kraft $F = F_{Boden} + G$ von 0 N auf 1 000 N zu erhöhen. Zur Entfaltung dieser Kraft benötigen die Muskeln eben Zeit. Bei B entwickelt sich die große Anfangskraft von 1 000 N schon vorher allmählich durch das Verzögern der Gegenbewegung. Das führt bei B zu einer größeren Fläche (grün schraffiert). Ihr Inhalt ergibt den Impuls 178 Ns. Er wird wie bei A um etwa 8 Ns verringert. Beim Sprung nach B hebt die Sportlerin mit dem größeren Impuls $p_B = 178\ \text{Ns} - 8\ \text{Ns} = 170\ \text{Ns}$ ab.

B 1: Waldbrandbekämpfung aus der Luft: Das Wasser wird fast „im Flug" geschöpft. Sobald die Maschine die Wasseroberfläche streift, gibt der Pilot Gas, um eine Geschwindigkeit von etwa 180 km/h beizubehalten. Zwei 1 566 kW-Motoren geben jetzt fast ihre volle Leistung. In nur 12 Sekunden sind die Tanks mit 6 000 Liter Wasser gefüllt. Das Einziehen der Schöpfdorne reicht, um die auf vollen Touren laufende Maschine sofort abheben zu lassen. Welche Kraft müssen die Motoren beim Schöpfen aufbringen?

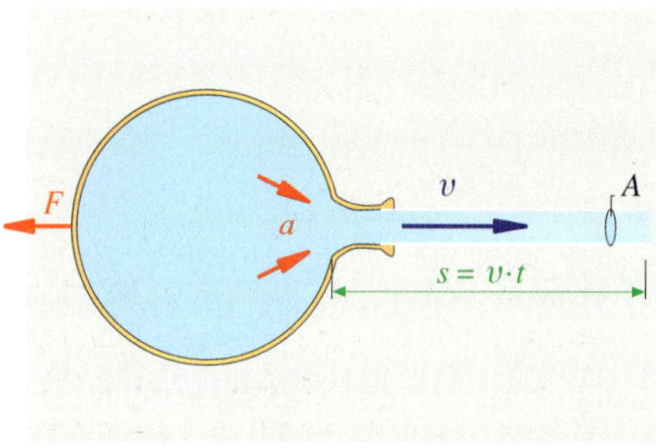

B 2: Messung der Rückstoßkraft ausströmender Luft (*Versuch 1*)

V 1: Eine Fußballblase (ohne Lederhülle) wird bis zu einem Durchmesser von 38 cm, also bis zum Volumen $V = 28{,}7\ \text{dm}^3$, aufgeblasen. Dabei bleibt – wie ein Manometer zeigt – der Überdruck von etwa 50 mbar (50 mbar = 50 hPa = 50 cN/cm²) ziemlich konstant. Bei diesem Druck und einer Temperatur von 20 °C ist die Dichte der Luft $\varrho = 1{,}26\ \text{g/dm}^3$. Ihre Masse in der Blase beträgt also $m = \varrho \cdot V = 36\ \text{g}$.

Gibt man die Öffnung mit der Querschnittsfläche $A = 0{,}35\ \text{cm}^2$ frei, so strömt die Luft infolge des konstanten Überdrucks mit konstanter Geschwindigkeit aus. Hierzu braucht sie die Zeit $t = 16$ s. Die Luft bildet beim Strömen insgesamt den blau getönten Zylinder der Länge $s = v \cdot t$ mit einem Volumen von $V = A \cdot s = A \cdot v \cdot t = 28{,}7\ \text{dm}^3$.

Hieraus ergibt sich die Geschwindigkeit der Luft zu $v = V/(A \cdot t) = 50$ m/s.

3. Kraftberechnung trotz unbekannter Beschleunigung

Die Größe $\Delta\vec{p}/\Delta t$ gibt die Änderung des Impulsvektors $\vec{p}$ je Sekunde an. Es gilt:

$$\vec{F} = \Delta\vec{p}/\Delta t.$$

Zur Berechnung der Kraft muss man also nur wissen, um wie viel sich der Impuls $\vec{p}$ der betrachteten Materie während der Zeit Δt insgesamt ändert. Welche Beschleunigungen dabei die einzelnen Masseteilchen erfahren, braucht nicht bekannt zu sein.

1. Beispiel:

Das Löschflugzeug in *Bild 1* füllt seine Wassertanks bei ca. 180 km/h = 50 m/s in nur 12 s. In dieser Zeit „schält" es durch einen Schöpfdorn (*Bild 3*) im streifenden Flug 6 000 Liter Wasser von der Oberfläche des Sees in seine Tanks. Die hierzu notwendige Kraft können wir mit der Gleichung $F = m\,a$ nicht berechnen. Wir kennen nämlich nicht die Beschleunigung, welche die zunächst noch ruhenden Wasserteilchen am Schöpfdorn (*Bild 3*) erfahren. Wir wissen aber, dass insgesamt 6 000 kg Wasser in $\Delta t = 12$ s die Impulsänderung $\Delta p = 6\,000\ \text{kg} \cdot 50\ \text{m/s} - 0\ \text{kg·m/s} = 3 \cdot 10^5$ Ns erfährt. Die Motoren des Flugzeugs müssen allein hierfür die zusätzliche Kraft $F = \Delta p/\Delta t = 3 \cdot 10^5\ \text{Ns}/12\ \text{s} = 2{,}5 \cdot 10^4$ N aufbringen.

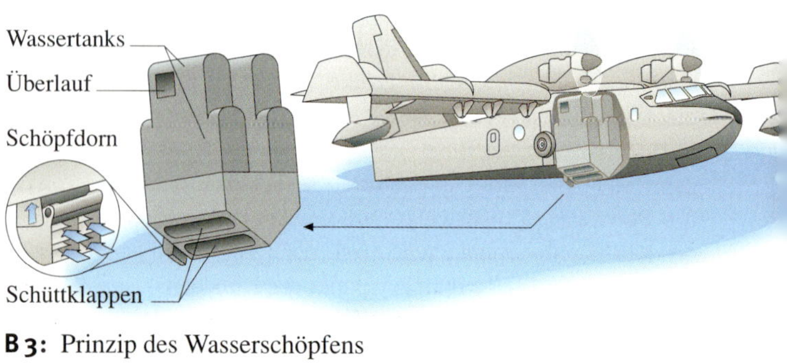

B 3: Prinzip des Wasserschöpfens

2. Beispiel:
Im ➠ *Versuch 1* strömt Luft aus einer Fußballblase und übt auf diese eine Rückstoßkraft F aus. Wir wissen, dass die Luft mit der Geschwindigkeit $v = 50$ m/s die Düse verlässt und insgesamt Luft der Masse $m = 36$ g ausströmt. Sie erfährt die Impulszunahme $\Delta p = m\,v - 0 = 1{,}8$ kg·m/s. Dies geschieht in der Zeit $\Delta t = t = 16$ s. Das Beschleunigen der Luft beim Ausströmen führt somit zur Rückstoßkraft $F = \Delta p/\Delta t = 0{,}11$ N. Dies bestätigt ein Kraftmesser, an den die Blase gehängt wird.

3. Beispiel:
Ein Hammer übt beim Einschlagen eines Nagels kurzzeitig eine sehr große Kraft auf diesen aus. Er ändert dabei nämlich in sehr kurzer Zeit seinen Impuls. Dies spüren wir, wenn wir den Daumen treffen. In ➠ *Bild 4* erleidet eine Hauswand den Schlag einer Abrissbirne. Diese prallt manchmal erfolglos zurück. Wir untersuchen einen solchen Aufprall im Kleinen.

In ➠ *Versuch 2* trifft eine Kugel (50 g) mit $v = 5$ m/s auf den Hammer und prallt mit gleicher Geschwindigkeit wieder ab. Während des Stoßes wird sie in der Zeit $\Delta t \approx 10^{-4}$ s zunächst auf null verzögert und dann auf $-v$ beschleunigt. Ihre Impulsänderung beträgt

$$\Delta p = m \cdot \Delta v = m \cdot ((-v) - v) = -2\,m\,v = -0{,}5 \text{ kg·m/s}.$$

Die Kugel erfährt somit die Kraft $F = \Delta p/\Delta t = -0{,}5 \text{ Ns}/10^{-4} \text{ s} = -5\,000$ N. Die mittlere Stoßkraft auf den Hammer beträgt also 5 000 N. Das ist das 10^4fache des Kugelgewichts.

Hier können wir nur den zeitlichen Mittelwert der Kraft bestimmen. Die realen Kräfte sind am Anfang und Ende des Stoßvorgangs kleiner, im Umkehrpunkt der Bewegung größer als der Mittelwert.

B 4: Schlagartige Impulsänderung

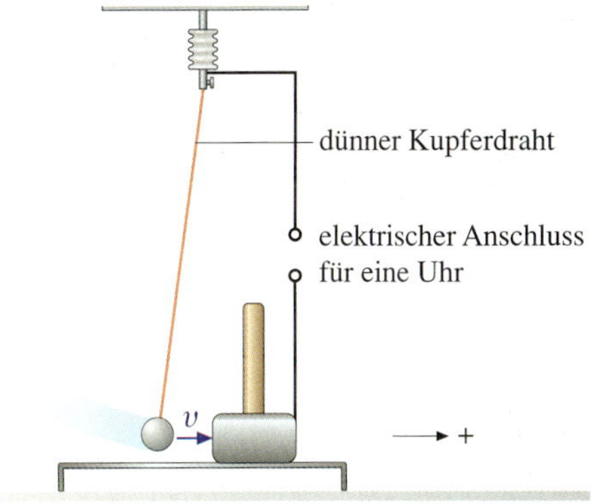

V 2: Eine Stahlkugel ($m = 50$ g) hängt an einem 1,25 m langen dünnen Kupferdraht. Wir lenken sie bis zur Höhe ihres Aufhängepunktes aus und lassen sie gegen einen schweren Hammer prallen. Ein Kurzzeitmesser registriert die Stoßzeit $\Delta t \approx 10^{-4}$ s.

... noch mehr Aufgaben

A 1: a) Ein Stein der Masse 2,0 kg wird mit 5 m/s nach unten geworfen. Welche Impulsänderung erfährt er in den nächsten 3,0 s infolge seiner Gewichtskraft? Welche Geschwindigkeit hat er dann? **b)** Welchen Kraftstoß erteilt er der Erde, wenn er mit dieser Geschwindigkeit aufschlägt und liegen bleibt?

A 2: Ein 75 kg schwerer Sportler springt aus der Hocke senkrecht nach oben. Er stemmt sich dabei mit der Durchschnittskraft 1 200 N vom Boden ab. Die Beschleunigung bis zum Abheben dauert 0,4 s. Wie groß ist die ihn beschleunigende Gesamtkraft? Welchen Impuls hat er nach 0,4 s? Mit welcher Geschwindigkeit hebt er ab? Wie hoch springt er (sein Schwerpunkt)?

A 3: Auf ein horizontal laufendes Förderband fallen von oben je Sekunde 20 kg Sand. Er wird mit der Geschwindigkeit 1 m/s weitertransportiert. Welche Kraft muss der Motor allein zur waagerechten Beschleunigung des Sandes aufbringen? Warum werden die Sandteilchen beim Auftreffen nicht mit 1 m/s² beschleunigt?

A 4: Beim Abbrennen einer Spielzeugrakete wird in 5 s etwa 10 g Substanz ausgestoßen und die Schubkraft 1,0 N gemessen. **a)** Wie schnell strömen die Gase aus? **b)** Aus der 1. Stufe der Saturn-V-Rakete strömen die Gase mit 2,5 km/s aus und erzeugen während 2,5 min eine Schubkraft von etwa $3{,}5 \cdot 10^7$ N. Wie groß ist die Masse der ausgestoßenen Gase?

A 5: Aus einer Düse strömen je Sekunde 10 cm³ Wasser mit 1,0 m/s Geschwindigkeit waagerecht aus. Welche reactio erfährt das Gefäß, wenn in ihm das Wasser ruht?

A 6: Die Motoren des Löschflugzeugs in Abschnitt 3 müssen allein zum Schöpfen die Kraft $F = 2{,}5 \cdot 10^4$ N in Flugrichtung aufbringen. Auf welcher Strecke wirkt diese Kraft? Welche Energie wurde zum Schöpfen aufgewendet? Welche Bewegungsenergie erhielt das Löschwasser? Erklären Sie den Unterschied.

Interessantes

B 1: Startende Saturn-V-Rakete

B 2: Raketenwagen mit Wasserstrahl

V 1: *Bild 2* zeigt den „Raketenwagen" mit einem Wassertank und einer kleinen Pumpe (aus einer Scheibenwischanlage), die mit einem Akku angetrieben wird. Diese presst in 3,5 Sekunden 140 cm^3 Wasser durch eine Öffnung von 7,1 mm^2.
Die Ausströmgeschwindigkeit ist also v_r = 140 cm^3/(0,071 $cm^2 \cdot$ 3,5 s) = 5,6 m/s. Beim Start beträgt die Gesamtmasse m_0 = 500 g. Wir messen nach 3,5 s die Wagengeschwindigkeit v = 1,8 m/s. Reibung wird durch Neigen der Fahrbahn ausgeglichen.

Die Schubkraft bei Raketen

Am 16. Juli 1969 startete die 111 m hohe Saturn-V-Rakete mit den drei Astronauten Armstrong, Aldrin und Collins ihren Flug zum Mond. Um die 2 900 Tonnen schwere Rakete aus der Startrampe zu heben, erzeugten fünf Triebwerke in jeder Sekunde 14 Tonnen Verbrennungsgase, die mit einer Geschwindigkeit von v_r = 2,5 km/s ausgestoßen wurden. Diese erfuhren in einer Sekunde die Impulsänderung Δp = 14 000 kg · 2 500 m/s = $3{,}5 \cdot 10^7$ Ns.
Die Schubkraft der Rakete betrug folglich:
$F_S = \Delta p/\Delta t = 3{,}5 \cdot 10^7$ Ns/1 s = $3{,}5 \cdot 10^7$ N = 1,25 · Raketengewicht.

Allgemein: In der Zeit Δt strömen Gase der Masse Δm aus der Raketendüse mit der Geschwindigkeit v_r relativ zum ruhend gedachten Raketenkörper. Ihre Impulsänderung ist $\Delta p = \Delta m \cdot v_r$, die Schubkraft $F_S = \Delta p/\Delta t = \Delta m \cdot v_r/\Delta t = v_r \cdot \Delta m/\Delta t = v_r \cdot D$. Dabei gibt $D = \Delta m/\Delta t$ den *Durchsatz* der ausströmenden Materie (Masse je Sekunde) an.
Schubkraft = Durchsatz mal Ausströmgeschwindigkeit:

$$F_S = v_r \cdot D$$

Die Gesamtkraft $F = F_S - G$ (Schubkraft minus Gewichtskraft) sorgt für die Beschleunigung $a = F/m$ der Rakete, deren Masse m mit dem Ausströmen der Gase abnimmt. Nach der Brenndauer t beträgt sie $m(t) = m_0 - D\,t$. Die Beschleunigung a nimmt also bis zum Brennschluss mit der Zeit t zu:

$$a(t) = F/m = (F_S - m\,g)/m \quad \text{mit} \quad m = m_0 - D\,t.$$

In *Versuch 1* untersuchen wir einen solchen Bewegungsablauf. Da die Bewegung waagerecht verläuft, ist $F = F_S$. Beim Start (t = 0 s) ist die Gesamtmasse des Wagens m_0 = 500 g. Innerhalb von 3,5 s werden 140 g Wasser mit der Geschwindigkeit v_r = 5,6 m/s ausgestoßen. Also ist die Schubkraft

$$F = v_r \cdot D = 5{,}6 \text{ m/s} \cdot 0{,}04 \text{ kg/s} = 0{,}224 \text{ N}.$$

Die Gesamtmasse m nimmt dabei je Sekunde um 0,04 kg ab und beträgt zum Zeitpunkt t nur noch

$$m = m_0 - D\,t = 0{,}5 \text{ kg} - 0{,}04 \text{ kg/s} \cdot t.$$

Nun können wir zu jedem Zeitpunkt t die Beschleunigung $a = F/m$ berechnen. Sie ist in einem genügend kleinen Zeitintervall Δt nahezu konstant. Die Geschwindigkeit nimmt in dieser kurzen Zeit um $\Delta v = a \cdot \Delta t$ zu. Mit einem Computerprogramm berechnen wir jeweils Δv zum Zeitpunkt $t = 0$, Δt, $2\,\Delta t$, $3\,\Delta t$, ..., 3,5 s und addieren alle Geschwindigkeitsänderungen. Wir erhalten so zur Zeit t = 3,5 s die Geschwindigkeit v = 1,85 m/s.

A 1: Berechnen Sie zu *Versuch 1* mithilfe eines Computerprogramms die Geschwindigkeit und den zurückgelegten Weg zur Zeit t = 3,5 s.

A 2: Welche Beschleunigung erfährt die Saturn V beim Start, welche 2 Minuten danach? Wie groß ist dann ihre Geschwindigkeit?

Interessantes

Schiefe Stöße

Ein völlig unelastischer Zusammenstoß

In *Bild 3* treffen ein Lieferwagen (v_1 = 36 km/h; m_1 = 2 000 kg) und ein Pkw (v_2 = 54 km/h; m_2 = 800 kg) aufeinander. Beide Fahrer versuchen zu bremsen, doch fehlt bei der völlig vereisten Fahrbahn jede Bodenhaftung. Die Wagen stoßen mit voller Wucht zusammen und rutschen ineinander verkeilt weiter. In welche Richtung gleiten sie nach dem Stoß? Wie groß ist jetzt ihre gemeinsame Geschwindigkeit v?
Hier liegt kein *gerader* Stoß vor; deshalb können wir dem Vektorcharakter der Impulse nicht mehr allein durch Vorzeichen gerecht werden (*Bild 3*). Mit $\tan\alpha = 12/20 = 0{,}6$ ist $\alpha = 31°$. Der Betrag des Gesamtimpulses ist $\sqrt{p_1^2 + p_2^2} = 23{,}3 \cdot 10^3$ Ns.
Die verkeilten Wagen rutschen in Richtung von p weiter mit dem Geschwindigkeitsbetrag $v = p/(m_1 + m_2) = 23{,}3 \cdot 10^3$ Ns/2 800 kg = 8,3 m/s = 30 km/h.

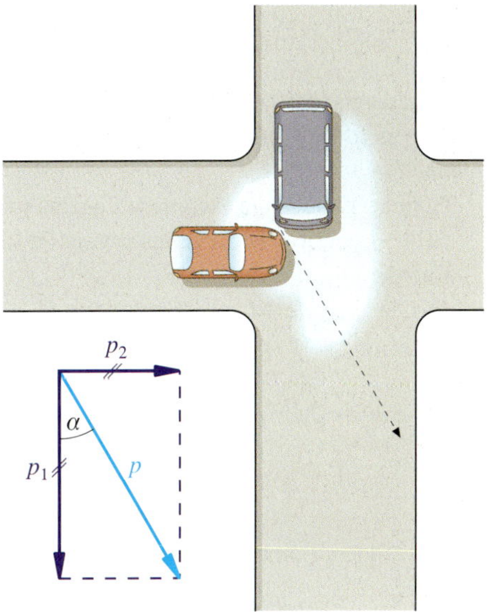

B 3: Zusammenstoß bei Glatteis

Elastischer Stoß einer Billardkugel

Nach *Bild 4* wird ein Ball (m_1) unter dem „Einfallswinkel" α gegen das Lot schräg auf eine Wand mit der sehr viel größeren Masse $m_2 \gg m_1$ geworfen. Da Geschwindigkeiten und Impulse Vektorgrößen sind, zerlegen wir $\vec{v}_1$ (vor dem Stoß) in eine zur Wand parallele und eine dazu senkrechte Komponente: $\vec{v}_1 = \vec{v}_{1,s} + \vec{v}_{1,p}$. Was gewinnen wir damit? Die senkrechte Komponente kehrt sich einfach um. Es gilt $\vec{u}_{1,s} = -\vec{v}_{1,s}$, denn das Massenverhältnis m_2/m_1 ist sehr groß. Die parallele Komponente $\vec{u}_{1,p}$ bleibt konstant, falls wir von Reibung und damit einer Tangentialkraft zwischen Ball und Wand absehen. Die resultierende Geschwindigkeit nach dem Stoß ergibt sich nun zu $\vec{u}_1 = \vec{u}_{1,p} + \vec{u}_{1,s} = \vec{v}_{1,p} - \vec{v}_{1,s}$. Sie hat den gleichen Betrag wie $\vec{v}_1$ und zeigt, dass der Ball in der Einfallsebene unter dem gleichen Reflexionswinkel $\beta = \alpha$ wie ein Lichtstrahl von der Wand zurückkommt. Solche Stöße findet man bei Billardkugeln an der Bande, wenn man von Drehungen absieht, die durch Reibung entstehen.

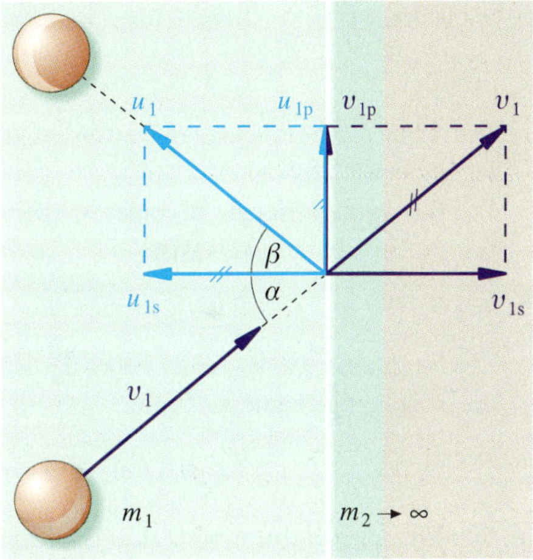

B 4: Ball prallt schief von einer Wand

Stöße im Mikrokosmos

P. M. S. BLACKETT (Nobelpreis 1948) entdeckte in der von ihm verbesserten wilsonschen Nebelkammer elastische Stöße zwischen Atomkernen (*Bild 5*). Die Auswertung der Teilchenspuren ergab, dass alle Stöße dem Impuls- und (allgemeinen) Energieerhaltungssatz folgten.

In Kernreaktoren werden die bei der Kernspaltung entstehenden schnellen Neutronen durch elastische Stöße mit Wasserstoffkernen abgebremst. Sie können nämlich nur bei geringer Geschwindigkeit weitere Urankerne spalten. Wasserstoff ist im umgebenden Wasser reichlich vorhanden. Neutronen haben fast die gleiche Masse wie Wasserstoffkerne, sodass sie bei einem geraden Stoß ihre Energie fast völlig verlieren. Da sie jedoch selten gerade stoßen, werden die Neutronen erst nach mehreren Stößen langsam.

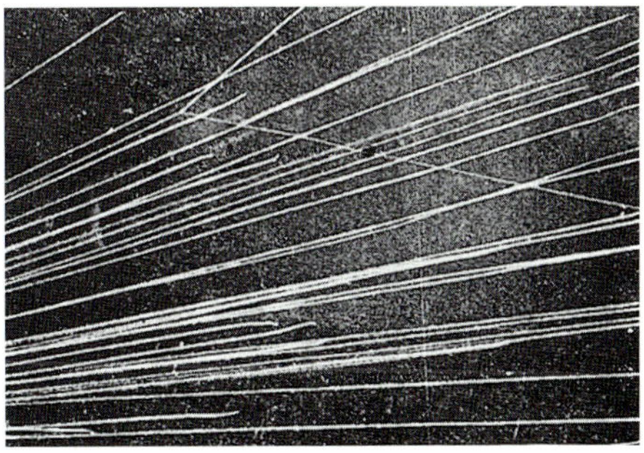
B 5: Billardspiel in der Nebelkammer: Der von links kommende Heliumkern stößt einen Wasserstoffkern nach rechts unten und fliegt selbst nach rechts oben weiter.

Das ist wichtig beim Thema Energie

1. a) *Energie bleibt* in einem abgeschlossenen System *erhalten.*

b) Energie tritt in vielen Formen auf. Mechanische *Energieformen* sind: *Höhenenergie*, *Bewegungsenergie* und *Spannenergie.*
Höhenenergie nennt man auch Lageenergie oder potentielle Energie, Bewegungsenergie auch kinetische Energie.

c) Die *Energie* ist eine richtungsunabhängige Größe, ein *Skalar*, und keine Vektorgröße.

2. Die *Einheit der Energie* ist 1 Joule (1 J). Es ist

$$1\,\text{J} = 1\,\text{N} \cdot 1\,\text{m} = 1\,\frac{\text{kg}\cdot\text{m}^2}{\text{s}^2}.$$

Eine andere *Einheit der Energie* ist 1 kWh. Es ist

$$1\,\text{kWh} = 3{,}6\cdot 10^6\,\text{J} = 3{,}6\,\text{MJ}.$$

3. Die **Höhenenergie W_H** eines Körpers mit der Gewichtskraft G in der Höhe h über dem *Nullniveau* ist

$$W_H = G\,h = m\,g\,h.$$

Die Angabe der Höhenenergie erfordert zuerst die Festlegung des Nullniveaus.
Die **Bewegungsenergie W_B** eines Körpers der Masse m bei der Geschwindigkeit v ist

$$W_B = \frac{1}{2}\,m\,v^2.$$

Die **Spannenergie W_{Sp}** einer Feder der Härte D, die um die Strecke s gedehnt ist, beträgt

$$W_{Sp} = \frac{1}{2}\,D\,s^2.$$

4. Der **Energieerhaltungssatz der Mechanik** lautet:
Die Summe aus Lage-, Bewegungs- und Spannenergie ist bei *reibungsfrei* verlaufenden mechanischen Vorgängen in einem abgeschlossenen System konstant:

$$W_H + W_B + W_{Sp} = m\,g\,h + \frac{1}{2}\,m\,v^2 + \frac{1}{2}\,D\,s^2 = \text{konstant}.$$

5. *Energie kann* von einem System auf ein anderes *übertragen werden.*
Energie, die mithilfe einer Kraft F längs eines Weges s übertragen wird, heißt **Arbeit**. Arbeit ist also Energie beim Übertragen!
Ist die Kraft F_s in Wegrichtung längs des Weges s konstant, so ist die Arbeit das Produkt aus F_s und s:

$$W = F_s\,s.$$

Bilden die Richtungen von Kraft F und Weg s den Winkel φ, so wirkt in Wegrichtung die Kraft F_s. Es ist

$$F_s = F\cdot\cos\varphi, \quad \text{also} \quad W = F\,s\cdot\cos\varphi.$$

6. Tritt in einem System **Reibung** auf, so wird diesem durch die Reibungskraft vom Betrag F_R längs des Weges s die mechanische Energie $W_R = F_R\,s$ entzogen. Sie wird in innere Energie des Systems verwandelt.

7. Die **mittlere Leistung $\overline{P}$** ist der Quotient aus der Energie ΔW und der Zeit Δt, in der sie abgegeben wird:

$$\overline{P} = \Delta W / \Delta t.$$

Die **Momentanleistung P** ist die mittlere Leistung $\overline{P} = \Delta W/\Delta t$ für messtechnisch möglichst kleines Δt.

Die *Einheit der Leistung* ist 1 Watt. Es ist

$$1\,\text{W} = 1\,\text{J/s}; \quad 1\,\text{kW} = 10^3\,\text{W}.$$

8. Wird die Energie ΔW durch eine Kraft F_s in Richtung der Geschwindigkeit v übertragen, so ist die Leistung P das Produkt aus Kraft F_s und Geschwindigkeit v:

$$P = F_s\,v.$$

Die Strategie des Bilanzierens

1. a) Liegt ein *abgeschlossenes System* vor, in dem sich eine Bewegung abspielt, so versucht man eine Aufgabe zuerst mit dem Energieerhaltungssatz der Mechanik zu lösen.

b) Ist nach dem *zeitlichen Ablauf* der Bewegung gefragt, so kann der Energieerhaltungssatz allein *nicht* weiterhelfen, da in ihm die Zeit nicht auftritt.

2. Mit dem **Energieerhaltungssatz** der Mechanik zieht man **Bilanzen**. Man vergleicht die Energiesumme W_1 und W_2 in zwei verschiedenen Zuständen und kann daraus Vorhersagen ableiten. Es ist:

$$W_1 = W_{H1} + W_{B1} + W_{Sp1} = m\,g\,h_1 + \frac{1}{2}\,m\,v_1^2 + \frac{1}{2}\,D\,s_1^2$$

$$W_2 = W_{H2} + W_{B2} + W_{Sp2} = m\,g\,h_2 + \frac{1}{2}\,m\,v_2^2 + \frac{1}{2}\,D\,s_2^2.$$

a) Verläuft der Vorgang *reibungsfrei*, gilt:

$$W_1 = W_2.$$

b) Tritt zwischen den Zuständen 1 und 2 *Reibung* auf, so wird dem System durch die Reibungskraft vom Betrag F_R die mechanische Energie $W_R = F_R\cdot s$ entzogen. Es gilt:

$$W_2 = W_1 - W_R.$$

Das ist wichtig beim Thema Impuls

1. a) Der *Impuls* ist so wie die Geschwindigkeit ein *Vektor*. Der Impuls $\vec{p}$ eines Körpers ist das Produkt aus seiner Masse m und seiner Geschwindigkeit $\vec{v}$:

$$\vec{p} = m\,\vec{v}.$$

b) Bei geradlinigen Bewegungen geben wir Impuls und Geschwindigkeit je nach Richtung einen positiven oder negativen Wert. Dazu legen wir die positive Richtung fest. Auf diese Weise schreiben wir alle Gleichungen mit Vektorgrößen als *Wertegleichungen*.

2. Eine Kraft F, die eine Zeit Δt auf den Körper einwirkt, ändert dessen Impuls p um

$$\Delta p = F \cdot \Delta t.$$

Man nennt $F \cdot \Delta t$ auch *Kraftstoß*. F ist der *zeitliche Mittelwert* der Kraft.

3. a) Geht die beschleunigende Kraft auf den Körper 1 von einem einzigen Körper 2 aus, so erfährt dieser eine vom Betrag gleich große Kraft in entgegengesetzte Richtung (actio = reactio). Die Wechselwirkungskräfte zwischen den beiden Körpern sind **innere Kräfte**. Die Körper bilden bezüglich dieser Kräfte ein abgeschlossenes System. Der **Schwerpunkt** dieses Systems wird durch sie nicht beeinflusst.

b) In einem abgeschlossenen System gilt der **Impulserhaltungssatz**. Er besagt, dass die Impulsänderungen beider Körper denselben Betrag, aber verschiedene Vorzeichen haben:

$$\Delta p_1 = -\Delta p_2.$$

Was der Körper 2 an Impuls verliert, gewinnt der Körper 1 hinzu. Ihre Impulssumme bleibt also konstant:

$$m_1\,v_1 + m_2\,v_2 = m_1\,u_1 + m_2\,u_2$$

(v und u bezeichnen die Geschwindigkeiten der beiden Körper zu verschiedenen Zeiten; zum Beispiel vor und nach dem Zusammenstoß der Körper). Die Kräfte und deren Einwirkungsdauer brauchen nicht bekannt zu sein.

Der Impulssatz gründet sich auf NEWTONS Gesetz von actio = reactio. Er gilt deshalb auch, wenn *Reibungskräfte* zwischen beiden Körpern im Spiel sind, sowie bei länger wirkenden Kräften.

4. a) Bei einem **völlig unelastischen Stoß** hängen die Körper wie Kletten aneinander und bewegen sich mit gemeinsamer Geschwindigkeit $u = u_1 = u_2$ weiter. Der Impulssatz vereinfacht sich zu

$$m_1 v_1 + m_2 v_2 = (m_1 + m_2)\,u.$$

Bei einem unelastischen Stoß verringert sich die Summe der *Bewegungsenergien* beider Körper um

$$\Delta W = \frac{1}{2}\,m_1\,v_1^2 + \frac{1}{2}\,m_2\,v_2^2 - \frac{1}{2}\,(m_1 + m_2)\,u^2.$$

Dieser Energieverlust erhöht die innere Energie der Körper.

b) Bei einem **elastischen Stoß** ist die Summe der Bewegungsenergien vor und nach dem Stoß gleich groß. *Jetzt gilt sowohl der Impulserhaltungssatz als auch der Energieerhaltungssatz der Mechanik*:

$$m_1\,v_1 + m_2\,v_2 = m_1\,u_1 + m_2\,u_2,$$

$$\frac{1}{2}\,m_1\,v_1^2 + \frac{1}{2}\,m_2\,v_2^2 = \frac{1}{2}\,m_1\,u_1^2 + \frac{1}{2}\,m_2\,u_2^2.$$

Sind die Massen und die Geschwindigkeiten vor dem Stoß bekannt, lassen sich die beiden unbekannten Geschwindigkeiten u_1 und u_2 nach dem Stoß berechnen. Wir beschränken uns auf den Fall, dass der gestoßene Körper ruht. Für *gerade Stöße* gilt mit $k = m_2/m_1$:

$$u_1 = v_1\,(1 - k)/(1 + k) \quad \text{und} \quad u_2 = 2\,v_1/(1 + k).$$

Die Strategie des Bilanzierens

am *Beispiel* eines unelastischen Stoßes:

Ein 2 kg schwerer Experimentierwagen stößt mit 1 m/s völlig unelastisch von hinten auf einen 4facher Masse und halber Geschwindigkeit. Mit welcher gemeinsamen Geschwindigkeit fahren sie weiter? Wie viel der gesamten Bewegungsenergie verschwand in innerer Energie? Wie groß waren die beim Stoß auftretenden Kräfte, wenn dieser 0,1 s dauerte?

Lösung:

Beim Aufprall ändern nur innere Kräfte die Bewegung der beiden Wagen. Die *Impulssumme nach dem Stoß*

$$(m_1 + m_2)\,u = (2\text{ kg} + 8\text{ kg})\,u = 10\text{ kg} \cdot u$$

ist gleich der Impulssumme vor dem Stoß

$$m_1\,v_1 + m_2\,v_2 = 2\text{ kg} \cdot 1\text{ m/s} + 8\text{ kg} \cdot 0{,}5\text{ m/s} = 6\text{ Ns}.$$

Also ist $10\text{ kg} \cdot u = 6$ Ns oder $\boldsymbol{u} = \mathbf{0{,}6\ m/s}$.

Energiesumme vor dem Stoß: $\frac{1}{2}\,m_1\,v_1^2 + \frac{1}{2}\,m_2\,v_2^2 = 2$ J

Energiesumme nach dem Stoß: $\frac{1}{2}\,(m_1 + m_2)\,u^2 = 1{,}8$ J

$\boldsymbol{\Delta W} = \mathbf{0{,}2\ J}$ verschwand beim Stoß in innere Energie.

Für die Kraft können wir nur einen zeitlichen Durchschnittswert berechnen. Er beträgt

$$F = \Delta p_1/\Delta t = m \cdot \Delta v_1/\Delta t = 2\text{ kg} \cdot (0{,}6\text{ m/s} - 1\text{ m/s})/0{,}1\text{ s} = 2\text{ kg} \cdot (-0{,}4\text{ m/s})/0{,}1\text{ s} = \mathbf{-8\ N}.$$

Diese Kraft bremst Wagen 1 ab (negatives Vorzeichen).

Aufgaben

A 1: Unterscheiden Sie die Begriffe **a)** Impuls und Bewegungsenergie, **b)** Arbeit und Kraftstoß.

A 2: Die Geschwindigkeit einer Gewehrkugel (2,6 g) lässt sich leicht mit einem *ballistischen Pendel* (⇛ *Bild 1a*) bestimmen. Man feuert die Kugel in eine mit Sand gefüllte Kiste. In ihr wird die Kugel so rasch abgebremst, dass beide fast noch in der tiefsten Pendellage die gleiche Geschwindigkeit annehmen. Bei einer Pendellänge von $l = 2$ m erfährt ein 2,5 kg schwerer Pendelkörper die Auslenkung $d = 15$ cm. **a)** Mit welcher Geschwindigkeit beginnt das Pendel samt Kugel seine Bewegung? Wie schnell war die Kugel ($d^2 = 2\,l\,h - h^2$; h: Höhe)? **b)** Wie groß ist der Verlust an mechanischer Energie?

A 3: Die 2,6 g-Kugel eines bei Olympischen Spielen verwendeten Kleinkaliber-Gewehrs verlässt den Lauf mit $v = 330$ m/s. **a)** Welche Geschwindigkeit müsste man einem 3 kg schweren Medizinball geben, damit er denselben Impuls hat wie die Gewehrkugel? Hat der Ball dann auch dieselbe Bewegungsenergie? **b)** Die Kugel dringt 5 cm tief in einen Holzbalken. Welche Kraft erfährt dieser dabei im Mittel? Wie groß ist die Bremsdauer? Wie groß sind Bremskraft und Bremsdauer beim Medizinball, wenn er auf der Strecke 5 cm abgebremst wird?

A 4: Drei zusammengekoppelte Eisenbahnwagen von je 20 t stehen auf einem Gleis; ein vierter von gleicher Masse fährt mit 5 m/s auf. Dabei rastet die Kupplung ein. Wie schnell rollen die Wagen (reibungsfrei) weiter?

A 5: Ein Pendelkörper hängt an einem 0,5 m langen Faden. Er wird um die Strecke $d = 10$ cm horizontal ausgelenkt und losgelassen (⇛ *Bild 1b*). **a)** Mit welcher Geschwindigkeit bewegt er sich durch die Gleichgewichtslage? **b)** Zwischen der Höhe h und der Auslenkung d gilt die Beziehung $d^2 = (2\,l - h)\,h$. Leiten Sie die Gleichung her. **c)** Bei kleiner Auslenkung d ist näherungsweise $d^2 \approx 2\,l\,h$. Welchen Fehler macht man, wenn man diese Näherung in a) anwendet? **d)** Zeigen Sie: Bei kleinen Ausschlägen ist die Auslenkung d proportional zur Geschwindigkeit in der tiefsten Lage.

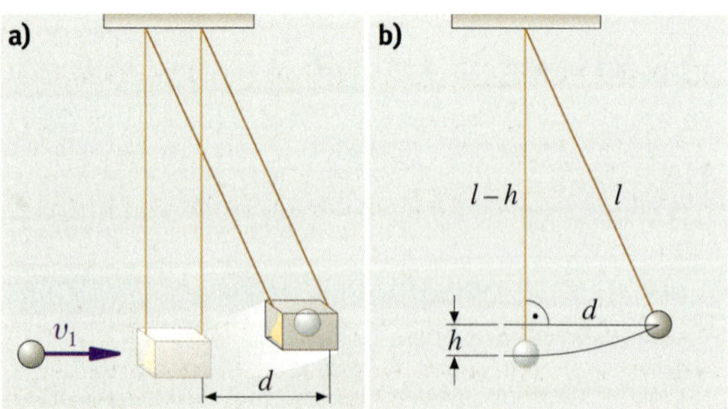

B 1: **a)** Ballistisches Pendel (⇛ *Aufgabe 2*) **b)** Zu ⇛ *Aufgabe 5*

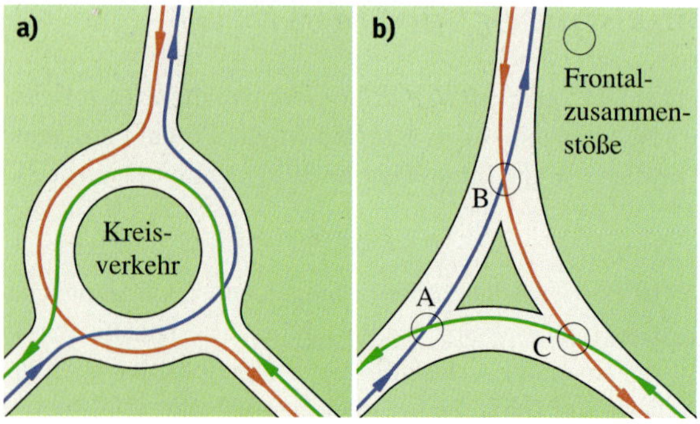

B 2: Verkehrsregelung im Kreis **a)** oder Dreieck **b)**

A 6: *Heimversuch*: Eine 50 Pf-Münze ($m_1 = 3{,}5$ g) trifft in einem geraden Stoß auf eine ruhende 5 DM-Münze ($m_2 = 10$ g). **a)** Wie groß ist das Verhältnis ihrer Geschwindigkeiten u_1/u_2 nach einem elastischen Stoß? **b)** Überprüfen Sie in einem Versuch das Ergebnis mit folgender Anordnung: Befestigen Sie (mit Klebestreifen) die Münzen als Pendelkörper an etwa 50 cm langen Fäden. Hängen Sie die Pendel so an ein vertikal gestelltes Brett, dass sich die Münzen gerade berühren und ihre Mittelpunkte sich in gleicher Höhe befinden. Neigen Sie das Brett ein wenig, damit die Münzen leicht am Brett anliegen und sich beim Pendeln nicht aus der Schwingungsebene herausdrehen. Befestigen Sie unter den Münzen am Brett ein glattes Papier, auf dem Sie die Gleichgewichtslagen und die maximalen Auslenkungen nach dem Stoß markieren. Verwenden Sie zur Bestimmung von u_1/u_2 die Beziehung $u \sim d$ aus Aufgabe 5d). **c)** Untersuchen Sie den Einfluss von Reibung zwischen Münze und Papier. Lassen Sie die Münzen ohne Stoß pendeln. Wie viel Prozent der Auslenkung erreicht jede Münze nach einem Hin und Zurück? Schätzen Sie die Wirkung der Reibung auf das Ergebnis von b) ab.

A 7: Bei einem geraden elastischen Stoß eines Wagens auf einen ruhenden größerer Masse gibt der stoßende Wagen mehr Impuls ab, als er besitzt. **a)** Warum ist dies bei der Energie unmöglich? **b)** Wie viel Impuls kann der stoßende Wagen maximal abgeben? Wie bewegt er sich anschließend?

A 8: Welche Vorteile hat die Verkehrsführung im Kreis (⇛ *Bild 2a*) gegenüber der im Dreieck (⇛ *Bild 2b*)? Betrachten Sie die Impulsänderungen und die umgesetzte Energie im Fall eines Zusammenstoßes.

A 9: Zu ⇛ *Interessantes: Kraftstoß im Sport*: **a)** Mit welcher Geschwindigkeit hebt die Sportlerin bei A bzw. bei B ab? Wie hoch springt sie jeweils? Zu welchem Zeitpunkt bewegt sie sich jeweils am schnellsten aufwärts? **b)** Beim Sprung B führt die Sportlerin zunächst eine Gegenbewegung aus. Zu welchem Zeitpunkt bewegt sie sich am schnellsten abwärts? Welche Fläche liefert den zugehörigen Impuls? Wie groß ist er?

Überall in unserer Umgebung können Sie Kreisbewegungen beobachten. Viele sind auf dem Volksfest zu bestaunen. Zum Beispiel beim Kettenkarussell, wo die kreisenden Personen wie fliegende Massenpunkte aussehen, oder beim Rotor, wo die Menschen an den Wänden kleben. Im höchsten Punkt einer Loopingbahn sitzt man im Wagen mit dem Kopf nach unten und fällt nicht herunter. Hexerei oder nur angewandte Physik?

Auch im Verkehr, bei Sport und Spiel findet man vielfach Kreisbewegungen. Jedes Auto fährt durch Kurven und fliegt nicht hinaus, es sei denn, der Autofahrer fährt zu schnell. Wie groß darf eigentlich die Geschwindigkeit sein, damit das Auto nicht aus der Kurve getragen wird?

Beim Schleuderball- oder beim Hammerwurf bewegt der Sportler den an einem Seil befestigten Ball oder Hammer mehrfach im Kreis herum, bevor er loslässt. In welcher Richtung fliegt der Ball oder der Hammer weg, wenn der Werfer das Seil loslässt?

Das Skateboardfahren macht in einer Rinne viel Spaß, wenn man die notwendige Technik beherrscht. Wer diese hat, weiß, dass er im tiefsten Punkt der Rinne eine viel höhere Kraft als seine Gewichtskraft aushalten muss. Warum ist das so?

Sicher finden Sie noch weitere Beispiele in Ihrer Umwelt, bei denen man „kreisende Massenpunkte“ beobachten kann!

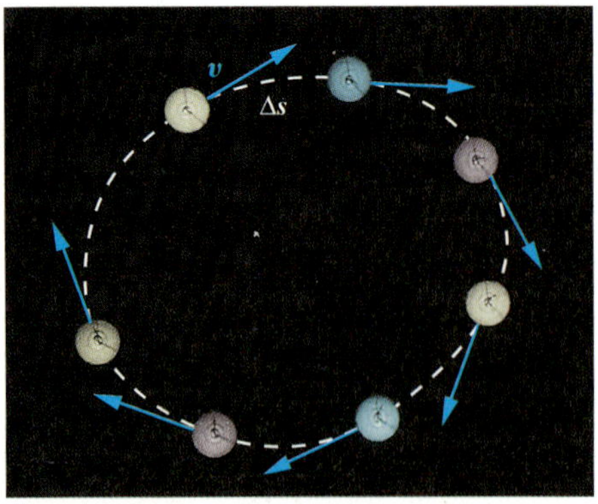

B 1: Stroboskopische Beleuchtung eines Balles, der an einer Schnur gleichmäßig im Kreis herum geschleudert wird.

Beispiel

Schleuderball

Ein gleichförmig kreisender Ball führt in t = 10 s 30 Umläufe auf einem Kreis mit dem Radius r = 0,6 m aus. Wie groß sind die Drehfrequenz f, die Umlaufdauer T und die Geschwindigkeit v des Balls?

Lösung:

$f = \frac{n}{t} = \frac{30}{10\,\text{s}} = \mathbf{3\,s^{-1}}$; $T = \frac{t}{n} = \mathbf{\frac{1}{3}\,s}$;

$v = 2\pi r f = 2\pi \cdot 0{,}6\,\text{m} \cdot 3\,\text{s}^{-1} \approx \mathbf{11\,m{\cdot}s^{-1}}$

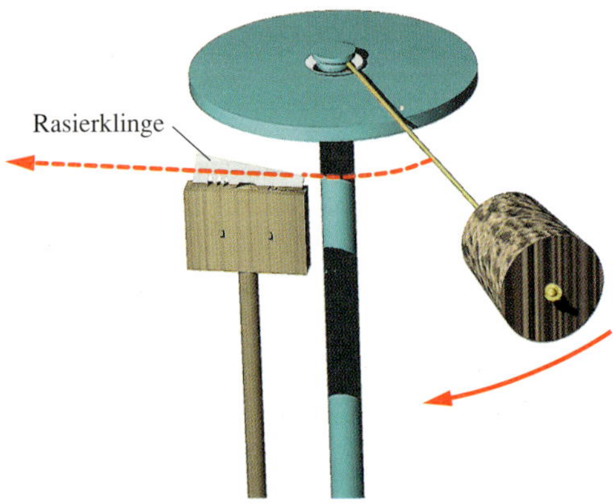

V 1: Wir zwingen einen an einen Faden gebundenen Gummistopfen auf eine Kreisbahn. Dazu befestigen wir den Faden an einer rotierenden horizontalen Scheibe. Wir nähern dem Faden von unten eine schräg gehaltene Rasierklinge im Punkt P_1; sie schneidet den Faden durch. Der Gummistopfen fliegt tangential weg, genauso wie z. B. die Funken an einem Schleifstein.

Beschreibung der Kreisbewegung; Zentripetalkraft

1. Erste Überlegungen; Grundbegriffe

Beobachtet man ein Auto bei einer Kurvenfahrt von einem hochfliegenden Hubschrauber aus, so erscheint es als bewegter *Massenpunkt*, genauso wie der Volksfestbesucher im Kettenkarussell. Die Ausdehnung der kreisenden Körper ist nämlich klein im Vergleich zum Radius r der Kreisbahn. Die Vorstellung des kreisenden Massenpunktes erfasst viele andere Beispiele von Kreisbewegungen, z. B. auch die Bewegung des Mondes auf seiner Bahn um die Erde. Wir legen sie deshalb den folgenden Überlegungen zugrunde.

Das einfachste Beispiel ist ein Ball, der an einer Schnur im Kreis waagerecht herumgeschleudert wird. Lassen wir den Ball gleichmäßig kreisen, durchläuft er nach *Bild 1* in gleichen Zeitabschnitten Δt gleich große Kreisbögen Δs. Also ist hier der **Betrag der Geschwindigkeit** $v = \Delta s/\Delta t$ konstant. Man spricht von einer **gleichförmigen Kreisbewegung**.

Die Zeit, die der Ball für einen Umlauf auf der Kreisbahn braucht, nennt man **Umlaufdauer T**. In der Zeit $\Delta t = T$ durchläuft der gleichförmig kreisende Ball also den Kreisumfang $\Delta s = 2\pi r$, wenn r der Radius der Kreisbahn ist. Demnach ist

$$v = \frac{\Delta s}{\Delta t} = \frac{2\pi r}{T}.$$

Je kürzer die Umlaufdauer T des gleichförmig kreisenden Balls ist, desto häufiger durchläuft er in einer Sekunde den Kreis. Wir sagen, seine **Drehfrequenz f** wird größer. Unter der Drehfrequenz versteht man allgemein den Quotienten $\boldsymbol{f = n/t}$ aus der Zahl n der Umläufe des Balls und der dazu benötigten Zeit t. Ihre Einheit ist $1/\text{s} = \text{s}^{-1}$, da die Zahl der Umläufe eine reine Zahl ist. – Da die Umlaufdauer $T = t/n$ ist, gilt $\boldsymbol{f = 1/T}$. Der Betrag der Geschwindigkeit v lässt sich daher auch bestimmen nach

$$v = 2\pi r/T = 2\pi r f.$$

Den Ausdruck $2\pi f = 2\pi/T$ fasst man oft zu einer neuen Größe $\boldsymbol{\omega = 2\pi f}$ zusammen, die man **Winkelgeschwindigkeit** nennt. Ihre Bedeutung zeigt sich z. B. beim Thema „Schwingungen".

Merksatz

1. Die Kreisbewegung eines Massenpunktes heißt gleichförmig, wenn der Betrag v seiner Geschwindigkeit konstant ist.
2. Die Zeit, die der Massenpunkt für einen Umlauf auf der Kreisbahn benötigt, nennt man Umlaufdauer T.
3. Die Drehfrequenz $f = n/t$ ist der Quotient aus der Zahl n der Umläufe eines Körpers auf der Kreisbahn und der dazu benötigten Zeit t.
4. Für die Winkelgeschwindigkeit ω gilt: $\omega = 2\pi f$.
5. Ist r der Kreisradius, so gilt:

$$f = \frac{1}{T} \quad \text{und} \quad v = \frac{2\pi r}{T} = 2\pi r f.$$

2. Welche Bewegungsrichtung hat der kreisende Körper?

Schleudert ein Kind einen Ball an einer Schnur über seinem Kopf möglichst waagerecht und gleichmäßig im Kreis herum, so bewegt sich der Ball mal auf einen in der Nähe stehenden Beobachter zu und mal von ihm weg. Die Bewegungsrichtung des Balls ändert sich also ständig. Der Geschwindigkeitsvektor v zeigt – wie wir insbesondere beim waagerechten Wurf erfahren haben – in jedem Punkt einer Bahnkurve in die Richtung der jeweiligen Bahntangente und gibt die momentane Bewegungsrichtung des Körpers an. Demzufolge ändert sich bei der gleichförmigen Kreisbewegung die *Richtung* des Geschwindigkeitsvektors v laufend. Er ist in jedem Punkt der Kreisbewegung tangential zur Kreisbahn gerichtet und steht immer senkrecht auf dem jeweiligen Kreisradius (➡ *Bild 1*). Der *Betrag* des Geschwindigkeitsvektors ist dagegen konstant $2\pi r/T$. In ➡ *Bild 1* sind daher alle eingezeichneten v-Pfeile gleich lang. ➡ *Versuch 1* bestätigt die Richtung von v und die Tatsache, dass die momentane Bewegungsrichtung eines kreisenden Körpers immer tangential zur Kreisbahn gerichtet ist.

Merksatz

Der Geschwindigkeitsvektor eines Körpers, der eine gleichförmige Kreisbewegung ausführt, hat in jedem Kreispunkt denselben Betrag $v = 2\pi r/T$, ändert aber ständig seine Richtung. Er steht immer senkrecht auf dem Kreisradius.

3. Ohne Kraft kein Kreis

Viele Autofahrer glauben, sie brauchten nur das Lenkrad einzuschlagen und schon fahre ihr folgsames Auto in die Kurve – bis sie bei Glatteis oder Aquaplaning eines anderen belehrt werden (➡ *Bild 2*). Dort fährt ihr Wagen geradlinig weiter. Er gehorcht nicht dem Steuer, sondern dem Trägheitsgesetz. Die Ursache ist das Fehlen einer äußeren Kraft, die das Fahrzeug in die Kurve zwingt. *Damit also ein Körper eine Kreisbahn durchläuft, muss auf ihn in jedem Punkt der Bahn eine äußere Kraft einwirken.* Welche Richtung hat diese Kraft?

Wird ein Ball an einer Schnur im Kreis herum geschleudert, kann die äußere Kraft auf den Ball nur von der Schnur aufgebracht werden. Diese kann aber eine Zugkraft nur in ihrer Längsrichtung ausüben. *Also ist die am Ball angreifende Kraft ständig zum Kreismittelpunkt hin gerichtet* und steht senkrecht zum jeweiligen Geschwindigkeitsvektor v (➡ *Versuch 2*). – Die äußere Kraft, die auf einen Körper einwirken muss, damit er eine gleichförmige Kreisbewegung ausführt, nennt man **Zentripetalkraft**. Ihr Betrag F_z ist in jedem Punkt der Kreisbahn gleich groß (➡ *Versuch 3*).

Merksatz

Durchläuft ein Körper eine Kreisbahn gleichförmig, so wirkt auf ihn in jedem Punkt der Kreisbahn eine zum Kreismittelpunkt hin gerichtete Zentripetalkraft F_z ein, deren Betrag konstant ist.

B 2: Das Auto fliegt tangential aus der Kurve

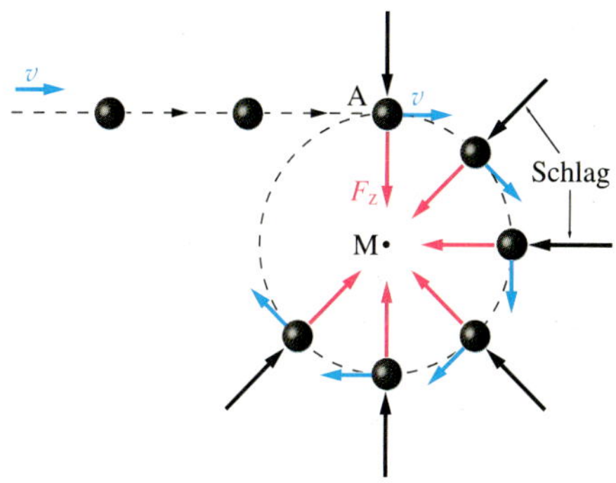

V 2: Auf einem waagerechten Tisch rollt eine Kugel. Vom Punkt A an soll sie auf Kommando eine Kreisbahn beschreiben. Kommt die Kugel bei A vorbei, pfeifen wir. Das kümmert sie wenig; infolge ihrer Trägheit rollt sie geradlinig weiter. Wollen wir sie auf eine Kreisbahn zwingen, so müssen wir auf sie ab A ständig eine konstante Kraft in Richtung auf das Kreiszentrum ausüben.

V 3: Ein Ball ist an einer Schnur befestigt, in die ein Federkraftmesser eingebaut ist. Rotiert der Ball gleichförmig, so zeigt der Kraftmesser einen konstanten Ausschlag.

A 1: Bestimmen Sie in ➡ *Bild 1* die Umlaufdauer T, die Umdrehungszahl pro Minute, die Drehfrequenz und die Geschwindigkeit des kreisenden Balls. Das Stroboskop blitzt im Abstand von 0,12 s, $r = 0{,}6$ m.

A 2: **a)** Die Erde bewegt sich etwa auf einer Kreisbahn um die Sonne ($r = 1{,}5 \cdot 10^{11}$ m). Bestimmen Sie ihre Geschwindigkeit.

b) Die Erde ($r_E = 6\,370$ km) rotiert in ca. 1 Tag einmal um ihre Achse. Wie groß ist die Geschwindigkeit eines Punktes am Äquator, wie groß die Ihres Heimatortes?

Vertiefung

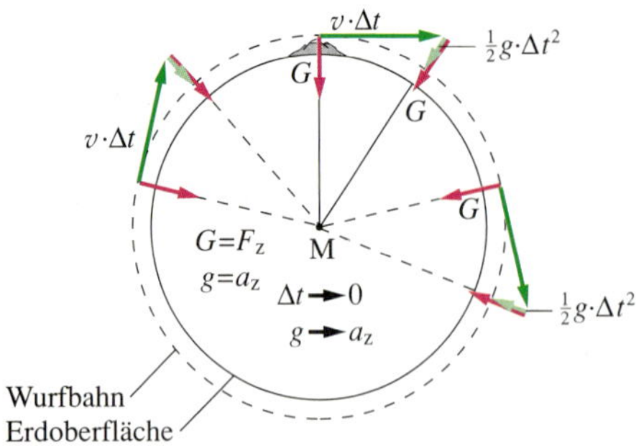

B 1: Zur Bestimmung von a_z

Die Zentripetalbeschleunigung a_z

Bei den Versuchen zum waagerechten Wurf wirkte die Gewichtskraft G in jedem Augenblick nach unten, genau genommen zum Erdmittelpunkt M. NEWTON konnte deshalb die weitsichtige Frage stellen: Mit welcher Geschwindigkeit v muss man Körper horizontal abschießen, damit sie nicht zu Boden fallen, sondern die Erde als Satelliten umkreisen (ohne Luftwiderstand)? – Ohne Gewichtskraft G würden sie nach ➠ *Bild 1* in der Zeit Δt die Strecke $v \cdot \Delta t$ zurücklegen. Doch wirkt G in jedem Punkt der Kreisbahn als Zentripetalkraft; g wird so zur Zentripetalbeschleunigung a_z. Beim Wurf im Physiksaal war die Flugzeit Δt recht klein gegenüber einer zu erwartenden Umlaufdauer T. Nur deshalb durften wir davon absehen, dass sich die stets zum Erdmittelpunkt gerichtete Fallstrecke $\Delta s = \frac{1}{2}\, g \cdot \Delta t^2$ ein wenig gedreht hat, wie der G-Vektor. Hat ein Körper – wie es NEWTON vorschwebte – die für eine Kreisbahn mit Radius r nötige Geschwindigkeit v tatsächlich, so gilt Bild 1. Ersetzen wir g durch a_z, so folgt für die Beträge nach Pythagoras:

$$r^2 + v^2 \cdot \Delta t^2 = (r + \tfrac{1}{2}\, a_z \cdot \Delta t^2)^2$$
$$= r^2 + r \cdot a_z \cdot \Delta t^2 + \tfrac{1}{4}\, a_z^{\,2} \cdot \Delta t^4$$

oder $\quad v^2 = r \cdot a_z + \frac{1}{4}\, a_z^{\,2} \cdot \Delta t^2$

Für sehr kleine Δt können wir die Terme mit Δt^2 und Δt^4 vernachlässigen. Also folgt für den gesuchten Zusammenhang zwischen der Kreisbahngeschwindigkeit v, dem Radius r und der Zentripetalbeschleunigung a_z:

$$\boldsymbol{a_z = v^2/r}.$$

Wir hätten also mit $v = \sqrt{a_z \cdot r} = \sqrt{g \cdot r} = 8\ \text{km}\cdot\text{s}^{-1}$ horizontal abschießen müssen.

4. Welchen Betrag F_z hat die Zentripetalkraft?

Bei allen bisher betrachteten Bewegungen galt die Grundgleichung der Mechanik $F = m\,a$. Die resultierende äußere Kraft F bewirkte eine gleichgerichtete Beschleunigung a. Wir nehmen deshalb an, die Grundgleichung in der Form $F = m\,a$ beherrscht auch die gleichförmige Kreisbewegung. Damit behaupten wir allerdings gleichzeitig, dass die Zentripetalkraft F_z eine zu ihr *gleichgerichtete Beschleunigung* a_z hervorruft. Kennen wir diese Beschleunigung, können wir den Betrag F_z bestimmen.

Aber erfährt z. B. ein Auto in der Kurve überhaupt eine Beschleunigung? Wer behauptet schon, dass ein Auto, das mit einer konstanten Geschwindigkeit von 30 km·h⁻¹ durch eine Kurve fährt, sich beschleunigt bewegt? Die Physik tut genau dies, obgleich der Betrag der Geschwindigkeit gleich bleibt. Und zwar deshalb, weil sich die *Richtung* der Geschwindigkeit dauernd ändert. Zu dieser Richtungsänderung ist die Zentripetalkraft F_z nötig. *Die gleichförmige Kreisbewegung ist also eine beschleunigte Bewegung,* wobei die Beschleunigung nicht entlang der Bahntangente, sondern zum Kreismittelpunkt gerichtet ist. Die auftretende Beschleunigung nennt man **Zentripetalbeschleunigung a_z**.

In der ➠ *Vertiefung* wird gezeigt, dass für den Betrag a_z der Zentripetalbeschleunigung gilt: $a_z = v^2/r$. Er ist in jedem Punkt der Kreisbewegung gleich groß, da v und r konstant sind. Mit der Grundgleichung finden wir somit für den Betrag von F_z:

$$F_z = m \cdot a_z = \frac{m \cdot v^2}{r}.$$

Aber nur ein Versuch kann zeigen, ob dieses Ergebnis für F_z richtig ist und wir die Grundgleichung auch wirklich anwenden durften. Tatsächlich demonstriert ➠ *Versuch 1*, dass es so ist.

Merksatz

1. Die gleichförmige Kreisbewegung ist eine beschleunigte Bewegung, für die die Grundgleichung der Mechanik gilt.
2. Zentripetalbeschleunigung a_z und Zentripetalkraft F_z sind in jedem Punkt der Bahn zum Kreismittelpunkt hin gerichtet und haben einen konstanten Betrag.
3. Es ist: $\boldsymbol{a_z = \frac{v^2}{r}}$ und $\boldsymbol{F_z = m\,a_z = \frac{m\,v^2}{r}}$.

Beispiel

Ein Auto durchfährt eine Kurve

Ein Auto ($m = 1\,000$ kg) fährt mit einer Geschwindigkeit von 72 km·h⁻¹ durch eine Kurve mit dem Radius $r = 200$ m. Wie groß sind die Zentripetalbeschleunigung a_z und die Zentripetalkraft F_z?

Lösung: Zunächst sind 72 km·h⁻¹ = 20 m·s⁻¹. Es wird damit:
$a_z = v^2/r = 400\ \text{m}^2\cdot\text{s}^{-2}/200\ \text{m} = \mathbf{2\ m\cdot s^{-2}}$.
$F_z = m\,a_z = m\,v^2/r = 1\,000\ \text{kg} \cdot 400\ \text{m}^2\cdot\text{s}^{-2}/200\ \text{m} = \mathbf{2\,000\ N}$.

Vertiefung

Eine Frage des Standpunktes: Die Zentrifugalkraft

Haben wir nicht etwas falsch gemacht, als es um die Richtung der Zentripetalkraft ging? Sie haben vielleicht argumentiert: „Wenn ich mit dem Auto durch eine Kurve fahre, drückt es mich doch nach außen. Wir haben es mit einer vom Kreismittelpunkt weg gerichteten Kraft zu tun, der *Zentrifugalkraft*!“ Vorsicht! Bedenken Sie, von wo aus Sie eine Bewegung beschreiben. Bisher haben wir dies von außen, d. h. von einem Inertialsystem aus getan. Im Auto sind wir aber *mitbeschleunigter Beobachter*. Folglich erscheint uns vieles anders.

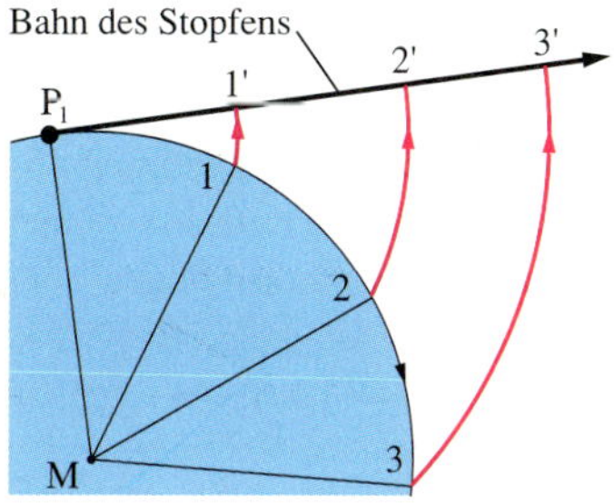

Um dies genauer zu verstehen, betrachten wir noch einmal den Gummistopfen in dem Versuch, bei dem der Faden durchtrennt wird. Kurz nachdem der Faden durchschnitten ist, entfernt sich der Stopfen von der Mitte der Scheibe (Punkte 1′, 2′, 3′ usw.). Ein auf der Scheibe mitbewegter Beobachter würde sich dabei auf dem Kreisbogen bewegen (Punkte 1, 2, 3 usw.). Von ihm aus gesehen würde sich der Stopfen nach außen entfernen, und zwar beschleunigt (die roten Strecken 1′1, 2′2, 3′3 usw. wachsen etwa wie die Quadratzahlen an). Dies führt zur Annahme einer nach außen gerichteten Zentrifugalkraft. Wir spüren sie als mitrotierender Beobachter, der stets von einer Bewegungsrichtung in die andere gezwungen wird. Dabei befinden wir uns in einem beschleunigten Bezugssystem, also *nicht* in einem Inertialsystem! Ein außenstehender Beobachter ist dagegen in einem Inertialsystem und sieht den Stopfen entsprechend dem Trägheitsgesetz tangential und unbeschleunigt wegfliegen. Wir nehmen immer diesen Standpunkt ein. *Eine Zentrifugalkraft gibt es für uns dann nicht!*

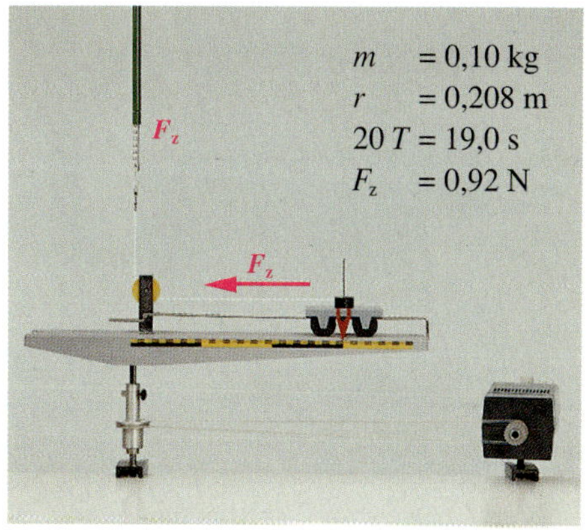

V 1: Ein Wagen kann sich auf der Schiene bewegen und ist mit einem Faden über eine Umlenkrolle und ein Kugelgelenk an einem Federkraftmesser befestigt. Lässt man die Schiene gleichförmig rotieren, so beschreibt der Wagen eine Kreisbahn mit festem Radius r, den man an der Schiene ablesen kann. Der Kraftmesser übt über den Faden die notwendige Zentripetalkraft F_z aus.
Wenn man die im Bild angegebenen Messwerte für m, r und T in die Gleichung für die Zentripetalkraft einsetzt, erhält man: $v = 2\pi r/T = 1{,}38\ \text{m·s}^{-1}$; $a_z = v^2/r = 9{,}2\ \text{m·s}^{-2}$ und damit $F_z = m\,v^2/r = 0{,}92$ N, also den gemessenen Wert für F_z.
Auch bei anderen Versuchsbedingungen stimmt der aus m, r und T berechnete F_z-Wert mit dem gemessenen F_z-Wert überein.

... noch mehr Aufgaben

A 1: Suchen Sie Beispiele, bei denen man das Ablösen von Teilchen von einer Kreisbahn entlang einer Tangente beobachtet.

A 2: Ist die gleichförmige Kreisbewegung eine Bewegung mit konstanter Geschwindigkeit oder eine mit konstanter Beschleunigung?

A 3: Eine Wäscheschleuder mit einem Durchmesser von 25 cm dreht sich 40-mal je Sekunde. Mit welcher Geschwindigkeit läuft die Trommelwand um? Wie groß ist die Beschleunigung a_z an der Wand? Mit welcher Kraft müsste dort ein Wasserteilchen ($m = 1$ g) vom Stoffgewebe festgehalten werden, um nicht wegzufliegen?

A 4: Ein Käfer ($m = 1$ g) rotiert windgeschützt auf der Flügelspitze ($r = 15$ m) einer Windkraftanlage mit. Er muss sich mit der Kraft von 0,15 N festhalten. Bestimmen Sie die Geschwindigkeit der Flügelspitzen und die Drehfrequenz der Rotorblätter.

A 5: Ein Stein ($m = 0{,}20$ kg) wird immer schneller an einer Schnur ($l = 50$ cm) in einem horizontalen Kreis herumgeschleudert. Bei welcher Drehfrequenz f reißt sie, wenn sie 100 N aushält?

A 6: **a)** Ein Mensch ($m = 75$ kg) befindet sich am Äquator. Wie groß ist die Zentripetalkraft F_z, die nötig ist, damit er die Erdrotation mitmacht (Erde als Kugel mit Radius $r_E = 6\,370$ km)? **b)** Wer bringt die Zentripetalkraft F_z auf? **c)** Wird F_z zu den Polen hin größer oder kleiner? Warum? **d)** Wie groß ist F_z bei uns in Mitteleuropa (50° nördlicher Breite)?

A 7: Aus der Gleichung $F_z = m\,v^2/r$ folgt $F_z \sim 1/r$: Setzt man $v = 2\pi r/T$ in $m\,v^2/r$ ein, so folgt $F_z = 4\pi^2 m\,r/T^2$ und daraus $F_z \sim r$. Erklären sie diesen scheinbaren Widerspruch.

B 1: Reifen bei einer schnell durchfahrenen Kurve. Quer zur Fahrtrichtung wirkt die Haftkraft F_h.

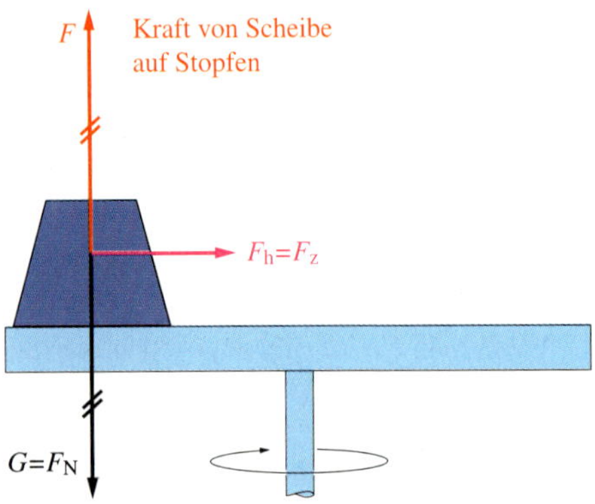

V 1: Wir lassen eine waagerechte Scheibe mit einem darauf liegenden Gummistopfen im Abstand r vom Kreismittelpunkt rotieren. Erhöht man langsam die Drehfrequenz, so bleibt der Stopfen zunächst liegen und fliegt erst bei einer ganz bestimmten Geschwindigkeit v weg. – Solange der Stopfen liegenbleibt, liefert die Haftkraft F_h die für die Kreisbewegung notwendige Zentripetalkraft F_z zum Zentrum hin.

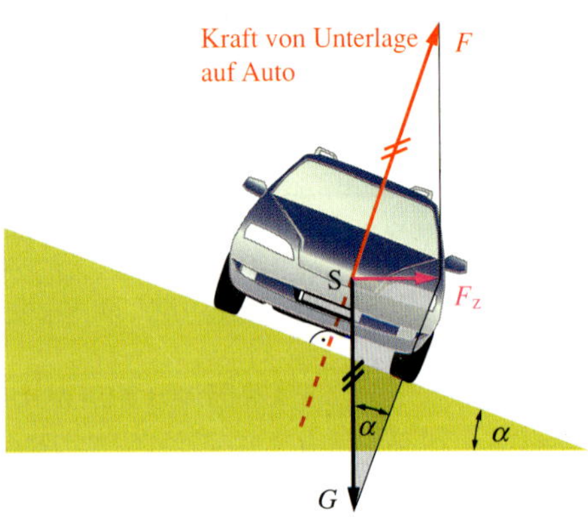

B 2: Ein Auto durchfährt ohne Reibung eine überhöhte Kurve (Schnittbild)

Physik und Verkehr

1. Fahrzeuge in einer nicht überhöhten Kurve

Woran liegt es, dass manche Fahrzeuge, vor allem, wenn sie zu schnell sind, nicht durch eine Kurve kommen und hinausfliegen? ➨ *Versuch 1* gibt eine erste Antwort. Der Stopfen auf der Scheibe kann nur mitrotieren, solange eine Zentripetalkraft F_z auf ihn einwirkt, denn sonst würde er tangential wegfliegen. Wer aber bringt in diesem Versuch die für die Kreisbewegung notwendige Zentripetalkraft F_z auf? Es kann nur die Haftkraft F_h sein, denn die Gewichtskraft G des Stopfens wird durch die Kraft F der Scheibe auf den Stopfen ausgeglichen (➨ *Versuch 1*). Die Gewichtskraft wirkt zudem nicht in Richtung auf den Kreismittelpunkt. Von der Haftkraft wissen wir, dass sie einen maximalen Wert $F_{h,\,max}$ besitzt. Der Stopfen bleibt also liegen, solange $\boldsymbol{F_z \leq F_{h,\,max}}$ ist. Es gilt:

$F_{h,\,max} = f_h \cdot F_N = f_h \cdot m \cdot g$, da hier $F_N = G$ ist. Aus $F_z \leq F_{h,\,max}$ folgt:

$$\frac{m v^2}{r} \leq f_h m g \quad \text{oder} \quad v \leq \sqrt{f_h g r}.$$

Ganz ähnlich können wir angeben, wie groß die Geschwindigkeit v eines Autos höchstens sein darf, damit es eine *nicht überhöhte Kurve* durchfahren kann. Schlägt man das Lenkrad ein, so führen die Räder das Auto auf eine Kreisbahn. Dabei erfahren sie quer zur Bewegungsrichtung eine Haftkraft F_h mit dem Maximalwert $F_{h,\,max}$ (➨ *Bild 1*), der bei Nässe von der Qualität des Reifenprofils abhängt. F_h liefert wie in ➨ *Versuch 1* die notwendige Zentripetalkraft F_z. Das Auto schleudert also in einer nicht überhöhten Kurve mit dem Radius r nicht, solange gilt:

$$F_z \leq F_{h,\,max} \quad \text{oder} \quad v \leq \sqrt{f_h g r}.$$

2. Fahrzeuge in einer überhöhten Kurve

Ohne Reibung kommt man nur durch eine Kurve, wenn sie *überhöht* ist. ➨ *Bild 2* verdeutlicht die Situation in einer Linkskurve. Welche Bedingungen müssen hier gelten? Grundsätzlich merke man sich: *Bildet man die Summe aller an dem Körper (hier dem Auto) angreifenden äußeren Kräfte, so muss die Zentripetalkraft F_z entstehen.* Vergleichen Sie dazu nochmals ➨ *Versuch 1*. Dort wurde die Gewichtskraft G durch die nach oben gerichtete Kraft F der Unterlage ausgeglichen. Die Summe aller äußeren Kräfte an dem Stopfen ist die Haftkraft F_h, die als Zentripetalkraft F_z wirkt.

Die äußeren Kräfte, die bei der Kurvenfahrt nach ➨ *Bild 2* bei fehlender Reibung am Auto angreifen, sind die Gewichtskraft G und eine Kraft F der Straße auf das Auto. Ohne Reibung kann diese Kraft F nur senkrecht zur Straßenoberfläche wirken. G und F müssen zusammen die Zentripetalkraft F_z aufbringen: Hat F einen solchen Betrag, dass F_z waagerecht verläuft, durchfährt das Auto (v konstant) einen horizontalen Kreis in konstanter Höhe.

Aus dem grauen Dreieck in *Bild 2* folgt die Betragsgleichung:

$$\tan\alpha = \frac{F_z}{G} = \frac{m\,v^2}{r\,m\,g} \Rightarrow v = \sqrt{r\,g\tan\alpha}.$$

Ohne Reibung gibt es also bei vorgegebenem α nur *eine* Geschwindigkeit v, mit der das Auto durch die Kurve kommt.
In Wirklichkeit hilft bei einer Kurvenfahrt sowohl die Reibung als auch eine gewisse Kurvenüberhöhung. Die obige Gleichung gibt dann die Geschwindigkeit v an, bei der zu vorgegebenem α die Straßenlage des Autos optimal ist (Haftkraft $F_h = 0$). Bei einer größeren Geschwindigkeit muss die Reibung zwischen Reifen und Straße verhindern, dass das Auto nach außen, bei einer kleineren Geschwindigkeit, dass es nach innen rutscht.

Interessantes

Achtung: Kurvenfahrt !

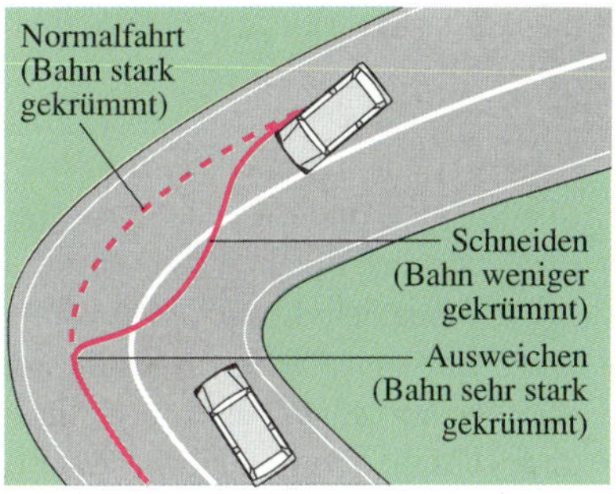

a) Bei glitschiger Straße ist es lebenswichtig, langsam zu fahren! Da die Zentripetalkraft F_z quadratisch von der Geschwindigkeit v abhängt, setzt z. B. eine Halbierung der Geschwindigkeit die für ein sicheres Durchfahren der Kurve nötige Zentripetalkraft und damit die nötige Haftkraft auf den vierten Teil herab.

b) In der Kurve den Fuß weg vom Gaspedal und von der Bremse! Auch die Kräfte zum Beschleunigen oder Bremsen müssen von der Haftkraft aufgebracht werden. Sie verringern die für die Kurvenfahrt zur Verfügung stehende maximale Zentripetalkraft. Oft genug aber hat das Auto in der Kurve eine so große Zentripetalbeschleunigung, dass es die maximale Haftkraft voll als Zentripetalkraft beansprucht. Bremst oder beschleunigt man dann noch, so fliegt das Auto aus der Kurve. Bremsen soll man vor der Kurve! (Leichtes Gasgeben hilft allerdings oft beim Kurvenfahren; denn ohne Gas bremst der Motor.)

Beispiel

Mit dem ICE-Zug in die Kurve

Ein ICE-Zug durchfährt mit der Geschwindigkeit von 216 $\text{km}\cdot\text{h}^{-1}$ eine Kurve mit dem Radius $r = 2\,500$ m. Wie stark muss die äußere Schiene überhöht sein, damit beide Schienen gleich belastet werden, sodass jegliche Kipp- und Schleudergefahr ausgeschlossen ist (Spurweite $w = 1\,435$ mm)?

Lösung: Es liegt dieselbe Situation vor, wie bei einem Auto, das ohne Reibung durch eine überhöhte Kurve fährt (*Bild 2*). Wirkt die Kraft F der Schienen auf den Zug *senkrecht* zur Schienenebene, so erzeugt sie zusammen mit der Gewichtskraft G die notwendige Zentripetalkraft F_z. Für den Neigungswinkel α der Schienenebene gegenüber der Waagerechten gilt (Betragsgleichung):

$$\tan\alpha = \frac{F_z}{G} = \frac{m\,v^2}{r\,m\,g} = \frac{v^2}{r\,g}$$

$$\tan\alpha = \frac{(60\ \text{m}\cdot\text{s}^{-1})^2}{2\,500\ \text{m}\cdot 10\ \text{m}\cdot\text{s}^{-2}} = 0{,}144 \Rightarrow$$

$$\alpha = 8{,}2°$$

Für die Überhöhung $ü$ der äußeren gegenüber der inneren Schiene gilt dann:
$\sin\alpha = ü/w$ oder $ü = w \cdot \sin\alpha \Rightarrow$
$ü = 1\,435\ \text{mm} \cdot \sin 8{,}2° =$ **205 mm**

... noch mehr Aufgaben

A 1: Bei welcher Drehfrequenz f fliegt in *Versuch 1* ein Körper weg ($m = 30$ g), der 20 cm von der Achse der Scheibe entfernt liegt ($f_h = 0{,}4$)? Würde er bei $v = 1{,}0\ \text{m}\cdot\text{s}^{-1}$ liegen bleiben? Wie ändert sich das Ergebnis mit m?

A 2: a) Wie schnell darf ein Auto in einer nicht überhöhten Kurve ($r = 100$ m) höchstens fahren, wenn es bei $f_h = 0{,}4$ nicht rutschen soll? **b)** Mit welcher Geschwindigkeit muss eine mit $\alpha = 5{,}7°$ überhöhte Kurve ($r = 100$ m) durchfahren werden, sodass keine Haftkräfte quer zur Fahrtrichtung zwischen Rädern und Straße auftreten?

A 3: a) Warum muss ein rasanter Autofahrer, der seine Geschwindigkeit nicht drosseln möchte, eine Kurve „schneiden"? **b)** „Kurvenschneiden" ist deswegen so gefährlich und daher verboten, weil man zum Ausweichen vor einem nicht vermuteten entgegenkommenden Fahrzeug eine sehr enge Kurve fahren müsste. Begründen Sie, warum dies nicht möglich ist.

A 4: Ein Bob durchfährt eine Kurve ($r = 25$ m) mit der Geschwindigkeit 100 $\text{km}\cdot\text{h}^{-1}$. Welche Neigung muss die Bahn haben, damit er nicht seitlich wegrutscht?

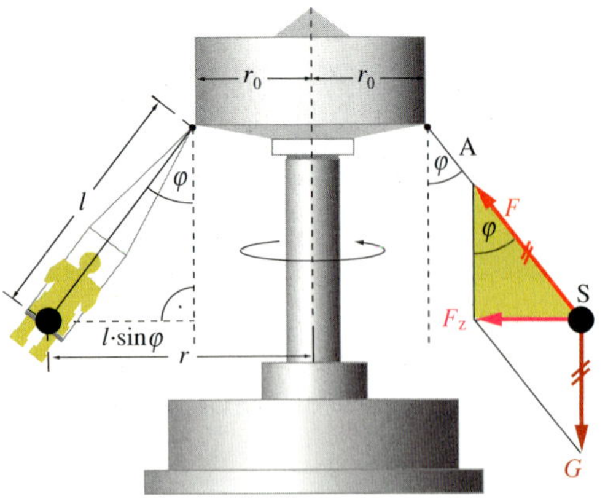

B 1: Kräftebilanz beim Kettenkarussell

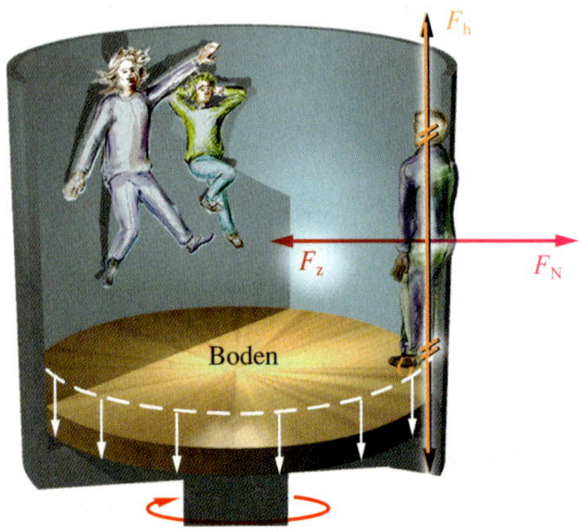

B 2: Rotor auf dem Volksfest

V 1: Ein zylindrisches Gefäß rotiert um seine vertikale Achse. Wirft man an die Innenwand eine Schachtel im Drehsinn, so kreist sie mit, ohne herabzufallen. Erkläre!

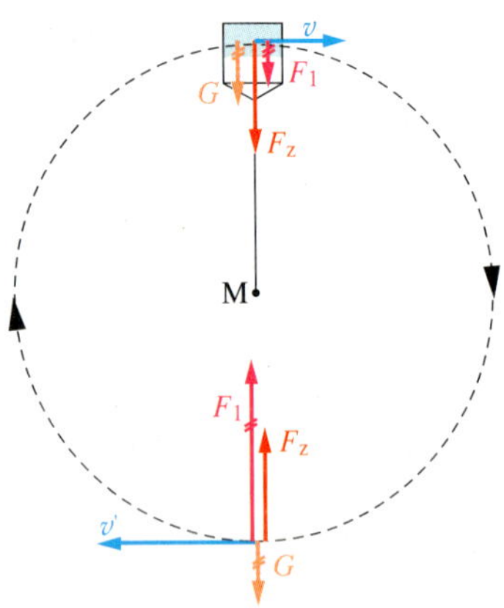

V 2: Wir schleudern eine mit Wasser gefüllte Blechbüchse an einer Schnur in einem vertikalen Kreis. Im obersten Punkt der Kreisbahn zeigt die Öffnung der Büchse nach unten. Trotzdem fließt bei nicht zu langsamem Kreisen kein Wasser aus.

Physik auf dem Volksfest

1. Auf dem Kettenkarussell

Das Kettenkarussell (➠ *Bild 1*) ist ein Beispiel einer Kreisbewegung mit *vertikaler Achse*. Der Sitz S mit dem Fahrer hat vom Aufhängepunkt A den Abstand l und A von der Drehachse den Abstand r_0. Rotiert das Karussell gleichförmig, so bilden die Ketten einen konstanten Winkel φ mit der Vertikalen. Die Kette hält den Sitz mit Fahrgast durch die schräg nach oben gerichtete von der Aufhängung aufgebrachte Kraft F. F und G ergeben die notwendige Zentripetalkraft F_z. F ist so groß, dass F_z waagerecht verläuft. Es gilt in dem gelben Dreieck in ➠ *Bild 1*:

$$\tan\varphi = \frac{F_z}{G} = \frac{m v^2}{r m g} = \frac{v^2}{r g} \quad \text{mit} \quad r = r_0 + l \cdot \sin\varphi.$$

2. Im Rotor

Der Rotor auf dem Volksfest (➠ *Bild 2*) ist eine große um ihre *vertikale Achse* drehbare Trommel von etwa 5 bis 10 m Durchmesser. Bei schneller Rotation bleiben die Personen an der Wand hängen, auch wenn sich der Boden senkt. Wegen ihrer Trägheit würden sie ohne Krafteinwirkung tangential weiterfliegen. Sie verformen etwas die Wand durch eine auf diese gerichtete Normalkraft F_N (➠ *Bild 2*). F_N greift an der Wand an. Die verformte Wand übt auf die Person die zu F_N entgegengesetzt gerichtete reactio F_z nach innen aus. F_z wirkt als Zentripetalkraft. Normalkraft F_N und Zentripetalkraft F_z haben hier denselben Betrag. Damit die Person nicht abrutscht, muss infolge der Normalkraft F_N eine Haftkraft F_h an der Person angreifen und der Gewichtskraft G das Gleichgewicht halten. Die Person rutscht also nicht ab, solange $\boldsymbol{G \le F_{h,\,max}}$ ist, d. h. solange gilt:

$$m g \le f_h F_N \quad \text{oder} \quad m g \le f_h F_z = \frac{f_h m v^2}{r} \Rightarrow v^2 \ge \frac{r g}{f_h}.$$

3. Die Loopingbahn

Warum fallen die Wagen in ➠ *Bild 3* beim Durchfahren der „Todesspirale“, einer Kreisbewegung mit *horizontaler Achse*, nicht herunter? Um diese Frage zu beantworten, führen wir einen Modellversuch mit einer mit Wasser gefüllten und an einer Schnur im Kreis geschleuderten Blechbüchse durch (➠ *Versuch 2*).

Damit die Büchse samt dem in ihr befindlichen Wasser auf einem Kreis läuft, muss sie andauernd in Richtung auf den Kreismittelpunkt beschleunigt werden, also fortwährend auf M zu „fallen“. Die dazu notwendige Zentripetalbeschleunigung a_z wächst mit der Drehfrequenz. Macht man diese so groß, dass $a_z = g$ ist, so wird im höchsten Punkt der Bahn die zur Kreisbewegung notwendige Zentripetalbeschleunigung gerade vom freien Fall geliefert. Man muss in diesem Augenblick überhaupt nicht an der Schnur ziehen: Büchse und Wasser fallen beide „von selbst“ mit dem richtigen Betrag der Zentripetalbeschleunigung $a_z = g$ auf den Mittelpunkt zu.

Bei größerer Drehfrequenz ist $a_z > g$: Jetzt muss man also die wassergefüllte Büchse der Masse m im obersten Punkt der Bahn noch mit der zusätzlichen Kraft $F_1 = m(a_z - g) = F_z - G$ nach unten ziehen. – Im tiefsten Punkt des vertikalen Kreises hat die Kraft den Betrag $F_1 = F_z + G$. Man muss nämlich G das Gleichgewicht halten und zusätzlich die Zentripetalkraft F_z aufbringen.

Die Überlegungen gelten auch, wenn die Kreisbewegung *nicht gleichförmig* erfolgt (➠ *Beispiel*). Mit der Geschwindigkeit v ändert sich dann allerdings der Betrag der Zentripetalkraft F_z.

B 3: Warum fallen die Wagen nicht herab?

Beispiel

Bergab, bergauf auf der Loopingbahn

Der Wagen (Masse mit Fahrgast $m = 150$ kg; der Wagen hat keinen Motor) durchläuft die skizzierte Loopingbahn ohne Reibung. Er startet bei A aus der Ruhe. **a)** Aus welcher Höhe muss er mindestens losfahren, damit er im Kreis ($r = 5$ m) bei B nicht herabfällt? **b)** Welche Kraft übt der Wagen im Punkt C in dem Augenblick auf die Schiene aus, in dem er in die Kreisbahn eingefahren ist, wenn er aus der Grenzhöhe der Teilaufgabe a) losfährt?

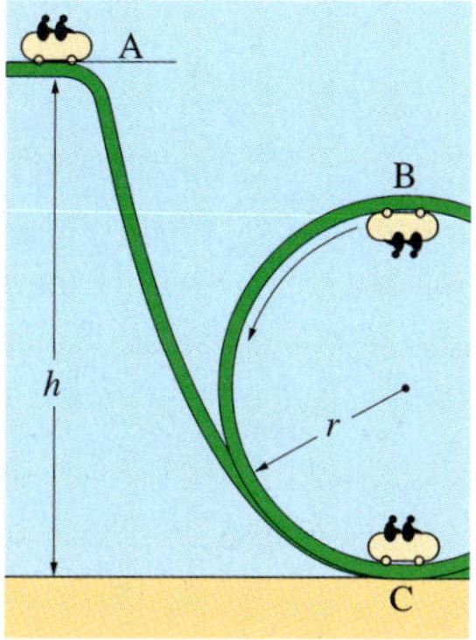

Lösung:

a) Damit der Wagen in B nicht herabfällt, muss dort $F_z \geq G$ sein. Daraus folgt für die notwendige Geschwindigkeit v_B im Punkt B:

$$m\,v_B^2/r \geq m\,g \Rightarrow v_B \geq \sqrt{r\,g}. \quad (1)$$

v_B ergibt sich aus dem Energieerhaltungssatz. Legt man das Nullniveau der Höhenenergie auf die Höhe von B, gilt:

$$m\,g\,(h - 2r) + 0 = 0 + \tfrac{1}{2}\,m\,v_B^2 \Rightarrow v_B = \sqrt{2\,g\,(h - 2r)}. \quad (2)$$

Aus (1) und (2) folgt:

$$\sqrt{2\,g\,(h - 2r)} \geq \sqrt{r\,g} \Rightarrow 2h - 4r \geq r \Rightarrow h \geq 2{,}5\,r \Rightarrow \boldsymbol{h \geq 12{,}5\ \mathrm{m}}.$$

b) Die Geschwindigkeit v_C erhält man aus dem Energieerhaltungssatz, wenn man das Nullniveau der Höhenenergie auf die Höhe von C legt. Es folgt wie oben: $v_C = \sqrt{2\,g\,h}$. (3)

Im Punkt C muss die Schiene zunächst die Gewichtskraft $G = m\,g$ des Wagens ausgleichen und zusätzlich die für die Kreisbewegung nötige Zentripetalkraft F_z aufbringen. Der Wagen wirkt deshalb mit seiner Gewichtskraft G und der reactio von F_z auf die Unterlage ein. Die gesuchte Kraft ist also (Betragsgleichung):

$$F = G + F_z = m\,g + m\,v_C^2/r, \text{ mit (3) folgt } F = m\,g + 2\,m\,g\,h/r.$$

Setzt man hier nach a) die Grenzhöhe $h = 2{,}5\,r$ ein, so findet man:

$$F = m\,g + \frac{2\,m\,g \cdot 2{,}5\,r}{r} = 6\,m\,g, \text{ in Zahlen } \boldsymbol{F = 9\,000\ \mathrm{N}}.$$

... noch mehr Aufgaben

A 1: Bei einem Kettenkarussell (➠ *Bild 1*) ist $r_0 = 6{,}0$ m und $l = 5{,}0$ m. Es dreht sich gleichförmig und ($\varphi = 55°$). **a)** Wie groß ist die Geschwindigkeit v des Fahrgastes? **b)** Wie groß sind Umlaufdauer T und Drehfrequenz f? **c)** Welche Kraft greift im Aufhängepunkt der Kette an? ($m = 85$ kg).

A 2: **a)** Von welcher Drehfrequenz f an bleibt eine Person ($m = 75$ kg) an der Wand des Rotors (➠ *Bild 2*) mit 4,2 m Durchmesser hängen ($f_h = 0{,}5$; Abstand Schwerpunkt der Person – Wand: 10 cm)? **b)** Von welcher Frequenz f_1 an könnte man die Achse des Rotors horizontal legen, ohne dass die Person im höchsten Punkt der Bewegung herabfällt? **c)** Der Rotor rotiert gleichförmig mit der Frequenz f_1 (Achse horizontal). Welche Kraft übt er im tiefsten Punkt auf die Person nach oben aus?

A 3: Eine Milchkanne wird in einem vertikalen Kreis mit $r = 1{,}0$ m geschwungen (➠ *Versuch 2*). **a)** Wie groß muss die Geschwindigkeit im höchsten Punkt sein, damit keine Milch ausläuft? **b)** Welche Geschwindigkeit hat dann die Kanne im tiefsten Punkt, wenn der Schleudernde keine Energie zuführt? **c)** Mit welcher Kraft muss er die Kanne ($m = 2{,}0$ kg) im höchsten bzw. im tiefsten Punkt halten?

A 4: **a)** Welche Geschwindigkeit muss ein Wagen im höchsten Punkt B einer Spielzeugloopingbahn (➠ *Beispiel*; $r = 15$ cm) mindestens haben, damit er auf der Bahn bleibt? **b)** Wie schnell ist er dann im tiefsten Punkt C. Welche Kraft übt er dort auf die Bahn aus ($m = 100$ g)? **c)** Aus welcher Höhe h muss der Wagen mindestens losfahren, um sicher den Kreis zu durchlaufen?

Das ist wichtig

1. a) Die Kreisbewegung eines Massenpunktes heißt **gleichförmig**, wenn der **Betrag der Geschwindigkeit v konstant ist**. Ist r der Radius des Kreises, T die Umlaufdauer und f die Drehfrequenz, so gilt:

$$f = \frac{1}{T} \quad \text{und} \quad v = \frac{2\pi r}{T} = 2\pi r f.$$

b) Der **Geschwindigkeitsvektor $\vec{v}$** ist in jedem Punkt der Kreisbewegung **tangential** zur Kreisbahn gerichtet.

2. Damit ein Körper eine Kreisbahn gleichförmig durchläuft, muss auf ihn in jedem Punkt der Bahn eine zum Kreismittelpunkt gerichtete **Zentripetalkraft F_z** einwirken, deren **Betrag konstant** ist.

3. a) Die Zentripetalkraft F_z erzeugt am Körper eine gleichgerichtete, also ebenfalls zum Kreismittelpunkt gerichtete **Zentripetalbeschleunigung a_z**. Dafür gilt die Grundgleichung der Mechanik: $F_z = m a_z$.

b) Für die **Beträge** a_z und F_z gilt:

$$a_z = \frac{v^2}{r} \quad \text{sowie} \quad F_z = m a_z = \frac{m v^2}{r}.$$

Strategien beim Aufgabenlösen

1. Zu einer Kreisbewegung ist eine zum Kreismittelpunkt hin gerichtete Zentripetalkraft F_z notwendig.

2. a) Die Zentripetalkraft F_z muss von den an dem Körper angreifenden Kräften aufgebracht werden.

b) Man überlege daher bei allen Aufgaben zur Kreisbewegung zunächst, welche äußeren Kräfte an dem kreisenden Körper angreifen. Die Vektorsumme dieser Kräfte muss die Zentripetalkraft F_z ergeben.

Beispiel

Mit welcher konstanten Geschwindigkeit darf ein Auto ($m = 1\,300$ kg) höchstens über einen kreisförmigen Brückenbogen ($r = 50$ m) fahren, damit es im höchsten Punkt nicht von der Straße abhebt?

Lösung: Am Auto greift als resultierende Kraft die Gewichtskraft G an. Nur sie kann die für die Kreisbewegung auf der Brücke notwendige Zentripetalkraft F_z aufbringen. Im höchsten Punkt des Brückenbogens hebt das Auto also nicht von der Straße ab, solange gilt: $F_z \leq G$, also

$$\frac{m v^2}{r} \leq m g \Rightarrow v \leq \sqrt{r g} \Rightarrow v \leq 22{,}4 \text{ m/s} \approx 80 \text{ km/h}.$$

Das Ergebnis ist unabhängig von der Masse des Autos!

Aufgaben

A1: a) Mit welcher Geschwindigkeit können Späne von Werkzeugschleifscheiben ($r = 10$ cm) wegfliegen, wenn die Scheiben 2 800-mal in der Minute rotieren?
b) Punkte an der Oberfläche des kugelförmigen Kopfes (Durchmesser 1 mm) eines Zahnbohrers können eine Geschwindigkeit von 75 km/h erreichen. Wie groß ist dann die Umdrehungszahl pro Minute des Bohrkopfes?

A2: Eine Skifahrerin ($m = 50$ kg) fährt mit 50 km/h durch eine Mulde und über eine Welle (Radius jeweils 20 m). **a)** Welche Kraft übt der Boden im tiefsten Punkt der Mulde auf die Skifahrerin aus? **b)** Was geschieht im höchsten Punkt der Welle?

A3: Ein Skateboardfahrer ($m = 65$ kg) übt in einer halbkreisförmigen Rinne ($r = 2$ m) seine Kunststücke. Er fährt bei A aus der Ruhe los. Welche Kraft übt die Wand auf ihn in B aus?

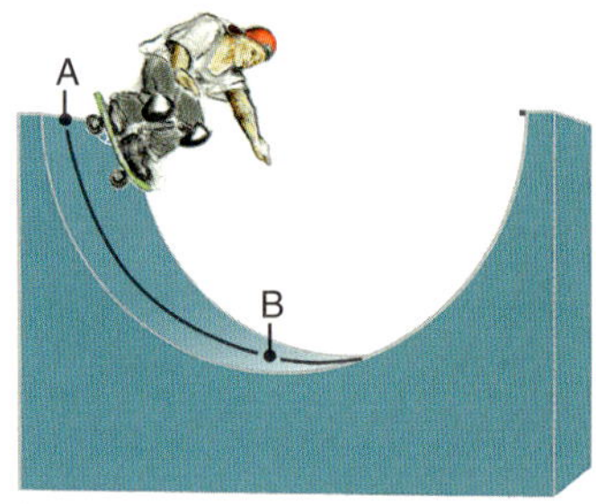

A4: Auf einem größeren Ball (Radius r) steht auf dem höchsten Punkt ein kleines Spielzeugauto. Es rollt aus der Ruhe heraus reibungsfrei den Ball entlang nach unten. Nach welchem Höhenverlust h löst es sich von der Balloberfläche?

A5: Die Kugel eines Fadenpendels ($l = 1{,}2$ m) wird aus der Gleichgewichtslage um 60 cm ausgelenkt. Welche Geschwindigkeit muss man der Kugel erteilen, damit sie eine horizontale Kreisbahn beschreibt?

A6: Ein Rotor hat die Form einer Halbkugel ($r = 10$ cm). Er rotiert um die vertikale Achse 5-mal je Sekunde. In seinem Innern kreist an der Wand in der Höhe h über dem tiefsten Punkt der Halbkugel eine kleine Kugel mit. Reibung ist ausgeschlossen. Wie groß ist h?

A7: a) Wenn Sie mit Ihrer Hand H einen Ball P an einer Schnur der Länge l im Kreis herumschleudern, beschreiben Sie automatisch mit der Hand einen kleinen Kreis. Die Hand eilt dabei dem Ball um etwa 90° voraus. Erklären Sie diesen Sachverhalt. Hinweis: Die Kraft F hat dann eine Tangentialkomponente F_t. Wozu ist diese nötig? **b)** Erklären Sie, wie man beim Schleuderball- oder Hammerwurf den Ball bzw. den Hammer beschleunigen kann.

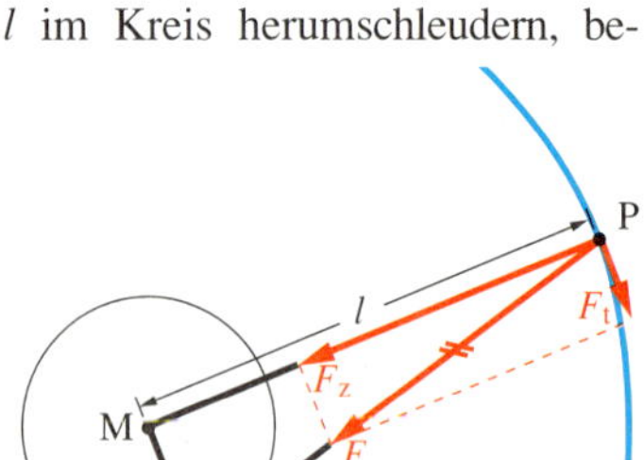

Gravitation und Planetenbewegung

Die Erforschung des Sternenhimmels sowie der Bewegungen von Sonne und Mond standen schon immer im Zentrum des Interesses der Menschheit. Fast alle Völker glaubten, das Schicksal der Menschen sei durch die Gestirne bestimmt. Man könne es vorhersagen, wenn man ihren Lauf im Voraus kenne.
So versteht man, dass seit etwa 5 000 Jahren Ägypter, Babylonier, Chinesen und Inder die Vorgänge am Himmel systematisch beobachtet haben.

Die Eroberung des Weltalls durch den Menschen begann 1957 mit dem Start des Erdsatelliten *Sputnik* in der Sowjetunion. 1961 fing die Geschichte der bemannten Raumfahrt an, als der Russe *Juri Gagarin* die Erde umkreiste. Mit einer Apollo-Rakete und der Mondfähre *Eagle* gewannen die Amerikaner den Wettlauf zum Mond. *Neil Armstrong* und *Edwin Aldrin* landeten 1969 als Erste auf dem Erdtrabanten. Deutsche Astronauten wie *Sigmund Jähn, Ulf Merbold* und *Thomas Reiter* flogen als Wissenschaftler in sowjetischen Sojus-Raketen, dem amerikanischen Space-Shuttle und in der russischen Raumstation Mir mit.

Heute ist es für uns selbstverständlich, Fernsehprogramme über Erdsatelliten zu empfangen und via Satellit in entfernte Länder zu telefonieren.

Interessantes

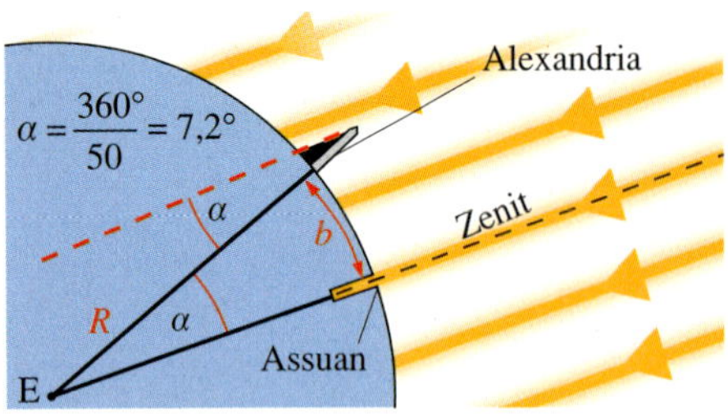

Vermessung von Erde und Mond

B 1: Erdradius R von *Eratosthenes* (230 v. Chr.) gemessen: Nahe *Assuan* (Südägypten) scheint die Sonne jedes Jahr bei ihrem Höchststand bis auf den Grund eines tiefen Brunnens. Sie steht für dortige Beobachter in der Verlängerung des Erdradius, im Zenit. Zur gleichen Zeit jedoch wirft nördlich davon in Alexandria ein Obelisk einen Schatten nach Norden. Mit dem dortigen Erdradius bilden die Sonnenstrahlen den Winkel $\alpha = 7{,}2°$, der 1/50 des vollen Winkels 360° beträgt. Da die Strahlen der Sonne fast parallel einfallen, bilden auch die Erdradien für Assuan und Alexandria den Winkel α. Beide Orte sind $b = 800$ km voneinander entfernt. Also ist der Vollkreis (Erdumfang) 50-mal so groß. Er misst somit $U = 50 \cdot 800\ \text{km} = 40\,000\ \text{km}$. Der Radius R beträgt $R = U/(2\pi) = 6\,400$ km.

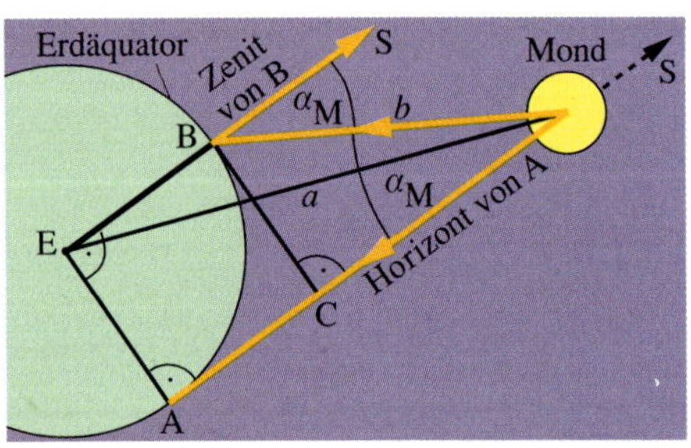

B 2: Für Beobachter A geht soeben der Mond auf – zusammen mit dem Fixstern S. Beobachter B ist um $\frac{1}{4}$ des Erdumfangs entfernt. Wäre der Mond ähnlich weit entfernt wie der Stern S, so müsste er in diesem Augenblick für B genau im Zenit neben S stehen. B sieht den Mond jedoch um fast zwei Vollmondbreiten, um $\alpha_M = 0{,}967°$, von S entfernt. Aus dem rechtwinkligen Dreieck BCM ergibt sich $b = R/\sin \alpha_M = 59\,R$. Also ist der Mittelpunktsabstand Erde – Mond $60\,R$.

In drei Schritten zum Gravitationsgesetz

1. Guter Mond, du fällst so stille

Schon im Altertum hat man den Umfang und den Radius der Erdkugel berechnet (➡ *Bild 1*). Trigonometrische Messungen auf der Erdoberfläche ergaben (➡ *Bild 2*): *Der Mond ist vom Erdmittelpunkt 60 Erdradien (384 000 km) entfernt. 60-mal so weit wie wir.* Bei der ersten Mondlandung haben die Astronauten dort einen Spiegel aufgestellt. Aus der Laufzeit von Laserimpulsen, die von der Erde ausgesandt und an ihm reflektiert werden, kann man heute die Entfernung zum Mond auf 2 cm genau messen.

NEWTON hatte als erster die Idee, der Mond brauche für seine Kreisbahn genauso eine Zentripetalkraft wie irdische Körper. Die Überlegungen von NEWTON wollen wir im Prinzip nachvollziehen. Betrachten wir $m = 1$ kg Mondgestein, das auf der Mondbahn die Erde umkreist. Aus der Entfernung Erde – Mond $r = 60\,R$ (R Erdradius) und der Umlaufdauer $T = 27{,}3$ Tage erhält man die für den Stein notwendige Zentripetalkraft

$$F_Z = \frac{4\pi^2 m \cdot 60\,R}{T^2} = 0{,}002\,72\ \text{N}.$$

Kann eine solche Kraft von der Erdanziehung kommen?
Die Erde zieht doch einen Stein der Masse 1 kg an der Erdoberfläche mit der 3 600fachen Kraft ($9{,}81\ \text{N} = 3\,600 \cdot 0{,}0272\ \text{N}$) an. Nun ist $3\,600 = 60^2$; nimmt die Anziehungskraft der Erde vielleicht mit dem Quadrat des Abstands r ab?
Beim 60fachen Abstand käme man dann auf $1/60^2$. Diese Überlegungen sind aber nur dann sinnvoll, wenn man die Abstände der Himmelskörper von ihren Mittelpunkten aus misst, hier von Erde und Mond. NEWTON schloss, dass die Kraft umgekehrt proportional zum Quadrat des Abstandes der Massenmittelpunkte ist: $\boldsymbol{F \sim 1/r^2}$.

Weiterhin folgerte er aus der Gleichung für die Zentripetalkraft, dass F auch proportional zur Masse m des kreisenden Körpers ist; er sprach von einer **Gravitationskraft** $\boldsymbol{F \sim m/r^2}$.

2. Gilt die Gravitationskraft auch für Planeten?

Die Erde hat nur einen natürlichen Trabanten, den Mond. Die Sonne besitzt dagegen neun große Trabanten (➡ *Tabelle 1*); man nennt sie **Planeten.** Einer dieser Planeten ist unsere Erde (Umlaufdauer $T = 1$ Jahr = 1 a). Wie die Erde leuchten die anderen Planeten nicht von selbst, sondern werden von der Sonne beschienen. Wir sehen hier ihre Bahnen in guter Näherung als Kreise an. Dann können wir an neun weiteren Himmelskörpern prüfen, ob die vermutete Anziehungskraft $F \sim m/r^2$ durch den Zentralkörper, hier die Sonne, auch die Zentripetalkraft $F_Z = 4\pi^2 m r/T^2$ liefert. Hierzu müsste bei den Planeten gelten

$$\frac{4\pi^2 m r}{T^2} \sim \frac{m}{r^2}.$$

Vereinfachen wir den Term, so ist $T^2 \sim r^3$ oder

$$\frac{r^3}{T^2} = C \quad (C \text{ eine Konstante}).$$

In der rechten Spalte von ➠ *Tabelle 1* ist dieser Quotient aus den Messdaten berechnet. Wie schon der deutsche Astronom Johannes KEPLER fand, ist er für alle Planeten konstant.

Die Proportionalität $F \sim m/r^2$ bewährt sich also auch bei der Anziehung der Planeten durch die Sonne. Allerdings hat der Quotient $C = r^3/T^2$ einen viel kleineren Wert, wenn die Erde statt der Sonne Zentralkörper ist (➠ *Tabelle 1*). Anscheinend kann sie nicht so stark ziehen wie die viel größere Sonne!

Stellen wir in Gedanken neben die Erde eine zweite, genau gleiche; dann dürfen wir erwarten, dass beide zusammen (doppelte Masse M) auf den Mond auch die doppelte Kraft F ausüben. Die Anziehungskraft ist daher auch proportional zu der Masse M des Zentralkörpers:

$$F \sim \frac{M\,m}{r^2} \quad \text{oder} \quad F = \gamma\,\frac{M\,m}{r^2}.$$

Der Proportionalitätsfaktor γ heißt *Gravitationskonstante*. Die beiden Körper sind nun in dem Produkt $M \cdot m$ ihrer Massen gleichberechtigt vertreten; man kann M und m vertauschen. Der Mond (m) zieht gemäß dem Wechselwirkungsgesetz die Erde (M) mit dem gleichen Betrag der Kraft an, mit der sie auf ihn zurückwirkt.

Merksatz

NEWTONsches Gravitationsgesetz:

Alle Körper üben aufeinander Gravitationskräfte aus. Zwei kugelsymmetrische Körper der Masse m und M, deren Mittelpunkte voneinander den Abstand r haben, ziehen sich mit der Gravitationskraft F an:

$$F = \gamma\,\frac{M\,m}{r^2}.$$

Name	Bahnradius r in 10^6 km	Umlaufdauer T in Jahren	$C = r^3/T^2$ in $10^{18}\,m^3 \cdot s^{-2}$
Merkur	57,91	0,2408	3,363
Venus	108,21	0,6152	3,362
Erde	149,60	1,0000	3,362
Mars	227,94	1,8810	3,361
Jupiter	778,34	11,8610	3,366
Saturn	1 427,01	29,4560	3,363
Uranus	2 869,60	84,0090	3,362
Neptun	4 496,70	164,7870	3,362
Pluto	5 899,00	247,7000	3,360
Mond	0,384	0,0748	$1{,}019 \cdot 10^{-5}$
Erd-satellit	0,04215	1/366,26	$1{,}009 \cdot 10^{-5}$

T 1: Sonnen- und Erdtrabanten

B 4: Die Erde – der blaue Planet

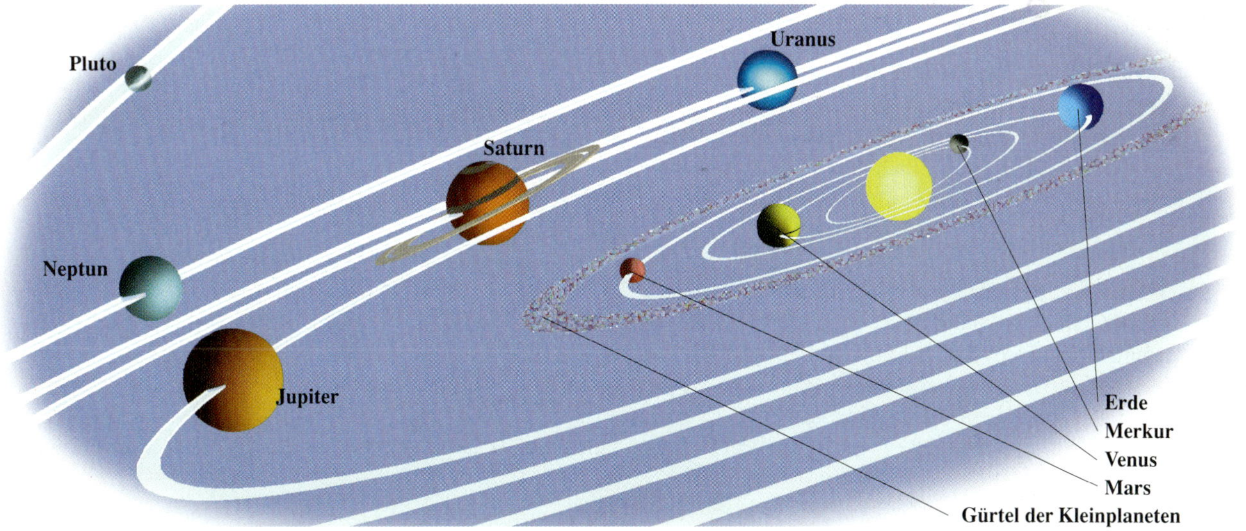

B 3: Das Planetensystem der Sonne; alle Planeten laufen etwa in der gleichen Ebene um die Sonne

... noch mehr Aufgaben

A 1: Bestimmen Sie mit einem Pfennig-Stück den Durchmesser des Mondes. Peilen Sie dazu durch ein Papierblatt mit einem feinen Loch den Vollmond an, sodass er gerade durch das Pfennig-Stück verdeckt wird und messen Sie den Abstand Pfennig – Loch.

A 2: In welcher Höhe über dem Erdboden erfährt ein Kilogrammstück die Gewichtskraft $\frac{1}{4} \cdot 9{,}8$ N? Wie groß ist die Fallbeschleunigung in den Höhen $2R$, $10R$ über dem Boden (R: Erdradius)?

A 3: Schätzen Sie aus den Bahndaten der Erde die Masse der Sonne ab.

A 4: Die Umlaufdauer der Mondfähre im Abstand $r = 1\,848$ km vom Mondmittelpunkt war $T = 7\,130$ s. Wie groß ist die Mondmasse M_M? Welcher Ortsfaktor gilt für die Mondoberfläche, wenn der Mondradius $r_M = 1\,738$ km beträgt?

3. Die Gravitationskraft zwischen bekannten Massen liefert die Gravitationskonstante γ

Der Wert der Konstanten γ im NEWTONschen Gravitationsgesetz wurde erst über 100 Jahre nach dessen Entdeckung von dem Engländer CAVENDISH im Labor bestimmt (*Vertiefung*). Er ließ einen frei beweglich aufgehängten Körper mit Masse m durch einen anderen mit Masse M anziehen und ermittelte die eintretende Beschleunigung a. Daraus folgt die Gravitationskraft $F = m\,a$ zwischen beiden. Aus dem Gravitationsgesetz folgt:

$$\gamma = \frac{F \cdot r^2}{m \cdot M} = \frac{a \cdot r^2}{M}.$$

Wie *Tabelle 1* zeigt, sind die dabei auftretenden Beschleunigungen sehr klein.

Merksatz

Der Proportionalitätsfaktor im Gravitationsgesetz heißt **Gravitationskonstante γ** und hat den Wert

$$\gamma = 6{,}672 \cdot 10^{-11}\ \text{m}^3 \cdot \text{kg}^{-1} \cdot \text{s}^{-2}.$$

Er stellt eine universelle Konstante dar.

Beispiel

Das Gravitationsgesetz hilft weiter

1. Bestimmen Sie aus der Fallbeschleunigung g, dem Erdradius $R = 6\,370$ km und der Gravitationskonstanten γ die Masse M_E der Erde und ihre mittlere Dichte ϱ.

Lösung: Körper der Masse m erfahren im Abstand $r = R = 6\,370$ km vom Erdmittelpunkt die Gravitationskraft $F = m\,g$. Aus dem Gravitationsgesetz $F = \gamma\ m M_E/R^2$ folgt für die Erdmasse M_E:

$$M_E = \frac{F \cdot R^2}{\gamma \cdot m} = \frac{g \cdot R^2}{\gamma} = \frac{9{,}81\ \text{m} \cdot \text{s}^{-2} \cdot (6\,370 \cdot 10^3)^2\ \text{m}^2}{6{,}67 \cdot 10^{-11}\ \text{m}^3 \cdot \text{kg}^{-1} \cdot \text{s}^{-2}} \Rightarrow$$

$M_E = \mathbf{6 \cdot 10^{24}\ kg}$ (genauer $5{,}97 \cdot 10^{24}$ kg)

Das Volumen der Erde ist $V = (4/3)\ \pi\ R^3 = 1{,}08 \cdot 10^{21}\ \text{m}^3$. Für die mittlere Dichte ϱ erhält man

$$\varrho = \frac{M_E}{V} = \mathbf{5{,}5\ g \cdot cm^{-3}}.$$

Bemerkung: Die Dichte der uns zugänglichen oberen Gesteinsschichten liegt bei $2{,}7\ \text{g} \cdot \text{cm}^{-3}$. Geologen schreiben deshalb dem Erdinnern eine Dichte von $13\ \text{g} \cdot \text{cm}^{-3}$ zu. Es besteht wahrscheinlich aus Eisen und Nickel bei einem Druck von $3{,}5 \cdot 10^6$ bar.

2. In welcher Höhe würde ein Satellit stationär über dem Äquator stehen?

Lösung: Die Umlaufdauer des Satelliten der Masse m beträgt $T = 24$ h. Aus

$$\gamma\ \frac{m M_E}{r^2} = \frac{4\pi^2 m r}{T^2}\ \text{folgt:}\ r = \sqrt[3]{\frac{\gamma M_E T^2}{4\pi^2}} = 42\,200\ \text{km}.$$

Der Satellit muss also in der **Höhe 36 000 km** über dem Äquator stehen. Der Umlaufsinn muss mit dem der Erde übereinstimmen und die Bahn in der Äquatorebene liegen. Da die Weiterbewegung der Erde um die Sonne hier ohne Belang ist, hätte man eigentlich den sog. *„Sterntag"* zugrunde legen müssen. Dieser gibt die Zeit an, nach der man einen weit entfernten Fixstern wieder am gleichen Punkt sieht (*Bild 1*). Die Zeit, nach der man die Sonne wieder an der gleichen Stelle sieht, ist der so genannte *„Sonnentag"* (= 24 h). Dieser Tag ist ca. 4 Minuten länger als ein Sterntag. Der Sonnentag ist länger, da sich die Erde innerhalb von 24 Stunden etwas weiterbewegt hat.

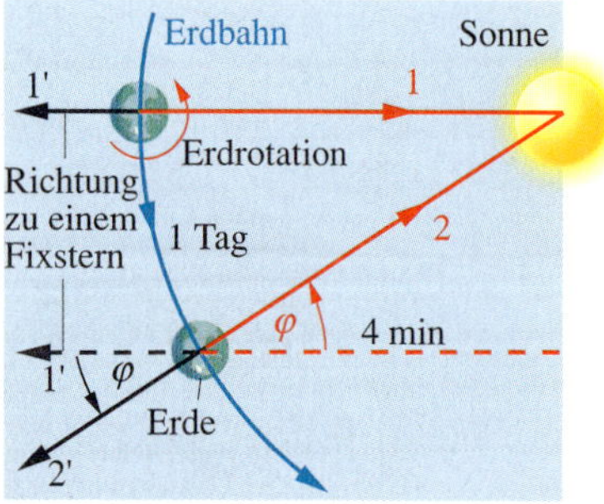

B 1: Sonnen- und Sterntag

Vertiefung

Der Versuch von Cavendish zur Bestimmung der Gravitationskonstanten γ

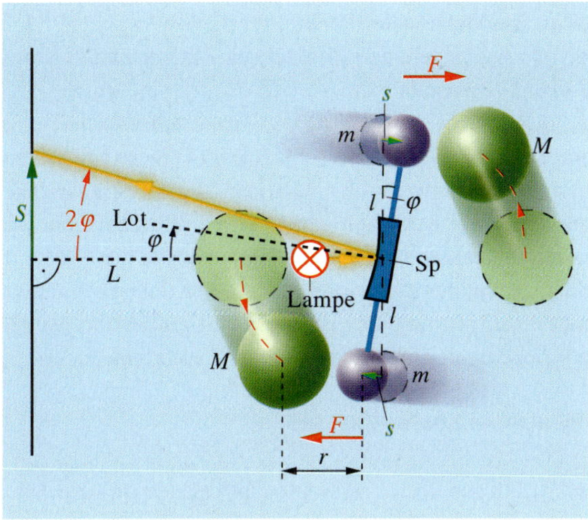

B 2: Gravitationsdrehwaage in Draufsicht

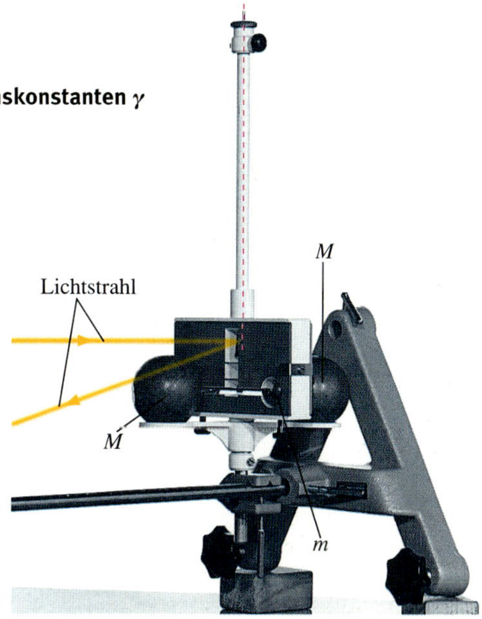

B 3: Gravitationsdrehwaage zur Bestimmung von γ

Versuchsdaten:

kleine Bleikugeln:	$m = 15$ g
große Bleikugeln:	$M = 1{,}5$ kg
Länge der horizontalen Stange:	$2\,l = 10$ cm
Länge des Lichtzeigers:	$L = 9{,}70$ m
Abstand der Kugelmitten nach dem Annähern der großen Kugeln:	$r = 4{,}6$ cm

Ein waagerechter Stab trägt an seinen Enden zwei kleine Bleikugeln der Masse m. Der Stab hängt in seiner Mitte an einem langen, sehr dünnen Draht (rot gestrichelt ➠ *Bild 2, 3*). Er kann sich in dem durch Glas vor Luftzug geschützten Querschlitz der Gravitationsdrehwaage frei bewegen. Am Stab ist ein Spiegelchen befestigt, das einen Lichtstrahl auf eine entfernte Skala lenkt. Die horizontale Bewegung der Kugeln wird auf diese Weise stark vergrößert sichtbar. Zunächst sind die großen Bleikugeln symmetrisch zu den kleinen angebracht. Die Gravitationskräfte, die von den großen Kugeln ausgehen, drehen den Stab noch nicht um seinen Aufhängepunkt A. Dann nähert man die großen Kugeln den kleinen. Diese fallen auf die großen beschleunigt zu – im Prinzip wie ein Apfel zur Erde. Die kleine Kugel erfährt die beschleunigende Kraft:

$$m\,a = \gamma\,\frac{m\,M}{r^2}. \qquad (1)$$

Doch ist dabei die Beschleunigung a gering. Deshalb ist die Strecke s, um die sich die kleinen Kugeln zu Beginn der Messung bewegen, gegenüber dem Abstand r der beiden Kugelmittelpunkte sehr klein. r ändert sich während dieser Bewegung praktisch nicht. Die Kraft bleibt konstant und es gilt $s = \frac{1}{2}\,a\,t^2$. Dabei dreht sich die horizontale Stange um den Winkel $\varphi = s/l$ (in Bogenmaß) und mit ihr das Einfallslot für den reflektierten Lichtstrahl (➠ *Bild 2*). Dieser wird um den Winkel $2\,\varphi = 2\,s/l$ abgelenkt. Die Auslenkung S auf der Skala im Abstand L ist wegen des langen Lichtzeigers gut ablesbar. Nach ➠ *Bild 2* gilt $\tan 2\,\varphi = S/L$. Bei den kleinen Winkeln gilt mit großer Genauigkeit $\tan 2\,\varphi \approx 2\,\varphi$. Daraus folgt:

$$\frac{S}{L} = \frac{2\,s}{l} \quad \text{oder} \quad s = \frac{S\,l}{2\,L}.$$

Mit $a = 2\,s/t^2$ und den Messungen für S und l erhalten wir die ➠ *Tabelle 1*:

Zeit t in s	Auslenkung S in mm	Fallweg s in 10^{-6} m	Beschleunigung a in 10^{-8} m·s^{-2}
0	0	0	–
30	7,6	20	4,4
60	30	77	4,3
90	68	175	4,3
120	120	310	4,3

T 1: Messwertetabelle

Der Mittelwert der Beschleunigung ist nun $\bar{a} = 4{,}33 \cdot 10^{-11}$ m·s^{-2}. Für γ erhalten wir damit aus Gleichung 1:

$$\gamma = \frac{\bar{a} \cdot r^2}{M} = 6{,}1 \cdot 10^{-11}\,\text{m}^3 \cdot \text{kg}^{-1} \cdot \text{s}^{-2}.$$

Dieser Wert ist etwas zu klein, denn jede der beiden großen Kugeln übt auf die entfernter liegende kleine eine Kraft aus, die der beobachteten Drehbewegung entgegenwirkt.

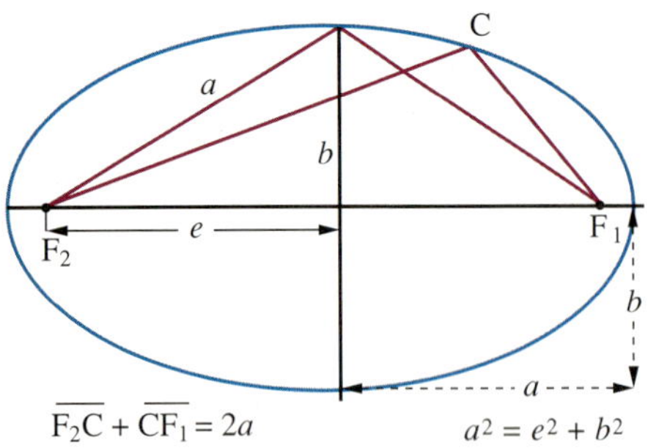

B 1: Gärtnerkonstruktion einer Ellipse

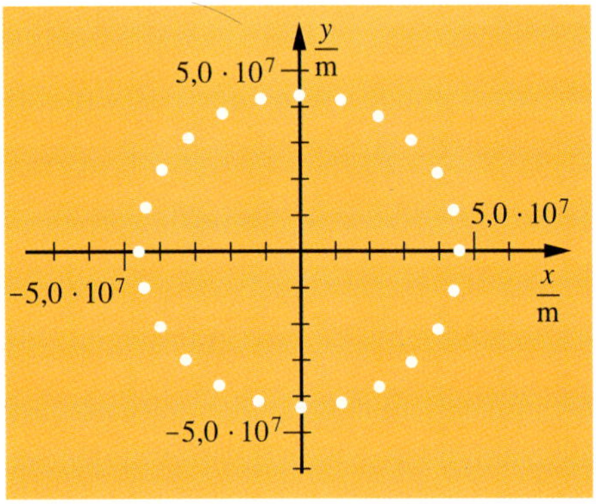

B 2a: Satellit auf einer Kreisbahn

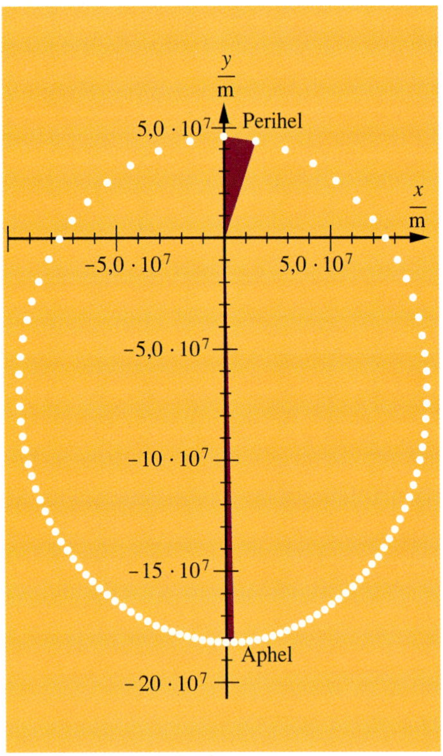

B 2b: Der Satellit fliegt mit einer größeren Startgeschwindigkeit als in *Bild 2a* auf einer ellipsenförmigen Bahn

Die KEPLER-Gesetze

Die Ellipse ist die Menge aller Punkte, für die die *Summe der Entfernungen* von zwei gegebenen *Punkten,* den so genannten *Brennpunkten* F_1 *und* F_2, konstant ist.
Von dieser Eigenschaft wird bei der *„Gärtnerkonstruktion"* Gebrauch gemacht (*Bild 1*). Man schlägt zwei Pflöcke im Abstand $2e$ in den Punkten $F_1\,(e\,|\,0)$ und $F_2\,(-e\,|\,0)$ ein und befestigt an ihnen eine Schnur der Länge $2a$. Mit einem „Schreibpflock" spannt man die Schnur um die beiden Brennpunkte und zeichnet die Ellipse. F_1 und F_2 heißen „Brennpunkte", weil Lichtstrahlen, die von F_1 ausgehen, an einer innen verspiegelten Ellipse nach F_2 reflektiert werden. Die große Halbachse der Ellipse nennt man a, die kleine b.

1. Mit dem PC auf den Spuren KEPLERS

Im Abstand 42 200 km vom Erdmittelpunkt befinde sich ein Satellit. Welche Geschwindigkeit v senkrecht zur y-Achse muss man ihm geben, damit er auf einem Kreis umläuft?

Aus $\frac{m\,v^2}{r} = \gamma\,\frac{m\,M_E}{r^2}$ erhält man $v^2 = \gamma\,\frac{M_E}{r}$ und $v = 3\,070\ \text{m}\cdot\text{s}^{-1}$.

Geben wir diese Anfangsbedingungen sowie die Masse M_E der Erde und die Gravitationskonstante einem Computer-Simulationsprogramm ein, das Planeten- bzw. Satellitenbahnen berechnet, erhalten wir tatsächlich einen Kreis. Genauer gesagt, wir erhalten Punkte, die auf einem Kreis liegen, da der Computer nur Bahnpunkte für Zeitabstände von 60 min Satellitenlauf zeichnen soll (*Bild 2a*). Der Abstand der Punkte ist somit auch ein Maß für die Bahngeschwindigkeit.
Was geschieht aber, wenn wir für den Satelliten den Betrag der Startgeschwindigkeit vergrößern und die senkrechte Richtung zur Verbindungslinie beibehalten?
Die Simulation zeigt uns (*Bild 2b*), dass die Bahn anscheinend ellipsenförmig wird und nicht etwa eiförmig, wie KEPLER zunächst vermutete. Wir überprüfen, ob es sich tatsächlich um eine Ellipse handelt, indem wir aus der Computersimulation die große und die kleine Halbachse ablesen. In einer weiteren Simulation lassen wir eine Ellipse mit diesen Halbachsen zeichnen. Beide Kurven kommen tatsächlich zur Deckung.
Aus unserem Diagramm kann man aber noch mehr ablesen. Die Geschwindigkeit im erdfernsten Punkt (*Aphel*) ist wesentlich kleiner als im erdnächsten Punkt (*Perihel*). Die Geschwindigkeit erhalten wir dabei als Quotient aus dem Abstand von zwei aufeinanderfolgenden Punkten und der vom Satelliten tatsächlich benötigten Zeit. Das Produkt $r \cdot v$ ist für Aphel und Perihel wieder gleich. Es entspricht dem doppelten Flächeninhalt des Dreiecks, das man aus dem Zentralkörper (hier der Erde) und den beiden Positionen des Satelliten bildet.
Weiter sehen wir, dass bei der größeren Startgeschwindigkeit neben der Halbachse auch die Anzahl der Punkte für einen Umlauf und damit die Umlaufdauer T größer wird. Verändert man die Startgeschwindigkeit und bestimmt jeweils die große Halbachse a sowie

die Umlaufdauer, so findet man, dass T stärker als linear und schwächer als mit dem Quadrat der Halbachse anwächst. Genauere Untersuchungen zeigen, dass $T \sim a^{3/2}$ ist (➠ *Tabelle 1*). Dies alles hat bereits Johannes KEPLER gefunden.

2. Ordnung am Himmel

Der Astronom Johannes KEPLER kannte das Gravitationsgesetz nicht und hatte natürlich auch keinen Computer. Er besaß aber – als unwahrscheinlich wertvollen Schatz – die für die damalige Zeit äußerst präzisen Messungen des Dänen Tycho BRAHE (1546 – 1601) an der Bahn des Planeten Mars. Nach mühsamen Zahlenrechnungen fand KEPLER, dass dieser eine Ellipse durchläuft, in deren einem Brennpunkt die Sonne steht. KEPLER verallgemeinerte das Bewegungsgesetz für den Mars auf alle Planeten.
Es gilt aber auch für alle vergleichbaren Systeme.

Merksatz

Erstes KEPLER-Gesetz: Trabanten bewegen sich auf Ellipsen, in deren einem Brennpunkt der Zentralkörper (z. B. Sonne) steht.

Bei der Untersuchung der Marsbahn (➠ *Bild 3*) fiel KEPLER auf, dass der Planet in Sonnennähe *(Perihel)* am schnellsten, in der Sonnenferne *(Aphel)* am langsamsten läuft. Die Verbindungsstrecke vom Planeten zur Sonne, der so genannte „Fahrstrahl“, wird länger, wenn der Planet seine Geschwindigkeit verkleinert. Der Fahrstrahl wird kürzer, wenn der Planet seine Geschwindigkeit vergrößert. Die Änderung erfolgt dabei so, dass die überstrichene Fläche bei gleichen Zeiten gleichen Inhalt hat.

Merksatz

Zweites KEPLER-Gesetz *(Flächensatz)*: Der Fahrstrahl Trabant – Zentralkörper überstreicht in gleichen Zeiten gleiche Flächen.

Das Langsamer- und Schnellerwerden des Planeten kann man verstehen, wenn man bedenkt, dass der Fahrstrahl die Richtung der Anziehungskraft des Zentralkörpers auf den Trabanten angibt.
Die Gravitationskraft zeigt im Allgemeinen schräg zur Bahn. Wir zerlegen sie in eine Komponente tangential (F_t) und senkrecht (F_n) zur Bahn. Entfernt sich der Trabant von dem Zentrum (z. B. in P_1 ➠ *Bild 4*), wirkt die Kraftkomponente F_t entgegen der Bewegungsrichtung. So verlangsamt sie den Trabanten. Die Normalkraft F_n dagegen macht weder schneller noch langsamer, sondern krümmt die Bahn nach innen. F_n wirkt als Zentripetalkraft. Nähert sich der Trabant wieder dem Zentralkörper (Stelle P_2), so zeigt F_t in Richtung der Bahngeschwindigkeit und macht den Trabanten schneller. NEWTON konnte zeigen, dass für jede Zentralkraft (eine Kraft, die auf einen festen Punkt gerichtet ist) der Flächensatz gilt.

v in $m \cdot s^{-1}$	große Halbachse a in 10^7 m	Umlaufdauer T in h	a^3/T^2 in $10^{20}\ m^3/h^2$
3070	4,22	24,0	1,3
3500	6,00	40,7	1,3
3900	10,90	99,6	1,3

T 1: Die Umlaufdauer von Erdsatelliten in Abhängigkeit von ihrer großen Halbachse. Die Umlaufdauer wurde durch Zählen der Punkte in der Simulation bestimmt (zeitlicher Abstand zwischen zwei Punkten: 1 h).

B 3: Der Planet Mars

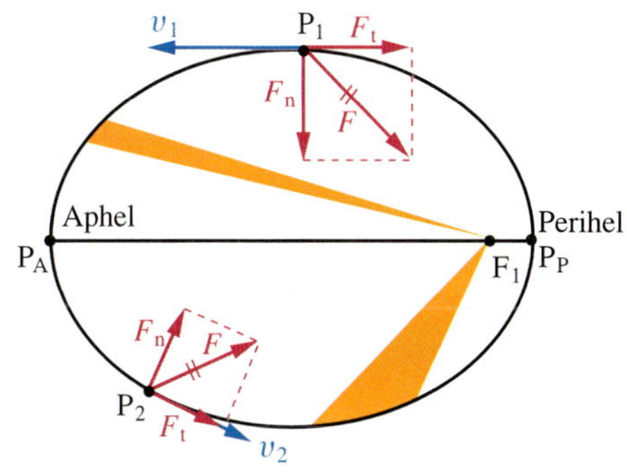

B 4: Tangential- und Normalkräfte F_t und F_n bei einer Zentralkraft F. Im Brennpunkt F_1 steht der Zentralkörper.

B 1: Die Planeten unseres Sonnensystems

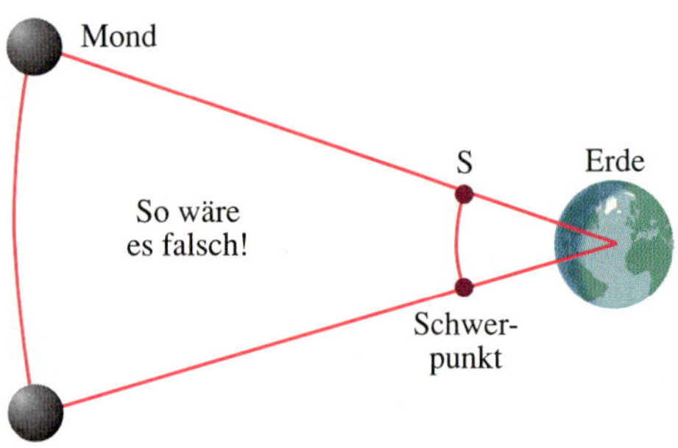

B 2a: Das System Erde – Mond: Bei ruhender oder ruhend gedachter Erde würde sich der Schwerpunkt S bewegen

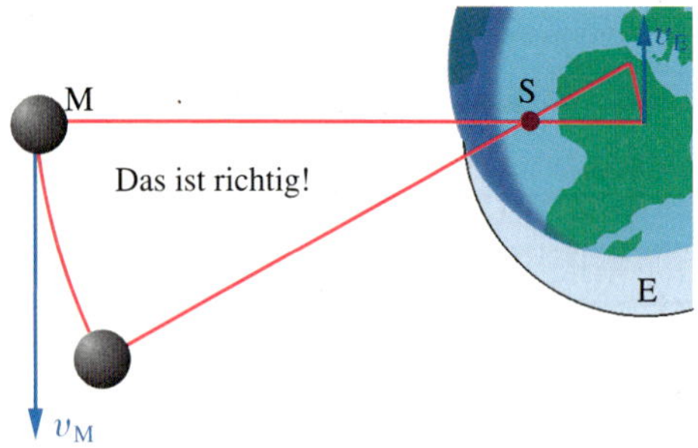

B 2b: Der Schwerpunkt S von Erde und Mond bleibt durch die Gegenbewegung der Erde in Ruhe

KEPLER fand aus Messdaten von Planeten für deren Ellipsenbahnen:

Merksatz

Drittes KEPLER-Gesetz: Die Quadrate der Umlaufdauern T_1 und T_2 zweier Trabanten um den gleichen Zentralkörper verhalten sich wie die dritten Potenzen der großen Halbachsen a_1 und a_2:

$$\frac{T_1^2}{T_2^2} = \frac{a_1^3}{a_2^3}; \quad \text{allgemein} \quad \frac{a^3}{T^2} = C.$$

Wir sehen daraus, dass der großen Halbachse a einer KEPLER-Ellipse eine größere physikalische Bedeutung zukommt als der kleinen (b) oder dem Brennpunktsabstand $2e$. b und e für sich sind ohne Einfluss auf die Umlaufdauer T. Diese ist allein durch die große Halbachse bestimmt. Deshalb ist T bei einer KEPLER-Ellipse genauso groß wie bei einer Kreisbahn über der großen Ellipsen-Halbachse ($r = a$). Wenn man dies weiß, kann man sofort nach

$$\gamma \frac{mM}{r^2} = \frac{4\pi^2}{T^2} m r \quad \text{oder} \quad T^2 = 4\pi^2 \frac{r^3}{\gamma M}$$

die Umlaufdauer T berechnen, wenn man M und die große Halbachse a kennt und $r = a$ setzt. Man sieht daraus auch, dass für eine Kreisbahn r^3/T^2 konstant ist, wie wir bei den Überlegungen zur Gravitationskraft schon gefunden haben.

3. Das wahre Zentrum der Mondbahn

Bisher sind wir immer davon ausgegangen, dass sich um einen ruhend gedachten großen Zentralkörper ein wesentlich kleinerer Trabant bewegt. Für das System, das von der Erde und dem Mond gebildet wird, stimmt dies aber nicht. Erde und Mond ziehen sich gegenseitig mit betragsgleichen Kräften an. Für das System Erde – Mond sind dies „innere Kräfte“, die den Schwerpunkt nicht verschieben, sondern in Ruhe lassen.
Wenn sich nun der Mond um den als ruhend gedachten Erdmittelpunkt bewegte (➠ *Bild 2a*), würde der zwischen beiden – aber näher bei der Erde – liegende Schwerpunkt S wandern. Nach dem Schwerpunktsatz muss er aber in Ruhe bleiben, wenn man von äußeren Kräften absieht. Das geht nur, wenn die Erde nach ➠ *Bild 2b* eine Gegenbewegung zur Mondbewegung durchführt. Da S Schwerpunkt sein soll, gilt:

$$M_E : m_M = r_M : r_E.$$

Die in gleichen Zeiten zurückgelegten Bögen und somit die Geschwindigkeiten, verhalten sich wie die zugehörigen Radien:

$$v_M : v_E = r_M : r_E.$$

Daraus ergibt sich $\quad M_E : m_M = v_M : v_E$
und somit die Gleichheit der Impulsbeträge

$$M_E \cdot v_E = m_M \cdot v_M.$$

Da die Impulse gegengleich sind, ist der Gesamtimpuls $p = 0$, also konstant, wenn man von äußeren Kräften absieht. Der Schwerpunkt S liegt wegen der 81fachen Erdmasse im Erdinnern ($M_E = 81\ m_M$; $a_{E-M} = 60\ R_E$)

Beispiel

Rechnen mit KEPLER

1. Berechnen Sie Umlaufdauer T und Geschwindigkeit v eines Satelliten, der die Erde in 500 km Höhe umkreist. Benutzen Sie die Tatsache, dass der 384 000 km (r_M) entfernte Mond in 27,3 Tagen (T_M) umläuft.

Lösung: Nach dem dritten KEPLER-Gesetz gilt für den Satelliten und den Mond $T^2/r^3 = T_M^2/r_M^3$. Also ist

$$T = \sqrt{\frac{r^3}{r_M^3}} \cdot T_M.$$

Mit $r = 6\,870$ km folgt
$T = 5\,644$ s = **94 min.**
Die Geschwindigkeit ergibt sich nach $v = 2\pi r/T$ zu $v =$ **7,65 km·s⁻¹.**

2. Angenommen, die Tangentialgeschwindigkeit der Erde sei null. Wie lange würde es danach dauern, bis die Erde in die Sonne gestürzt wäre?

Lösung: Näherungsweise bewegt sich die Erde mit der Umlaufdauer $T_E = 1$ a auf einem Kreis um die Sonne (→ *Bild 3*). Die Entfernung Erde – Sonne ist gleich dem Kreisradius r_E. Verkleinert man in Gedanken die Geschwindigkeit v_E der Erde im Aphel, so wird ihre Bahn zu einer immer flacher werdenden Ellipse mit der großen Halbachse a und der Umlaufdauer T. Dabei gilt das dritte KEPLER-Gesetz
$T^2/a^3 = T_E^2/r_E^3$.
Für $v_E \to 0$ klappt die Ellipse zur Strecke $\overline{SE} = r_E$ zusammen. Auch in diesem Grenzfall gilt noch das dritte KEPLER-Gesetz.
Es gilt die Beziehung $e^2 = a^2 - b^2$. In unserem Grenzfall ist $b = 0$, also $e = a$. Die beiden Brennpunkte der „Ellipse" liegen auf dieser selbst; im einen steht die Sonne, im anderen die Erde. Somit ist $2a = r_E$, also $a = r_E/2$. Nun ist

$$\frac{T^2}{(r_E/2)^3} = \frac{T_E^2}{r_E^3},$$

also $T = T_E/(2\sqrt{2})$.
Die „Fallzeit" bis zur Sonne (nur „hin", nicht „hin und her") ist
$T/2 = 0{,}177 \cdot T_E =$ **64,6 d.**

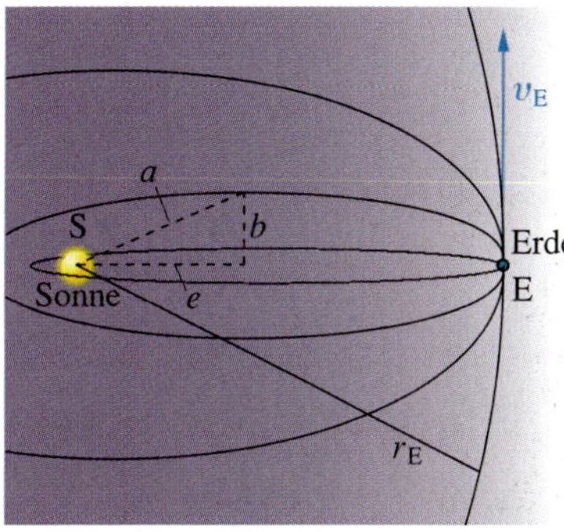

B 3: Schar von Ellipsen, die sich immer mehr der geradlinigen Verbindung Sonne – Erde annähern

... noch mehr Aufgaben

A 1: Warum ist die Konstante a^3/T^2 für die Planeten etwa 330 000-mal so groß wie für den Mond oder andere Erdsatelliten? Wie groß wäre sie für Mondsatelliten?

A 2: a) Einer der Jupitermonde läuft auf einem Kreis mit Radius $r_1 = 420\,000$ km in $T_1 = 1{,}77$ d um. Wie groß ist die Masse des Jupiters? Können Sie hieraus auch die Masse dieses Mondes bestimmen? **b)** Ein anderer Jupitermond hat den Bahnradius $r_2 = 670\,000$ km und die Umlaufdauer $T_2 = 3{,}55$ d. Prüfen Sie das dritte KEPLER-Gesetz, bestimmen Sie r^3/T^2 und vergleichen Sie mit A 1.

A 3: Ein Satellit bewegt sich auf einer Ellipsenbahn um die Erde. Sein erdnächster Abstand beträgt 300 km, sein größter Abstand 2 000 km. In welchem Verhältnis stehen die Geschwindigkeiten an diesen Stellen?

A 4: Der russische Sputnik 1 war der erste künstliche Erdsatellit. Im erdnächsten Punkt seiner Bahn (Höhe über der Erdoberfläche 250 km) war seine Geschwindigkeit etwa 8 km·s⁻¹. Bestimmen Sie seine Geschwindigkeit im erdfernsten Punkt (Höhe 900 km).

A 5: In welchen Punkten hat ein Planet auf seiner Ellipsenbahn die Bahnbeschleunigung null? Warum muss man zwischen Zentral- und Zentripetalkraft unterscheiden?

A 6: Der halleysche Komet hat eine Umlaufdauer von 75,6 Jahren. Die Entfernung zur Sonne beträgt im Perihel $8{,}5 \cdot 10^7$ km. Wie groß ist seine Entfernung im Aphel?

A 7: Zwei Sterne gleicher Masse m kreisen um ihren gemeinsamen Schwerpunkt S jeweils im Abstand r mit der Umlaufdauer T. Wenn man r und T im Fernrohr bestimmt hat, berechnet man m zu $m = (16\pi^2 r^3)/(T^2 \gamma)$. Zeigen Sie dies!

A 8: Entwerfen Sie ein Modell des Sonnensystems im Längenmaßstab 1 : 10⁹ (Daten → Tabellenanhang). Bestimmen Sie Größe und Abstände der Modellkörper. Welche Masse hätten sie mit der Originaldichte?

A 9: Kann sich die Bundesrepublik Deutschland einen eigenen Satelliten leisten, der ständig über ihr schwebt? Können dies die USA? Kann es Ecuador (es ist doch viel ärmer als die beiden anderen Länder)?

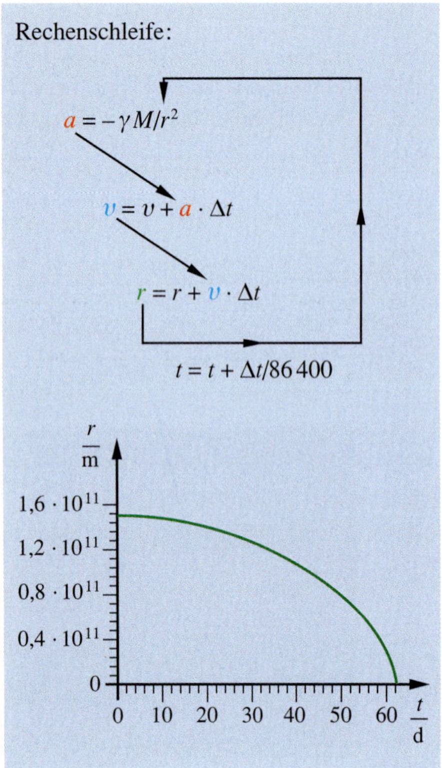

B 1: Flussdiagramm für den „Fall" in die Sonne

Entfernung r in m	Zeit t in d
1,4995596E + 11	1
1,4986786E + 11	2
1,4973564E + 11	3
...	
...	
...	
2,7897700E + 10	62
1,9592111E + 10	63
8,7051902E + 9	**64**
–1,5256977E + 10	65

T 1: Tabelle mit einem Modellbildungssystem berechnet. Zeitschritt in Tagen.

Vertiefung

Unsere Computerphilosophie

Der Computer erlaubt uns mit Kenntnis des Gravitationsgesetzes und der Definitionsgleichungen für Geschwindigkeit und Beschleunigung beliebig komplizierte Bewegungen am Himmel zu berechnen. Er führt uns also zurück zu den Grundgesetzen.

Die Macht des Computers – numerische Berechnung von Satellitenbahnen

1. Der Fall in die Sonne

Wir haben schon an verschiedenen Stellen den Computer als Hilfsmittel zur Berechnung von Bewegungsabläufen kennengelernt. Das Prinzip all dieser Berechnungen ist einfach, besonders wenn wir uns zuerst nur auf eine Koordinatenrichtung beschränken.

Wir kehren nochmals zu der Aufgabe 2 der letzten Beispielaufgaben zurück, die wir dort nur mit einem „Trick" (als Grenzfall einer Ellipse mit der kleinen Halbachse der Länge null) lösen konnten: Ein Raumschiff ruht zunächst gegenüber der Sonne in der Entfernung 149 Mio. km. Durch die Gravitationsanziehung stürzt das Raumschiff in die Sonne. Wie lange braucht es dazu?

Die beschleunigende Kraft ist die Gravitationsanziehung zwischen den beiden Körpern $m\,a = \gamma\, m\, M/r^2$. Diese Kraft ist nicht konstant, sondern ändert sich mit der Entfernung r. Es gilt weder $r = v\,t$ noch $r = \frac{1}{2}\,a\,t^2$. Man kann keine einfache Weg-Zeit-Funktion finden.

Die Grundgleichungen, die wir in einem Modellbildungssystem benutzen, nämlich $\Delta r = v \cdot \Delta t$; $\Delta v = a \cdot \Delta t$, gelten dagegen stets, wenn Δt hinreichend klein ist. Nach $a = \gamma\, M/r^2$ wird die Beschleunigung aus dem Gravitationsgesetz berechnet. Die Geschwindigkeit am Ende eines Zeitintervalls Δt erhalten wir, indem wir zu der Geschwindigkeit am Anfang des Intervalls die Geschwindigkeitsänderung $a \cdot \Delta t$ addieren. Entsprechend verfahren wir beim Abstand r und der Geschwindigkeit v.
Dann lauten die Gleichungen der ständig wiederholten Rechenschleife:

$$a = -\gamma\, M/r^2$$
$$v = v + a \cdot \Delta t$$
$$r = r + v \cdot \Delta t$$
$$t = t + \Delta t/86\,400,$$

sodass der Computer die Zeit in Tagen ausdruckt.

Dies ist tatsächlich das ganze Programm! Das Flussdiagramm für dieses Problem sehen wir in *Bild 1*. Wir müssen in den Computer nur noch die Masse der Sonne, $M = 1{,}99 \cdot 10^{30}$ kg, die Gravitationskonstante $\gamma = 6{,}672 \cdot 10^{-11}\ \mathrm{m^3 \cdot kg^{-1} \cdot s^{-2}}$ und das Zeitintervall Δt eingeben. Dazu brauchen wir noch die Startwerte für r, v und t, natürlich im Computerprogramm alles ohne Benennungen:

$$r_0 = 1{,}50 \cdot 10^{11}\ \mathrm{m}, \quad v_0 = 0\ \mathrm{m \cdot s^{-1}}, \quad t_0 = 0\ \mathrm{s}.$$

Als Zeitintervall nehmen wir einen Tag $\Delta t = 86\,400$ s. Die Ergebnisse stellen wir in einer Tabelle (*Tabelle 1*) dar und brechen ab, wenn r kleiner als der Sonnenradius ist. Wie bei den Überlegungen aufgrund des dritten KEPLER-Gesetzes erhält man für die Flugzeit bis zur Sonne etwa 64 Tage.

2. Berechnung von Planetenbahnen – ein zweidimensionales Beispiel

Die Bewegung eines Satelliten um die Erde erfolgt in einer Ebene. Wir stellen Satelliten- wie Planetenbahnen in einem x-y-System dar. Entsprechend gehen die Gleichungen für r, v und a in Gleichungen für x, y, v_x, v_y, a_x und a_y über. Ursprung ist der Mittelpunkt des Zentralkörpers. x, v_x, a_x und F_x werden nach *rechts positiv*, y, v_y, a_y und F_y nach *oben positiv* gerechnet. Die beschleunigende Kraft F zerlegen wir in x- und y-Richtung (*Bild 2*). Deren Werte F_x und F_y haben immer (in allen vier Quadranten) das entgegengesetzte Vorzeichen von x bzw. y. Aus der Ähnlichkeit des roten Kraftdreiecks und des grünen Lagedreiecks (*Bild 2*) erhalten wir:

$$F_x = m\,a_x = -F \cdot \frac{x}{r}; \qquad F_y = m\,a_y = -F \cdot \frac{y}{r}.$$

Setzt man noch für F die Gravitationskraft ein, so ist:

$$F_x = -\gamma\,\frac{mM}{r^3} \cdot x; \qquad F_y = -\gamma\,\frac{mM}{r^3} \cdot y$$

und entsprechend für die Beschleunigungen:

$$a_x = -\gamma\,\frac{M}{r^3} \cdot x; \qquad a_y = -\gamma\,\frac{M}{r^3} \cdot y.$$

Durch den Abstand $r = \sqrt{x^2 + y^2}$ sind die Gleichungen für die x- und y-Werte der Kraft miteinander verknüpft.

Wir rechnen zunächst für einen uns schon bekannten Fall, den eines stationären Erdsatelliten. Als Startpunkt wählen wir einen Punkt auf der x-Achse, 42 200 km vom Erdmittelpunkt entfernt. Die Startgeschwindigkeit v steht senkrecht zur x-Achse (*Bild 4*):

$$x = 4{,}22 \cdot 10^7\ \text{m}, \quad y = 0\ \text{m}, \quad v_x = 0\ \text{m·s}^{-1}, \quad v_y = 3\,070\ \text{m·s}^{-1}.$$

Wie erwartet, ergibt sich ein Kreis (*Bild 4*).

Was macht aber ein Satellit, der nach dem Start auf einer der großen Weltraumrampen aus Versehen eine andere Geschwindigkeitsrichtung erhalten hat?

Wir können das Experiment in der Schule nicht machen, aber wir können unseren Computer mit diesen veränderten Anfangswerten füttern. Die Geschwindigkeit wählen wir so, dass der Satellit unter einem Winkel von 45° gegen die x-Achse fliegt, aber der Betrag der Gesamtgeschwindigkeit gleich bleibt. Dazu brauchen wir die neuen Werte $v_x = v_y = 3\,070\ \text{m·s}^{-1}/\sqrt{2}$. Den Startpunkt lassen wir unverändert.

Es ergibt sich eine Ellipse, deren große Halbachse unter 45° gegen die x-Achse geneigt ist. Wie wir aus *Bild 4* sehen, ist die Länge der großen Halbachse gleich dem Kreisradius im vorigen Beispiel. Die Zeit, die für einen Umlauf benötigt wird, ist in beiden Fällen gleich.

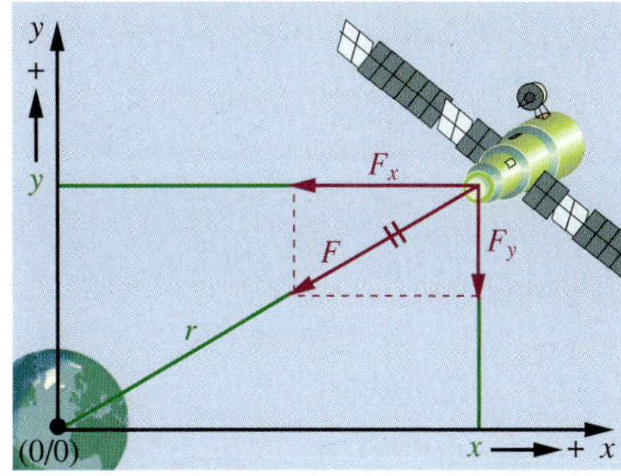

B 2: Kräftezerlegung bei der Bewegung eines Satelliten

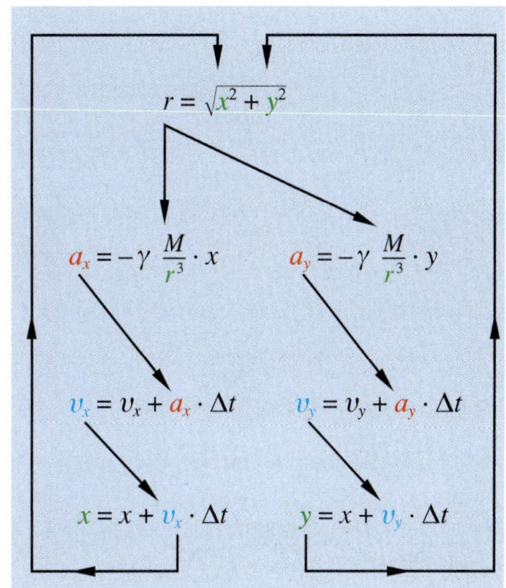

B 3: Flussdiagramm für eine zweidimensionale Bewegung

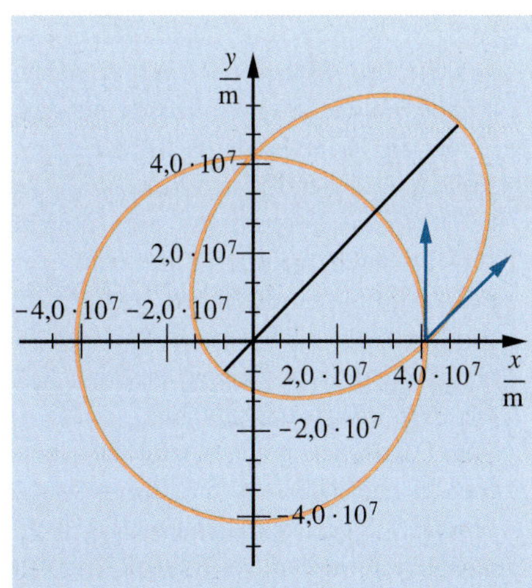

B 4: Kreis und Ellipsenbahn bei gleichem Betrag der Anfangsgeschwindigkeit und verschiedenen Anfangsrichtungen

Interessantes

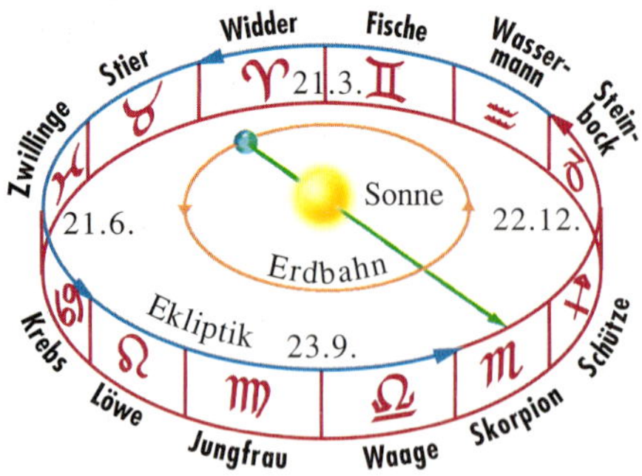

B 1: Die Sternzeichen

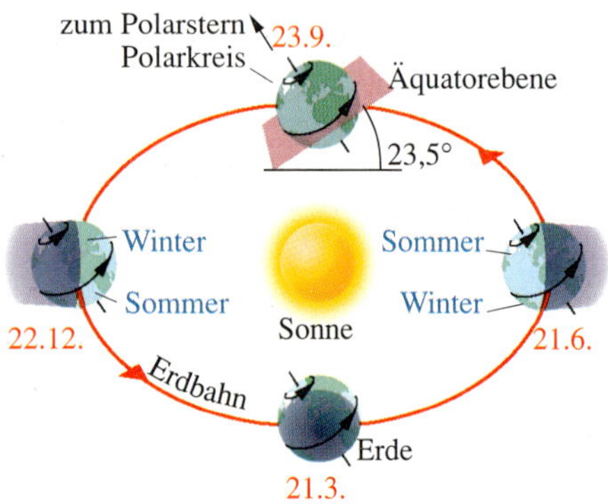

B 2: Die Entstehung von Sommer und Winter

Heimversuch:

Stellen Sie zur Veranschaulichung eine Lampe auf einen großen Tisch; sie stelle die Sonne dar. Ein Globus verdeutlicht bei Rotation um seine (schiefe) Achse die Entstehung von *Tag und Nacht*. Dann bewegen Sie den Globus auf einer Kreisbahn einmal um die „Sonne“. Lassen Sie dabei immer die Richtung der Achse gleich. Sie simulieren so den Ablauf eines *Jahres*. Dabei muss die Globusachse nach Norden, dem Polarstern, zeigen. In unserem „Sommer“ wird die nördliche, im „Winter“ die südliche Halbkugel stärker beleuchtet. An den Nordpol darf während unseres „Winters“ kein „Sonnenlicht“ fallen.
Vom Globus aus gesehen wird die scheinbare Sonnenbahn auf die Zimmerwände projiziert. So entsteht dort die waagerechte Ekliptik. Zwischen der Ekliptik und dem Himmelsäquator (der Verlängerung des Globus- bzw. Erdäquators zum Himmel) finden Sie den Winkel von 23,5°.

Beobachtungen am Himmel

Könnten wir bei Tag von unserem Beobachtungsposten Erde aus an der Sonne vorbei die Sterne sehen, so würde sich der scheinbare Ort der Sonne vor dem Fixsternhimmel ändern. In ➡ *Bild 1* steht die Sonne gerade im Sternbild des Skorpions. Die Sonne bleibt täglich um (1/365)-tel Tag (≈ 4 min) gegenüber den Fixsternen zurück. Sie scheint auf der Himmelskugel einen Kreis zu beschreiben, *Ekliptik* genannt. Auf ihm liegen 12 der Sternbilder, nach denen man die Fixsterne von alters her eingeteilt hat. Sie haben teilweise Tiernamen: Widder, Löwe, Stier, Krebs. Daher heißt dieser Kreis auch *Tierkreis*. Hier liegt ein Ausgangspunkt der *Astrologie*. Diese glaubt das Schicksal eines Menschen vorhersagen zu können, wenn man weiß, in welchem Tierkreiszeichen die Sonne stand, als er geboren wurde.

Bei Nacht blicken wir in die entgegengesetzte Richtung, also den um 6 Monate verschobenen Teil des Tierkreises. Die scheinbare Bewegung der Fixsterne sieht man am Besten, wenn man mit einer feststehenden Kamera die Gegend um den Himmelsnordpol mit mehreren Stunden Belichtungszeit fotografiert. Die Sterne bewegen sich dabei auf Kreisbögen, in deren Zentrum der Polarstern steht.

Warum ist es im Sommer wärmer als im Winter?

Naheliegend (aber leider falsch) ist die Vermutung, dass die Erde auf ihrer KEPLER-Ellipse im Sommer näher an der Sonne sei als im Winter. Im Gegenteil! Im Januar ist die Erde nur $147 \cdot 10^6$ km, im Juli dagegen $152 \cdot 10^6$ km von der Sonne entfernt. Im Sommer wird es aber früher hell und später dunkel. Die Sonne steht im Durchschnitt höher am Himmel. Die Sonnenstrahlen fallen steiler auf unsere nördliche Halbkugel. So wird der Nordhalbkugel im Sommer viel mehr Energie zugeführt als im Winter.

Woher rührt das? Die Rotationsachse der Erde steht schräg zur Ebene der KEPLER-Ellipse; sie ist zum Lot auf ihr um 23,5° geneigt (➡ *Bild 2*). Beim Umlauf um die Sonne behält die Erdachse ihre Richtung stets bei. Sie zeigt auf den Polarstern, den Himmelspol. Am 21. Juni, dem Tag der Sommersonnenwende, steht die Sonne über dem Breitenkreis mit 23,5° nördlicher Breite um 12 Uhr mittags genau im Zenit. Zur selben Zeit erreicht die Sonne in höheren Breiten ihren höchsten Stand. Am nördlichen Polarkreis (66,5° nördlicher Breite) geht an diesem Tag die Sonne nicht unter; am südlichen Polarkreis (66,5° südlicher Breite) herrscht durchgehend Polarnacht. Der Kreis mit 23,5° nördlicher Breite wird als nördlicher *Wendekreis* oder Wendekreis des Krebses bezeichnet; der Kreis mit 23,5° südlicher Breite ist der Wendekreis des Steinbocks. Entsprechend gilt für den 21. Dezember, den Tag der nördlichen Wintersonnenwende, dass die Sonne um 12 Uhr über dem Wendekreis des Steinbocks senkrecht steht und am südlichen Polarkreis nicht untergeht. Am 21. März (Frühlingsanfang auf der Nordhalbkugel) sind Tag- und Nachtbogen der Sonne gleich.

Projektideen

Die folgenden Probleme sind umfangreicher als die sonst üblichen Aufgaben. Ein paar Tipps:
Testen Sie Ihr Programm zuerst an einem Beispiel, bei dem man das Ergebnis kennt, z. B. dadurch, dass es in der Natur verwirklicht ist. Bei umfangreichen Berechnungen lohnt es sich, bessere Näherungsverfahren kennenzulernen und zu verwenden. Trauen Sie Ergebnissen erst, wenn auch bei Halbierung des Zeitintervalls und Verdoppelung der Schrittzahl (im Wesentlichen) die gleichen Ergebnisse folgen. Welche Programmiersprache oder was für ein Modellbildungssystem Sie verwenden, ist meistens nicht so wichtig.

1. Projekt: Flächengeschwindigkeit
Zeigen Sie mit Hilfe einer Simulation, dass die Flächengeschwindigkeit bei einer Ellipsenbahn konstant ist. Bestätigen Sie so das zweite KEPLER-Gesetz.

2. Projekt: Zweikörperproblem
Berechnen Sie die gegenseitige Bewegung von Erde und Mond. Legen Sie den Ursprung in den gemeinsamen Schwerpunkt von Erde und Mond.

3. Projekt: Fall des Meteors mit Luftwiderstand
Informieren Sie sich über ein realistisches Modell für die Abnahme der Dichte der Luft mit der Höhe. Lösen Sie Aufgabe 1 von dieser Seite unter Berücksichtigung des Luftwiderstands bei veränderlicher Dichte der Luft.

4. Projekt: Dreikörperproblem:
Bei diesem Problem gibt es für den allgemeinen Fall – auch in Hochschulbüchern – keine fertige Lösung, in die Sie nur die Anfangswerte einsetzen müssten.

a) Stellen Sie für drei Körper, die sich unter dem gegenseitigen Einfluss ihrer Gravitationsanziehung bewegen, ein Computerprogramm auf.

b) In dem Tabellenanhang des Buches sind die Bahndaten für Sonne, Erde und Mond enthalten. Bestimmen Sie daraus sinnvolle Anfangswerte für Ihr Programm. Wie lange dauert nach Ihren Berechnungen ein Jahr, wie lange ein Mondumlauf um die Erde? Vergleichen Sie mit den tatsächlichen Werten in der Natur!

c) Nehmen Sie drei Körper mit verschiedenen Massen (z. B. $m_1 = 4\,m_2 = 16\,m_3$). Richten Sie die Startwerte der Geschwindigkeit stets so ein, dass der Impuls des Schwerpunktes null ist. Wenn Sie ungezielt mit den Anfangsgeschwindigkeiten probieren, wird sich im Allgemeinen keine geschlossene Bewegung ergeben. Vorschlag: Ordnen Sie drei Körper auf einer Geraden an, fassen m_2 und m_3 als Doppelsternsystem auf, das um den gemeinsamen Schwerpunkt S_2 kreist. Geben Sie sich den Abstand der Massen vor und berechnen mit dem Gravitationsgesetz und der Gleichung für die Zentripetalkraft die Geschwindigkeiten von m_2 und m_3. Die in S_2 vereinte Masse $m_2 + m_3$ bildet mit m_1 wieder ein Doppelsternsystem. Berechnen Sie so für beide Systeme die Startwerte, mit denen dann die Iteration durchgeführt werden kann.

... noch mehr Aufgaben

A 1 und A 2 können nur mit dem Computer gelöst werden.

A 1: Ein Meteor ($m = 10$ kg) hat in 500 km Höhe die Geschwindigkeit $v = 10\ \text{km}\cdot\text{s}^{-1}$. Der Meteor stürzt senkrecht auf die Erde zu. **a)** Mit welcher Geschwindigkeit trifft er auf die Erde, wenn wir vom Luftwiderstand absehen? **b)** Welche Endgeschwindigkeit erreicht der Körper unter Berücksichtigung des Luftwiderstandes? Nehmen Sie dazu an, dass die Atmosphäre in 10 km Höhe über der Erde beginnt und die Dichte der Luft auf dieser Strecke konstant $\varrho = 0{,}6\ \text{kg/m}^3$ ist. Den Luftwiderstand können Sie mit $F = \frac{1}{2} \cdot c_w \cdot \varrho \cdot A \cdot v^2$ berechnen. Die Querschnittsfläche sei $A = 100\ \text{cm}^2$ und $c_w \approx 1$.

A 2: Zwei Körper haben jeweils die Masse 1,5 kg und den Radius 3 cm. Ihr Mittelpunktsabstand beträgt 10 cm und sie befinden sich zunächst in Ruhe. Die Körper sollen sich nur unter dem Einfluss der gegenseitigen Gravitationskraft aufeinander zubewegen. Nach welcher Zeit treffen sie aufeinander? Welche Geschwindigkeit haben die Körper dann?

A 3: Wie würde sich das Bild der Jahreszeiten ändern, wenn die Neigung der Erdachse gegen das Lot auf der unveränderten Erdbahnebene kleiner oder größer als 23,5° wäre? Wie verliefe das Jahr bei einer Neigung von 0°, wie bei 90°?

A 4: Geben Sie eine grobe Abschätzung, wie viel mehr Energie an einem Sommertag (16 Stunden Sonnenschein) gegenüber einem Wintertag (8 Stunden Sonnenschein) ein Ort 52° nördlicher Breite empfängt.

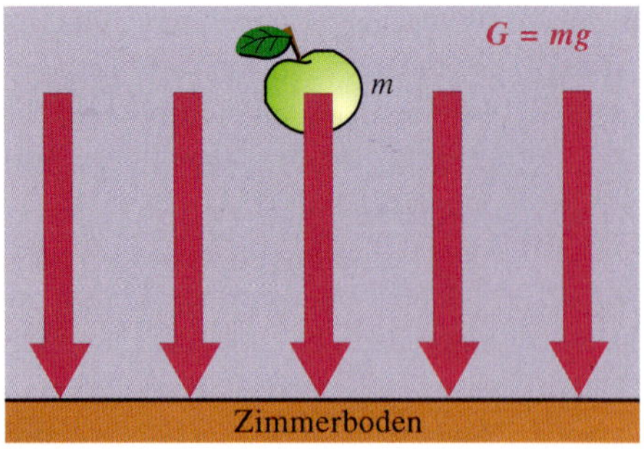

B 1: Ein Apfel fällt immer senkrecht nach unten. Woher weiß der Apfel dies?

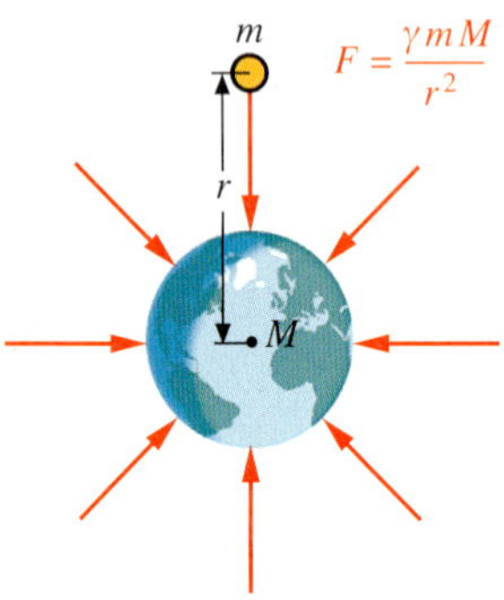

B 2: Das radiale Feld der Erde

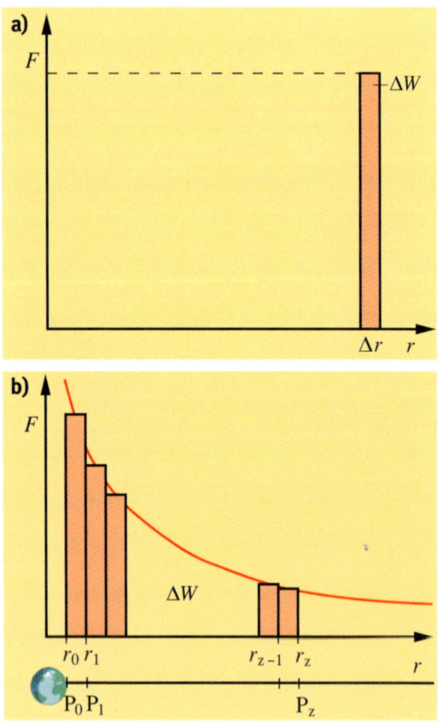

B 3: **a)** Beim Heben entspricht die zugeführte Energie dem Flächeninhalt des Rechtecks im *F*-*r*-Diagramm **b)** Zur Energiezufuhr bei veränderlicher Kraft

Potentielle Energie im Gravitationsfeld

1. Wir leben in Schwerefeldern

An jeder Stelle auf unserer Erde fallen Körper senkrecht nach unten. Es gibt aber kein Seil, mit dem die Erde diese Kraftwirkung überträgt. Auch im Vakuum zieht die Erde jeden Gegenstand an. Einen Raum, in dem solche Kraftwirkungen auftreten, nennen wir Gravitationsfeld. Sie kennen bereits magnetische und elektrische Felder. Dort erfahren „Probekörper" wie magnetisierte Stricknadeln oder geladene Wattestücke Kräfte *tangential* zu den *Feldlinien*. In einem kleinen Bereich (z. B. in einem Zimmer) sind die Gewichtskräfte G hinreichend parallel zueinander. Sie sind die Feldkräfte des Gravitationsfeldes; wir zeichnen deshalb auch die Feldlinien nach unten. Hier ist das Gravitationsfeld praktisch *homogen*. Damit meint man, es sei auch überall gleich „stark". Was heißt das? Nehmen wir als „Probekörper" einen beliebigen Gegenstand mit Masse m, also mit der Gewichtskraft $G = m\,g$. Im homogenen Feldbereich ist der Quotient $g = G/m$ konstant und für alle Körper gleich. Betrachtet man dagegen größere Bereiche, so nimmt er z. B. mit der Höhe ab; g heißt Ortsfaktor oder – wie wir jetzt sagen – *Feldstärke* des Gravitationsfeldes (vom geringen Einfluss der Erdrotation wegen der Zentripetalkraft sei abgesehen). Im Ganzen betrachtet, ist das Gravitationsfeld der Erde nach ➡ *Bild 2 radial*. Die Feldstärke g nimmt – wie die Gewichtskraft $G = m\,g = \gamma\, m M/r^2$ eines Körpers – nach außen gemäß $1/r^2$ ab.

2. Mit Energie in den Himmel

Wenn wir einen Körper der Masse m nur um eine gegenüber dem Erdradius R kleine Strecke $\Delta r \ll R$ heben, ist die Feldstärke g hinreichend konstant. Wir brauchen zum Heben die Energie $\Delta W = G \cdot \Delta r = m \cdot g \cdot \Delta r$. In einem Kraft-Weg-Diagramm entspricht diese Energie dem Flächeninhalt eines Rechtecks (➡ *Bild 3a*). Etwas komplizierter ist es, die Energie zu berechnen, die man braucht, um eine Raumkapsel vom Punkt P_0 1 000 km in einen höheren Punkt P_z zu heben (ohne zunächst ihre Geschwindigkeit zu ändern). Die Gravitationskraft ist nicht mehr konstant, sondern nimmt nach $F = \gamma\, M\, m/r^2$ ab. Deshalb unterteilen wir die Wegstrecke von P_0 bis P_z in sehr viele Radienstücke Δr von P_0 nach P_1, von P_1 nach P_2, P_2 nach P_3 bis hin zum Zielpunkt P_z. Beim ersten sich an P_0 anschließenden Stück $\Delta r = r_1 - r_0$ ist die Kraft

$$\text{in } P_0\text{: } F_0 = \gamma\, m M/r_0^2 \quad \text{und} \quad \text{in } P_1\text{: } F_1 = \gamma\, m M/r_1^2.$$

$F_0\,\Delta r$ gibt einen etwas zu großen, $F_1\,\Delta r$ einen zu niedrigen Wert für die Energie. Wir machen die Δr so klein, dass F sich innerhalb eines Intervalls nur wenig ändert. Die Näherung wird besser, wenn wir den dazwischenliegenden Wert für die Kraft $F_1' = \gamma\, m M/(r_1 \cdot r_0)$ nehmen. Bei ihm sind die Nenner r_0^2 und r_1^2 durch das zwischen beiden liegende Produkt $r_1 \cdot r_0$ ersetzt. Die zugeführte Energie beträgt also auf der Strecke $\Delta r = r_1 - r_0$ mit guter Näherung

$$\Delta W_1 = F_1'\,\Delta r = \gamma \frac{mM}{r_1 r_0}(r_1 - r_0) = \gamma\, m M \left(\frac{1}{r_0} - \frac{1}{r_1}\right).$$

Für die Abschnitte r_1 bis r_2, r_2 bis r_3, …, r_{z-1} bis r_z erhalten wir entsprechende Beiträge. Erfreulicherweise bleiben beim Addieren nur die Terme mit den festen Eckwerten r_0 und r_z übrig.

$$\Delta W = \gamma m M \left\{ \left(\frac{1}{r_0} - \frac{1}{r_1}\right) + \left(\frac{1}{r_1} - \frac{1}{r_2}\right) + \ldots + \left(\frac{1}{r_{z-1}} - \frac{1}{r_z}\right) \right\}$$
$$= \gamma m M \left(\frac{1}{r_0} - \frac{1}{r_z}\right)$$

Die zugeführte Energie und damit die Zunahme der *potentiellen Energie* (auch Lage- oder Höhenenergie genannt) ist also

$$\Delta W_{pot} = \gamma m M \left(\frac{1}{r_0} - \frac{1}{r_z}\right). \qquad (1)$$

Hebt man den Körper nicht radial hoch, sondern entlang einer gekrümmten Bahn, so zerlegen wir die Kurve entsprechend *Bild 4* in kleine Stückchen entlang den Feldlinien und in Bogenstücke quer dazu. Nur längs der Feldlinien (1) muss man Energie aufbringen, auf den Querstücken (2) nicht, da die Kraft senkrecht zur Bewegungsrichtung steht. Da nur die radialen Wegstücke beitragen, muss wie bei unseren obigen Überlegungen die Summe $\Delta W_1 + \ldots + \Delta W_z$ gebildet werden. Das Resultat ist wieder:

$$\Delta W_{pot} = \gamma m M \left(\frac{1}{r_0} - \frac{1}{r_z}\right).$$

Merksatz

Die Änderung der potentiellen Energie ΔW_{pot} im Gravitationsfeld ist unabhängig vom Weg zwischen Anfangs- und Endpunkt. Sie hängt nur von den Entfernungen r_0 und r_z nach Gleichung 1 ab.

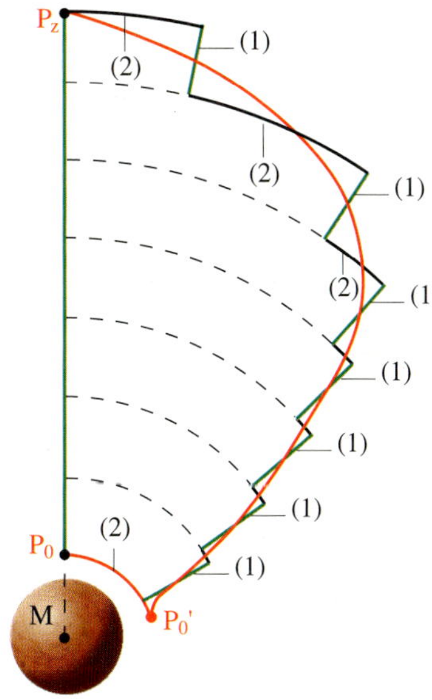

B 4: Die Energie ist wegunabhängig

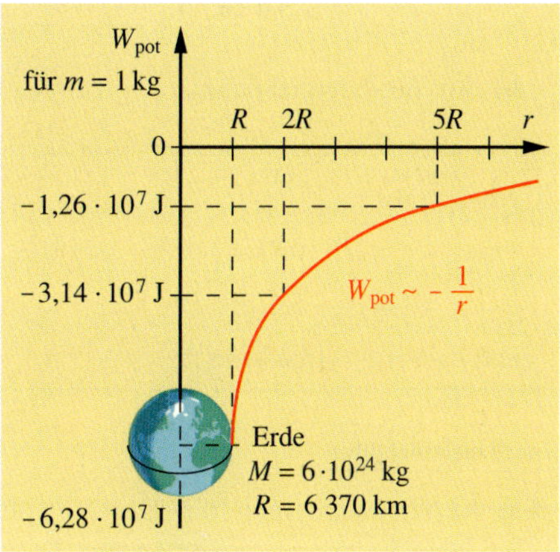

B 5: Verlauf der potentiellen Energie eines Körpers der Masse 1 kg in der Umgebung der Erde

3. Wohin mit dem Nullniveau?

Wie wir wissen, ist die potentielle Energie erst festgelegt, wenn wir uns auf ein Nullniveau geeinigt haben. Das Nullniveau der potentiellen Energie können wir nicht in den Erdmittelpunkt legen (für $r = 0$ m ist $1/r$ nicht definiert). Sehr weit von dem Zentralkörper entfernt ist die Kraft auf den Probekörper null. Man vereinbart daher, dass dort auch die potentielle Energie ihren Nullpunkt hat. Aus Gleichung 1 folgt die Energie, die man einem Körper der Masse m zuführen muss, um ihn aus einer beliebigen Entfernung r vom Erdmittelpunkt ins Unendliche zu bringen. $r_z \to \infty$ ergibt:

$$\Delta W_{pot} = \gamma m M / r.$$

Die Festlegung des Nullniveaus fordert für die potentielle Energie W_{pot} des Körpers in der Entfernung r vom Erdmittelpunkt:

$$W_{pot} + \gamma m M / r = 0, \quad \text{also } W_{pot} = -\gamma m M / r.$$

Merksatz

Das Nullniveau der *potentiellen Energie* legt man ins Unendliche. Im radialen Schwerefeld eines Körpers der Masse M hat ein anderer Körper mit der Masse m und dem Mittelpunktsabstand r die negative potentielle Energie $\boldsymbol{W_{pot} = -\frac{\gamma m M}{r}}$.

Beispiel

Potentielle Energie eines Satelliten

Ein Satellit ($m = 1\,000$ kg) soll von der Erdoberfläche ($R = 6\,370$ km) durch eine Rakete um 6 370 km ($r = 2R$) „gehoben" werden. Wie ändert sich dabei seine potentielle Energie?

Lösung:

Die Änderung ist:

$$\Delta W_{pot} = W_{pot}(2R) - W_{pot}(R)$$
$$\Delta W_{pot} = -\gamma m M \left(\frac{1}{2R} - \frac{1}{R}\right)$$
$$\Delta W_{pot} = \mathbf{3{,}14 \cdot 10^{10}\ J}$$

Beispiel

Ein Meteor stürzt zur Erde

Ein Meteor der Masse $m = 1\,000$ kg falle aus einer Entfernung von $9R$ auf die Erdoberfläche ($R = 6{,}37 \cdot 10^6$ m). Seine Geschwindigkeit in der Entfernung $9R$ betrage 10 km·s^{-1}.

a) Wie ändert sich seine potentielle Energie? **b)** Wie groß ist seine Geschwindigkeit beim Auftreffen, wenn wir vom Luftwiderstand absehen?

Lösung:

a) Die potentielle Energie wird kleiner, wenn der Meteor auf die Erde fällt. Die Änderung ΔW_{pot} ist negativ und es gilt

$$\Delta W_{pot} = W_{pot,\,unten} - W_{pot,\,oben} = -\gamma\, m M \left(\frac{1}{R} - \frac{1}{10R}\right) = \mathbf{-\,5{,}6 \cdot 10^{10}\ J}.$$

b) Aus der Energiebilanz

$$W_{kin,\,oben} + W_{pot,\,oben} = W_{kin,\,unten} + W_{pot,\,unten}$$

erhalten wir

$$\tfrac{1}{2} m v_0^2 - \gamma\, m M/(10R) = \tfrac{1}{2} m v^2 - \gamma\, m M/R$$

$$\tfrac{1}{2} m v^2 = \tfrac{1}{2} m v_0^2 + 5{,}6 \cdot 10^{10}\ \text{J}$$

und daraus $v = \mathbf{14{,}6\ km \cdot s^{-1}}$.

4. Fluchtgeschwindigkeit

Wir stellen uns vor, die Erde habe keine Atmosphäre. Soll ein Körper ins „Unendliche" fliegen, dann muss man ihm mindestens die Energie $W = \gamma\, m M/R$ (R Radius der Erde) zuführen. Eine Kanone müsste ihm diese Energie in einem Schuss als kinetische Energie $\frac{1}{2} m v^2$ geben. Hieraus folgt:

$$\frac{1}{2} m v^2 = \gamma\, m M/R \quad \text{oder} \quad v = \sqrt{2\gamma M/R} = 11{,}2\ \text{km} \cdot \text{s}^{-1}.$$

Man nennt v die **Fluchtgeschwindigkeit.**

5. Fliegt die Erde mit negativer Energie?

Jeder Erdsatellit hat im Gravitationsfeld der Erde eine negative potentielle Energie $W_{pot} < 0$ J. Wir haben ja ihr Nullniveau ins Unendliche gelegt. Dies gilt auch für die Erde im Feld der Sonne. Doch haben kreisende Körper auch noch *kinetische* Energie, die wegen $v^2 > 0$ stets *positiv* ist. Gibt dies den Körpern, die auf Kreisbahnen umlaufen, wenigstens eine positive Gesamtenergie W_{ges}?

Wir addieren:

$$W_{ges} = W_{kin} + W_{pot} = \frac{1}{2} m v^2 - \frac{\gamma\, m M}{r}.$$

Bei Kreisbahnen ist $m v^2/r = \gamma\, m M/r^2$ und damit

$$W_{ges} = \frac{1}{2}\frac{\gamma\, m M}{r} - \frac{\gamma\, m M}{r} = -\frac{1}{2}\frac{\gamma\, m M}{r}.$$

Die Gesamtenergie ist negativ und halb so groß wie die potentielle Energie. Seien wir froh darüber, sonst könnte die Erde mit ihrer kinetischen Energie ins Nullniveau der potentiellen, d. h. ins Unendliche, hochsteigen und so der Sonne entfliehen.

... noch mehr Aufgaben

A 1: a) Wie kann man die Gravitationsfeldstärke g am Erdäquator aus dem Gravitationsgesetz berechnen? **b)** Wie groß ist dort die Zentripetalkraft für einen Körper der Masse 1 kg? Wie viel Prozent der Gravitationskraft ist dies?

A 2: a) Eine Rakete wird in radialer Richtung mit der Anfangsgeschwindigkeit $v = 100$ m·s^{-1} abgeschossen. Wie hoch fliegt die Rakete, wenn der Ausgangspunkt der Bewegung den Abstand R ($R = 6\,370$ km), $2R$, $10R$ vom Erdmittelpunkt hat? **b)** Eine Rakete wird von der Erdoberfläche senkrecht nach oben abgeschossen. Welche Anfangsgeschwindigkeit muss sie haben, um die Höhe 1 000 km über der Erdoberfläche zu erreichen? (Von Reibungskräften ist abzusehen.)

A 3: a) Bestimmen Sie die Geschwindigkeit v und die Bewegungsenergie eines Erdsatelliten ($m = 1\,000$ kg), der in 1 000 km Höhe eine Kreisbahn beschreibt. **b)** Welche Energie braucht man, um ihn von der als ruhend gedachten Erdoberfläche in die Umlaufbahn zu bringen? **c)** Warum schießt man Satelliten nahe am Äquator und nach Osten ab?

A 4: a) Welche Geschwindigkeit v hat ein Meteor ($m = 1$ kg), der im Unendlichen praktisch ruhte, wenn er im Gravitationsfeld der Sonne die Erdbahn erreicht? **b)** Welche Geschwindigkeit v_E hat die Erde auf ihrer Bahn um die Sonne? **c)** Welche Geschwindigkeit v_1 kann also der Meteor relativ zur Erde maximal haben? **d)** Vergleichen Sie die zugehörige kinetische Energie mit derjenigen, die er allein durch die Gravitation der Erde an ihrer Oberfläche bekommen könnte. **e)** Woher rührt also die Reibungshitze des Meteors in der Atmosphäre in erster Linie?

A 5: Ein Satellit bewegt sich auf einer erdnahen Umlaufbahn. Durch die geringe Luftreibung verringert sich die Gesamtenergie. Zeigen Sie, dass dabei sein Bahnradius r sinkt und seine Geschwindigkeit v größer wird. (Hinweis: Minuszeichen bei der Gesamtenergie beachten!)

Interessantes

Ein Himmel voller Kegelschnitte

Mit dem Simulationsprogramm der rechten Spalte untersuchen wir, was für Bahnen wir erhalten, wenn die Geschwindigkeit und damit die kinetische Energie eines Erdsatelliten erhöht wird.

Wir beginnen mit Anfangsbedingungen, die eine Kreisbahn mit Radius $r = R = 6\,370$ km ergeben. Dabei lassen wir den Luftwiderstand außer Betracht; es stört uns auch nicht, dass der Satellit genau an der Erdoberfläche entlangrast. Der Satellit wird z. B. an der Stelle $x = 6{,}37 \cdot 10^6$ m, $y = 0$ m, mit der Geschwindigkeit $v_y = 7\,910\ \text{m·s}^{-1}$, $v_x = 0\ \text{m·s}^{-1}$, abgeschossen. Vergrößern wir die Startgeschwindigkeit (z. B. $v_y = 10\,500\ \text{m·s}^{-1}$) bei sonst gleichen Anfangsbedingungen, so geht die Kreisbahn in eine Ellipsenbahn über (→ *Bild 3*). Bei der Fluchtgeschwindigkeit $v_y = 11\,200\ \text{m·s}^{-1}$ ist die kinetische Energie gleich dem Betrag der potentiellen Energie. Aus der langgestreckten Ellipse ist eine Parabel geworden, die ins Unendliche reicht. Geht man mit der Startgeschwindigkeit über die Fluchtgeschwindigkeit hinaus, entstehen Hyperbelbahnen.

Zusammenstellung:

Gesamtenergie	Geschwindigkeit	Bahnform
$W < 0$ J	$v < 11{,}2\ \text{km·s}^{-1}$	Ellipse
$W = 0$ J	$v = 11{,}2\ \text{km·s}^{-1}$	Parabel
$W > 0$ J	$v > 11{,}2\ \text{km·s}^{-1}$	Hyperbel

Hyperbel, Parabel und Ellipse nennt man in der Mathematik Kegelschnitte.

B 1: Der Komet Hale-Bopp beschreibt eine Ellipsenbahn mit der Sonne in einem Brennpunkt

Programmschleife:

$r = \sqrt{x^2 + y^2}$

$a_x = -\gamma M x / r^3 \qquad a_y = -\gamma M y / r^3$

$v_x = v_x + a_x \cdot \Delta t \qquad v_y = v_y + a_y \cdot \Delta t$

$x = x + v_x \cdot \Delta t \qquad y = y + v_y \cdot \Delta t$

$t = t + \Delta t$

Startwerte:

$x = 6{,}376 \cdot 10^6$; $y = 0$; $\gamma = 6{,}672 \cdot 10^{-11}$

$M = 5{,}97 \cdot 10^{24}$; $v_x = 0$; $t = 0$

v_y siehe unten (→ *Bild 3*)

B 2: Die russische Raumstation Mir bewegt sich auf einer Ellipsenbahn um die Erde

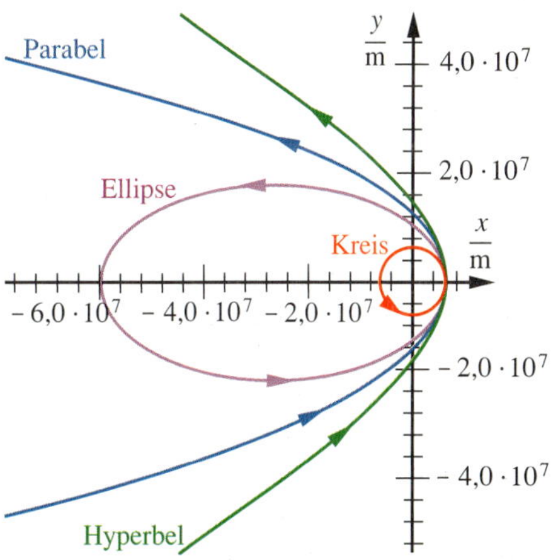

B 3: Verschiedene Bahnformen für Satelliten; Startwerte für v_y senkrecht zur x-Achse:

Kreis $v_y = 7\,910\ \text{m·s}^{-1}$

Ellipse $v_y = 10\,500\ \text{m·s}^{-1}$

Parabel $v_y = 11\,200\ \text{m·s}^{-1}$ und $-11\,200\ \text{m·s}^{-1}$

Hyperbel $v_y = 12\,000\ \text{m·s}^{-1}$ und $-12\,000\ \text{m·s}^{-1}$

Interessantes

Ebbe und Flut werden berechnet

Aus dem Abstand von Erd- und Mondmittelpunkt ($r = 3{,}84 \cdot 10^5$ km) und der Mondmasse ($m_M = 7{,}33 \cdot 10^{22}$ kg) berechnen wir die Beschleunigung a_z des Schwerpunktes E der Erde:

$$a_z = \gamma\, m_M / r^2 = 3{,}316 \cdot 10^{-5}\ \mathrm{m \cdot s^{-2}}.$$

Der Punkt A auf der Erdoberfläche (*Bild 2*) ist dem Mond um den Erdradius $R = 6\,370$ km näher als der Mittelpunkt E. Daher erfährt ein Wasserteilchen in A die größere Beschleunigung

$$a_A = \gamma\, m_M / (r - R)^2 = 3{,}429 \cdot 10^{-5}\ \mathrm{m \cdot s^{-2}},$$

der um R entferntere Punkt B dagegen nur

$$a_B = \gamma\, m_M / (r + R)^2 = 3{,}209 \cdot 10^{-5}\ \mathrm{m \cdot s^{-2}}.$$

Etwas Näherungsrechnung:
Ein Wasserteilchen im Punkt A habe den Abstand x vom Erdmittelpunkt. Relativ dazu erfährt es die Beschleunigung

$$\Delta a_A = a_A - a_z = \gamma\, m_M \cdot (1/(r-x)^2 - 1/r^2).$$

Ziehen wir r^2 aus $(r-x)^2$ heraus, so ist für $x/r \ll 1$:

$$(r-x)^2 = r^2 \cdot [1 - 2x/r + (x/r)^2]$$
$$\approx r^2 \cdot [1 - 2x/r]$$

Zudem gilt für kleine y näherungsweise:

$$1/(1-y) \approx 1 + y,$$

also gilt:

$$\Delta a_A \approx \gamma\, m_M \cdot (1/[r^2 \cdot (1 - 2x/r)] - 1/r^2)$$
$$\Delta a_A \approx \gamma\, m_M \cdot (1/r^2 \cdot [1 + 2x/r] - 1/r^2)$$
$$\Delta a_A \approx \gamma\, m_M \cdot 2x/r^3$$

Zerreißprobe beim Kometenschweif

1994 stürzte der Komet *Shoemaker-Levy 9* auf den Jupiter. Vor seinem Aufprall war er schon durch „Gezeiteneffekte" in 20 Teile zerrissen. Ist nämlich die Gezeitenkraft größer als die Gravitationskraft, die den Kometen zusammenhält, zerbricht er.
M_J sei die Masse des Jupiters, r der Abstand zwischen dem Kometen und Jupiter, m_K die Masse des Kometen und x der Radius des Kometenkerns. Der Komet zerbricht also, wenn für die entsprechenden Beschleunigungen gilt:

$$\gamma\, M_J \cdot 2x/r^3 > \gamma\, m_K/x^2$$

oder

$$2 \cdot M_J/r^3 > m_K/x^3$$

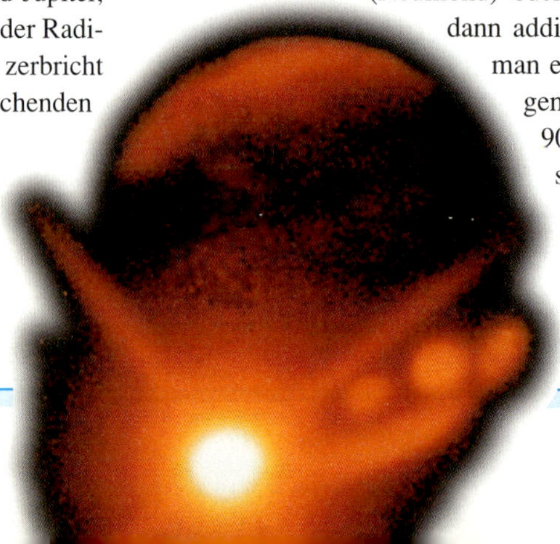

B 1: Komet Shoemaker-Levy beim Sturz auf den Jupiter

Der Wechsel der Gezeiten

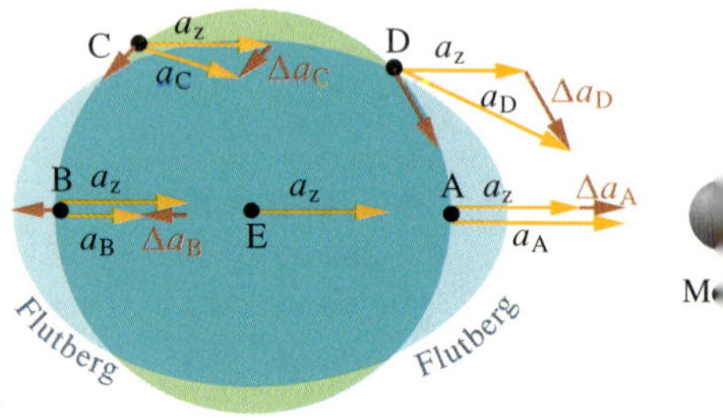

B 2: Zur Entstehung der Gezeiten

An den Küsten der Weltmeere sind Ebbe und Flut sehr verschieden stark ausgeprägt. Ostsee und Mittelmeer zeigen nur geringe Schwankungen zwischen Hoch- und Niedrigwasser. Im freien Ozean ist der „Tidenhub" (der Unterschied zwischen Hoch- und Niedrigwasser) 80 cm, an manchen Küstenorten werden Höchstwerte von 15 m gefunden (z. B. Fundy-Bay in Kanada). In St. Malo (Frankreich) wird das Wasser bei Flut durch einen Damm eingefangen und treibt im Gezeitenkraftwerk bei Ebbe Turbinen mit der Leistung 240 MW an. Bekanntlich hängen die Gezeiten mit der Stellung des Mondes zusammen. Warum? Die Mittelpunkte von Erde und Mond kreisen um ihren gemeinsamen Schwerpunkt S. Dabei ist die Tangentialbewegung kräftefrei. Die Gezeiten werden allein vom Unterschied der Gravitationskräfte F_i ausgelöst, die der Mond auf die verschiedenen Erdpunkte i ausübt. So zieht der Mond die ihm zugewandten Wasserteilchen im Punkt A (*Bild 2*) mit der größten Kraft F_A an. Sie erfahren deshalb eine Beschleunigung a_A auf den Mond zu, die größer ist als die Beschleunigung a_z des starren (im Erdmittelpunkt E vereinigt gedachten) Erdkörpers. So bildet sich der dem Mond ständig zugewandte Flutberg aus. Die mondabgewandten Teilchen (in B) erfahren die geringste Beschleunigung a_B. Sie bleiben also gegenüber dem Erdkörper zurück und bilden den mondabgewandten Flutberg (Rechnung siehe linke Spalte). Unter beiden Flutbergen dreht sich die Erde in etwa einem Tag einmal hindurch. Jeder Punkt hat etwa zweimal pro Tag Hoch- und zweimal Niedrigwasser. Die Beschleunigung a_z der festen Erdkruste ist in allen Punkten gemeinsam. Im *Bild 2* ist sie durch orange Pfeile eingetragen, zusammen mit den von Punkt zu Punkt verschiedenen Beschleunigungen a_A, a_B, a_C für einzelne Wasserteilchen aufgrund der Mondanziehung. Die roten Differenzvektoren zeigen, wie die Wassermassen zu den Flutbergen hin getrieben werden.

Der Mond bleibt täglich um 50 min hinter der Sonne zurück, daher tritt erst nach 12 h 25 min wieder Flut ein. Die Sonne übt auf die Erde eine fluterzeugende Wirkung aus, die etwa 40% von derjenigen des Mondes beträgt. Stehen Sonne und Mond in einer Richtung (Neumond) oder einander entgegen (Vollmond), dann addieren sich die Wirkungen beider; man erhält eine *Springflut*. Steht dagegen die Sonne bei Halbmond unter 90° zum Mond, dann schwächen sich die Wirkungen, man hat *Nippflut*.

Interessantes

Völlig losgelöst von der Erde ...

Am Ende des Gravitationsfeldes?

Wenn Raumfahrer schwerelos durch ihre Kapsel schweben, sagt man häufig, sie haben das Schwerefeld der Erde verlassen und befinden sich im schwerefreien Raum. So weit brachte es jedoch noch kein Raumfahrer! Die Gravitationskraft der Erde reicht, wie wir wissen, ins Unendliche. Zudem gibt es noch die Anziehung durch die Sonne und den Mond. Für uns ist ein schwerefreier Raum nur in Gedanken erreichbar.

Einfacher wäre es, den schwerefreien Punkt zwischen Erde und Mond aufzusuchen, in dem sich die Gravitationskräfte beider Himmelskörper das Gleichgewicht halten. In ihm ist aber noch die Gravitationskraft der Sonne wirksam. Doch gibt es sicherlich Punkte, in denen sich die verschiedenen Gravitationskräfte aufheben. Dies ist gleichbedeutend mit echter Schwerelosigkeit – aber nur in einzelnen Punkten.

Ein Sprung, und die Schwerkraft verschwindet

Steigen Sie auf einen Tisch – oder den 3 m-Turm im Schwimmbad – und halten einen Stein ruhig in der Hand. Beim Sprung in die Tiefe spüren Sie dessen Gewichtskraft nicht mehr. Sie fühlen auch sich selbst schwerefrei. Dabei ist es unwichtig, ob Sie sich senkrecht nach unten plumpsen lassen oder mit einem kühnen Anlauf abspringen. Für einen Beobachter in einem Inertialsystem ist die Beschreibung klar: Der Stein braucht seine ganze Gewichtskraft, um sich selbst zu beschleunigen. Er beschwert die Hand nicht. Im nächsten Kapitel werden wir sehen, wie EINSTEIN diese Überlegungen zum Ausgangspunkt seiner allgemeinen Relativitätstheorie nahm. Auch bei Gravitationsbewegungen auf Ellipsen, Parabeln und Hyperbeln sind die Insassen eines Raumschiffs in diesem Sinne schwerefrei. Es spielt keine Rolle, ob sie auf die Erde im freien ungehemmten Fall zustürzen, die Erde auf einer Kreisbahn umrunden oder sich auf einem Flug zum Mond befinden, falls sie den Raketenantrieb schon abgeschaltet haben.

Man kann diese Art der Schwerelosigkeit auf der Erde für einige Zeit simulieren, wenn man Flugzeuge auf KEPLER-Ellipsen fliegen und den Luftwiderstand genau durch die Triebwerke ausgleichen lässt. Dabei muss man nicht nur die richtige Bahnkurve, sondern auch die zugehörigen Geschwindigkeiten und vor allem Beschleunigungen präzise einhalten. Der Fallturm in Bremen bietet eine andere Möglichkeit, Experimente praktisch ohne Schwere (Mikrogravitation) durchzuführen. In einer evakuierten Röhre können Fallkapseln 110 m weit frei fallen. Wurde die Kapsel vom Boden aus in die Höhe geschossen, so ist die Zeit der Schwerelosigkeit verdoppelt. Zunehmend werden Versuche zur „Mikrogravitation", wie Kristallwachstum und das Verhalten von Flüssigkeiten, in Raumstationen durchgeführt, so z.B. bei der zweiten deutschen Spacelab-Mission D2.

B 3: Ein frei schwebender Astronaut

V 1: Eine Plastikflasche für Limonaden wird bis auf eine Luftblase mit Wasser gefüllt. Wirft man die Flasche hoch (und fängt sie auch wieder auf), so nimmt die Blase Kugelform an. Wie im Weltraum spielt hier der Wasserdruck während des Fluges keine Rolle, da das Wasser „schwerelos" ist. Die Oberflächenkräfte sorgen dafür, dass sich die Kugelform einstellt.
Was erwarten Sie für die Bewegung der Blase, wenn die Flasche stark beschleunigt vorwärts bewegt wird?

B 4: Der Fallturm von Bremen

Interessantes

Von ARISTOTELES bis EINSTEIN und HAWKING

Vom Mythos zur Wissenschaft

Seit Urzeiten ranken sich um das Geschehen am Himmel mythische Vorstellungen: Sonne und Mond werden bei ihrem Untergang im Westen von Ungeheuern verschlungen, müssen sich durch die Unterwelt kämpfen oder – wie bei den Azteken – durch Menschenblut am Leben gehalten werden.

Die Grundvorstellung der griechischen Kosmologie war folgende: Die Erde ruht im Zentrum der Welt und von hier aus steigt man auf zu immer höheren Sphären, bis man die Fixsternsphäre, als oberste und vollkommenste, erreicht. Diese Sphären in Kugelform wurden als ideale Gestalten mit vollendeter Symmetrie betrachtet. Aufgabe der Himmelsmechanik war es, die Bewegung der Gestirne auf gleichmäßige Kreisbewegungen zurückzuführen. Um die Bewegung der Sonne, des Mondes, der Planeten und der Fixsterne durch Bewegung auf Kreisen zu beschreiben, brauchte EUDOXOS, ein Schüler PLATOS, allerdings schon 27 ineinander gelagerte Hohlkugeln.

ARISTOTELES, der bedeutendste Schüler von PLATO, erweiterte diese Vorstellungen. Er begründete eine Bewegungslehre, die zwischen „natürlichen" und „gewaltsamen" Bewegungen unterscheidet. Den Himmelskörpern ordnete er als Substanz den „Äther" zu. Deren natürliche Bewegung ist die Kreisbewegung. Abweichungen vom einfachen Kreis wurden aber auch schon damals an der Schleifenbahn der Planeten beobachtet. Um die „geheiligten" Kreise zu retten, heftete der griechische Astronom PTOLEMÄUS (150 n. Chr.) die Planeten an Epizykel-Kreise (rot), deren Mittelpunkt M auf dem Trägerkreis (blau) weiterschreitet (➡ *Bild 1*). So konnte man gute Übereinstimmung mit den Beobachtungen durch Überlagerung von Kreisbahnen erzielen.

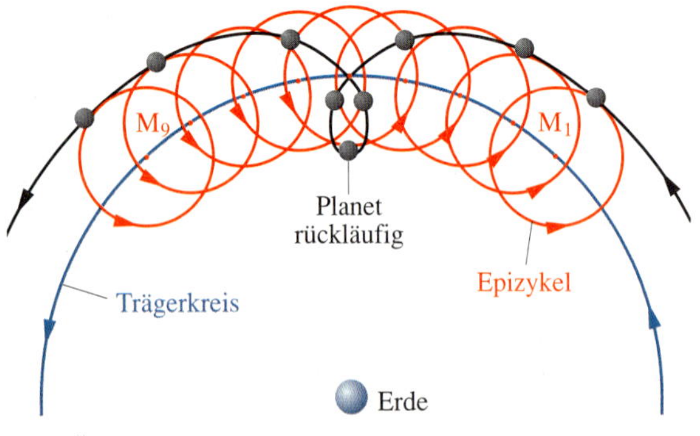

B 1: Überlagerung von Kreisbahnen – die Epizykel-Theorie

Die Himmelsmechanik war aber streng getrennt von der irdischen Mechanik. Man sagte: Während am Himmel die immer gleichen, vollkommenen Kreisbewegungen stattfinden, beschrieben durch die Mathematik, gelten auf der Erde keine mathematischen Gesetze. Hier herrschen Werden und Vergehen, Geburt und Tod. Dementsprechend kommt auf der Erde auch jede Bewegung nach dem Wegfall des äußeren Antriebs zum Stillstand. Diese Vorstellungen konnten sich als Ersatz für das noch fehlende Gedankengebäude der Mechanik mehr als $1\frac{1}{2}$ Jahrtausende halten.

Die kopernikanische Wende

Nikolaus KOPERNIKUS (1473 – 1543), Domherr von Frauenburg in Ostpreußen, gab in seinem berühmten Werk *de revolutionibus orbium coelestium* (Über die Umdrehung der Himmelskreise) den geozentrischen Standpunkt auf. Er beließ aber noch die Kreisbahnen. Sein *heliozentrischer* Standpunkt war für die meisten Gelehrten und Theologen unannehmbar. Sie hielten seine Schrift nur für eine Neuauflage der Hypothesen, wie die des *Aristarch von Samos* (280 v. Chr.). Dieser hatte als Erster die Vermutung ausgesprochen, Sonne und Fixsterne würden ruhen. Ihre Bewegung werde durch die Rotation der Erde um ihre eigene Achse vorgetäuscht. Neu an den Überlegungen von KOPERNIKUS war, dass durch die Erdbahn die Lage und Größe der Planetenbahnen bestimmt wurde. Der Weltraum wurde so zu einem ausmessbaren Raum.

Doch die Einwendungen gegen KOPERNIKUS waren groß und scheinbar berechtigt. Ein Gegenargument des genauen Beobachters Tycho BRAHE war: Wenn die Erde um die Sonne läuft, so müssen wir die Fixsterne im Abstand von einem halben Jahr von zwei weit entfernten Stellungen aus etwas gegeneinander verschoben sehen. Diese **Parallaxe** konnte jedoch wegen der großen Entfernung der Fixsterne erst im 19. Jahrhundert gemessen werden. Zu Zeiten von KOPERNIKUS aber fand man keine Fixsternparallaxe und hielt das heliozentrische Weltbild damit für widerlegt. Ohne Fernrohr waren damals keine genaueren Beobachtungen möglich. Dennoch war der Anstoß gegeben, Beweise für die neuen Auffassungen zu suchen.

Interessantes

GALILEI sucht Beweise mit dem Fernrohr

Galileo GALILEI (geb. 1564 in Pisa, gest. 1642 in Florenz) war eine außergewöhnlich imposante Persönlichkeit. Er beeindruckte die Menschen durch seine Phantasie, seinen Witz und die Gewalt seiner Sprache. Von seinem mächtigen Temperament ließ er sich aber dazu hinreißen, den Unverstand seiner einflussreichen Gegner bloßzustellen und so schaffte er sich gefährliche Feinde. Mit seinem Fernrohr sah er, dass der Planet Jupiter von Monden umkreist wird, also ein Planetensystem im Kleinen darstellt. ARISTOTELES lehrte dagegen, dass etwas Bewegtes nicht selbst Zentrum von Bewegtem sein kann. Das Fernrohr zeigte GALILEI auch die Gebirge des Mondes. Dieser hat nicht die vollkommene Kugelgestalt, wie die Lehre des ARISTOTELES es verlangt. Mit diesen Argumenten und Beweisen trat er öffentlich in der Sprache des Volkes gegen das von der Kirche anerkannte *ptolemäisch-aristotelische* Weltbild auf. GALILEI wurde der Ketzerei angeklagt und in Haft genommen. Er musste sich zum Widerruf der kopernikanischen Lehre verpflichten und erhielt Schreibverbot. Wie KOPERNIKUS hielt aber GALILEI noch an der Kreisbahn für die Planetenbewegung fest.

Erst KEPLER verlässt die Kreisbahn

Johannes KEPLER wurde 1571 in Weil der Stadt (Württemberg) geboren und starb 1630. Nach einem Theologiestudium wandte er sich der Astronomie zu. Dabei lernte er insgeheim die *kopernikanischen* Lehren kennen, und er wurde ein begeisterter Anhänger der Theorie. Er fühlte sich befreit von diesen hypothetischen Sphären, welche die Erde gleich Zwiebelschalen umgaben. Man war Bürger einer neuen, größeren Welt, in deren Mittelpunkt die strahlende, göttliche Sonne stand. Religiösen Ideen folgend suchte er in seinem Buch *Mysterium cosmographicum* (Geheimnisse des Weltbaus), die Verhältnisse der Planetenbahnradien in Übereinstimmung mit den Proportionen an den fünf regulären Körpern zu bringen. In *Harmonices Mundi* erforschte er die Geschwindigkeiten der Planeten im sonnennächsten und sonnenfernsten Punkt (Perihel und Aphel) und stellte fest, dass sie den Frequenzverhältnissen der Töne von Harmonien entsprechen. Nach einer höheren Harmonie strebte er Zeit seines Lebens. Im Gegensatz zu vielen anderen blieb er aber nicht bei diesen Gedanken stehen, sondern prüfte sie an möglichst genauem Beobachtungsmaterial. Deshalb zog er zu Tycho BRAHE nach Prag. In der *Astronomia nova* und der *Weltharmonik* schrieb er die nach ihm benannten KEPLER-Gesetze nieder, die zu den ersten mathematisch formulierten, auf Beobachtung beruhenden Naturgesetzen gehören.

NEWTON sah Erde und Himmelskörper als Einheit an

Isaac NEWTON wurde etwa 100 Jahre nach GALILEI geboren. Er stellte nicht nur die Grundgesetze der Mechanik auf, sondern fand das Gravitationsgesetz und wandte die Grundgesetze auf die Bewegung der Himmelskörper an. Er konnte so die keplerschen Gesetze aus den Grundsätzen seiner Mechanik herleiten. Seine Auffassung, das Gewicht sei nichts weiter als eine allgemeine Massenanziehung, erntete lange Zeit Widerspruch und Spott. In seinen *Philosophiae Naturalis Principia Mathematica* (sinngemäß übersetzt: Mathematische Grundlagen der Physik) fasste er die Grundlagen der Differential- und Integralrechnung zusammen und wandte sie dann auf die Mechanik des Massenpunktes, die Strömungslehre und die Planetenbewegung an. NEWTON fragte sich zudem, warum sich beliebige Körper gegenseitig anziehen, vor allem, wie diese Anziehungskraft bei den riesigen Entfernungen, die zwischen den Himmelskörpern bestehen, zustande kommt. Eine Antwort darauf lehnte er jedoch mit dem lateinischen Spruch *Hypotheses non fingo* („Hypothesen ersinne ich nicht") ab.

NEWTONS Mechanik bewährte sich glänzend. So konnte aus Abweichungen des Planeten *Uranus* von der berechneten Bahn auf die Existenz eines unbekannten Planeten geschlossen werden. An der daraus berechneten Position fand man dann tatsächlich den Planeten *Neptun*. Unregelmäßigkeiten, die man bei der Bewegung von Saturn schon zu NEWTONS Zeiten fand, ließen Zweifel an der Stabilität des Sonnensystems aufkommen. Man fragte sich, ob nicht Gott von Zeit zu Zeit eingreifen müsse, sein Werk wieder in Ordnung zu bringen. Der große französische Mathematiker LAPLACE konnte nach (heute nicht mehr als gültig anerkannten) Rechnungen seinem Kaiser Napoleon auf dessen Frage, ob Gott von Zeit zu Zeit eingreifen müsse, treuherzig antworten, „Sire, wir brauchen diese Hypothese nicht."

Interessantes

Auch andere gekrönte Häupter sorgten sich um die Stabilität der Welt und damit auch ihres Herrschaftssystems. Oskar II. von Schweden stiftete 1885 einen ansehnlichen Preis für den Nachweis, dass die Planetenbahnen stabil sind. Zweifel daran waren aufgetreten, da Jupiter und Saturn Umlaufzeiten haben, die etwa im Verhältnis 5 : 2 stehen. Durch Resonanz könnten sich die schwachen Kraftwirkungen zwischen den Planeten aufschaukeln und zu radikal anderen Bahnen führen. Henry POINCARÉ (1854 – 1912) gewann schließlich diesen Preis. In seiner Arbeit zeigte er, dass es stabile und nichtstabile Bahnen gibt und dass in manchen Fällen eine beliebig kleine Störung ausreicht, um den Übergang von dem einen zum anderen Bahntyp zu verursachen. POINCARÉ wäre so beinahe zum Begründer der **Chaosforschung** geworden. Er beschreibt dies mit den Worten, „Es kann vorkommen, dass kleine Abweichungen in den Anfangsbedingungen schließlich große Unterschiede in den Phänomenen erzeugen. Ein kleiner Fehler zu Anfang wird später einen großen Fehler zur Folge haben. Vorhersagen werden unmöglich, und wir haben ein zufälliges Ergebnis."

Am Anfang des 20. Jahrhunderts beschäftigte noch eine kleine Unstimmigkeit Astronomen und Physiker: Der sonnennächste Punkt (Perihel) der Merkurbahn verschiebt sich um 0,1 Bogensekunden pro Bahnumlauf mehr, als NEWTONS Gravitationsgesetz vorhersagte.

Niels BOHR findet ein Planetensystem im Kleinen

Wie wir von der Mittelstufe her wissen, gibt es auch zwischen negativen und positiven Ladungen anziehende Kräfte. Ch. COULOMB fand 1785, dass für die Kraft zwischen kugelsymmetrischen Ladungen ein ganz ähnliches Gesetz wie bei den Gravitationskräften gilt

$$F_{el} = k\,\frac{q \cdot Q}{r^2}.$$

Die Ladungen q und Q werden in C gemessen; r ist ihr Abstand; die Konstante k hat den Wert: $k = 9 \cdot 10^9\ \text{N} \cdot \text{m}^2 \cdot \text{C}^{-2}$.

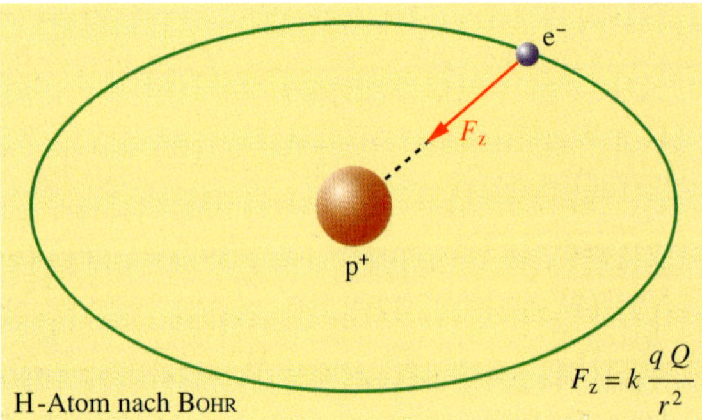

H-Atom nach BOHR

Nach der Vorstellung der Physiker am Anfang dieses Jahrhunderts bilden Elektron und Proton im Wasserstoffatom ein kleines Planetensystem. Um einen positiv geladenen Kern kreist ein Elektron. Die Zentripetalkraft wird dabei von der elektrischen Kraft geliefert. Die Ladungen von Elektron ($e = 1{,}6 \cdot 10^{-19}$ C) und Proton sind dem Betrage nach gleich. Für die Kräfte und die Gesamtenergie gilt:

$$\frac{m v^2}{r} = k\,\frac{e^2}{r^2};$$

$$W_{ges} = \frac{1}{2}\,m v^2 - k\,\frac{e^2}{r} = -\frac{1}{2}\,k\,\frac{e^2}{r}.$$

Den Übergang von einer Elektronenbahn in eine mit größerer Gesamtenergie kann man durch Einstrahlung von Licht erreichen. Umgekehrt sendet das Atom Licht aus, wenn es aus einem energiereicheren Zustand in eine innere, energieärmere Bahn übergeht. Merkwürdig erschien, dass nur ganz bestimmte Energiedifferenzen auftreten und die Elektronen bei ihrer beschleunigten Bewegung keine Energie abstrahlen, wie man es aus der Elektrizitätslehre erwartete.

Dieses Planetenmodell für das Wasserstoffatom wurde von BOHR und SOMMERFELD begründet. Zahlreiche Widersprüche mit der Erfahrung führten zur Entwicklung einer neuen Theorie, der Quantentheorie.

EINSTEIN relativiert Raum und Zeit

1905 hatte A. EINSTEIN während seiner Arbeit beim Berner Patentamt die *spezielle Relativitätstheorie* entwickelt. Daraus ergaben sich weitreichende Veränderungen der Vorstellungen von Raum und Zeit. Dies hatte EINSTEIN aus zwei von ihm als fundamental erkannten Prinzipien hergeleitet, der *Konstanz der Lichtgeschwindigkeit* und dem *Relativitätsprinzip* (Die Naturgesetze nehmen in allen Inertialsystemen die gleiche Form an).

Strecken, die man in Bewegungsrichtung bei einem anderen relativ zu sich bewegten System betrachtet, werden verkürzt gemessen. Für einen Beobachter in dem bewegten System haben sie ihre normale „Eigenlänge". Die zeitliche Dauer eines Vorgangs ist relativ und wird ebenfalls von der Bewegung des Bezugssystems beeinflusst. Wir messen z. B. eine verlängerte Lebensdauer von radioaktiven Teilchen, so als ob *ihre* Zeit langsamer abliefe. Nach dem newtonschen Gravitationsgesetz hängt die Kraft zwischen zwei Körpern von ihrer Entfernung ab.

Interessantes

Da diese aber je nach Bezugssystem unterschiedlich ist, ergeben sich verschiedene Werte für die Gravitationskraft zwischen zwei Körpern. Daraus folgerte EINSTEIN, dass das Gravitationsgesetz noch nicht korrekt sein konnte. Dieser „Makel" ließ ihm viele Jahre keine Ruhe. Den Ansatz zur Lösung fand er aufgrund einer einfachen Überlegung, die mit seinen Worten wiedergegeben werden soll: „Ich saß auf meinem Sessel im Berner Patentamt, als mir plötzlich folgender Gedanke kam: Wenn sich eine Person im freien Fall befindet, dann spürt sie ihr eigenes Gewicht nicht." Für jemanden, der frei fällt, ist die Gravitation aus der Umgebung verschwunden. EINSTEIN verallgemeinerte diese Überlegungen im *Äquivalenzprinzip: Die Vorgänge in beschleunigten Bezugssystemen und in Gravitationsfeldern sind einander äquivalent. Durch Messungen innerhalb eines Labors kann man nicht unterscheiden, ob sich dieses in einem Gravitationsfeld befindet oder aus einer anderen Ursache konstant beschleunigt wird.* Innerhalb kurzer Zeit konnte EINSTEIN weitreichende Folgerungen aus dem Äquivalenzprinzip ziehen. Ein Gedankenexperiment soll uns dies verdeutlichen:

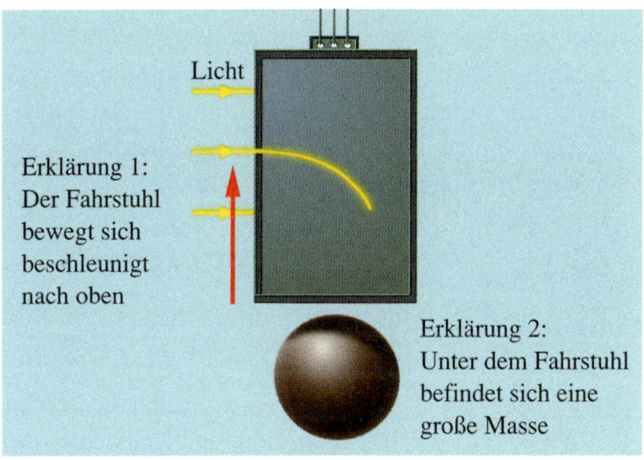

In einen Fahrstuhl tritt ein Lichtstrahl waagerecht ein. An der Fahrstuhlwand sieht man die parabelförmig nach unten gekrümmte Bahn des Lichtes. Dafür gibt es zwei Erklärungsmöglichkeiten. Naheliegend ist die Vermutung, dass der Fahrstuhl sich beschleunigt nach oben bewegt. Nach dem Äquivalenzprinzip kann man den gekrümmten Strahl auch so deuten, dass er von einem nach unten wirkenden Gravitationsfeld abgelenkt wird. Licht müsste sich wie ein Ball beim waagerechten Wurf verhalten. Der Ball wird auf seiner Bahn schneller. Analog dazu muss Licht, das im Gravitationsfeld senkrecht nach unten verläuft, seine Energie vergrößern. Die Geschwindigkeit des Lichts ist aber stets 300 000 $km \cdot s^{-1}$. Das Licht ändert daher seine Farbe, wenn es im Gravitationsfeld nach unten „fällt". Aus rotem Licht wird so energiereicheres blaues Licht.

Eine weitere Folgerung war, dass Uhren, die sich in verschiedenen Höhen im Feld eines Zentralkörpers befinden, unterschiedlich schnell gehen.

Es dauerte aber noch mehrere Jahre, bis EINSTEIN 1915 Gleichungen fand, die das Gravitationsfeld korrekt beschreiben. Durch sie konnte auch die Periheldrehung des Merkur richtig berechnet werden.

All diese vorhergesagten Effekte sind in der Zwischenzeit direkt experimentell überprüft und bestätigt worden. REBKA und POUND zeigten 1965, dass die Energie von Strahlung größer wird, wenn die Strahlung auf einer Strecke von nur 20 m „herunterfällt". 1971 konnten HAFELE und KEATING mit sehr genauen Atomuhren in normalen Verkehrsflugzeugen die relativistischen Zeitänderungen aufgrund der Unterschiede im Gravitationsfeld nachweisen.

Schwarze Löcher

Nach der allgemeinen Relativitätstheorie von EINSTEIN sollte es *schwarze Löcher* geben. Durch einen Kollaps eines sehr massereichen Sterns entsteht dieses für uns völlig neuartige Gebilde. Aufgrund seines kleinen Radius und seiner großen Masse übt es eine ungeheuer starke Gravitationsanziehung aus. Licht und Materie können hineinfallen, aber es kommt nichts mehr heraus. Schon außerhalb eines solchen schwarzen Lochs wirken extrem große Gezeitenkräfte auf einen Körper. Ein Beispiel, aber nur in Gedanken, soll uns dies verdeutlichen: In der Umgebung eines schwarzen Loches mit der 10fachen Sonnenmasse kreise ein Mensch der Größe $x = 1{,}8$ m auf einer Bahn vom Umfang $U = 2\pi r$. Die „Gezeitenkraft" auf ihn ist nach dem Abschnitt über Ebbe und Flut: $m \cdot \Delta a_r = m \cdot \gamma \cdot m_L \cdot 2x/r^3 = m \cdot \gamma \cdot m_L \cdot 16\pi^3 x/U^3$. Für $U = 20\,000$ km und $m_L = 20 \cdot 10^{30}$ kg ergibt sich: $\Delta a_r = 149\ m \cdot s^{-2}$, was 15fache Gewichtskraft auf Erden bedeutet!

EINSTEIN und andere Physiker lehnten die Existenz dieser Gebilde zuerst vehement ab. 1974 zeigte HAWKING, dass schwarze Löcher eine Strahlung aussenden müssen. Umkreisen sich zwei schwarze Löcher, so sollten von ihnen Gravitationswellen ausgehen. Der experimentelle Nachweis dieser Wellen ist das Ziel von neuen Versuchsanlagen, die bis zum Jahr 2007 fertiggestellt sein sollen.

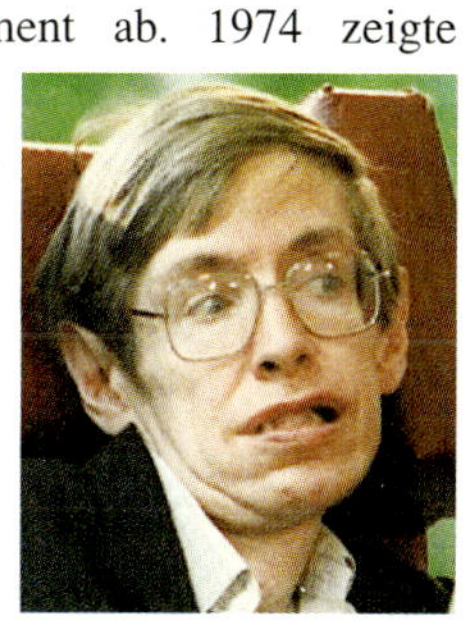

Stephen HAWKING

Das ist wichtig

NEWTONsches Gravitationsgesetz

Alle Körper üben aufeinander Gravitationskräfte aus. Zwei kugelsymmetrische Körper der Massen m und M, deren Mittelpunkte voneinander den Abstand r haben, ziehen sich gegenseitig mit der Gravitationskraft F an:

$$F = \frac{\gamma\, m M}{r^2}.$$

Der Proportionalitätsfaktor im Gravitationsgesetz heißt Gravitationskonstante γ und hat den Wert

$$\gamma = 6{,}672 \cdot 10^{-11}\ \mathrm{m^3 \cdot kg^{-1} \cdot s^{-2}}.$$

KEPLER-Gesetze

1. Trabanten bewegen sich auf Ellipsenbahnen, in deren einem Brennpunkt der Zentralkörper steht.
2. Der vom Zentralkörper zum Trabanten gezogene Fahrstrahl überstreicht in gleichen Zeiten Flächen mit gleichem Inhalt.
3. Die Quadrate der Umlaufdauern T_1 und T_2 zweier Trabanten um den gleichen Zentralkörper verhalten sich wie die dritten Potenzen der großen Halbachsen a_1 und a_2:

$$\frac{T_1^2}{T_2^2} = \frac{a_1^3}{a_2^3} \quad \text{oder} \quad \frac{a^3}{T^2} = C.$$

Die Änderung der **potentiellen Energie** ΔW_{pot} von P_0 nach P_z im Gravitationsfeld ist unabhängig von der Form des Weges zwischen Anfangs- und Endpunkt. Sie hängt nur von den Abständen r_0 und r_z vom Mittelpunkt des anziehenden Himmelskörpers ab. Die Energie, die man zuführen muss, um einen Körper der Masse m im Gravitationsfeld eines Körpers mit der Masse M von r_0 nach r_z zu heben, ist:

$$\Delta W_{pot} = \gamma\, m M \left(\frac{1}{r_0} - \frac{1}{r_z}\right).$$

Das **Nullniveau** der potentiellen Energie legt man ins Unendliche. Im radialen Schwerefeld eines Körpers der Masse M hat ein anderer Körper mit der Masse m und dem Mittelpunktsabstand r die negative **potentielle Energie**

$$W_{pot} = -\frac{\gamma\, m M}{r}.$$

Bewegt sich ein **Komet oder Satellit** nur unter dem Einfluss eines Zentralkörpers, so beschreibt er eine **Ellipsen-, Parabel-** oder **Hyperbelbahn.**

Als **Fluchtgeschwindigkeit** bezeichnet man die Geschwindigkeit, die ein Körper mindestens haben muss, um von der Oberfläche der Erde (oder eines anderen Himmelskörpers) ins Unendliche zu gelangen (ohne Luftwiderstand).

Lösungsstrategien für Aufgaben

1. Fliegen Trabanten bzw. Satelliten auf **Kreisbahnen,** so wird die zur Kreisbahn nötige Zentripetalkraft von der Gravitationskraft aufgebracht: $m v^2/r = \gamma\, m M/r^2$.
   Je nach Aufgabenstellung kann es sinnvoll sein, v durch $v = 2\pi r/T$ zu ersetzen (T: Umlaufdauer).

   Typische Aufgabenstellungen sind dabei:
   „Berechnen Sie die Masse M des Zentralkörpers, wenn die Umlaufdauer T und der Bahnradius r des Satelliten gegeben sind." oder „Berechnen Sie die Höhe h des Satelliten über dem Boden und seine Geschwindigkeit, wenn die Masse des Zentralkörpers und die Umlaufdauer bekannt sind." Beachten Sie:
   r = Erdradius + Höhe über dem Boden, $r = R + h$.
   Stationäre Satelliten haben als Umlaufdauer einen Tag.

2. Aufgaben, die nach **Gravitationskraft** mg und Fallbeschleunigung g in Abhängigkeit von der Höhe h fragen. Es ist: $m g = \gamma\, m M/r^2$.

   Typische Aufgabenstellung:
   „Wie groß ist die Fallbeschleunigung in 10 km Höhe?"

3. Aufgaben über Trabanten auf **Ellipsenbahnen.** Hier kann das dritte KEPLER-Gesetz zur Berechnung verwendet werden. Für die Geschwindigkeiten und Entfernungen im sonnennächsten Punkt (Perihel) und im sonnenfernsten Punkt (Aphel) gilt nach dem zweiten KEPLER-Gesetz: $r_A \cdot v_A = r_P \cdot v_P$ und $r_A + r_P = 2a$.

   Typische Aufgabenstellung:
   „Der Komet XY hat eine Umlaufdauer von 2 000 Jahren. Im Perihel beträgt seine Sonnenentfernung 10 Mio. km. Berechnen Sie die große Halbachse a sowie seine größte Sonnenentfernung."

4. Aufgaben, die mit Hilfe von **Energiebetrachtungen** gelöst werden können, z. B.: „Welche Geschwindigkeit muss eine Kanonenkugel mindestens haben, um von der Erde aus die Höhe 1 000 km zu erreichen?"
   Bei Abschuss senkrecht nach oben gilt:
   $$\frac{1}{2} m v^2 = \gamma\, m M \left(\frac{1}{r_0} - \frac{1}{r_z}\right),$$
   mit r_0 = Erdradius, $r_z = r_0 + 1\,000$ km.

Das elektrische Feld

„Leidener Flasche“ 1753

Schon im 4. Jahrhundert vor Christus berichtete PLATO über die anziehende Wirkung von geriebenem Bernstein auf Staub und andere leichte Gegenstände. Otto VON GUERICKE, Bürgermeister von Magdeburg, verfasste 1663 eine Schrift, in der er den Bau einer elektrisierenden Schwefelkugel beschreibt. Darin schilderte er auch wichtige Phänomene der Elektrizität: Abstoßung, Influenz, Leitung und Leuchtwirkung.

Im Barock wurde die Elektrizität salonfähig. Mit Elektrisiermaschinen und so genannten Leidener Flaschen erzeugte man Funken, mit denen man z. B. Alkohol anzünden konnte. Der Abbé NOLLET, Physiklehrer der königlichen Prinzen und Prinzessinnen, ließ 700 nichts ahnende Mönche eines Kartäuserklosters den Entladungskreis für eine Leidener Flasche bilden. Zur Freude des Hofstaates von Ludwig dem XV. sprangen alle gleichzeitig hoch, als sich die Kette schloss. Blitze wurden nicht mehr von Göttern geschleudert, sondern vom Menschen im Labor erzeugt. Der amerikanische Physiker und Politiker Benjamin FRANKLIN schlug als erste technische Anwendung den Bau eines Blitzableiters vor.

Die Entwicklung von Batterien durch Luigi GALVANI und Alessandro VOLTA führte zu neuen Untersuchungsmethoden und Anwendungen. An den Sitzungen der Akademie, in denen VOLTA seine neuen Experimente vorstellte, nahm oft der Erste Konsul Bonaparte teil. Napoleons naturwissenschaftliche Bildung und seine Anerkennung für die Arbeiten von VOLTA führten dazu, dass Paris damals zum Zentrum der Naturwissenschaft wurde.

Heute schalten wir den Computer ein und schicken an einen Freund oder eine Freundin in Amerika ein E-Mail oder unterhalten uns übers Internet. Welch weiter Weg in einer gar nicht so langen Zeit!

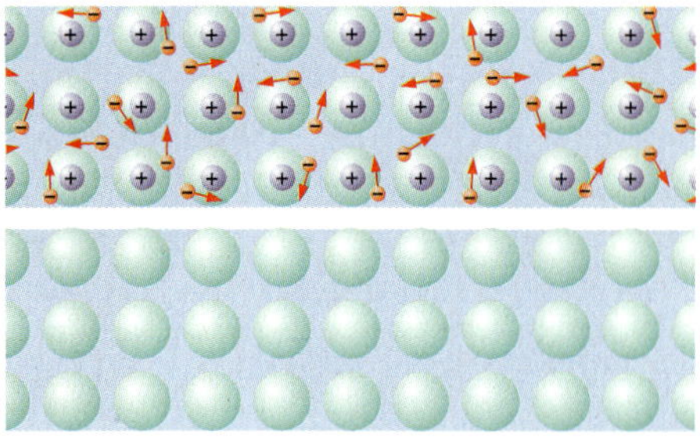

B 1: Atomistisches Bild eines Leiters (oben) und eines Isolators (unten)

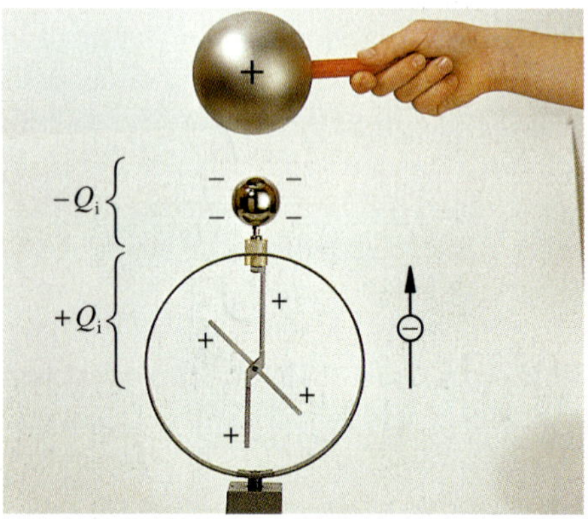

V 1: Influenzversuch: Die Plusladung der oberen Kugel zieht im Elektroskop-Stab Elektronen nach oben. Das Elektroskop schlägt aus.

B 2: Verkehrszählung auf der Autobahn: „Stromstärke" = Zahl der Fahrzeuge pro Zeiteinheit.

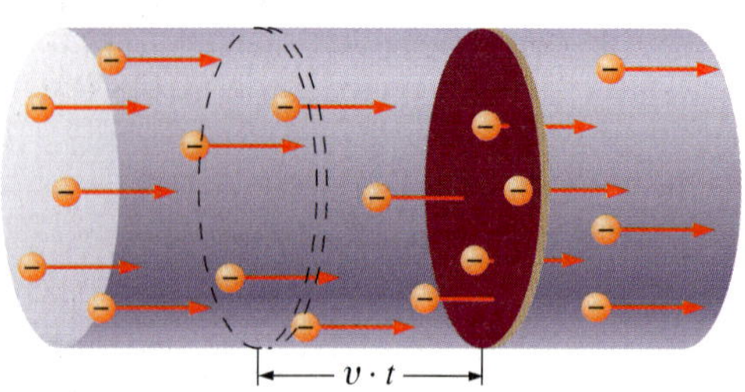

B 3: Elektronen, die sich in dem Zylinder mit der Länge $v \cdot t$ befinden, werden in der Zeit t die rote Fläche durchsetzen. Man definiert $I = Q/t$.

Ladung und Strom

1. Die kleinsten Ladungen

Wie wir wissen, gibt es **negative** und **positive** Ladungen. Gleichnamige Ladungen stoßen sich ab, ungleichnamige ziehen sich an. Die Kräfte zwischen Ladungen nehmen mit sinkendem Abstand zu. Die Träger der negativen Ladung sind die **Elektronen** in der Atomhülle; die der positiven, die so genannten **Protonen**, sitzen im Atomkern. Die Ladungen von Elektron und Proton sind dem Betrage nach genau gleich. Alle in der Natur vorkommenden Ladungen sind ganzzahlige Vielfache einer kleinsten Ladung, der Elementarladung:

$$e = 1{,}6021773 \cdot 10^{-19}\ \text{C}; \quad q_{\text{Elektron}} = -e.$$

Kleinere Ladungen hat man bei freien Teilchen in der Natur bis heute nicht gefunden. Bringt man entgegengesetzte Ladungen in gleichen Mengen zusammen, so üben sie nach außen hin keine Wirkungen aus. Sie neutralisieren sich, bleiben aber weiter bestehen. Wegen dieser perfekten Bilanz merken wir im Allgemeinen nicht, dass alle Körper Ladungen enthalten. Für die Ladungssumme gilt ein Erhaltungssatz wie für Masse, Energie und Impuls. Die Ladungssumme im Weltall ist konstant, wahrscheinlich null.

Elektrische Quellen (Batterien, Bandgenerator, Dynamo, ...) erzeugen Ladungen nicht neu. Sie trennen nur bereits vorhandene positive und negative Ladungen gegen die anziehenden Kräfte voneinander. Dazu brauchen die Quellen Energie. Sind sie erschöpft, so aus Energie-, nicht aus Ladungsmangel. **Elektrische „Verbraucher"** (Lampen, Motoren) verbrauchen keine Ladung; sie wandeln elektrische Energie in andere Energieformen um.

In **Metallen** sind auch im stromlosen Zustand Elektronen frei beweglich; sie bilden ein „Elektronengas" (➡ *Bild 1*). Das Elektronengas wird von den positiv geladenen Atomrümpfen zusammengehalten und neutralisiert. Nähert man nun dem senkrechten Stab eines **Elektroskops** (➡ *Versuch 1*) von oben eine positive Ladung, dann zieht diese einen winzigen Teil der Elektronen nach oben. Diese bilden am oberen Stabende durch Elektronenüberschuss eine negative **Influenzladung**. Unten am Stab herrscht Elektronenmangel; dort überwiegen Plusladungen. Sie stoßen sich gegenseitig ab: Das Elektroskop schlägt aus. In **Isolatoren** dagegen sind alle Elektronen fest an ihre Atome gebunden (➡ *Bild 1*).

2. Strom ist fließende Ladung

Was man unter der Stromstärke I versteht, machen wir in ➡ *Bild 2* und ➡ *Bild 3* deutlich. Der Quotient aus der durch einen Leiterquerschnitt fließenden Ladung Q und der dazu benötigten Zeit t ist die Stromstärke I: Man definiert $\boldsymbol{I = Q/t}$.

Zum Messen braucht man Einheiten. Alle mechanischen Einheiten leitet man aus den drei Basiseinheiten m, kg und s ab. Man verwendet beim Aufbau der elektrischen Einheiten die Einheit 1 Ampere (A) der Stromstärke I als zusätzliche Basiseinheit. Die gesetzliche

Definition des Ampere geht von den magnetischen Wirkungen des Stroms aus. Für die Ladung gilt $Q = I \cdot t$. Die Ladungseinheit **1 Coulomb** (1 C) fließt bei der Stromstärke 1 A in 1 s durch den Leiterquerschnitt: **1 C = 1 As**. Man kann also auch sagen: Ein Strom hat die Stromstärke 1 A, wenn in einer Sekunde $1/1{,}6021773 \cdot 10^{-19} = 6{,}2415065 \cdot 10^{18}$ Elektronen durch den Leiterquerschnitt fließen. Das Zählen wäre aber sehr mühselig! Wir verwenden daher lieber Geräte wie das Drehspulinstrument.

3. Ladungsmessung durch Stromstärkemessung

Wie verhält sich das Drehspulinstrument bei Ladungen, die pulsierend fließen? Mit einem geeigneten Netzgerät erzeugen wir einen Strom, dessen *t-I*-Diagramm aus periodisch sich wiederholenden Rechtecken besteht (*Bild 4*). Die Ladung, die innerhalb einer Periode durch den Leiterquerschnitt tritt, entspricht dem Flächeninhalt eines Rechtecks im *t-I*-Diagramm. In 0,3 s fließt demnach die Ladung $Q = 0{,}1\ \text{s} \cdot 3\ \text{C/s} = 0{,}3\ \text{C}$. Unser Drehspulinstrument ist zu träge, um den einzelnen schnellen Stromstößen zu folgen. Es zeigt die mittlere Stromstärke $\bar{I} = 0{,}3\ \text{C}/0{,}3\ \text{s} = 1\ \text{A}$ an.

In *Versuch 2* sind zwei parallele Platten, zwischen denen sich Luft befindet, (ein so genannter *Plattenkondensator*) mit einem Netzgerät verbunden. Zwischen ihnen hängt an einem isolierenden Faden ein Kügelchen mit leitender Oberfläche. Wenn es an einer Platte aufgeladen wurde, pendelt es zwischen den Platten ständig hin und her. Was geht dabei vor?
Das Kügelchen trägt Elektronen mit der Ladung $-q$ von der rechten Platte (–) zur linken (+). Wir hören, dass es ebenso schnell wie nach links nach rechts zurückpendelt. Dabei trägt es die gleich große positive Ladung $+q$ als Elektronenmangel. Die linke Platte entzieht ihm somit Elektronen der Ladung $-2q$; die rechte gibt ihm wieder $-2q$ zurück und ändert so seine Ladung von $+q$ in $-q$. Die Stromstärke kann man mit Drehspulinstrumenten nicht bestimmen; sie ist zu klein. Wir benutzen hierzu einen elektrischen Messverstärker. Damit können wir Ströme bis zu $1\ \text{pA} = 10^{-12}\ \text{A}$ (1 Millionstel eines Millionstel Ampere) und nach einem anderen Messprinzip Ladungen bis zu $10^{-9}\ \text{C} = 1\ \text{nC}$ messen. Der Verstärker zeigt einen konstanten Ausschlag, während das Kügelchen pendelt. Aus dem Mittelwert der Stromstärke und der Zahl der Hin- und Herläufe können wir die Ladung q des Kügelchens berechnen. Durch eine *direkte Ladungsmessung* am Kügelchen mit dem Messverstärker prüfen wir dann dessen Anzeige nach und bestätigen den berechneten Wert (*Versuch 2b*).

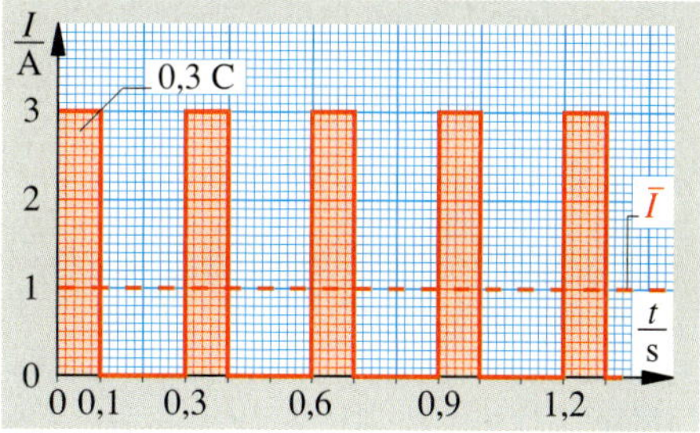

B 4: Bestimmung von Ladung und mittlerer Stromstärke $\bar{I}$ aus der Fläche unter der $I(t)$-Kurve

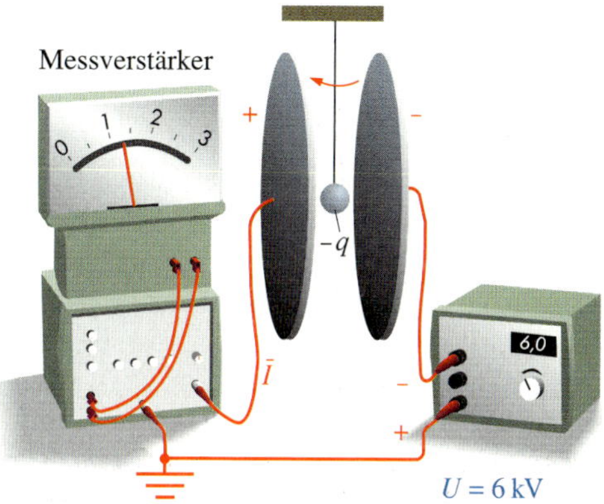

V 2: a) Netzgerät $U = 6$ kV, Plattenabstand 10 cm. Das Kügelchen mit 2 cm Durchmesser hängt an einem 1 m langen Isolierfaden. Die mittlere Stromstärke ist $\bar{I} = 12$ nA; in 1 s fließen also 12 nC. Schlägt das Kügelchen in 1 s z. B. dreimal rechts an, so nimmt es dort in 1 s die Ladung $3 \cdot 2q = 6q$ auf; links gibt es $6q$ ab. Daher ist $3 \cdot 2q = 12$ nC, also $q = 2$ nC.
b) Wir legen den Kondensator aus a) direkt an die Quelle und laden das Kügelchen an der Innenseite der rechten Platte auf. Dann entladen wir es am Messverstärker, den wir aus dem Stromkreis genommen und auf Ladungsmessung umgeschaltet haben. Er zeigt $q = -2\ \text{nC} = -2 \cdot 10^{-9}\ \text{C}$ an. Haben wir an der linken, positiven Platte geladen, so zeigt er $q = +2$ nC.

... noch mehr Aufgaben

A 1: Ein Netzgerät liefert einen rechteckförmigen periodischen Strom mit der Frequenz 50 Hz. Während 0,005 s beträgt die Stromstärke 100 mA, während der restlichen Periodendauer ist $I = 0$. Welche Stromstärke zeigt ein Drehspulinstrument?

A 2: Ein Plastiktrinkhalm wird auf einer Nadel drehbar gelagert. Reiben Sie einen zweiten Halm mit einem Wolltuch und nähern ihn dem drehbar gelagerten Halm. Was beobachten Sie? Was geschieht, wenn beide Halme gerieben werden? Erklärung!

A 3: Wie viele Elektronen fließen bei 1 pA in 1 s durch den Leiterquerschnitt?

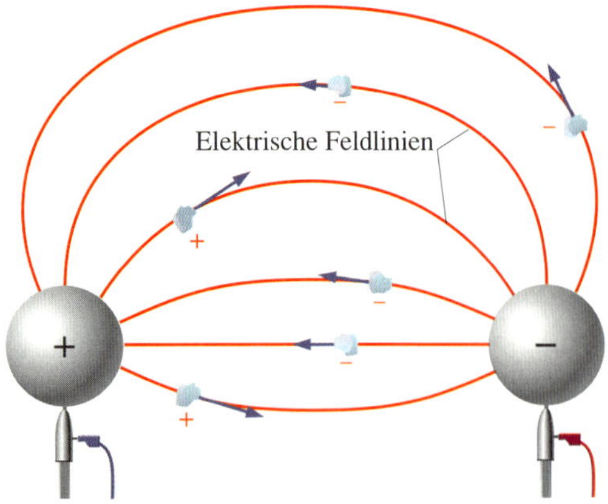

V 1: Eine Influenzmaschine oder ein Bandgenerator lädt zwei Kugeln entgegengesetzt auf. Im Umfeld ihrer Ladungen $\pm Q$ fliegen Watteflocken – wie von unsichtbarer Hand gezogen – auf gekrümmten Bahnen hin und her. Bei $+Q$ erhalten die Flocken kleine positive, bei $-Q$ negative Ladungen q. Diese erfahren Feldkräfte.

V 2: Grießkörner schwimmen in Rizinusöl. Darauf setzen wir zwei Elektroden und laden sie mit einem Bandgenerator auf. Durch Influenz werden in den Körnern Ladungen getrennt. Die entgegengesetzten Ladungen benachbarter Körner ziehen diese zu Ketten längs Feldlinien zusammen (➡ *Bild 1*) und zeigen die Struktur des Feldes. Bei verschiedenen Elektrodenanordnungen ergeben sich unterschiedliche Feldformen (➡ *Bild 2a–d*).

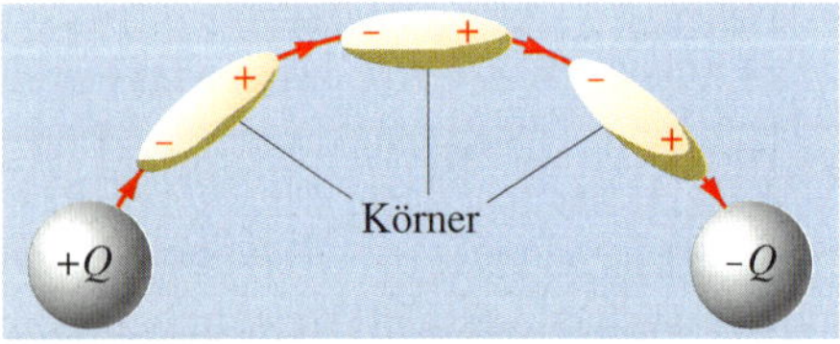

B 1: In den Grießkörnern werden Ladungen durch Influenz getrennt; sie ziehen die Körner zu Ketten zusammen.

FARADAYS Feldidee

1. Der Raum bekommt Struktur

Einen geangelten Hecht zieht man mit Haken und Schnur an Land. Wie aber zieht eine Ladung eine andere zu sich her oder stößt sie ab? Früher glaubte man, die Kraft wirke durch den leeren Raum. Ohne Vermittlung von Stoff und Raum sollte sie unmittelbar zwischen Ladungen wirken. Solche Vorstellungen verwenden wir auch noch, wenn wir z. B. sagen, „Gleichnamige Ladungen stoßen sich ab". Michael FARADAY führte eine neue Sichtweise ein. Er sah das Umfeld von Ladungen als Mittler für elektrische Kräfte an und nannte es **elektrisches Feld**. Dies war ein Wagnis, denn er konnte noch keine Beweise vorbringen, bestenfalls einige Hinweise. Auch wir suchen nach solchen, zumal sich im Umfeld von Ladungen einiges tut.

Zur Untersuchung bringen wir so genannte Probeladungen q (wir nehmen Watteflocken) zwischen positiv und negativ geladene Kugeln (➡ *Versuch 1*). Die Probeladungen erfahren **Feldkräfte** tangential zu gekrümmten Linien, **elektrische Feldlinien** genannt. Diese zeigen eine Ordnungsstruktur im Raum, die uns hilft, Vorhersagen zu machen. Liegen die Startpunkte der Watteflocken genügend dicht beisammen, so laufen die Flocken entlang benachbarter Linien. Die Feldlinien liegen an den geladenen Kugeln dichter beisammen als weitab von ihnen. Da die Wattestücke in Kugelnähe auch stärkere Kräfte erfahren, können wir sagen: *Das Feld ist an Stellen größerer Feldliniendichte stärker*. Eine andere Veranschaulichung der Feldstruktur gelingt mit Grieß und Rizinusöl (➡ *Versuch 2*). Zeichnet man Feldlinienbilder, so geben Pfeile die Richtung der Feldkraft auf eine positive Probeladung an. Beim **radialen Feld** (➡ *Bild 2c*) gehen die Feldlinien von einer positiv geladenen Scheibe sternförmig zu einem Ring mit negativen Ladungen. Zwischen zwei parallelen **Kondensatorplatten** verlaufen die Feldlinien senkrecht zu den Platten und zueinander parallel (➡ *Bild 2d*). Probeladungen erfahren in diesem **homogenen Feld** Kräfte gleicher Richtung. Am Rand biegen sich die Feldlinien nach außen.

Merksatz

> Ladungen sind von elektrischen Feldern umgeben. In ihnen erfahren ruhende wie bewegte Probeladungen Feldkräfte tangential zu den elektrischen Feldlinien. Positive Probeladungen erfahren Kräfte in Richtung der Feldlinien, negative ihnen entgegen.

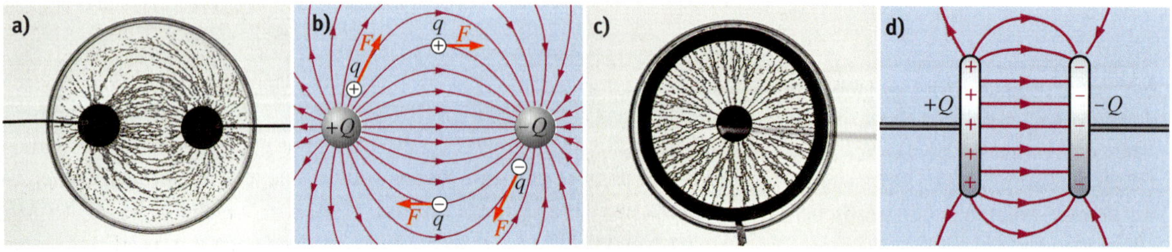

B 2: **a) b)** Feld zwischen zwei entgegengesetzt geladenen Kugeln **c)** radiales Feld **d)** homogenes Feld

2. Elektrische Felder – nicht nur in Luft

In all unseren Bildern enden Feldlinien auf Metalloberflächen senkrecht. *Muss* das immer so sein? In ➡ *Bild 4* stehe die Feldlinie (1) schräg zur Leiteroberfläche. Die dort sitzende bewegliche Ladung $-Q_1$ erfährt die schräg liegende Kraft F_1. Ihre Komponente F_p parallel zur Oberfläche verschiebt die Ladung. Die Verschiebung hört erst dann auf, wenn der Wert $F_p = 0$ ist. Dann steht die Feldlinie (2) senkrecht zur Oberfläche; dies ist auch bei (3) der Fall.

Bringt man einen Leiter in ein elektrisches Feld, so ist sein Inneres feldfrei; im Inneren des Metallrings in ➡ *Bild 5* liegen die Grießkörner ohne Struktur. Feldkräfte haben negative Influenzladungen $-Q$ auf die linke Ringseite gezogen. An ihnen enden die von links kommenden Feldlinien senkrecht. Rechts auf dem Ring sitzen die zugehörigen positiven Influenzladungen $+Q$. Von ihnen laufen andere Feldlinien nach rechts. So schützen auch Auto- und Flugzeughüllen aus Metall durch ihre feldfreien Räume die Insassen vor Blitzen.

Auch im materiefreien Raum einer braunschen Röhre können wir ein elektrisches Feld nachweisen (➡ *Bild 6*). Die geladenen Ablenkplatten erzeugen ein homogenes Feld. In ihm erfahren Elektronen, sozusagen als Probeladungen, Kräfte und werden abgelenkt.

In ➡ *Bild 3* sind A und K mit den Polen einer Quelle verbunden. Dadurch entsteht zwischen A und K ein elektrisches Feld. In der Rinne befindet sich Wasser und etwas Kaliumpermanganat. Es enthält negative, lila färbende Permanganat-Ionen. Trotz des Widerstandes, den die Ionen im Wasser erfahren, wandern sie nach links (➡ *Bild 3*). Sie zeigen uns als Probeladungen, dass sie auch im Innern der leitenden Flüssigkeit Feldkräfte erfahren, dass dort ein Feld besteht. Es sind also *Feldkräfte*, die den Strom aufrechterhalten. Ohne Feld gibt es keine Feldkraft und damit keinen Strom.

Merksatz

An Feldlinienenden sitzen Ladungen. Wenn Feldlinien auf der Leiteroberfläche senkrecht enden, dann ruhen die Ladungen. Bis dieser Zustand eingetreten ist, werden Ladungen verschoben.
In Leitern können Feldkräfte Ladungen trennen und so auf den Oberflächen Influenzladungen bilden.
In Stromkreisen treiben elektrische Felder Ladungen im Leiterinneren voran.

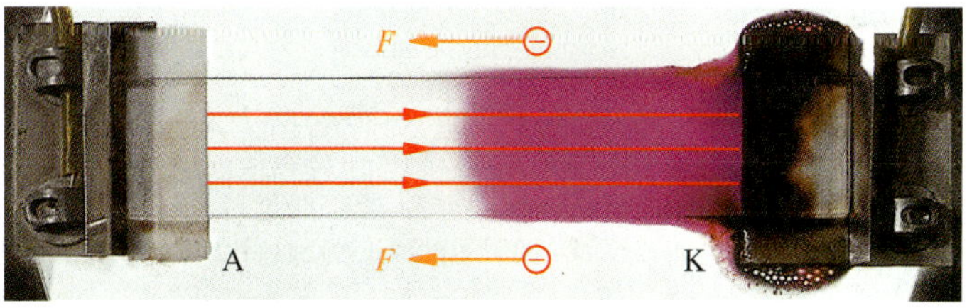

B 3: Feldkräfte treiben die Ionen auf Wanderschaft

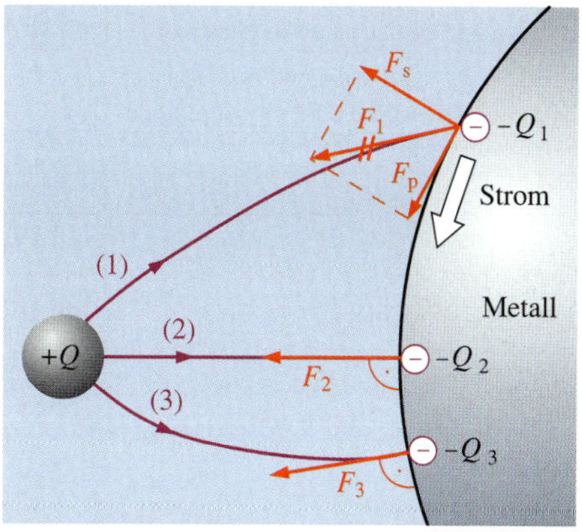

B 4: Enden Feldlinien senkrecht auf Leiteroberflächen, so besteht elektrostatisches Gleichgewicht

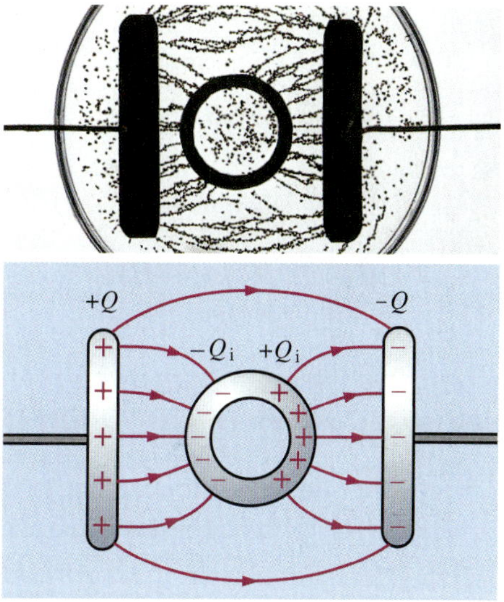

B 5: Das Innere des Metallrings ist feldfrei

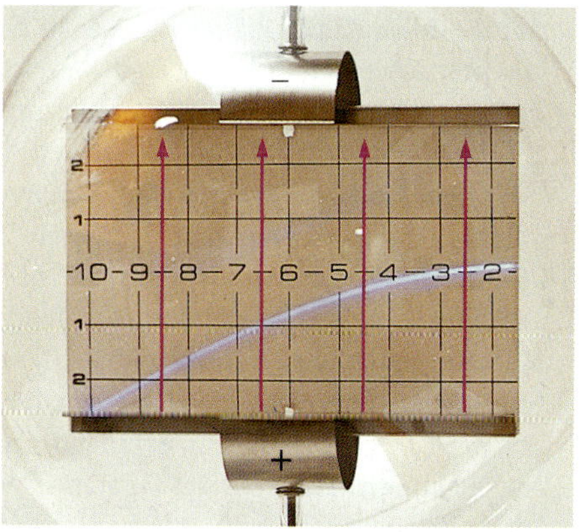

B 6: Feld zwischen geladenen Ablenkplatten. Elektronen werden entgegen der Richtung der Feldlinien zur positiv geladenen Platte beschleunigt.

kurz vor Durchschlag in Glimmer	$70 \cdot 10^6$
in Beschleunigungsstrecken für Elementarteilchen (HERA in Hamburg)	$6 \cdot 10^6$
kurz vor Blitzschlag in Luft	$3{,}2 \cdot 10^6$
zwischen Hochspannungsleitungen	$1 \cdot 10^5$
elektrisches Erdfeld bei schönem Wetter	$1{,}3 \cdot 10^2$
für Radioempfang: Stereo	$50 \cdot 10^{-6}$
Mono	$1 \cdot 10^{-6}$

T 1: Werte einiger Feldstärken in N/C

... noch mehr Aufgaben

A 1: Eine positiv geladene Kugel wird vor eine Metallplatte gehalten. Zeichnen Sie das Feld und die Influenzladungen. Treten Kräfte zwischen Kugel und Wand auf?

A 2: **a)** Welche Kraft erfährt die Ladung 10 nC bzw. –10 nC in einem Feld der Stärke 10 kN/C? **b)** Wie groß ist die Ladung, die dort eine Kraft von 10 µN erfährt?

A 3: Die Ladung $q_1 = 1{,}0$ nC erfährt im Feld (1) die Kraft $F_1 = 0{,}10$ mN, die Ladung $q_2 = 3{,}0$ nC im Feld (2) die Kraft $F_2 = 0{,}20$ mN. **a)** Welches Feld ist stärker? **b)** In welchem Verhältnis müssten zwei Ladungen stehen, damit sie in Feld (1) und (2) gleich große Kräfte erfahren?

A 4: Ein Kügelchen ($m = 0{,}40$ g) trägt die Ladung $q = 5{,}0$ nC und hängt an einem Faden ($l = 1{,}0$ m). **a)** Welchen Ausschlag s erfährt es im horizontal verlaufenden Feld der Stärke 70 kN/C? **b)** Bei welcher Ladung q schlägt ein Pendel doppelter Länge gleich weit aus?

A 5: (*Zur ➠ Vertiefung*) In Aufgabe 4 wurde die Masse auf $\pm 0{,}02$ g, die Länge des Fadens auf ± 3 mm und die Ladung q auf $\pm 5\%$ genau gemessen. Die elektrische Feldstärke ist auf $\pm 8\%$ genau bekannt. In welchem Bereich liegt der Wert, den man für die Auslenkung s erwartet?

A 6: Das elektrische Gewitterfeld nach ➠ *Tabelle 1* verlaufe vertikal nach unten. Ein Regentröpfchen von 1 mm Radius sei negativ geladen. Wie viele Elektronen muss es an Überschuss tragen, damit an ihm die elektrische Feldkraft der Gewichtskraft das Gleichgewicht hält? Muss dann das Tröpfchen in Ruhe sein oder ist eine Fallbewegung möglich? (Elektronenladung $q = -1{,}6 \cdot 10^{-19}$ C)

Die elektrische Feldstärke

1. Ortsfaktoren – auch im elektrischen Feld?

Sie kennen die Gravitationsfelder von Erde und Mond. Mit dem Ortsfaktor g beschreiben wir ihre Stärke und berechnen die Gewichtskraft $G = m\,g$, die dort Körper der Masse m erfahren. Nun versuchen wir, die Feldkraft F, die eine Probeladung q in einem Punkt eines elektrischen Feldes erfährt, mithilfe eines elektrischen Ortsfaktors zu berechnen. Mit den Versuchen 1 und 2 (➠ *Vertiefung*, rechts) messen wir die (kleine) Kraft auf ein geladenes Metallplättchen oder ein Kügelchen im elektrischen Feld eines Kondensators. Das Kügelchen hängt an einem Faden der Länge l. Bei kleinen Ausschlägen s ($s \ll l$) ist die Kraft F, die es durch das Feld erfährt, der Auslenkung proportional: $F \approx G \cdot s/l$.

Im Feld des Plattenkondensators wird die Auslenkung durch die elektrische Feldkraft hervorgerufen. Es zeigt sich, dass diese Kraft im Feld des Kondensators proportional zur Ladung q des Kügelchens ist. Dies leuchtet ein: Die Hälfte einer negativen Probeladung besteht nur aus der Hälfte der Elektronen. Jedes Elektron erfährt die gleiche Kraft. Die Gesamtkraft auf alle Elektronen, also auch auf das ganze Plättchen, ist halbiert. Folglich bleibt der Quotient

$$E = \frac{F}{q} = \frac{F/2}{q/2} = \text{konstant.}$$

Stets ist der Quotient $E = F/q$ von der Probeladung q unabhängig, analog zum Ortsfaktor $g = G/m$ im Schwerefeld. Der Quotient ist also geeignet, die Veränderung des Raumes durch die Ladungen der Kondensatorplatten zu beschreiben. Er wird **Feldstärke *E*** genannt. Jedem Punkt eines Feldes schreiben wir eine Feldstärke auch dann zu, wenn sich in ihnen keine Probeladung befindet. Im *homogenen Feld* des Kondensators hängt dieser Quotient nicht von der Stelle ab, an der sich das Plättchen befindet.

Man gibt der elektrischen Feldstärke noch eine Richtung und zwar die Richtung der Kraft auf eine positive Probeladung. Bei positiven Ladungen stimmen die Richtung der Feldstärke und die Kraftrichtung überein, andernfalls sind sie entgegengesetzt.

Merksatz

Erfahrung: Die *Kraft* $\vec{F}$, die eine Ladung q in einem Punkt eines elektrischen Feldes erfährt, ist proportional zu q.

Definition: Die *Feldstärke* $\vec{E}$ in einem Feldpunkt ist der von der Probeladung q unabhängige Quotient

$$\vec{E} = \frac{\vec{F}}{q}; \quad [E] = 1\,\frac{\text{Newton}}{\text{Coulomb}} = 1\,\frac{\text{N}}{\text{C}}.$$

Die *Richtung von* $\vec{E}$ ist die Richtung der Kraft $\vec{F}$ auf eine *positive* Probeladung. $\vec{E}$ zeigt in Richtung der Tangente an die Feldlinie.
Die Feldkraft $\vec{F}$ auf eine Ladung q ist $\vec{F} = q\,\vec{E}$.
In einem *homogenen Feld* ist die Feldstärke nach Betrag und Richtung überall gleich.

Vertiefung

Versuche zur elektrischen Feldstärke

V 1: a) Wir hängen ein Metallplättchen bifilar, also an zwei nach oben stark auseinander laufenden isolierenden Perlonfäden auf (*Bild 1*). Wenn wir es laden, erfährt es in seinem eigenen Feld keine Kraft.

b) Nun entladen wir das Plättchen und bringen es in das homogene Feld eines Plattenkondensators, also in ein fremdes Feld. Ungeladen erfährt es dort auch keine Kraft.

c) Wir geben dem Plättchen durch Berühren mit der linken Kondensatorplatte eine positive Probeladung q (mit Q bezeichnen wir die großen felderzeugenden Ladungen auf den Platten). Die Auslenkung s des Plättchens wird durch Projektion mit einer Punktlichtlampe auf einem entfernten Maßstab sichtbar.

d) Wir verschieben den Kondensator quer und auch parallel zur Richtung seiner Feldlinien. Solange die Probeladung im homogenen Feld bleibt, ändert sich die Auslenkung nicht.

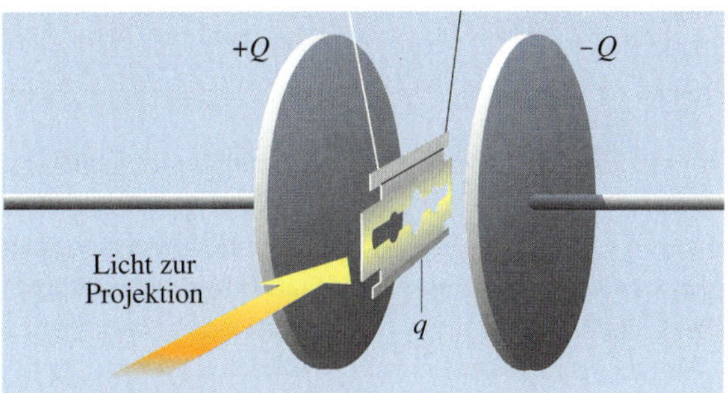

B 1: Das Kondensatorfeld wird mit der Probeladung q des Plättchens ausgemessen

Etwas Rechnung zur Bestimmung der Feldkraft aus dem Ausschlag eines Pendelkörpers:

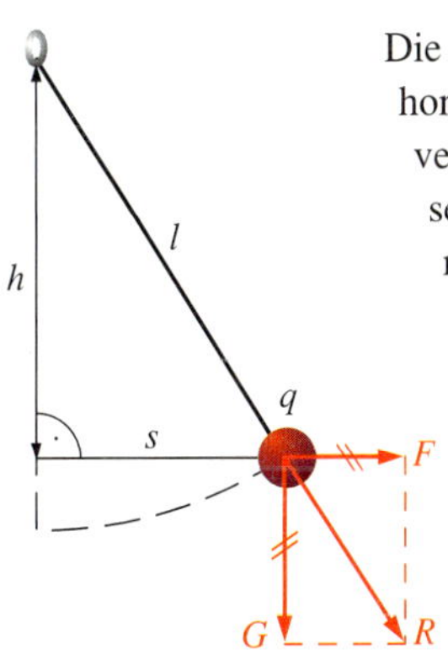

Die Probeladung q erfährt eine horizontale Feldkraft und eine vertikale Gewichtskraft. Beide setzen sich vektoriell zu einer resultierenden Zugkraft am Aufhängefaden zusammen. Dieser stellt sich in Richtung der Resultierenden ein. Aus der Ähnlichkeit des „Kraftdreiecks" und des „Auslenkungsdreiecks" ergibt sich

$$\frac{F}{G} = \frac{s}{h} \quad \text{oder} \quad F = G \cdot \frac{s}{h}.$$

Der Ausschlag s ist klein gegen die Fadenlänge l; die Höhe h ist fast gleich der Pendellänge l ($h \approx l$). Also gilt

$$F \approx G \cdot \frac{s}{l}. \tag{1}$$

V 2: Wir hängen jetzt ein Kügelchen an den Faden, laden es an einer Kondensatorplatte auf und messen seinen Ausschlag s. Dann nehmen wir das Feld weg und das Kügelchen aus dem Kondensator. Wir berühren es mit einem zweiten, genau gleichen, das vorher ungeladen war. Dabei verteilt sich die Probeladung q gleichmäßig auf beide. Bringen wir das Kügelchen in den Kondensator zurück und erzeugen noch einmal das gleiche Feld, so erfährt die halbe Ladung ($q/2$) nur die halbe Kraft ($F/2$), nach nochmaligem Halbieren nur noch $F/4$. Also ist die Kraft F zur Probeladung q proportional.

Feldstärke *E* – konkret gemessen

V 3: Wir wollen jetzt die elektrische Feldstärke zwischen zwei Kondensatorplatten messen. Die Kondensatorplatten haben den Abstand $d = 6$ cm und sind durch die Spannung $U = 6{,}0$ kV aufgeladen. Das Plättchen mit der Gewichtskraft $G = 0{,}22$ cN hängt an Fäden der Länge $l = 150$ cm. Seine Auslenkung beträgt $s = 3{,}3$ cm. Nach *Gleichung (1)* erfährt es die Feldkraft $F = G\, s/l = 4{,}8 \cdot 10^{-5}$ N. Mit dem Messverstärker ermitteln wir im feldfreien Raum die Plättchenladung zu $q = 5{,}2 \cdot 10^{-10}$ C. Die Feldstärke ist also

$$E = \frac{F}{q} = \frac{4{,}8 \cdot 10^{-5}\,\text{N}}{5{,}2 \cdot 10^{-10}\,\text{C}} = 92 \cdot 10^{3}\,\text{N/C}.$$

Im Randfeld der Platten messen wir eine geringere Feldkraft und damit eine kleinere Feldstärke.

Etwas Fehlerrechnung

Bei dem Versuch zur Bestimmung von E werden G, s und q je mit 3% relativem Fehler gemessen, die Pendellänge mit 1%. Welchen **relativen Fehler** kann dann die Feldstärke E aufgrund der Messfehler haben?

Man kann zeigen: Ist eine Größe A das *Potenzprodukt* mehrerer Messgrößen x, y, z nach $A = c \cdot x^r \cdot y^s \cdot z^t$ und haben diese die *absoluten* Fehler Δx, Δy, Δz, so ist der *relative Größtfehler* von A eine *Summe*, nämlich

$$\Delta A/A = |r| \cdot |\Delta x/x| + |s| \cdot |\Delta y/y| + |t| \cdot |\Delta z/z|.$$

Es gilt $E = F/q = G\,s/(l\,q)$. Der relative Größtfehler von E ist also: $\Delta E/E = \Delta G/G + \Delta s/s + \Delta l/l + \Delta q/q$

oder $\Delta E/E = 3\% + 3\% + 1\% + 3\% = 10\%$.

Also $E = 92$ kN/C $\pm 9{,}2$ kN/C.

Man erwartet 83 kN/C $\le E \le$ 101 kN/C.

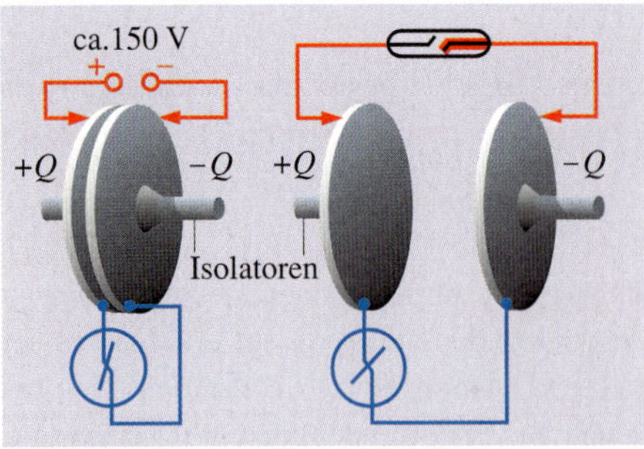

V 1: a) Zwei Kondensatorplatten stehen sich in sehr kleinem Abstand gegenüber. Wir laden sie mit einem Netzgerät auf und entladen sie über eine Glimmlampe. Diese leuchtet nur schwach auf. Die Quelle hatte nur wenig Energie in die Anordnung gepumpt, als sie die Ladungen trennte. **b)** Wir laden die Platten nochmals auf, trennen sie von der Quelle ab und ziehen sie dann auseinander. So setzen wir die von der Quelle begonnene Trennung der Ladungen $+Q$ und $-Q$ fort, ohne Q zu vergrößern. Dabei führen wir gegen ihre Anziehungskraft die Energie W zu. Jetzt leuchtet die Glimmlampe beim Entladen weithin sichtbar auf. Der Ausschlag eines mit den Platten verbundenen Elektroskops steigt beim Auseinanderziehen der Platten.

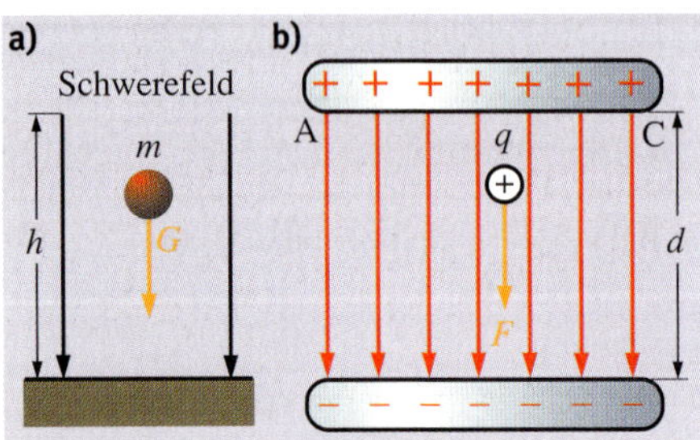

B 1: Energieumsetzungen **a)** im Schwerefeld **b)** im elektrischen Feld

Beispiel

Bei einem Plattenkondensator beträgt die angelegte Spannung $U = 6$ kV, der Plattenabstand ist $d = 0{,}06$ m. Daraus ergibt sich die Feldstärke $E = U/d =$ **10^5 V/m**. Aus dem Ausschlag eines Plättchens mit der Probeladung $q = 5{,}2 \cdot 10^{-10}$ C finden wir mit $F = G\,s/l$ für die Kraft $F = 4{,}8 \cdot 10^{-5}$ N und $E = F/q =$ **$0{,}92 \cdot 10^5$ N/C**. Die Übereinstimmung der beiden E-Werte ist angesichts der ungenauen Kraftmessung befriedigend.

Spannung und Energie

1. Spannung

Wofür schickt das E-Werk seine Rechnung? Sicher nicht für die angelieferten Elektronen; diese werden nicht „verbraucht"; sie bleiben im „Netz". Vielmehr bezahlen wir für die entnommene elektrische Energie. Wie wird die Energie ins System hineingesteckt und nutzbar gemacht? Ziehen wir die Platten eines geladenen Kondensators entgegen den anziehenden Feldkräften auseinander, so führen wir Energie zu (*Versuch 1*). Diese steht anschließend auf Abruf bereit. Wir weisen dies mit einer Glimmlampe nach, die bei der Entladung des Kondensators nach dem Auseinanderziehen viel heller aufleuchtet als vorher. Also steht viel mehr Energie zur Verfügung. Man sagt, es habe sich die *Spannung* zwischen den Platten vergrößert. Bei der größeren Spannung hat das System mehr Energie und zwingt mehr gleichnamige Ladungen auf den Elektroskop-Stab. Das Elektroskop misst also auch Spannung.

Merksatz

Spannung bedeutet, dass elektrische Energie auf Abruf bereit steht. Spannung tritt auf, wenn man entgegengesetzte Ladungen unter Energiezufuhr trennt.

Erinnern wir uns: Im Schwerefeld der Erde treibt die Gewichtskraft $G = m\,g$ einen Körper nach unten (*Bild 1a*). Dort erhält der fallende Körper die Energie $W = m\,g\,h$. Nach *Bild 1b* transportiert in einem Kondensator die konstante Feldkraft $F = q\,E$ die Ladung q von der oberen Platte zur unteren. Der Transportweg ist der Plattenabstand d. Mittels der Feldkraft $F = q\,E$ wird den Ladungsträgern q die Energie $W = F\,d = q\,E\,d$ zugeführt. Der Quotient

$$U = \frac{W}{q} = \frac{q\,E\,d}{q} = E\,d$$

hängt von der Ladung q nicht mehr ab. Er wird **Spannung U** genannt. Die Einheit der Spannung ist 1 Volt (1 V = 1 J/C).

Merksatz

Feldkräfte führen der Ladung q beim Transport von einer Platte eines geladenen Kondensators zur anderen die Energie W zu. Die elektrische **Spannung U** zwischen den Platten ist der Quotient

$$U = \frac{W}{q}; \quad [U] = 1\,\frac{\text{J}}{\text{C}} = 1\text{ V (Volt)}.$$

2. Spannung und Feldstärke im homogenen Feld

Wie wir gesehen haben, erhält man im homogenen Kondensatorfeld die Spannung U als Produkt von Feldstärke E und Plattenabstand d. Spannungsmessungen sind einfach, die Bestimmung der Feldstärke nach $E = F/q$ mühsam. Also berechnen wir künftig die Feldstärke E in homogenen Feldern nach $E = U/d$ (*Beispiel*). Man gibt deshalb die Feldstärke E meist in V/m an.

Umrechnung: $[E] = \frac{1\,\text{V}}{1\,\text{m}}$, denn $1\,\frac{\text{V}}{\text{m}} = 1\,\frac{\text{J}}{\text{C\,m}} = 1\,\frac{\text{N\,m}}{\text{C\,m}} = 1\,\frac{\text{N}}{\text{C}}$.

Merksatz

Die elektrische Feldstärke E im homogenen Feld eines Kondensators mit dem Plattenabstand d ist bei der Spannung U zwischen parallelen Platten

$$E = \frac{U}{d}; \quad [E] = 1\,\frac{\text{V}}{\text{m}} = 1\,\frac{\text{N}}{\text{C}}.$$

Solange Ladungen ruhen, stehen Feldlinien senkrecht zu Leiteroberflächen. Wird eine Probeladung entlang den Leiteroberflächen transportiert, so ist die von den Feldkräften übertragene Energie null. Es findet keine Verschiebung in Kraftrichtung statt. Also ist die Spannung zwischen zwei Punkten des *stromlosen* Leiters, etwa zwischen A und C (➠ *Bild 1*) null. Auch auf einer horizontalen Tischplatte können wir einen Körper reibungsfrei verschieben, ohne seine Energie zu ändern. Wie im homogenen Schwerefeld spielt es für die mithilfe von Feldkräften übertragene Energie keine Rolle, auf welchem Weg die Probeladung von der einen zur anderen Platte gebracht wird; sei es senkrecht zur Leiteroberfläche, schräg dazu oder auf einer beliebig gekrümmten Bahn.

3. Die Elektronenkanone im Fernseher

Ein Körper mit Masse m und Ladung q wird durch die elektrischen Feldkräfte beschleunigt. Beim Durchlaufen der Spannung U zwischen Katode und Anode bekommt er die Energie $q \cdot U$, auch in einem nicht homogenen Feld. Der Körper erhält

Bewegungsenergie $W = \frac{1}{2} m v^2 = q\,U$,
Geschwindigkeit $v = \sqrt{2\,q\,U/m}$.

Dies geschieht z. B., wenn aus der Glühkatode einer braunschen Röhre Elektronen freigesetzt werden. Bis zur Anode werden die Elektronen von den Feldkräften auf die Geschwindigkeit v beschleunigt. Durch ein Loch in der Anode verlassen die schnellen Elektronen diese Elektronenkanone.

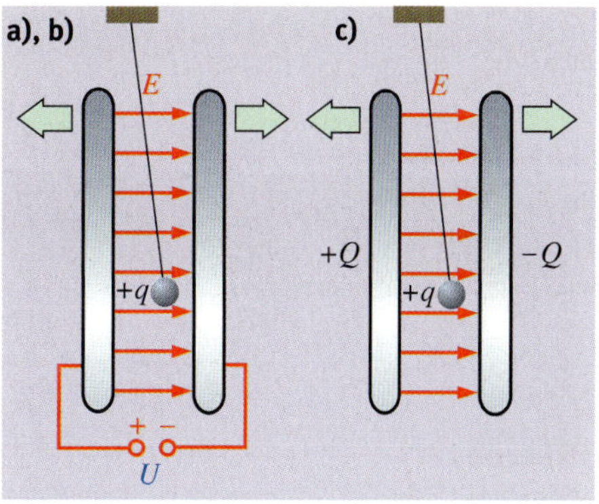

V 2: **a)** Wir hängen die Probeladung $+q$ in ein homogenes Feld. Die am Ausschlag s abgelesene Feldstärke E steigt proportional zur Spannung U zwischen den Platten. Dies bestätigt die Gleichung $E = U/d$.
b) Wir verdoppeln den Plattenabstand d bei konstanter angelegter Spannung U. Der Ausschlag geht auf die Hälfte zurück, wie es nach $E = U/d$ sein muss.
c) Nun laden wir die Platten auf und trennen sie von der Quelle. Wenn wir sie dann mit ihren konstanten Ladungen auseinander ziehen, bleibt der Ausschlag konstant (solange das Feld hinreichend homogen ist). Nach $U = E\,d$ steigt die Spannung des Kondensators.

Neuronenzellen im Körper	70 mV
Batterie- und Akkuzellen	1,2 … 2 V
lebensgefährlich	über 42 V
Drehstromnetz	400 V
Hochspannungsleitungen	220 … 800 kV
Gewitter	bis 100 MV

T 1: Spannungen in Natur und Technik

… noch mehr Aufgaben

A 1: Zwischen zwei Kondensatorplatten mit $d = 2{,}0$ cm Abstand liegt die Spannung 1,0 kV. Wie groß ist die Feldstärke E, wie groß die Kraft F auf eine Probeladung $q = 10$ nC? Welche Energie wird von den Feldkräften beim Transport von der einen zur anderen Platte aufgewandt? Prüfen Sie die Spannungsangabe mit $U = W/q$ nach!

A 2: Ein Wattestück hat die Masse $m = 0{,}01$ g und die Ladung $q = 0{,}10$ nC. Welche Geschwindigkeit würde es erreichen, wenn es im Vakuum die Spannung $U = 100$ kV durchliefe? Wie groß müsste die Spannung zwischen waagerecht liegenden Kondensatorplatten vom Abstand 20 cm sein, damit das Wattestück darin schwebt?

A 3: In der Mitte zwischen zwei Kondensatorplatten hängt an einem Perlonfaden der Länge $l = 1{,}80$ m ein Kügelchen der Masse $m = 0{,}47$ g. Der Plattenabstand beträgt $d = 4{,}00$ cm. Der Kondensator wird an eine Hochspannungsquelle mit der Spannung $U = 1{,}0$ kV angeschlossen. Dabei entfernt sich das Kügelchen um $s = 1{,}0$ cm aus der Gleichgewichtslage. Für die Rückstellkraft gilt $F = G\,s/l$. **a)** Wie groß ist die Ladung des Kügelchens? **b)** Die Spannungsquelle wird jetzt vom Kondensator abgetrennt. Danach verdoppelt man den Abstand der isolierten Platten. Wie groß ist dann die Auslenkung des Kügelchens?

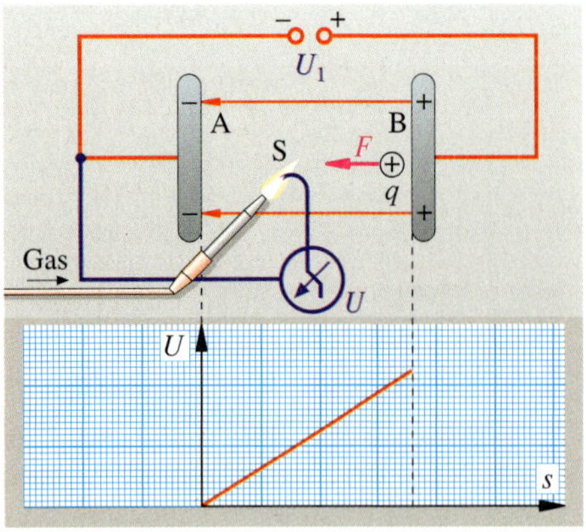

V 1: Das Gehäuse eines statischen Spannungsmessers liegt an der linken Platte (A) eines auf $U = 1$ kV geladenen Kondensators. Der Zeiger ist mit einem Draht verbunden, der von einer kleinen Gasflamme umspült wird. Die Flamme sorgt dafür, dass Influenzladungen, die sich auf dem Draht bilden, mit den Flammengasen abgeführt werden. Verschiebt man die Sonde S von A nach B, so steigt die Spannung U linear an. In der Mitte zwischen den Platten finden wir $U = \frac{1}{2}$ kV. Bewegen wir die Flammensonde parallel zu den Platten, ändert sich die Spannung nicht.

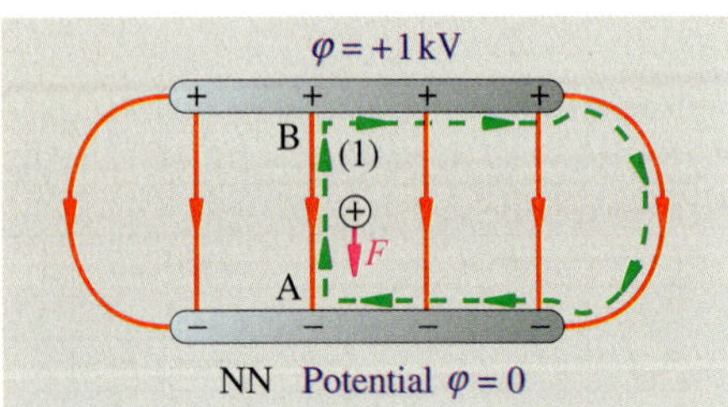

B 1: Die zum Transport einer Ladung nötige Energie ist vom Weg unabhängig

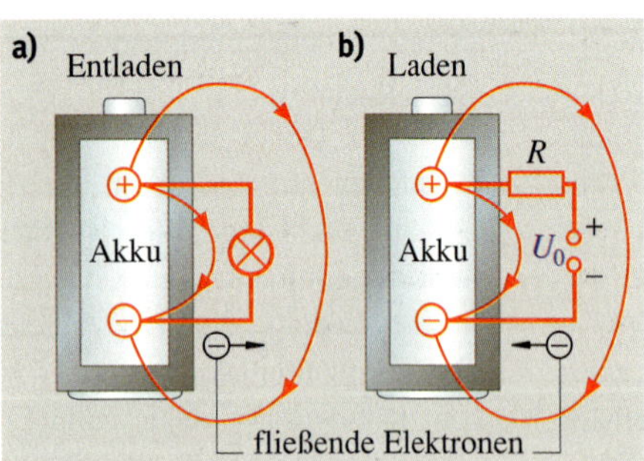

B 2: **a)** Beim Entladen gibt der Akku mithilfe seiner Feldkräfte Energie ab.
b) Beim Laden wird gegen seine Feldkräfte Energie zugeführt.

Spannung zwischen zwei Punkten; Potential

1. Spannung – auch im leeren Raum?

Bisher haben wir immer Spannungen zwischen zwei Kondensatorplatten oder Leitern gemessen. Der Schuss in der Elektronenkanone mit homogenem Feld führt uns aber weiter: Längs einer Feldlinie gewinnt die Geschossladung Energie $W = F\,s = E\,q\,s$ proportional zum Weg s. Also sollte die Spannung $U = W/q = E\,q\,s/q = E\,s$ proportional zum zurückgelegten Weg ansteigen. ➠ *Versuch 1* zeigt uns, dass längs der Feldlinien ein linearer Anstieg der Spannung auftritt. Wir müssen nur dafür sorgen, dass Influenzladungen die Messung nicht verfälschen. Zeichnen wir einen Punkt im Raum als *Bezugsniveau* aus, so können wir für jeden Punkt die Spannung gegen diesen Bezugspunkt, hier die linke Platte, angeben. Diese Spannung nennen wir das **Potential φ**. Dabei spielt es keine Rolle, auf welchem Weg wir die Spannungssonde zu diesem Punkt gebracht haben. Bewegen wir die Sonde senkrecht zu den Feldlinien, so bleibt die Spannung konstant. Diese Punkte befinden sich auf einer *Äquipotentialfläche*.

2. Elektrisches Potential und Energie

Das Wort *Potential* erinnert an die *potentielle Energie* im Schwerefeld. Heben wir einen Stein vom Boden aus nach oben, so steigt die potentielle Energie des Systems Stein-Erde. Entsprechend legen wir bei unseren Platten fest, dass die untere, negative Platte das Bezugsniveau (NN) mit $\varphi = 0$ V ist (➠ *Bild 1*). Dann hat ihm gegenüber die positiv geladene Platte das Potential $\varphi = +1$ kV. Es steigt auf dem Weg von A nach B *gegen* eine Feldlinie zur Plusladung hin an (➠ *Versuch 1*). Um nämlich die positive Ladung $q = 1 \cdot 10^{-10}$ C auf dem Weg 1 gegen die Feldlinien, also gegen die Feldkräfte, „anzuheben", muss die Energie $W = U\,q = 1 \cdot 10^{-7}$ J zugeführt werden; sie erhöht die Energie des Systems. Der Kondensator wird aufgeladen. Umgekehrt sinkt diese Energie, wenn die Feldkräfte eine positive Ladung vom höheren zum niedrigeren Potential ziehen (Entladen des Kondensators). Und bei negativer Probeladung q? Feldkräfte ziehen sie im ➠ *Bild 1* nach oben; die Energie des Systems sinkt. Beim Aufladen wird q in der entgegengesetzten Richtung bewegt. Verschieben wir q längs einer stromlosen Platte, so ändert sich das Potential nicht; wir sind auf einer Äquipotentialfläche.

Beim Entladen eines Akkus (➠ *Bild 2*) pumpen die Feldkräfte des Akkus ständig Ladung durch die Glühlampe. Die abgegebene Energie stammt aus chemischen Prozessen. Beim Laden muss man Ladung gegen die Feldkräfte des Akkus treiben. Der geladene Akku hat mehr Energie, nicht mehr Ladung als der „leere".

Merksatz

Die Energie eines Systems (Akku) sinkt, wenn dessen Feldkräfte Ladung verschieben. Sie steigt, wenn von äußeren Kräften Ladung gegen die Feldkräfte bewegt wird.

3. Potentialangaben machen Schaltpläne überschaubar

In Schaltplänen elektronischer Geräte finden Sie Angaben wie +6 V, –2 V usw. (*Bild 3*). Der für Spannungsmessungen stets nötige zweite Punkt ist hier das geerdete Gehäuse, oft Masse genannt. Die Spannung eines Punktes A gegen solch einen willkürlich gewählten Bezugspunkt heißt das *elektrische Potential* φ von A. Abweichungen von den im Plan angegebenen Werten zeigen fehlerhafte Bauelemente an und erleichtern so die Fehlersuche. Die *Potentialdifferenz* zwischen zwei Punkten ist gerade die Spannung zwischen diesen.

Merksatz

Das **Potential** φ eines Punktes A ist die Spannung von A gegen ein Bezugsniveau B. Die **Spannung** zwischen zwei beliebigen Punkten A und C, ist die Potentialdifferenz $\varphi_A - \varphi_C$.
Alle Punkte auf **Äquipotentialflächen** haben das gleiche Potential φ. Man braucht keine Energie, um Ladungen auf ihnen zu verschieben.

Ein Widerstandsdraht liegt zwischen dem Potential $\varphi = +4$ V und dem Potential null (*Bild 4*). Von Plus nach Minus laufen im Draht Feldlinien; Feldkräfte erhalten den Strom aufrecht. Ein Spannungsmesser ist zwischen dem Minuspol der Quelle und einem Schieber S, der den Draht abtastet, geschaltet. Wenn wir den Schieber von B aus nach links schieben, fällt die Spannung U_{SA} und damit das Potential $\varphi = \varphi_S - 0$ kontinuierlich von +4 V auf null ab. Man nennt diese Schaltung Potentiometerschaltung, das zugehörige Gerät ein *Potentiometer*. Damit kann man eine Spannung beliebig unterteilen. Die Spannung nimmt entlang des Leiters mit der Länge AS = x des Abgriffs zu: $U_x = E\,x$. Die Feldstärke des homogenen Feldes im Draht der Länge l beträgt $E = U/l$. Es folgt also: $U_x = U\,x/l$.
Für Drähte mit Länge l, Querschnittsfläche A und spezifischem Widerstand ϱ berechnet man den Widerstand nach $R = \varrho\, l/A$. Nach $I = U/R = U\,A/(\varrho\, l) = E\,A/\varrho$ ist der Strom der Querschnittsfläche A proportional. Die Ladung fließt also gleichmäßig über den Querschnitt verteilt. Wird an einer Stelle der Draht dünner, also A kleiner, ist die Feldstärke E dort größer, da die Stromstärke überall im Leiter gleich ist. Im stärkeren elektrischen Feld erfahren die Elektronen größere Kräfte und bewegen sich schneller durch die Verengung.

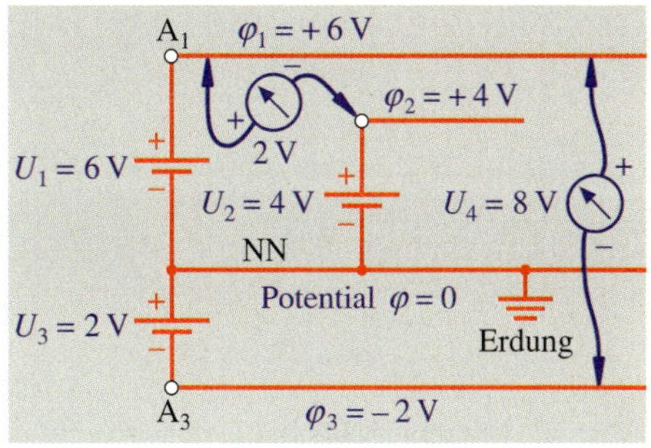

B 3: Potentiale einer elektrischen Schaltung. Dem Minuspol der Quelle 1 mit der Spannung $U_1 = 6$ V schreiben wir das Potential $\varphi = 0$ V (⏚) zu. Ihr Pluspol A_1 hat das Potential $\varphi_1 = 6$ V. Die Quelle 2 bringt ihren Pluspol A_2 nur auf das Potential $\varphi_2 = 4$ V. *Ein Spannungsmesser schlägt richtig aus, wenn seine Plus-Buchse mit dem Punkt des höheren Potentials verbunden wird, die andere mit niedrigerem Potential.* So messen wir zwischen A_1 und A_2 die Potentialdifferenz $\varphi_1 - \varphi_2 = +2$ V. Bei Quelle 3 mit $U_3 = 2$ V ist dagegen der Pluspol mit ⏚ verbunden. Sie muss eine Plusladung von ihrem Minuspol A_3 nach ⏚ hochpumpen. Man schreibt A_3 das negative Potential $\varphi_3 = -2$ V zu. U_4 ist 6 V – (–2 V) = 8 V.

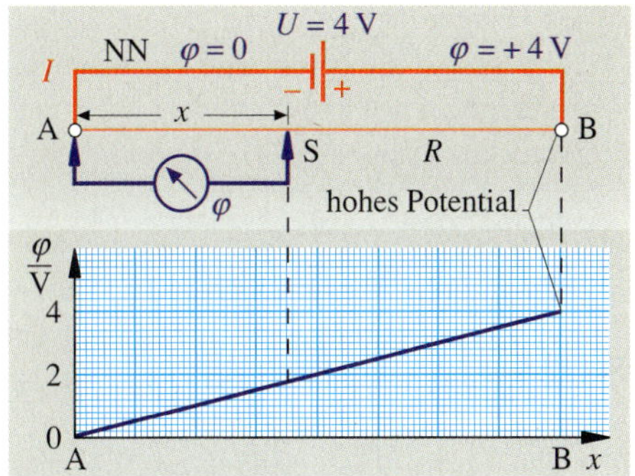

B 4: Potentialgefälle im stromführenden Leiter. Hier wird $U_{SA} = \varphi_S - \varphi_A$ gemessen.

... noch mehr Aufgaben

A 1: a) In einem Schaltplan steht bei A + 10 V, bei B – 5 V. Was bedeutet dies? **b)** Welche Energie gibt die Schaltung ab (bzw. nimmt sie auf), wenn die positive Ladung 2 C von A nach B transportiert wird? **c)** Wie schließt man einen Spannungsmesser an, damit sein Zeiger nach rechts ausschlägt?

A 2: Warum kommt einem einzelnen Punkt zwar ein Potential, aber keine Spannung zu? **a)** Warum ist es bequemer, in Schaltplänen statt der Spannung zwischen allen möglichen Punkten nur ihre Potentiale anzugeben? **b)** Warum steigt das Potential beim Annähern an einen positiv geladenen Körper? Hängt es vom Vorzeichen der transportierten Ladung ab?

A 3: Ein Ring im elektrischen Feld eines Plattenkondensators erhält z. B. auf der linken Seite negative, rechts positive Influenzladungen. Oben und unten ist der Ring ladungsfrei. Was kann man über das Potential der Ringteile sagen?

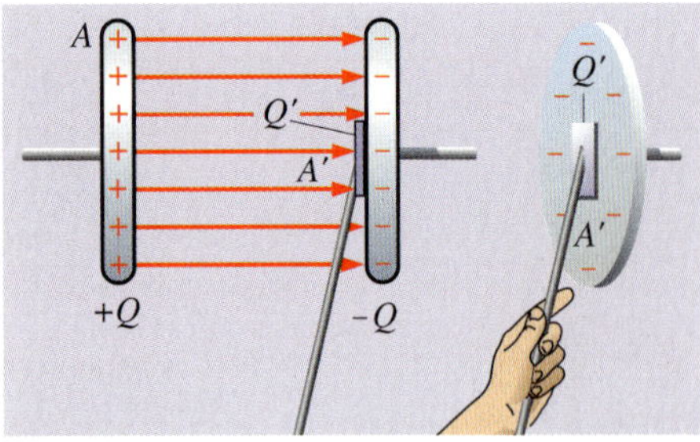

V 1: a) Mit einer Testplatte der Fläche A' nehmen wir auf der negativ geladenen Innenseite des Kondensators Ladungen ab. Die Ladung $-Q'$ messen wir mit einem Messverstärker. Überall wo das Feld homogen ist, entnehmen wir an beiden Kondensatorplatten gleich große Ladungen $+Q'$ bzw. $-Q'$.

b) Benutzen wir zwei Testplatten nebeneinander, so heben wir auf der doppelten Fläche $2A'$ auch die doppelte Ladung $2Q'$ ab. Der Quotient $Q'/A' = 2Q'/(2A')$ ist also konstant.

V 2: a) Wir halbieren nun die Spannung U bei konstantem Abstand d. Mit der Feldstärke $E = U/d$ sinkt auch die gemessene Flächendichte σ auf die Hälfte.

b) Wenn wir bei halber Spannung auch den Plattenabstand d halbieren, steigen $E = U/d$ und die gemessene Flächendichte σ wieder auf den ursprünglichen Wert. σ ist zur elektrischen Feldstärke proportional.

V 3: *Bestimmung der elektrischen Feldkonstanten* ε_0: Im Versuch beträgt der Abstand der Kondensatorplatten $d = 6{,}0$ cm und die Spannung an den Kondensatorplatten $U = 6{,}0$ kV. Die Feldstärke ist $E = U/d = 1{,}0 \cdot 10^5$ V/m. Mit einer Testplatte ($A' = 48$ cm^2) heben wir die Ladung $Q' = 4{,}2 \cdot 10^{-9}$ C ab. Die Flächendichte $\sigma = Q'/A' = 8{,}8 \cdot 10^{-7}$ C/m^2 liefert die Feldkonstante $\varepsilon_0 = \sigma/E = 8{,}8 \cdot 10^{-12}$ C/(Vm).

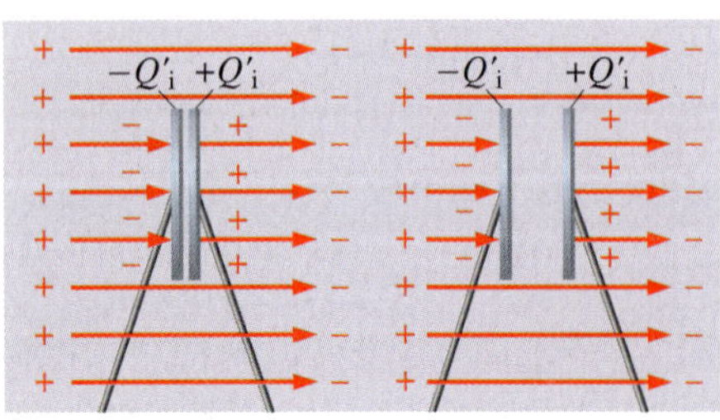

B 1: Ladungstrennung im elektrischen Feld

Das Feld und seine Ursache

1. Dichtere Ladung – stärkeres Feld?

Wie hängt die Stärke eines Kondensatorfeldes von seiner Ursache, den felderzeugenden Ladungen $\pm Q$ ab? Diese werden von Feldkräften auf die Innenseite der Platten gezogen und bilden dort zwei dünne Ladungsfilme. Mit einem Testplättchen der Fläche A' nehmen wir die Ladung Q' von den Kondensatorplatten ab. In ➠ *Versuch 1* zeigen wir, dass in einem homogenen elektrischen Feld die felderzeugende Ladung auf den Innenseiten der Kondensatorplatten überall gleich dicht sitzt. Der Quotient Q'/A' ist konstant. Er gibt die *Flächendichte σ der Ladung* an.

Merksatz

Die **Flächendichte σ** einer über die Fläche mit dem Inhalt A gleichmäßig verteilten Ladung Q ist der Quotient

$$\sigma = \frac{Q}{A}; \quad [\sigma] = 1\,\frac{\text{C}}{\text{m}^2}.$$

2. Stärkeres Feld – dichtere Influenzladung?

Erhöhen wir die Spannung am Kondensator oder verkleinern den Plattenabstand, so vergrößern wir die elektrische Feldstärke E. Damit steigt auch die Flächendichte σ der Plattenladung. Die Flächendichte σ der felderzeugenden Ladung und die Feldstärke E sind sogar zueinander proportional (➠ *Versuch 2a, b*): $\sigma = \varepsilon_0 E$.
Der Proportionalitätsfaktor ε_0 heißt *elektrische Feldkonstante*.

Merksatz

Die Flächendichte σ der felderzeugenden Ladung eines homogenen Feldes ist seiner Feldstärke E proportional. In Luft gilt $\sigma = \varepsilon_0 E$ mit der elektrischen Feldkonstanten $\varepsilon_0 = 8{,}85 \cdot 10^{-12}$ C/(Vm).

Berühren sich zwei senkrecht zu den Feldlinien stehende Testplatten im Feld, so werden zwischen ihnen Ladungen verschoben (➠ *Bild 1*). Auf ihrer linken Oberfläche bildet sich die Influenzladung $-Q'_i$, auf der rechten die gleich große $+Q'_i$ (die Ladungssumme bleibt null). Nach dem Trennen der Platten zeigt sich, dass die Influenzladung $+Q'_i$ bzw. $-Q'_i$ die gleiche Flächendichte σ wie die Kondensatorplatten aufweist.

Beispiel

Bei schönem Wetter ist der Erdboden negativ geladen. Die Erde ist von einem elektrischen Feld umgeben. Flammensonden zeigen, dass die Spannung um 1 300 V zunimmt, wenn man jeweils 10 m steigt. Die elektrische Feldstärke ist also $E = U/d = 130$ V/m und die Flächendichte am Erdboden $\sigma = \varepsilon_0 E = 1{,}15 \cdot 10^{-9}$ C/m^2. Wäre dies auf der ganzen Erdoberfläche so, dann würde sie die Ladung $Q = 4\,\pi\,R_E^2\,\sigma = 5{,}9 \cdot 10^5$ C tragen.

3. Das radiale Coulomb-Feld

Wir wenden uns nun den radialen Feldern um Zentralladungen zu, also den Feldern um geladene Kugeln oder um Atomkerne. Mit einem geladenen Pendelkügelchen bestimmen wir die Kraft F auf seine Ladung q im radialen Feld von Q (*Bild 2*). Die Kraft steigt mit sinkendem Abstand der Mittelpunkte.

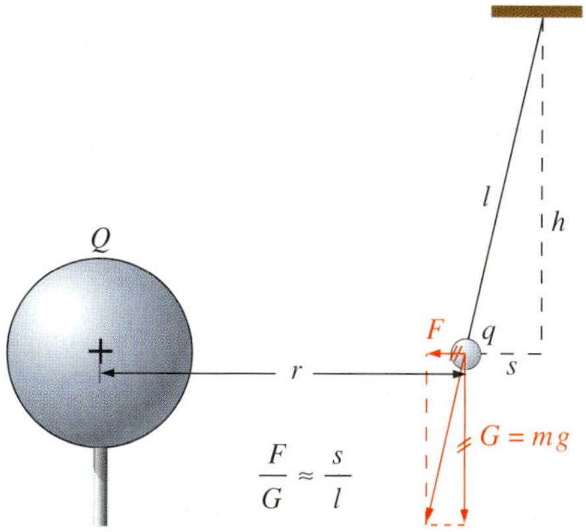

B 2: Aus der Ähnlichkeit des „Kraftdreiecks" und des „Auslenkungsdreiecks" ergibt sich $F/G = s/h$ oder $F = G\,s/h$.
Bei kleinen Ausschlägen ($s \ll l$) ist $h \approx l$. Die Rückstellkraft $F \approx G\,s/l$ ist der Auslenkung s proportional.
Verdoppelt man den Abstand r der Mittelpunkte, so sinkt F auf $F/4$.

Möglicherweise ändert sich diese Kraft, wenn Q auf eine größere Kugeloberfläche verteilt wird; schließlich nähern sich manche Teile von Q der Probeladung q, andere entfernen sich. Zur Prüfung stülpen wir zwei an langen Isolierstangen gehaltene Halbkugeln über die große Kugel (*Bild 3*). Die so entstandene größere Kugel erhält durch Berühren von innen die Zentralladung Q. Dabei verändert sich der Pendelausschlag nicht. Die Feldstärke E wie auch die Dichte der Feldlinien bleiben außerhalb der Kugel unverändert. Man könnte die Zentralladung Q sogar auf ihren Mittelpunkt M schrumpfen lassen.
Können wir die Stärke radialer Felder mit den Gesetzen für homogene Felder berechnen? Das Schwerefeld der Erde gibt einen Fingerzeig: Obwohl es im ganzen radial ist, können wir es etwa in einem Zimmer als homogen ansehen. Wir denken uns die geladene Kugel bis unmittelbar vor den Punkt P aufgeblasen und die Ladung auf der Kugel verteilt. Dies ändert die Feldstärke nicht (*Bild 4*). In einem hinreichend kleinen Bereich um P ist das Feld homogen, die Gleichung $\sigma = \varepsilon_0 E$ also anwendbar. Die Zentralladung Q hat sich beim Vergrößern der Oberfläche auf $A = 4\pi r^2$ verteilt. Ihre Flächendichte ist auf $\sigma = Q/A = Q/(4\pi r^2)$ gesunken. Damit beträgt die Feldstärke im Abstand r:

$$E = Q/(A\,\varepsilon_0) = Q/(4\pi\,\varepsilon_0\,r^2) \quad \text{mit} \quad 1/(4\pi\,\varepsilon_0) = 9\cdot 10^9\ \mathrm{N\cdot m^2\cdot C^{-2}}.$$

Die Ladung q erfährt im Abstand r vom Mittelpunkt der Zentralladung Q die Kraft $F = E\,q = Q\,q/(4\pi\,\varepsilon_0\,r^2)$. Dieses Gesetz für radiale Felder fand der französische Physiker Ch. Coulomb (1736–1806) vor Faradays Feldideen durch aufwendige Experimente. Wir haben es jetzt mit Faradays Feldvorstellung entwickelt.

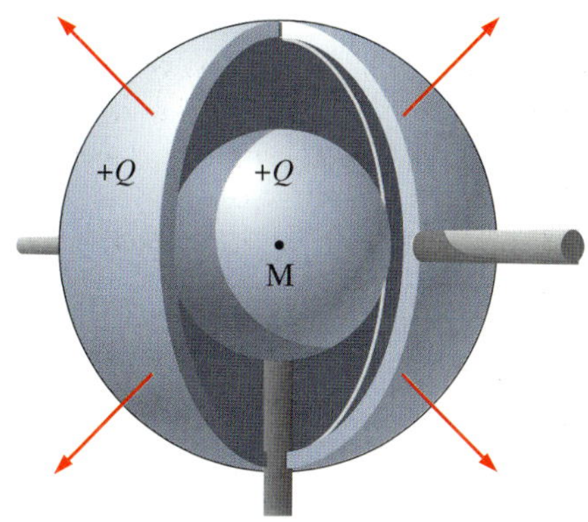

B 3: Die Feldstärke E ist vom Radius R der Zentralladung Q unabhängig

Merksatz

Coulomb-Gesetz: Die Kraft zwischen zwei punktförmigen oder kugelförmigen Ladungen Q und q ist

$$F = \frac{1}{4\pi\,\varepsilon_0}\,\frac{Q\,q}{r^2}.$$

r: Abstand der Kugelmitten, $1/(4\pi\,\varepsilon_0) = 9\cdot 10^9\ \mathrm{N\cdot m^2\cdot C^{-2}}$ (in Luft)

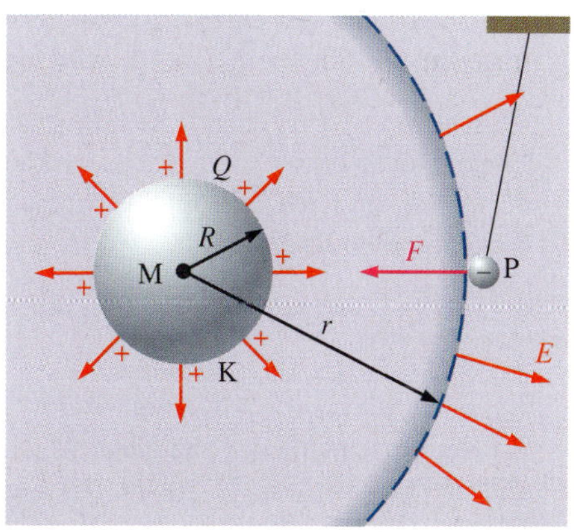

B 4: Berechnung der Feldstärke E im radialen Feld aus den Gesetzen des homogenen Feldes

Beispiel

Vergleich der Gravitationskraft zwischen zwei Elektronen und ihrer elektrischen Abstoßungskraft im Abstand r:

$Q = q = -1{,}6\cdot 10^{-19}$ C, $m_e = 9{,}1\cdot 10^{-31}$ kg, $1/(4\,\pi\,\varepsilon_0) = 9\cdot 10^9\ \mathrm{N\cdot m^2\cdot C^{-2}}$; $\gamma = 6{,}67\cdot 10^{-11}\ \mathrm{m^3\cdot kg^{-1}\cdot s^{-2}}$; mit diesen Werten ergibt sich

$$F_{el}/G = Q\,q/(4\,\pi\,\varepsilon_0\,\gamma\,m_e^2) = \mathbf{4\cdot 10^{42}}.$$

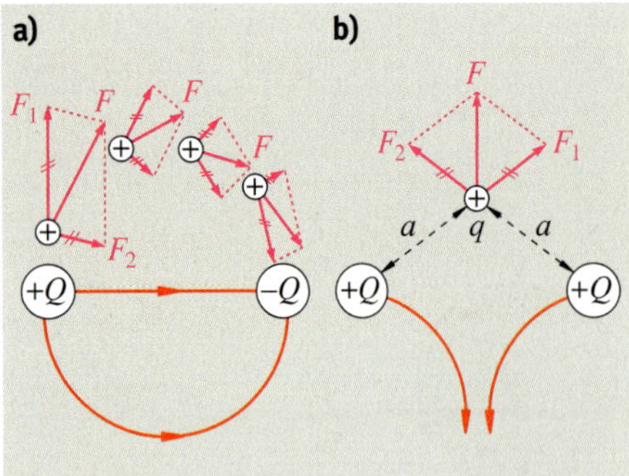

B 1: Vektorielle Addition von Feldkräften **a)** bei ungleichnamigen **b)** bei gleichnamigen Ladungen

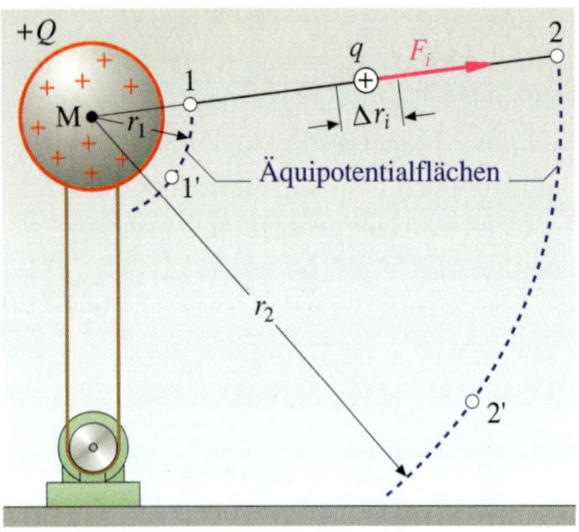

B 2: Energieumsetzungen im COULOMB-Feld einer Kugel

Vertiefung

Energieumsetzungen im Radialfeld

Wir zerlegen den Weg von 1 nach 2 (*Bild 2*) in so kleine Intervalle Δr, dass auf ihnen die Kraft F_i nahezu konstant ist und summieren die einzelnen Energiebeträge auf. Die Summe $\sum_i F(r_i)\,\Delta r$ wird die tatsächlich von den Feldkräften umgesetzte Energie umso besser wiedergeben, je kleiner Δr ist. Im Grenzfall $\Delta r \to 0$ wird aus der Summe ein Integral:

$$W = \int_{r_1}^{r_2} F(r)\,\mathrm{d}r = \frac{Q\,q}{4\pi\varepsilon_0}\int_{r_1}^{r_2}\frac{1}{r^2}\,\mathrm{d}r$$

$$W = \frac{Q\,q}{4\pi\varepsilon_0}\left(\frac{1}{r_1}-\frac{1}{r_2}\right).$$

Bei der Berechnung der Energieumsetzungen im Gravitationsfeld haben wir eine Methode kennen gelernt, die durch geschickte Mittelwertbildung *ohne* Integralrechnung zum *gleichen* Ergebnis führt.

4. COULOMB-Felder regieren die Elektrostatik

Wir betrachten an einem Ort die Feldkräfte F_1 und F_2 zweier gleich großer, entgegengesetzter Einzelladungen $+Q$ und $-Q$. Diese Kräfte kann man vektoriell addieren. *Bild 1a* zeigt dies für verschiedene Punkte bei entgegengesetzten Ladungen, *Bild 1b* für gleichnamige Ladungen. Die Feldkräfte zweier gleicher Ladungen $+Q$ sind auf der Mittelebene wegen des gleichen Abstands gleich groß. Eine Probeladung $+q$ erfährt dort die resultierende Kraft F in der Mittelebene nach außen.

Mithilfe eines Computers errechnet man so die Feldkräfte von Ladungen, die auf einer Kugelschale gleichmäßig verteilt sind, für einen beliebigen Punkt außerhalb der Kugelschale. Man erhält die gleiche Feldkraft, als ob die gesamte Ladung im Kugelmittelpunkt M vereinigt wäre.

Ladung von Materie besteht in der Regel aus Protonen (+) und Elektronen (–). In den Atomen ziehen sich Protonen und Elektronen mit COULOMB-Kräften an. Die Gravitationskraft ist dabei völlig zu vernachlässigen. Man kann deshalb beliebige elektrostatische Felder mit dem COULOMB-Gesetz verstehen und berechnen. Die Atomkerne versammeln gerade so viele Elektronen um sich, dass die Körper meist elektrisch neutral sind.

Merksatz

Superpositionsgesetz: Da man Feldkräfte vektoriell addieren kann, lässt sich aus der resultierenden Kraft eine resultierende Feldstärke ermitteln. In der Elektrostatik kann man so alle Kräfte aus COULOMB-Kräften zusammensetzen.

5. Spannungen im Feld der Bandgeneratorkugel

Eine Bandgeneratorkugel trägt die positive Ladung Q. Sie stößt eine mit q gleichnamig geladene Watteflocke ab und erteilt ihr dabei auf dem Weg von Punkt 1 nach Punkt 2 Energie (*Bild 2*). Da die Feldkraft $F = Q\,q/(4\pi\varepsilon_0 r^2)$ nicht konstant ist, können wir diese Energieumsetzung nicht einfach nach $W = F\,s$ berechnen. Mithilfe der Integralrechnung (*Vertiefung*) kann man zeigen, dass ähnlich wie beim Gravitationsfeld die durch die Feldkräfte übertragene Energie gegeben ist durch

$$W = \frac{Q\,q}{4\pi\varepsilon_0}\left(\frac{1}{r_1}-\frac{1}{r_2}\right).$$

Die Spannung $U = W/q$ zwischen den Punkten 1 und 2 im radialen Feld von Q ist daher:

$$U = \frac{Q}{4\pi\varepsilon_0}\left(\frac{1}{r_1}-\frac{1}{r_2}\right).$$

Die Formel für U gilt auch, wenn man die Punkte 1 und 2 auf gedachten Kugelschalen verschiebt, z. B. in *Bild 2* zwischen 1 und 2′ oder 1′ und 2; die Schalen sind ja Äquipotentialflächen. U hängt nur von r_1, r_2 und Q ab. Kehrt also q in diesem COULOMB-Feld wieder zum Ausgangspunkt zurück, so ist $r_1 = r_2$, die insgesamt umgesetzte Energie null. Dies gilt bei allen elektrostatischen Feldern und dem Gravitationsfeld. Man nennt sie *Potentialfelder*.

6. Das COULOMB-Potential

Um das elektrische Potential $\varphi = W/q$ eines Punktes (1) im radialen E-Feld festzulegen, brauchen wir ein Nullniveau. Legen wir den Punkt (2) als Nullniveau ins Unendliche ($1/r_2 \to 0$), so wird der Ausdruck für das Potential besonders einfach. Das Potential φ aller Punkte der Zentralkugel mit der Ladung Q und dem Radius r_1 ist dann ihre Spannung $U = Q/(4\,\pi\,\varepsilon_0\, r_1)$ gegen das Unendliche. Dieses wird im Zimmer näherungsweise von Wänden und Boden gebildet.

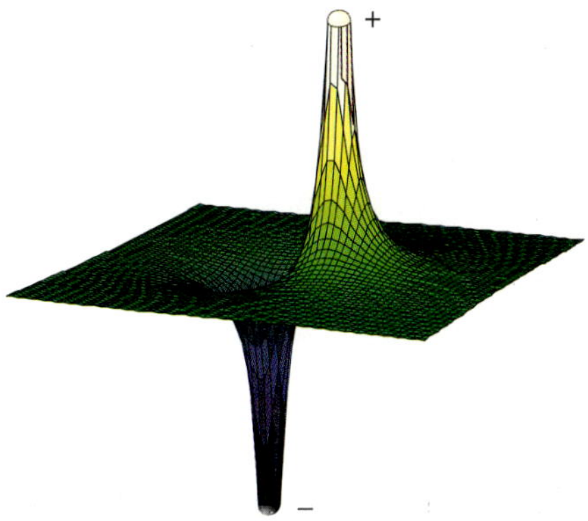

B 3: Potentialberg von $+Q$ (rechts) und Potentialtrichter von $-Q$ (links) vom Computer berechnet

Merksatz

Das **Potential** eines Punktes mit Abstand r vom Mittelpunkt einer Kugel mit der Ladung Q ist seine Spannung gegen unendlich:

$$\varphi = \frac{1}{4\pi\varepsilon_0}\frac{Q}{r}.$$

Im doppelten Abstand r vom Kugelmittelpunkt ist das Potential ($\varphi \sim 1/r$) auf die Hälfte, die Feldstärke ($E \sim 1/r^2$) dagegen auf ein Viertel gesunken. Im Potential steckt ja neben E auch noch der Weg s.

Das Potential um eine positive Zentralladung $+Q$ ist also positiv, um eine negative $-Q$ negativ (➡ *Bild 3*). Die Energieumsetzung bei Bewegung der Probeladung q hängt von deren Vorzeichen ab! Feldkräfte setzen dann Energie frei, wenn Ladungen den Feldkräften folgen (➡ *Bild 4*). Verschiebt man Ladungen gegen die Feldkräfte, so führt man Energie zu. Sind beide Ladungen gleichnamig, so stößt die Zentralladung Q die Ladung q vom Punkt (1) ins Unendliche. Sind die Ladungen ungleichnamig (wie ein Elektron im Feld des Atomkerns), so setzen die Feldkräfte Energie frei, wenn die Zentralladung Q die Probeladung aus großer Entfernung heranzieht (➡ *Bild 4*, $Q\,q < 0$).

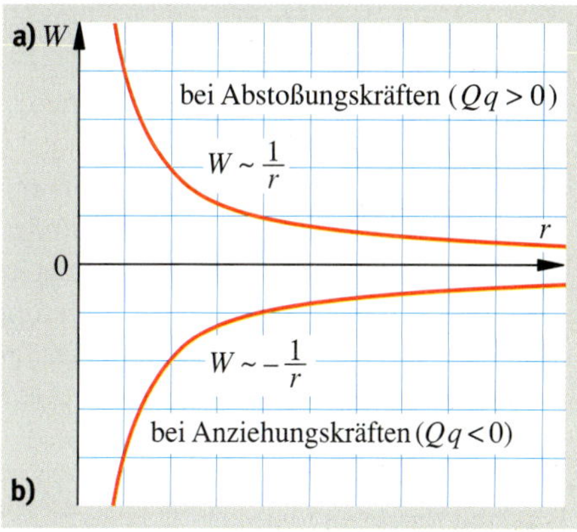

B 4: Energie W bei **a)** Abstoßungskräften gleichnamiger Ladungen **b)** Anziehungskräften ungleichnamiger Ladungen

... noch mehr Aufgaben

A 1: Zwischen zwei Kondensatorplatten (Abstand $d = 5{,}0$ cm) mit je 450 cm² Fläche liegt die Spannung $U = 10$ kV. **a)** Wie groß sind Feldstärke E und Flächendichte σ der felderzeugenden Ladung? Welche Ladung trägt jede Platte? **b)** Wie ändern sich diese Werte, wenn man die Platten bei konstanter Plattenladung auseinander zieht? **c)** Wie ändern sich die Werte, wenn dabei die Quelle angeschlossen bleibt?

A 2: Die Kugel eines Bandgenerators trägt die Ladung $Q = 0{,}1\ \mu$C. Wie groß ist die Feldstärke im Abstand $r = 80$ cm vom Kugelmittelpunkt? Welche Ladungen werden dort auf zwei Testplatten (Fläche $A = 4$ cm²) influenziert, die senkrecht zum Feld stehen?

A 3: **a)** Zwei gleiche Kügelchen (0,50 g) sind jeweils an einem 1,0 m langen, oben am selben Punkt befestigten Faden aufgehängt und tragen gleiche Ladung. Ihre Mitten haben wegen der Abstoßung 20 cm Abstand. Wie groß sind ihre Ladungen? **b)** Das rechte Kügelchen trage doppelt so viel Ladung wie das linke. Erfahren sie dann auch beide die gleiche Auslenkung? Welche Ladung trägt jetzt jedes Kügelchen bei 20 cm Mittenabstand?

A 4: Der Mittelpunkt einer kleinen Kugel mit der Ladung $q = 10$ nC befindet sich im Abstand $r = 10$ cm vor einer geerdeten großen Metallplatte. Mit welcher Kraft wird die Kugel von der Metallplatte angezogen? (Das Feldlinienbild erhält man, indem man sich eine „Spiegelladung" $-q$ hinter der Metallplatte im Abstand 10 cm vorstellt.)

A 5: Eine Kugel ($r_1 = 3{,}0$ cm) trägt die Ladung $1{,}0\ \mu$C. Wie groß ist ihre Spannung gegen unendlich, wie groß gegen $r_2 = 3{,}0$ m? Welchen Fehler in Prozent begeht man, wenn man die 3 m entfernte Wand als „unendlich" ansieht?

V 1: **a)** Zwei Kondensatorplatten der Fläche $A = 450\ \text{cm}^2$ haben den Abstand $d = 2{,}0$ mm. Wir legen die Spannung U an. Mit dem Messverstärker bestimmen wir die Ladung Q. Nach *Tabelle 1* ist $Q \sim U$, der Quotient $C = Q/U$ ist konstant.
b) Wir stellen eine Kugel vor eine Metallplatte und legen zwischen beide die Spannung U. Sie nehmen die Ladungen $\pm Q$ auf, die zu U proportional sind. Wir haben auch bei inhomogenem Feld einen Kondensator mit der konstanten Kapazität $C = Q/U$ vor uns.

U	in V	50	100	150	200
Q	in nC	10	20	30	40
$C = Q/U$	in nF	0,20	0,20	0,20	0,20

T 1: Ladung ist proportional zur Spannung

V 2: Wir bringen in den ganzen vom homogenen Feld erfüllten Raum des Kondensators aus Versuch 1 eine Glasplatte. Bei der Spannung 100 V ist die Ladung dann fünfmal so groß wie ohne die Platte. Glas erhöht so die Kapazität um den Faktor $\varepsilon_r = 5$.

Stoff	ε_r
Luft bei 1 bar = 10^5 Pa	1,00058
Paraffin	2
Öl	2 bis 2,5
Glas	5 bis 16
Ethanol (Alkohol)	26
Wasser	81
Keramik mit Ba, Sr	10^4

T 2: Dielektrizitätszahlen ε_r

Interessantes

Fahrradbeleuchtung im Stand

Die Beleuchtung eines Fahrrads wird während der Fahrt durch den Dynamo betrieben. Steht das Rad, z. B. an einer Ampel, so leuchtet das Rücklicht nicht. Das Fahrrad ist so bei Dunkelheit von anderen Verkehrsteilnehmern schlecht zu sehen. Zusätzlich zum Rückstrahler enthalten manche Rücklichter daher einen Kondensator, der während der Fahrt aufgeladen wird. Im Stand wird von dem geladenen Kondensator eine Leuchtdiode gespeist, die etwas Licht aussendet. Leuchtdioden kommen mit viel schwächeren Strömen aus (1 mA) als Glühlämpchen (200 mA).

Kondensatoren; Kapazität

1. Wie viel Ladung fasst ein Kondensator?

Bisher haben wir Plattenkondensatoren ihres Feldes wegen untersucht. Nun sind in Radios und Computern Kondensatoren so wichtig wie Widerstände – aber nicht um Felder zu erzeugen, sondern um Ladung zu speichern. Die Flächendichte $\sigma = Q/A$ der Ladung auf ihrer Plattenfläche A beträgt $\sigma = \varepsilon_0 E = \varepsilon_0 U/d$. Die Ladung $Q = \sigma A = \varepsilon_0 A\, U/d$ ist also der Spannung U proportional. Deshalb wird der Quotient $C = Q/U = \varepsilon_0 A/d$ von U unabhängig (*Versuch 1a, b*). Dieser Quotient C heißt *Kapazität*.

Merksatz

Die Ladungen $+Q$ und $-Q$ auf den beiden Teilen eines Kondensators sind der Spannung U zwischen ihnen proportional.
Definition: Unter der **Kapazität C** eines Kondensators versteht man den Quotienten aus Ladung Q und Spannung U:

$$C = \frac{Q}{U}; \quad [C] = 1\,\frac{\text{C}}{\text{V}} = 1\ \text{F (Farad)}.$$

2. Mehr Kapazität durch Isolatoren

Bringt man einen Isolator in einen Kondensator, so steigt seine Kapazität (*Versuch 2*). Diese Entdeckung machte M. Faraday. Er schloss daraus, dass auch Isolatoren elektrische Eigenschaften haben, und nannte sie *Dielektrika*. Den Faktor ε_r, der die Kapazität vergrößert, nennt man *Dielektrizitätszahl*. Luft erhöht die Kapazität gegenüber dem Vakuum nur geringfügig. Man bezieht ε_r bei genauen Versuchen auf das Vakuum und gibt ihm dort den Wert 1.

Merksatz

Die **Dielektrizitätszahl ε_r** gibt die Erhöhung der Kapazität durch ein Dielektrikum an. Im Vakuum ist $\varepsilon_r = 1$.
Die **Kapazität** eines Plattenkondensators mit der Fläche A und dem Plattenabstand d ist bei homogenem Feld

$$C = \varepsilon_0 \varepsilon_r \frac{A}{d}.$$

Dielektrika erhöhen die Kapazität und bei konstanter Spannung die Ladung. Mit $Q = C\,U = (\varepsilon_0 \varepsilon_r A/d)\,U$ und $E = U/d$ ergibt sich für die Flächendichte σ auf der Innenseite der Kondensatorplatten ebenfalls ein größerer Wert:

$$\sigma = Q/A = \varepsilon_0 \varepsilon_r E.$$

3. Kugeln als Kondensatoren

Aus dem Coulomb-Gesetz haben wir die Spannung $U = Q/(4\,\pi\,\varepsilon_0 r)$ einer freistehenden Kugel gegen das Unendliche berechnet. Der Quotient Q/U liefert – um die Dielektrizitätszahl ε_r ergänzt – die Kapazität von Kugeln mit Radius r: $C = 4\,\pi\,\varepsilon_0 \varepsilon_r r$.

4. Zeigerinstrumente messen auch Ladungen

Elektrometer sind in Volt geeichte Elektroskope, also *Spannungsmesser*. Bei jeder Messung tragen sie Ladungen. Also stellen sie Kondensatoren dar. Kennt man ihre Kapazität C, so kann man die Ladung nach $Q = C\,U$ berechnen. Die Spannung U wird von ihnen selbst angezeigt. **Messverstärker** sind an sich Spannungsmesser. Parallel zu ihrem Eingang liegt ein hochisolierender Kondensator der Kapazität C. Bringt man auf diesen Kondensator die zu messende Ladung Q, so nimmt er die Spannung $U = Q/C$ an. U wird gemessen, $Q = C\,U$ berechnet und angezeigt.

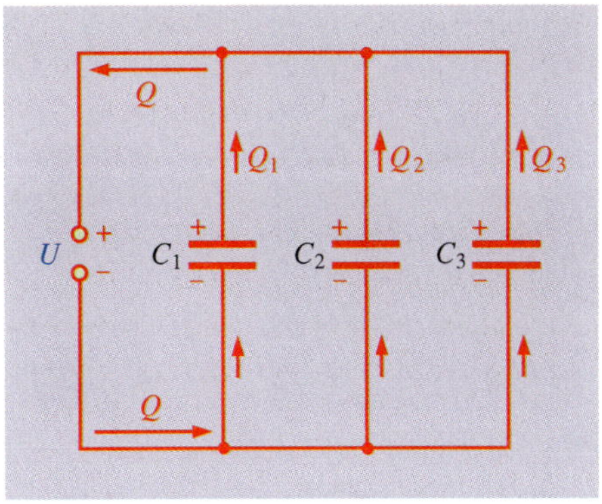

B 1: Parallelschaltung: U gleich; Q_i verschieden. Die Pfeile beziehen sich auf den Aufladevorgang. Sie geben die Richtung der Elektronenbewegung an. Die Teilladungen addieren sich zur Gesamtladung $Q = Q_1 + Q_2 + Q_3$.

5. Schaltung von Kondensatoren

a) Nach ➠ *Bild 1* liegen drei Kondensatoren mit den Kapazitäten C_1, C_2, C_3 *parallel*, also an der gleichen Spannung U. Beim Aufladen fließt in der Sammelleitung die Summe Q der Einzelladungen $Q_1 = C_1\,U$, $Q_2 = C_2\,U$ und $Q_3 = C_3\,U$; insgesamt also $Q = Q_1 + Q_2 + Q_3 = (C_1 + C_2 + C_3)\,U$.
Diese Parallelschaltung lässt sich durch *einen* Kondensator ersetzen. Er hat als *Ersatzkapazität* die Summe der Einzelkapazitäten:

$$C = Q/U = C_1 + C_2 + C_3.$$

b) Nach ➠ *Bild 2* sind drei beliebige Kondensatoren *in Reihe* geschaltet. Die Quelle mit der Spannung U pumpt Elektronen von der linken Platte des ersten auf die rechte Platte des dritten Kondensators. Diese äußeren Platten tragen dann die Ladungen $+Q$ bzw. $-Q$. Durch Influenz werden die dazwischen liegenden Platten ebenfalls mit $+Q$ bzw. $-Q$ geladen. Die drei Teilspannungen $U_1 = Q/C_1$, $U_2 = Q/C_2$, und $U_3 = Q/C_3$ addieren sich zur Gesamtspannung $U = U_1 + U_2 + U_3$. Für die Ersatzkapazität $C = Q/U$ gilt bei der Reihenschaltung:

$$\frac{1}{C} = \frac{U}{Q} = \frac{1}{Q}\left(\frac{Q}{C_1} + \frac{Q}{C_2} + \frac{Q}{C_3}\right) = \frac{1}{C_1} + \frac{1}{C_2} + \frac{1}{C_3}.$$

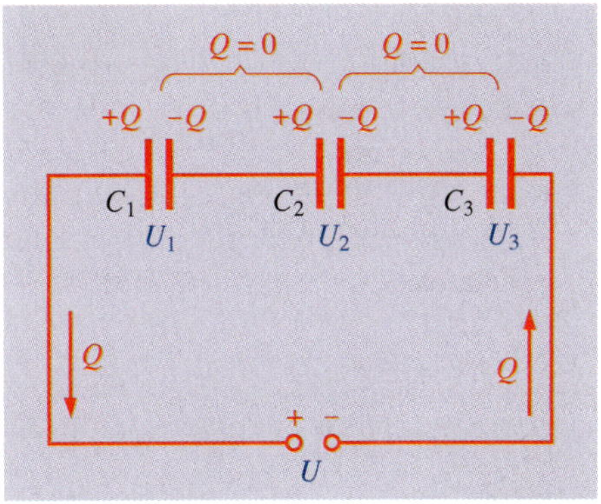

B 2: Reihenschaltung: Q gleich, U_i verschieden. Pfeile wie in ➠ *Bild 1*. Die Teilspannungen addieren sich zur Gesamtspannung $U = U_1 + U_2 + U_3$.

Merksatz

Die Ersatzkapazität von **parallel** geschalteten Kondensatoren ist die Summe der Einzelkapazitäten. Bei der **Reihenschaltung** addieren sich die Kehrwerte der Einzelkapazitäten zum Kehrwert $1/C$ der Ersatzkapazität C. Diese ist kleiner als jede Einzelkapazität.

Beispiel

Ein Elektrometer zeigt die Spannung $U_1 = 3{,}0$ kV. Um die Kapazität C_E dieses Elektrometers zu bestimmen, schaltet man einen Plattenkondensator ($A = 100\ \text{cm}^2$, $d = 1{,}00$ mm) parallel (➠ *Bild 3*). Die Spannung sinkt dabei auf $U_2 = 1{,}0$ kV.

Lösung: Die Kapazität des Kondensators ist $C_K = \varepsilon_0\,A/d = 88{,}5$ pF. Die Gesamtladung beträgt $Q = C_E\,U_1$. Sie verteilt sich auf Elektrometer *und* Kondensator mit der Ersatzkapazität $C = C_E + C_K$. Also ist $C_E\,U_1 = (C_E + C_K)\,U_2$ und $C_E = C_K\,U_2/(U_1 - U_2) =$ **44,3 pF**.

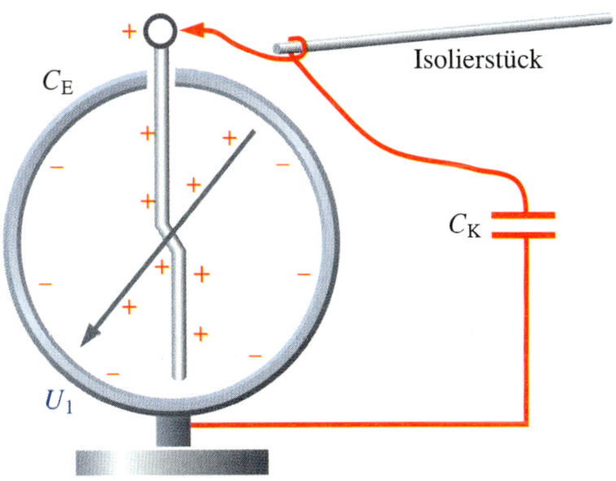

B 3: Bestimmung der Kapazität eines Elektroskops durch Parallelschalten eines Plattenkondensators bekannter Kapazität. Das Isolierstück verhindert einen Ladungsverlust.

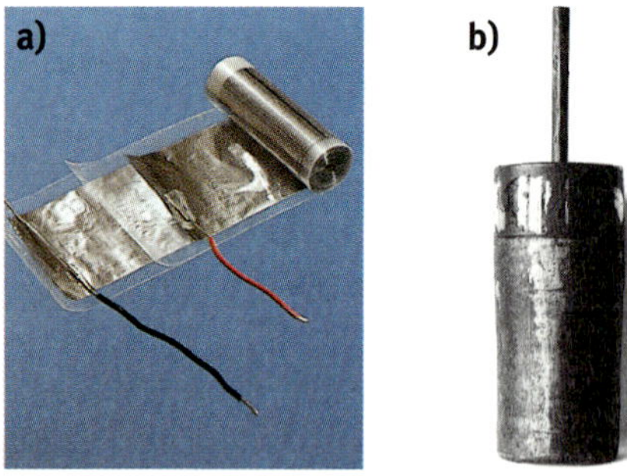

B 1: a) Blockkondensator
b) Leidener Flasche

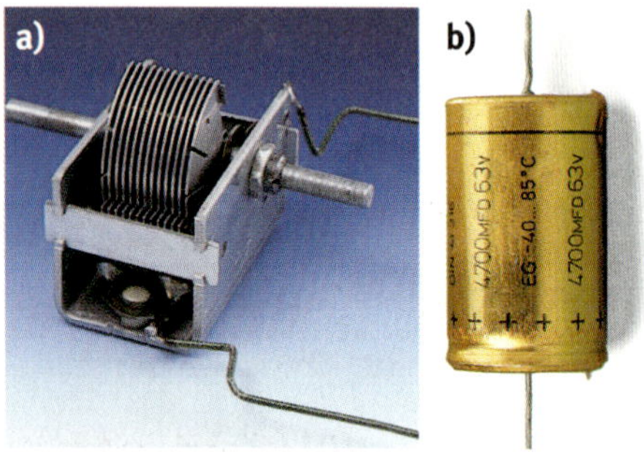

B 2: a) Drehkondensator
b) Elektrolytkondensator

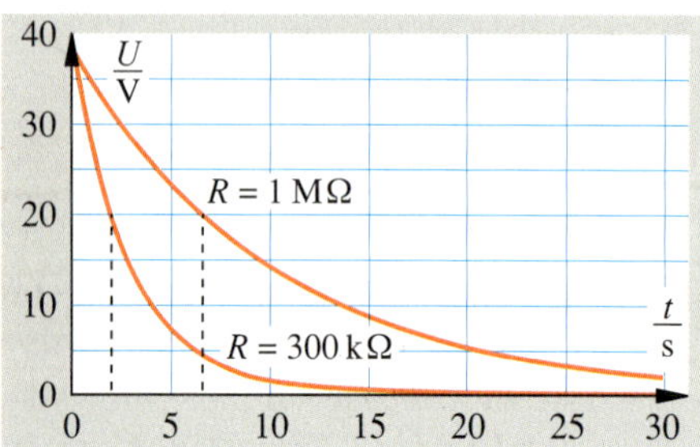

V 1: Wir legen einen auf 40 V geladenen Kondensator ($C = 10\ \mu F$) an einen Spannungsmesser mit dem Innenwiderstand $R = 1\ M\Omega$. Der Entladevorgang lässt sich jetzt mit einer Stoppuhr in Ruhe verfolgen. Statt des Spannungsmessers kann man auch einen *t*-*y*-Schreiber mit dem gleichen Eingangswiderstand verwenden und den kriechenden Entladevorgang aufnehmen. Für $R = 1\ M\Omega$ ist die Spannung (und damit die Ladung $Q = C\,U$) nach ca. 7 s auf die Hälfte (20 V) gesunken. Nach weiteren 7 s finden wir nicht etwa völlige Entladung ($U = 0$ V), sondern 10 V, also die Hälfte des letzten Wertes (20 V). Bei diesem Widerstand ist die **Halbwertszeit** 7 s. Für $R = 300\ k\Omega$ ist die Halbwertszeit kleiner, etwa 2 s.

6. Kondensatoren in Labor und Technik

a) In **Blockkondensatoren** bestehen die „Platten" aus zwei langen zusammengewickelten Aluminiumfolien. Das mit Paraffin getränkte Dielektrikum Papier trennt sie (➡ *Bild 1a*). Da im Innern von beiden Seiten eines Streifens Feldlinien zum anderen Streifen gehen, ist die wirksame Fläche doppelt so groß wie die Fläche eines Streifens.

b) Bei hohen Spannungen benutzt man **Leidener Flaschen** aus Glas (➡ *Bild 1b*). Innen- wie Außenseite sind mit Metallfolien beklebt. Man findet sie z. B. an der Influenzmaschine.

c) In der Radiotechnik benutzt man **Drehkondensatoren** (➡ *Bild 2a*). Sie bestehen aus zwei isolierten Plattensätzen, die sich ineinander drehen lassen. Dies ändert die Größe der sich gegenüberstehenden geladenen Flächenteile und deshalb die Kapazität stetig.

d) Elektrolytkondensatoren (➡ *Bild 2b*) haben eine Aluminium- oder Tantalfolie als Plusplatte und eine saugfähige, mit einem Elektrolyten getränkte Papierschicht als Minusplatte. Beim Herstellen erzeugt man mit Gleichstrom elektrolytisch zwischen beiden eine extrem dünne Oxidschicht. So wird eine hohe Kapazität (bis 1 F) auf einem kleinen Raum konzentriert. Doch muss man die zulässige *Höchstspannung* und *Polung* genau beachten. Sonst kann der Kondensator explodieren.

e) Bei **Keramikkondensatoren** sind auf kleine keramische Scheiben oder Röhren Metallbeläge aufgedampft. Die Kapazität beträgt einige wenige pF.

Bei pulsierenden Gleichspannungen dienen Kondensatoren zur **Glättung** der Spannung. In **Zeitschaltgliedern** verwendet man die Auf- oder Entladung von Kondensatoren, um nach einer bestimmten Zeit einen Schalter zu betätigen. Dies untersuchen wir nun genauer.

7. Kondensator-Entladung

In ➡ *Versuch 1* entladen wir einen geladenen Kondensator langsam über einen Widerstand und registrieren den Spannungsverlauf $U(t)$. Zu Beginn ist die Spannung noch groß, also auch der Entladestrom. Doch nehmen die Spannung und nach $Q = C\,U$ auch die Ladung schnell ab. Hat der Kondensator nur noch wenig Ladung, so sind auch Spannung und Stromstärke klein. U und Q nähern sich (asymptotisch) dem Wert null. Folglich können wir keine Entladezeit angeben, wohl aber eine **Halbwertszeit T_H**. Es ist die Zeit, zu der Spannung und Ladung von einem beliebigen Wert U_0 bzw. Q_0 auf die Hälfte, also $U_0/2$ bzw. $Q_0/2$, gesunken sind. In ➡ *Versuch 1* ist $T_H = 7$ s. Die Entladung setzt sich danach mit dem gleichen Wert von T_H fort: In den zweiten 7 s verläuft derselbe Vorgang mit jeweils der halben Ladung und Spannung. Nach zwei Halbwertszeiten, zur Zeit $t = 2\,T_H$, ist $Q = (Q_0/2)/2 = Q_0/4$. Nach n Halbwertszeiten, nämlich bei beliebigen Zeiten $t = n \cdot T_H$ gilt:

$$Q_n = (\tfrac{1}{2})^n \cdot Q_0 = Q_0 \cdot 2^{-n} = Q_0 \cdot 2^{-\frac{t}{T_H}}.$$

$Q = Q_0 \cdot 2^{-\frac{t}{T_H}}$ gibt die Messkurve zu beliebigen Zeiten richtig wieder. Wir können sie aber auch am Computer modellieren. Dabei müssen wir bedenken, dass in einer kurzen Zeitspanne Δt die Ladung sich um $\Delta Q < 0$ ändert; es ist $I = \Delta Q/\Delta t$ mit $I < 0$. Die an der nun abgeschalteten Quelle ($U_0 = 0$) *hintereinander* liegenden Spannungen $R\,I$ und Q/C von R und C *addieren* sich. Es gilt:

$$\boldsymbol{U_0 = 0 = R\,I + Q/C = R\,\Delta Q/\Delta t + Q/C.}$$

Die Ladungsänderung im Kondensator ist also $\Delta Q = -Q\,\Delta t/(R\,C)$. Der Computer geht vom Startwert $Q = Q_0$ mit $Q_0 > 0$ aus gemäß:

Wiederhole:	$\Delta Q = -Q\,\Delta t/(R\,C)$	(Ladungsänderung $\Delta Q < 0$ in Δt)
	$Q = Q + \Delta Q$	(neue, kleinere Ladung nach Δt)
	$t = t + \Delta t$	(nächstes Zeitintervall)

Der Computer liefert keine Formel für die Halbwertszeit T_H. Diese hängt nach ➠ *Versuch 1* von R und C ab. Die Halbwertszeit T_H kommt in $Q = Q_0 \cdot 2^{-\frac{t}{T_H}}$ vor. In der ➠ *Vertiefung* zeigen wir, dass $T_H = 0{,}69 \cdot R\,C$ ist. Für ➠ *Versuch 1* ergibt sich mit $R = 1\ \text{M}\Omega$, $C = 10\ \mu\text{F}$ die Halbwertszeit

$$T_H = 0{,}69 \cdot 1 \cdot 10^6\ \Omega \cdot 10^{-5}\ \text{F} = 6{,}9\ \text{s}$$

in guter Übereinstimmung mit dem Messergebnis.

Merksatz

Ein Kondensator der Kapazität C entlädt sich über den Widerstand R mit sinkender Stromstärke I. Jeweils nach Ablauf einer Halbwertszeit $T_H = 0{,}69\,R\,C$ sind Ladung Q, Spannung U und Stromstärke I auf die Hälfte gesunken. Zu einem beliebigen Zeitpunkt t gilt

$$Q(t) = Q_0 \cdot 2^{-\frac{t}{T_H}}, \quad U(t) = U_0 \cdot 2^{-\frac{t}{T_H}} \quad \text{und} \quad I(t) = I_0 \cdot 2^{-\frac{t}{T_H}}.$$

Vertiefung

Mathematischer Exkurs

Es ist $Q(t) = Q_0 \cdot 2^{-\frac{t}{T_H}} = Q_0 \cdot 2^{-k \cdot t}$ mit $k = 1/T_H$. Wir bilden

$$\frac{\Delta Q}{\Delta t} = Q_0 \cdot \frac{2^{-k \cdot (t+\Delta t)} - 2^{-k \cdot t}}{\Delta t}$$

$$= Q_0 \cdot 2^{-k \cdot t}\,\frac{2^{-k \cdot \Delta t} - 1}{\Delta t}.$$

Damit wir im Exponenten und im Nenner den gleichen Ausdruck haben, erweitern wir den Bruch mit $-k$ und erhalten

$$\frac{\Delta Q}{\Delta t} = -k \cdot (Q_0 \cdot 2^{-k \cdot t})\,\frac{2^{-k \cdot \Delta t} - 1}{-k \cdot \Delta t}$$

$$= -k \cdot Q\,\frac{2^h - 1}{h}$$

mit $h = -k \cdot \Delta t$.
Für sehr kleines Δt und damit auch für sehr kleine Beträge von h (z. B. $h = 0{,}01$) ergibt sich $(2^h - 1)/h \approx 0{,}69$.

Da $I = \Delta Q/\Delta t$ ist, erhalten wir

$$I = -k \cdot Q \cdot 0{,}69 \quad (I < 0,\ \text{Entladestrom})$$

oder wegen $k = 1/T_H$

$$I = -\frac{Q}{R \cdot C} = -Q \cdot \frac{0{,}69}{T_H}.$$

Daraus folgt $\boldsymbol{T_H = 0{,}69 \cdot R \cdot C}$.

... noch mehr Aufgaben

A 1: a) Ein Streifen eines Blockkondensators hat auf jeder Seite $20\ \text{m}^2$ Fläche und 0,05 mm Abstand zum anderen ($\varepsilon_r = 2$). Wie groß sind Kapazität und Ladung bei 100 V? Bei welcher Spannung ist $Q = 100\ \mu\text{C}$? **b)** Wie lang müssten die 5,0 cm breiten Streifen sein, damit $C = 10\ \mu\text{F}$ wird?

A 2: a) Welche Kapazität muss man zu $10\ \mu\text{F}$ parallel bzw. in Reihe schalten, damit $15\ \mu\text{F}$ bzw. $5\ \mu\text{F}$ entstehen? **b)** Welche Ladung nimmt dabei jeder Kondensator auf, wenn man 10 V anlegt?

A 3: Drei Kondensatoren mit $5\ \mu\text{F}$, $10\ \mu\text{F}$ und $20\ \mu\text{F}$ liegen hintereinander an 100 V. Welche Ladung trägt jeder, welche Spannung hat er?

A 4: Auf eine Kondensatorplatte ($A = 400\ \text{cm}^2$) wird eine 5,0 mm dicke Paraffinscheibe ($\varepsilon_{r,1} = 2$) und darauf eine ebenfalls 5,0 mm dicke Glasscheibe ($\varepsilon_{r,2} = 5$) gelegt. Die zweite gleich große Kondensatorplatte wird aufgepresst. Berechnen Sie die Kapazität. (Man kann dies als Hintereinanderschaltung von zwei Kondensatoren mit ($\varepsilon_{r,1}$, d_1) und ($\varepsilon_{r,2}$, d_2) auffassen.)

A 5: Die Kapazität eines Drehkondensators kann zwischen 100 pF und 1 nF geändert werden. Ein angelegtes Elektrometer von 100 pF Kapazität zeigt bei ineinander gedrehten Plattensätzen 100 V an. Welche Ladung ist auf der gesamten isolierten Anordnung? Welche Spannung entsteht, wenn man die Platten auseinanderdreht?

A 6: Welche Ladung nimmt eine freistehende Kugel ($r = 4$ cm) auf, wenn sie mit 50 kV gegen die fernen Wände (Erde) geladen wird?

A 7: Ein Pendelschalter lädt 20-mal pro Sekunde einen Kondensator auf und entlädt ihn wieder vollständig über einen Strommesser. Die mittlere Stromstärke beträgt $\bar{I} = 2{,}0$ mA, wenn die angelegte Spannung $U = 40$ V ist. Wie groß ist die Ladung Q des Kondensators bei $U = 40$ V, wie groß ist seine Kapazität C?

A 8: Ein Kondensator der Kapazität $C = 100\ \mu\text{F}$ wird über ein Strommessgerät mit dem Innenwiderstand $R = 300\ \text{k}\Omega$ entladen. **a)** Berechnen Sie die Halbwertszeit T_H. **b)** Wie groß ist die Spannung nach 5 s, 10 s, 50 s, wenn die Anfangsspannung $U_0 = 10$ V beträgt?

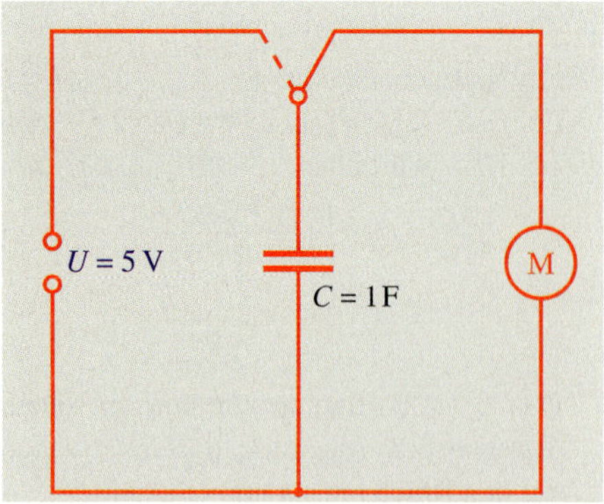

V 1: Ein Kondensator der Kapazität 1 F wird mit der Spannung 5 V aufgeladen. Beim Entladen treibt er einen kleinen Motor.

Warnung: Das Experimentieren mit *Hochspannungskondensatoren* ist gefährlich. Schulnetzgeräte haben einen hohen Widerstand eingebaut, der während des Aufladens die Stromstärke auf wenige mA begrenzt. Bei der Entladung des Kondensators ist das nicht der Fall!

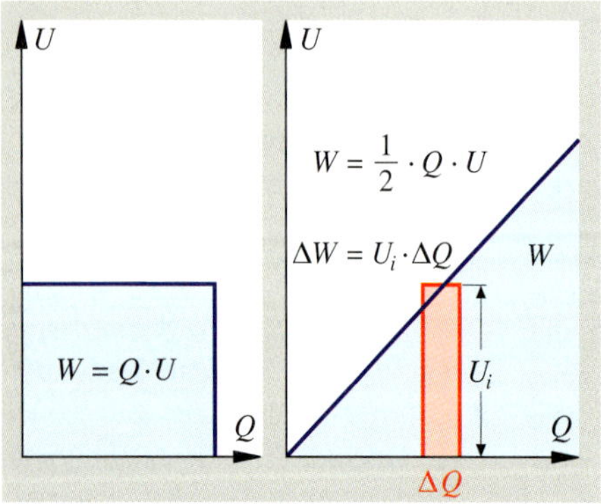

B 1: Energie als Fläche im Q-U-Diagramm

Beispiel

Ein Kondensator der Kapazität 100 µF speichert im Elektronenblitz bei der Spannung $U = 1$ kV die Energie

$$W = \tfrac{1}{2} \cdot 10^{-4}\,\text{F} \cdot 10^{6}\,\text{V}^2 = 50\,\text{C·V} = 50\,\text{J}.$$

Dies ist gegenüber der Energie von $46 \cdot 10^6$ J eines Liters Benzin sehr wenig. Im Elektronenblitz wird die elektrisch gespeicherte Energie in $t = 1$ ms frei; so lange blendet die Leistung $P = W/t = 50$ kW! Ein Auto, das nach so kurzer Zeit zum Tanken muss, wäre nicht brauchbar.

Energie elektrischer Felder

1. Kondensatoren statt Benzin im Tank?

Geladene Kondensatoren werden mit lautem Knall entladen und liefern die Energie zum Elektronenblitz des Fotografen. In *Versuch 1* verwenden wir einen 1 Farad-Kondensator, um einen kleinen Motor laufen zu lassen. Ließen sich auch Elektroautos mit Kondensatoren antreiben? Wie viel Energie können diese speichern?

Wäre die Spannung $U(t)$ beim Aufladen eines Kondensators konstant, so könnten wir die zum Transport der Ladung Q nötige Energie mit $W = Q \cdot U$ berechnen. Ihr entspräche der Flächeninhalt des Rechtecks im *Bild 1*. Doch steigt beim Aufladen die Spannung am Kondensator proportional zur aufgenommenen Ladung von 0 bis $U = Q/C$ an. In dem schmalen, rot gefärbten Streifen sei ΔQ so klein, dass U_i praktisch konstant bleibt. Aus solchen schmalen Streifen kann die Dreiecksfläche näherungsweise zusammengesetzt werden. Je kleiner ΔQ ist, umso besser nähert sich die Summe der Rechtecksflächen der Dreiecksfläche an. Der Inhalt der Dreiecksfläche liefert die Energie $W = \frac{1}{2} Q\,U = \frac{1}{2} C\,U^2$, die man braucht, um dem Kondensator der Kapazität C die Ladung $Q = C\,U$ zuzuführen. Beim Entladen wird diese Energie frei. Sie war im Kondensator gespeichert.

Merksatz

Die **Energie** eines geladenen Kondensators ist $W = \frac{1}{2} Q\,U = \frac{1}{2} C\,U^2$.

2. Wo und wie dicht sitzt elektrische Energie?

Kann man sagen, wo die Energie gespeichert wird? Ziehen wir die Platten eines Kondensators auseinander, der nicht mit einer Quelle verbunden ist, so steigt seine Energie, wie wir an der Entladung über eine Glimmlampe gesehen haben. Die Ladung hat sich beim Auseinanderziehen nicht geändert. Doch vergrößern wir dabei den Raum, der mit dem Feld erfüllt ist. Ist vielleicht dieses Feld Träger der Energie? Um dies zu prüfen, setzen wir $E = U/d$ und $C = \varepsilon_0 \varepsilon_r A/d$ in $W = \frac{1}{2} C\,U^2$ ein:

$$W = \tfrac{1}{2} C\,U^2 = \tfrac{1}{2} \varepsilon_0 \varepsilon_r \frac{A}{d} E^2 d^2 = \tfrac{1}{2} \varepsilon_0 \varepsilon_r E^2 V.$$

Die Energie ist also dem felderfüllten Volumen $V = A \cdot d$ und dem Quadrat der Feldstärke proportional; sie hängt nur von Feldgrößen ab. Die Ladung tritt nicht auf. Dies werten wir als starkes Indiz dafür, dass die Energie nach FARADAYS Feldvorstellung im Feld sitzt. Wir berechnen die räumliche Dichte ϱ_{el} der Energie:

$$\varrho_{el} = W/V = \tfrac{1}{2} \varepsilon_0 \varepsilon_r E^2.$$

Merksatz

Das elektrische Feld ist Sitz von Energie. Die räumliche **Energiedichte** beträgt

$$\varrho_{el} = \tfrac{1}{2} \varepsilon_0 \varepsilon_r E^2.$$

Feldenergie gibt es auch im *Vakuum*. Alle Energie, die wir zum Leben brauchen, auch die in Kohle- und Erdöllagern gespeicherte Energie, kam von der Sonne durch weite materiefreie Räume zu uns.

3. Feldkraft – aus Feldenergie berechnet

Die elektrische Feldstärke in einem Plattenkondensator hängt nicht vom Plattenabstand d ab, wenn die Quelle abgetrennt ist. Ziehen wir Platten mit der Fläche A auseinander, so vergrößern wir das vom Feld erfüllte Volumen um $\Delta V = A \cdot \Delta s$ und seine Energie um $\Delta W = \frac{1}{2}\varepsilon_0 \varepsilon_r E^2 A \Delta s$. Zum Ziehen längs der Feldlinien braucht man die Kraft F, also die Energie $\Delta W = F \Delta s$. Durch Gleichsetzen berechnen wir die Anziehungskraft F der Platten zu

$$F = \frac{\Delta W}{\Delta s} = \frac{1}{2}\varepsilon_0 \varepsilon_r E^2 A = \frac{1}{2}\varepsilon_0 \varepsilon_r \frac{U^2}{d^2} A.$$

Da ε_0 festliegt, kann man die elektrische Spannungseinheit 1 V allein mit einem Maßstab und einem Kraftmesser bestimmen. In *Versuch 2* untersuchen wir mit einer *Spannungswaage* die Abhängigkeit der Kraft F von U und d (*Bild 2*).

Beispiel

Ein Kondensator mit der Kapazität $C_1 = 5\ \mu F$ wird auf $U_0 = 30$ V aufgeladen und dann zu einem ungeladenen Kondensator mit $C_2 = 10\ \mu F$ parallel geschaltet, ohne dass Ladung verloren geht. **a)** Welche Spannung stellt sich zwischen den Platten ein? **b)** Vergleichen Sie die Energie, die vor und nach dem Parallelschalten in der Anordnung gespeichert ist.

Lösung:

a) Da die Ladung erhalten bleibt, gilt:

$$Q = C_1 U_0 = (C_1 + C_2) U_1 \quad \text{oder} \quad U_1 = C_1 U_0/(C_1 + C_2) = \mathbf{10\ V}.$$

b) Vor dem Parallelschalten berechnet man die gespeicherte Energie zu $W = \frac{1}{2} C_1 U_0^2 = \mathbf{2{,}25\ mJ}$.
Nachher ist $W = \frac{1}{2}(C_1 + C_2) U_1^2 = \frac{1}{2} \cdot 15 \cdot 10^{-6}\ \text{F} \cdot (10\ \text{V})^2 = \mathbf{0{,}75\ mJ}$. Dies ist kein Widerspruch zum Energiesatz. Vom geladenen Kondensator fließen Ladungen zum ungeladenen. Im Widerstand des Stromkreises geht Energie in Form von Wärme, im Funken als Strahlungsenergie weg.

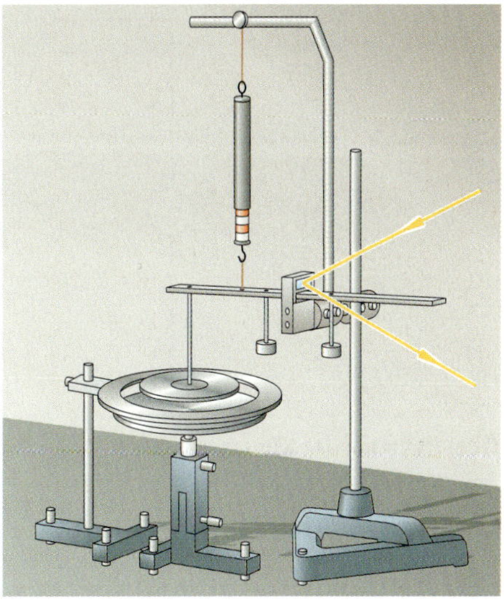

V 2: Spannungswaage: Die untere Kondensatorplatte steht isoliert auf einem höhenverstellbaren Ständer, die obere hängt an einem austariertem Waagebalken mit Lichtzeiger. Ein Schutzring sorgt für die Abschirmung von Randfeldern. Die Kraftmessung erfolgt mit einem Federkraftmesser.

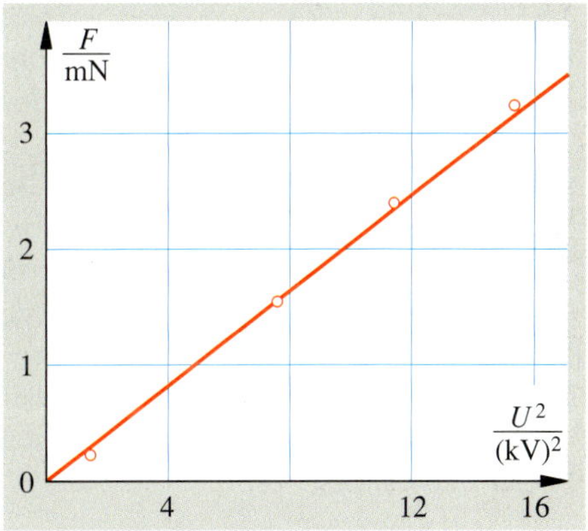

B 2: Die Kraft in Abhängigkeit von U^2 aufgetragen ergibt eine Gerade

... noch mehr Aufgaben

A 1: In Luft tritt oberhalb einer Feldstärke von $2{,}5 \cdot 10^6$ V/m Funkenüberschlag auf. **a)** Welche Energiedichte ϱ_{el} ist in Luft noch möglich? **b)** Wievielmal so groß ist die aus Kohle nutzbare Energiedichte (Verbrennungswärme: $3 \cdot 10^7$ J/kg; Dichte: 1,2 g/cm³)?

A 2: Zwei kreisförmige Platten von 24 cm Durchmesser haben den Abstand 4,0 mm. **a)** Berechnen Sie Energieinhalt und Energiedichte bei $U = 3{,}0$ kV bzw. $U = 6{,}0$ kV. **b)** Mit welcher Kraft ziehen sich die Platten an? **c)** Wie groß ist die Spannung, wenn die Spannungswaage die anziehende Kraft 1,0 N anzeigt?

A 3: Ein Kondensator von 10 μF wird auf 200 V aufgeladen und einem auf 100 V geladenen gleicher Kapazität parallel geschaltet, ohne dass Ladung verloren geht. Welche Spannung nehmen die Kondensatoren an? Wie viel elektrische Energie geht verloren?

A 4: Bestimmen Sie die Gesamtenergie eines Kugelfeldes (Kugelradius R, Ladung Q) im Abstand $r \geq R$ vom Mittelpunkt (Integration von ϱ_{el} von R bis ∞; $dV = 4\pi r^2 dr$).

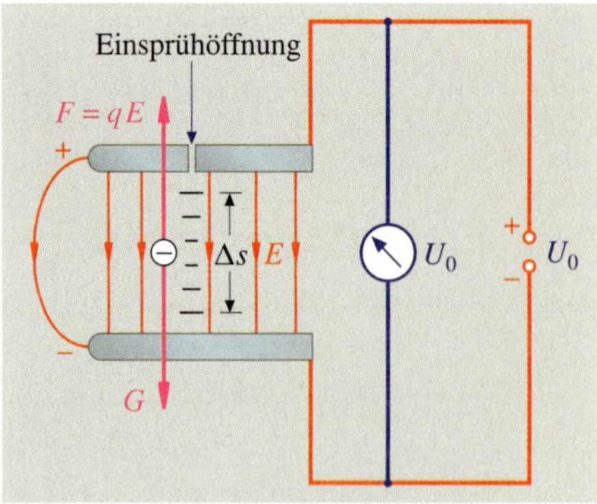

B 1: Schema des MILLIKAN-Versuchs

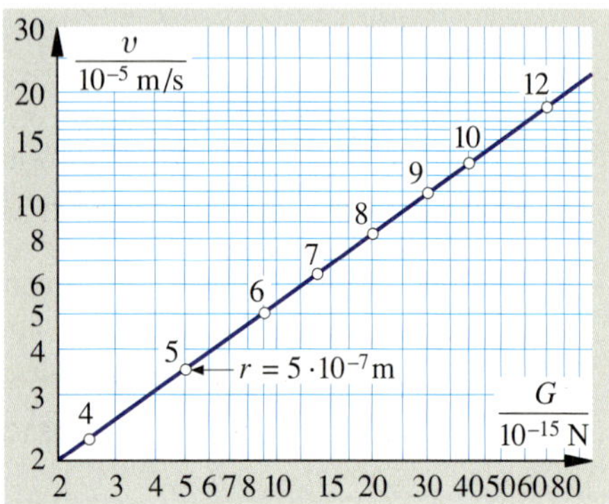

B 2: Sinkgeschwindigkeit v von Öltröpfchen in Abhängigkeit von der Gewichtskraft G. Der Maßstab auf den Achsen ist nicht linear, sondern logarithmisch. Der Vorteil dieser Darstellung ist, dass Messwerte für einen großen Bereich in einem Diagramm gezeigt werden können. Hängt eine Messgröße von der anderen als Potenz ab, z. B. $v = k \cdot G^{2/3}$, so ergibt sich außerdem in doppelt-logarithmischer Darstellung eine Gerade

$$\lg v = \frac{2}{3} \cdot \lg G + \lg k.$$

Man sieht so einfacher Abweichungen von der Potenzfunktion.

Beispiel

Ein Tröpfchen durchfällt die Strecke $\Delta s = 2{,}50$ mm in $\Delta t = 35{,}0$ s. Also ist $v = \Delta s / \Delta t = 7{,}14 \cdot 10^{-5}$ m/s.
➡ *Bild 2* entnimmt man $G = 15{,}8 \cdot 10^{-15}$ N. Aus der Schwebespannung $U_0 = 250$ V und dem Plattenabstand $d = 5{,}0$ mm folgt

$$q = G/E = G\,d/U_0 = \mathbf{3{,}2 \cdot 10^{-19}\ C}.$$

Dies sind zwei Elementarladungen.

Der MILLIKAN-Versuch

1. Die kleinste Ladung

Im Chemieunterricht lernt man, dass 1 mol (also $6{,}02 \cdot 10^{23}$) Elementarladungen 96 500 C sind (2. FARADAY-Gesetz). Daraus kann man die Elementarladung e ermitteln: $e = 96\,500\ \text{C}/(6{,}02 \cdot 10^{23}) = 1{,}6 \cdot 10^{-19}$ C. Die so bestimmte Ladung könnte allerdings ein Mittelwert sein, um den die einzelnen Ionenladungen streuen. Langwierige Experimente des Amerikaners Robert A. MILLIKAN (Nobelpreis 1923) zeigten 1909 unabhängig von der Elektrolyse, dass positive wie negative Ladungsträger nur als ganzzahlige Vielfache einer kleinsten Ladung auftreten.

In ➡ *Bild 1* ist das Schema des Versuchs von MILLIKAN gezeichnet. Mit einem Mikroskop betrachtet man den Raum zwischen zwei horizontalen Kondensatorplatten. Er ist durch ein Gehäuse vor Luftzug geschützt. Im Mikroskop sind Strichmarken für vertikale Strecken Δs zwischen den Platten angebracht. Durch eine Öffnung werden aus einem Zerstäuber kleine Öltröpfchen zwischen die Platten geblasen. Bei seitlicher Beleuchtung erscheinen die Tröpfchen als helle Lichtpunkte, die nach unten sinken (da das Mikroskop umkehrt, scheinen sie nach oben zu wandern). Nun legt man eine Spannung zwischen die Platten (die untere sei negativ geladen). Dann sinken die ungeladenen Tröpfchen unbeeinflusst weiter. Einige Tröpfchen steigen jedoch zur oberen Platte auf, sind also negativ geladen. Positiv geladene sinken schneller als ohne Feld. Die Ladung rührt daher, dass beim Zerstäuben des Öls das eine Tröpfchen einige Elektronen zu viel, das andere einige zu wenig erhält.

Man beobachtet nun *ein* negativ geladenes Tröpfchen über längere Zeit genau und ändert dabei die Spannung U_0, bis das Tröpfchen *schwebt* (die anderen verschwinden allmählich). Dann besteht am ruhenden Tröpfchen Gleichgewicht: Nach oben zieht die elektrische Feldkraft $F = qE$, die seine Ladung q im Feld der Stärke $E = U_0/d$ (d: Plattenabstand) erfährt. Nach unten zieht die gleich große Gewichtskraft G. Es gilt also $qE = q\,U_0/d = G$.

Leider sind die Tröpfchen so klein, dass ihr Radius r und damit die Gewichtskraft G nicht unmittelbar bestimmt werden kann. Man misst daher die Geschwindigkeit v, mit der das Tröpfchen nach Wegnahme der Schwebespannung in Luft sinkt. Diese Sinkgeschwindigkeit ist bekanntlich bei schweren Regentropfen groß, bei Nebeltröpfchen klein. Am sinkenden Tröpfchen kommt nämlich Gleichgewicht zwischen der Gewichtskraft und der von v abhängigen Kraft des Luftwiderstands ($F = 6\pi r \eta v$, η = Zähigkeit der Luft) zustande. Der Zusammenhang zwischen v und der Gewichtskraft G ist in ➡ *Bild 2* aufgetragen. Man misst nun ohne Feld die Fallzeit Δt für die Strecke Δs, berechnet v und entnimmt dem Schaubild die Gewichtskraft. Auch bei Wiederholung an vielen Tröpfchen ergeben sich für die Tröpfchenladung $q = G/E = G\,d/U_0$ immer nur ganzzahlige Vielfache der **Elementarladung** $\boldsymbol{e}$, nämlich e selbst oder $2e$, $3e$ usw. (➡ *Bild 3*).

Zwischenwerte wie $0{,}7\,e$ oder $3{,}4\,e$ werden nicht beobachtet. Nun polt man die Spannung an den Platten um und misst die Ladung eines positiv geladenen Tröpfchens. Der Wert für e ist der gleiche.

Merksatz

Positive wie negative Ladungen treten nur als ganzzahlige Vielfache der **Elementarladung** $e = 1{,}6 \cdot 10^{-19}$ C auf. Die Ladung des Elektrons ist $q = -e = -1{,}6 \cdot 10^{-19}$ C.

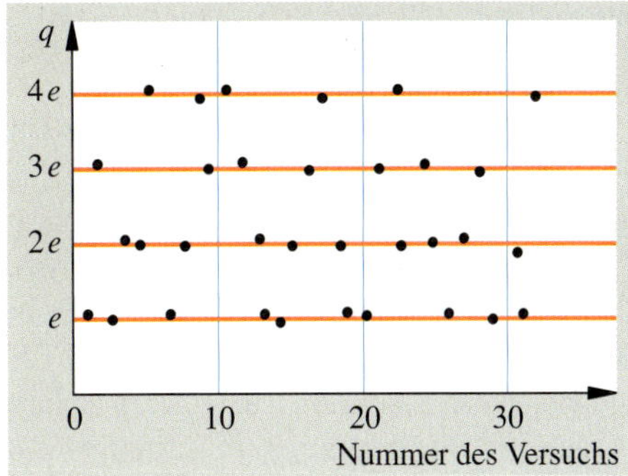

B 3: Streuung zahlreicher Messwerte der Tröpfchenladung q um e, $2\,e$, $3\,e$, $4\,e$ oder andere ganzzahlige Vielfache von e

2. Ein eigenes Energiemaß für die Mikrowelt

Wenn ein Elektron die Spannung U in einer Elektronenkanone durchlaufen hat, so wurde ihm von Feldkräften die Energie $W = e \cdot U$ zugeführt. Um nicht immer mit e multiplizieren zu müssen, führt man die auf die Elementarladung zugeschnittene **Energieeinheit Elektronvolt (eV)** ein. Durchfliegt ein Elektron die Spannung 1 V, so steigt seine kinetische Energie um 1 eV = $1{,}6 \cdot 10^{-19}$ C · 1 V = $1{,}6 \cdot 10^{-19}$ J. Durchläuft ein Cu^{++}-Ion oder ein Heliumkern, die beide zwei Elementarladungen tragen, die Spannung 1 V, so ändert sich ihre Energie um 2 eV.

Merksatz

Wenn ein Teilchen beliebiger Masse mit der Ladung 1 e im Vakuum die Spannung 1 V durchläuft, dann ändert sich seine kinetische Energie um 1 Elektronvolt:

$$1\ \text{eV} = 1\ \text{e} \cdot 1\ \text{V} = 1{,}6 \cdot 10^{-19}\ \text{J};$$

1 MeV (Mega-Elektronvolt) = 10^6 eV;

1 GeV (Giga-Elektronvolt) = 10^9 eV.

Beispiel

Ein Elektron ($m_e = 9{,}1 \cdot 10^{-31}$ kg) mit der Anfangsgeschwindigkeit $v_0 = 10^7$ m/s durchläuft die Spannung 100 V. Wie groß ist dann seine Energie in eV?

Lösung:

Es ist 1 J = $1/(1{,}6 \cdot 10^{-19})$ eV = $6{,}25 \cdot 10^{18}$ eV. Energie des Elektrons nach Durchfliegen der Spannung U:

$$W = e\,U + \tfrac{1}{2}\,m\,v^2 = 100\ \text{eV} + 4{,}55 \cdot 10^{-17}\ \text{J}$$

$$= 100\ \text{eV} + 284\ \text{eV} = \mathbf{384\ eV}.$$

... noch mehr Aufgaben

A 1: a) Ein Öltröpfchen der Masse $m = 2{,}4 \cdot 10^{-12}$ g schwebt bei $U_0 =$ 250 V in einem Kondensator (Plattenabstand $d = 0{,}50$ cm, obere Platte negativ). Welche Ladung und wie viele Elementarladungen trägt es? Welches Vorzeichen hat seine Ladung? Mit welcher Geschwindigkeit sinkt es in Luft ohne elektrisches Feld (➠ *Bild 2*)? **b)** Wie viele Überschusselektronen sitzen je cm^2 auf der negativ geladenen Platte? **c)** Auf wie viele Atome der Oberfläche kommt ein Überschusselektron? (Ein Atom braucht die Fläche 10^{-15} cm^2.)

A 2: a) Ein Tröpfchen ($m = 2{,}4 \cdot 10^{-12}$ g, $q = 3\,e$) sinkt langsam in dem Plattenkondensator aus A 1a) um 1 mm. Wie viel Höhenenergie verliert das Tröpfchen? Welche Spannung durchläuft es? Um wie viel ändert sich die elektrische Energie im Feld? Nimmt sie zu oder ab? Vergleichen Sie die beiden Energieänderungen. **b)** Ein gleich geladenes Tröpfchen mit halber Masse steigt hoch. Vergleichen Sie jetzt die beiden Energieänderungen.

A 3: Näherungsweise gilt für Öltröpfchen das Reibungsgesetz von Stokes $F = 6\pi\,r\,\eta\,v$ ($\eta =$ $18 \cdot 10^{-6}$ Ns/m^2: die Zähigkeit der Luft). Die Dichte des verwendeten Öls ist $\varrho = 983$ kg/m^3. Berechnen Sie die Sinkgeschwindigkeit des Tröpfchens ($r = 1 \cdot 10^{-6}$ m), die sich nach kurzer Zeit ohne Feld einstellt.

A 4: Ein Elektron fliegt von einer Spitze ($r = 100$ nm) im Mittelpunkt einer evakuierten Kugel zum 7,0 cm entfernten Leuchtschirm. Zwischen Spitze und Leuchtschirm liegt die Spannung 7 kV. Wie viel Energie in J und eV gewinnt es auf der ganzen, wie viel auf der halben Strecke?

A 5: a) Wie groß sind die positive und die negative Ladung in 12 mg Kohlenstoff (1 C-Atom hat sechs Elektronen und sechs Protonen)? **b)** Welche Kraft würden beide Ladungen aufeinander ausüben, wenn sie in 1 m Abstand voneinander punktförmig konzentriert wären? **c)** Mit diesen Ladungen werden zwei Kondensatorplatten der Fläche $A = 1\,000$ cm^2 im Abstand 1 cm belegt. Mit welcher Kraft würden sich die Platten anziehen? Wie groß wären die Energie und die Energiedichte im Feld?

Interessantes

Isolatoren im *E*-Feld

Wie wir gesehen haben, steigt die Kapazität eines Kondensators, wenn man zwischen die Platten einen Isolator (z. B. eine Plexiglasscheibe) einführt.

Was geht im Nichtleiter Plexiglas vor? Seine Atome halten zwar die Elektronen fest; doch ist die atomare Elektronenwolke ein lockeres Gebilde. Sie wird in einem äußeren Feld ein wenig zur Plusplatte hin verschoben. ➠ *Bild 1* zeigt ein *anschauliches Modell* für das Verhalten der Ladungen: Auf einer durchsichtigen Folie befindet sich ein quadratisches Netzgitter aus roten Pluszeichen (Atomkernen). Darunter liegt ein Gitter aus blauen Kreisen mit Minuszeichen (Elektronenhülle). Das ➠ *Bild 1a* zeigt das Dielektrikum, in dem sich alle Ladungen neutralisieren. In ➠ *Bild 1b* ist die Minusfolie ein wenig zur Plusplatte hin verschoben. Das Dielektrikum bleibt im Innern neutral. Doch bildet sich vor der Plusplatte ein hauchdünner Film von Überschusselektronen. Diese bilden eine **Polarisationsladung** $-Q_P$. An ihr endet ein Teil der Feldlinien. An der rechten Oberfläche entsteht ein Film positiver Polarisationsladungen $+Q_P$. Von ihr gehen Feldlinien zur Minusplatte. Das von den Kondensatorplatten ausgehende Feld ist daher im Dielektrikum schwächer. Feldstärke E und Spannung $U = E\,d$ sind dort kleiner. Die Ladung Q der isolierten Platten hat sich aber nicht geändert. Also steigt die Kapazität $C = Q/U$.

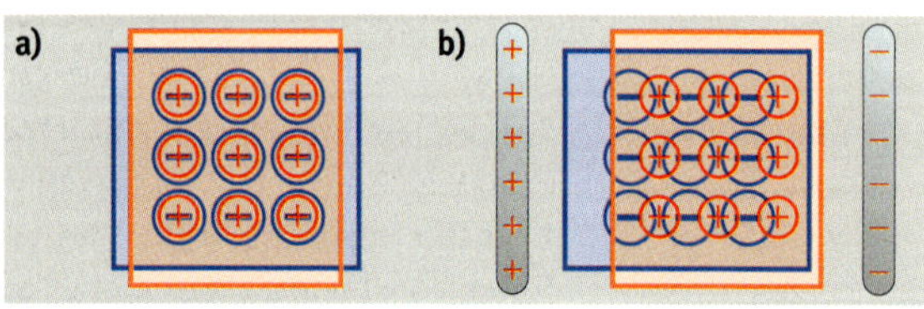

B 1: Verschiebbare Folien veranschaulichen die Polarisation

Wasser und Alkohol haben hohe Dielektrizitätszahlen ε_r. Bei diesen Stoffen sind auch ohne äußeres Feld die Schwerpunkte von Plus- und Minusladungen getrennt. Sie bilden **elektrische Dipole.** In einem elektrischen Feld richten sich die ungeordneten Dipole aus, man spricht von *Orientierungspolarisation* im Unterschied zur *Verschiebungspolarisation*, die wir oben betrachtet haben.

Erwärmt man manche Dielektrika (z. B. Teflon) und lässt sie unter dem Einfluss von starken elektrischen Feldern abkühlen, so bleibt an ihrer Oberfläche eine dünne Schicht von positiven bzw. negativen Ladungen bestehen. Es hat sich ein so genannter **Elektret** gebildet, der ständig polarisiert ist und eine permanente Ladungsschicht trägt.

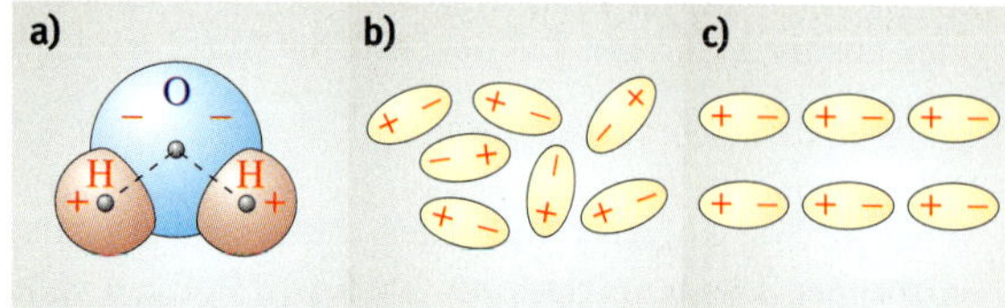

B 2: a) Wassermolekül **b)** Dipole ungeordnet und **c)** geordnet

Kondensator- und Elektretmikrofon

Ein *Kondensatormikrofon* besteht im Prinzip aus einer schwingungsfähigen Membran und einer Gegenplatte, die einen Kondensator bilden. Über einen hochohmigen Widerstand ist eine Spannungsquelle angeschlossen. Durch die Druckschwankungen des Schalls ändern sich der Plattenabstand d, also die Kapazität C und die Ladung des Kondensators (➠ *Bild 3a*). Wechselnde Ladeströme durch den Widerstand führen zu Spannungsschwankungen. Diese werden einem Verstärker zugeführt. Die zusätzliche Spannungsquelle kann man sich sparen, wenn eine Platte des Kondensators von einem Elektret gebildet wird (➠ *Bild 3b*). Man erhält so die heute häufig gebrauchten *Elektretmikrofone*.

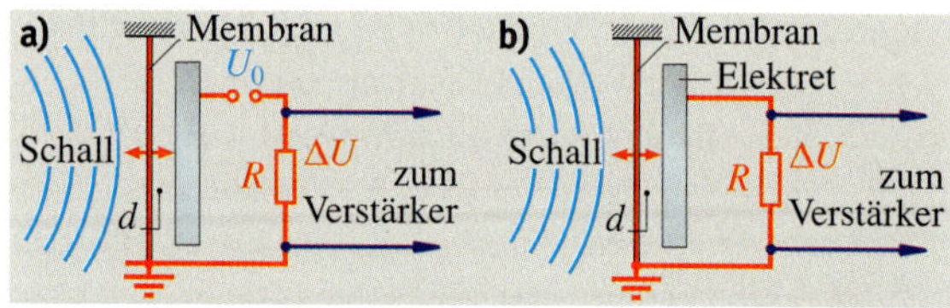

B 3: a) Kondensatormikrofon **b)** Elektretmikrofon

Nach der Funktionsweise des Kondensatormikrofons arbeiten auch *Siliciummikrofone* (➠ *Bild 4*), die nur noch die Größe eines Stecknadelkopfes haben. Die geringe Größe ermöglicht zahlreiche neue Anwendungen, z. B. bei dem Bau von noch kleineren Hörgeräten oder in der Kommunikationstechnik. Mit den Methoden der Mikroelektronik und Mikromechanik wird solch ein miniaturisiertes Mikrofon auf einem Chip hergestellt. So kann die Produktion in großer Stückzahl, d. h. preiswert erfolgen.

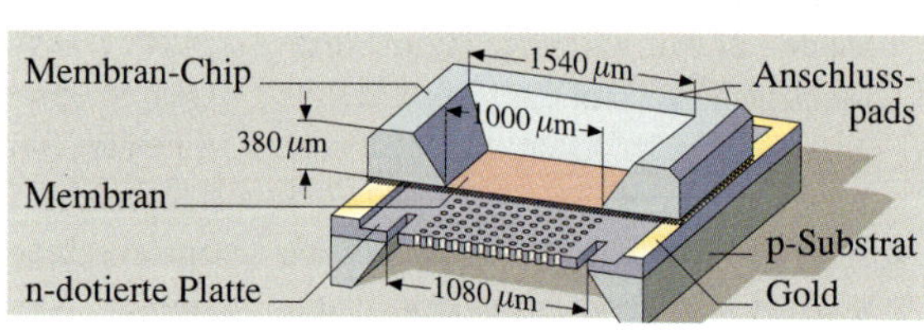

B 4: Kondensatormikrofon; eine Elektrode ist mit Löchern versehen, damit die Luft nahezu ungestört zwischen Membran und Platte strömen kann

Interessantes

Von Menschen und Feldern

Ionenkanäle in Nervenmembranen

Wie kommt es überhaupt, dass, wie schon Luigi GALVANI nachgewiesen hat, die Erregung von Muskeln ein elektrischer Prozess ist? Bei der Beschreibung dieser Vorgänge wirken Physik, Chemie und Biologie zusammen. Wir wollen daher hier auch nicht alles erklären, sondern nur zeigen, wie die elektrischen und chemischen Prozesse messbar verfolgt werden können.

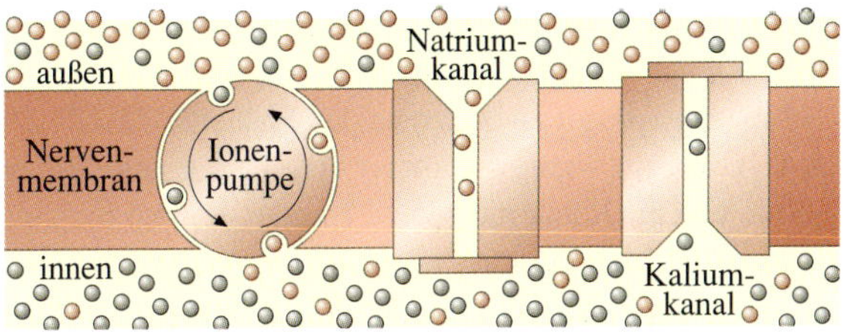

B 5: Schematischer Aufbau der Zellmembran

Eine Nervenfaser (Axon) bildet einen Hohlzylinder. Die Nervenmembran, die Hülle dieses Zylinders, können wir uns als Isolierschicht eines elektrischen Kabels vorstellen. Im Innen- und Außenraum befinden sich elektrisch leitende Flüssigkeiten, so genannte Elektrolyte. Die Faser stellt einen Zylinderkondensator dar, bei dem die Membran das Dielektrikum ist. Durch die Oberfläche der Zelle und den „Plattenabstand" (Dicke der Membran: einige nm) ist die Kapazität des Kondensators bestimmt. Die Membran enthält Kanäle, die im geöffneten Zustand für Kalium- und Natrium-Ionen durchlässig sind. Im Innern einer Nervenzelle befinden sich unter anderem positive Kalium- und negative organische Ionen, außerhalb der Zelle positive Natrium- (Na^+) und negative Chlor-Ionen.

Eine Stoffwechselreaktion, die so genannte Ionenpumpe (*Bild 5*), sorgt unter Energieaufwand dafür, dass im Ruhezustand die Konzentration von K^+-Ionen im Inneren größer als außen und von Na^+-Ionen außerhalb der Nervenfaser größer als innen ist. Dadurch allein kommt aber noch keine Potentialdifferenz zwischen außen und innen zustande. Im Ruhezustand der Zelle ist die Zellmembran praktisch nur für K^+-Ionen durchlässig. Sie diffundieren nach außen, und innen herrscht ein Mangel an positiven Ladungen. Das Innere der Zelle weist daher gegenüber dem Außenraum eine Spannung, das so genannte Ruhepotential, von –60 mV bis –70 mV auf. Diese Spannung kann man mit einer Mikroelektrode, die in die Faser eingeführt wird, gegenüber der Flüssigkeit außerhalb der Nervenmembran

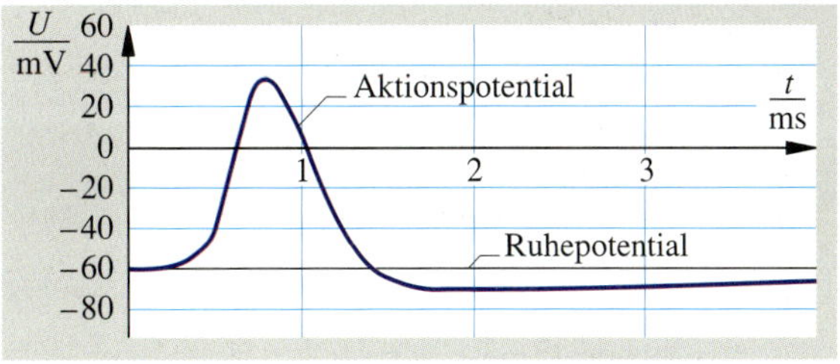

B 6: Zeitlicher Verlauf des Aktionspotentials

messen. Ein Nervensignal, das einen bestimmten Schwellenwert überschreitet, verursacht eine schlagartige Änderung dieses Potentials, die sich längs einer Nervenfaser ausbreitet. Man nennt diese Impulse daher auch *Aktionspotential* (*Bild 6*). Dabei öffnen sich kurzzeitig Kanäle, die nur für Na^+-Ionen durchlässig sind und so einen positiven Spannungsimpuls von +30 mV erzeugen. Durch den positiven Impuls werden benachbarte Kanäle geöffnet. Wie eine Kettenreaktion wandert so die Umpolung über die Nervenfaser. Millisekunden später schließen sich die Na^+-Kanäle, und K^+-Kanäle öffnen sich, sodass sich wieder das Ruhepotential einstellt. Die Stärke des Reizes beeinflusst nicht die Höhe des Signals, wohl aber die Zahl und den zeitlichen Abstand der ausgelösten Impulse.

EKG und EEG

Ähnlich wie bei Nervenzellen entstehen auch in Herzmuskelzellen elektrische Impulse. Die Form des Aktionspotentials unterscheidet sich von dem bei Nervenzellen und ist je nach dem Entstehungsort im Herzen verschieden. Mit Elektroden, die an den Armen und einem Fuß befestigt werden, kann man mit einem guten Verstärker und einem Aufzeichnungsgerät den zeitlichen Verlauf der elektrischen Aktivität des Herzens aufnehmen. In der medizinischen Diagnostik werden beim *Elektrokardiogramm* (*EKG*) an 6 oder 12 verschiedenen Stellen Potentialdifferenzen gemessen und aufgezeichnet. Das *Elektroenzephalogramm* (*EEG*) misst die Potentialschwankungen im Gehirn und ist eine wichtige Untersuchungsmethode der Gehirntätigkeit.

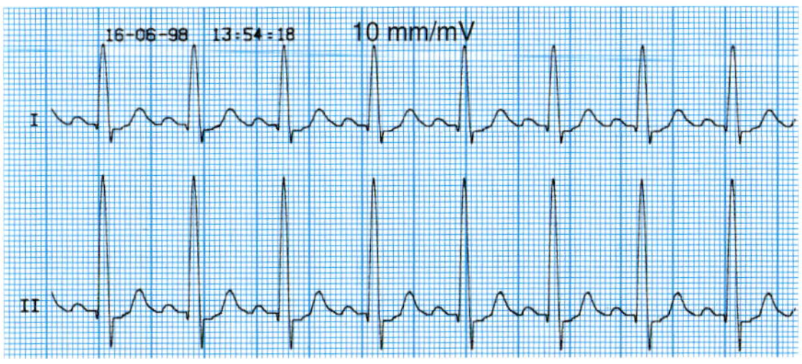

B 7: Aufnahme eines EKG (Ausschnitt)

Das ist wichtig

Die **Feldstärke $\vec{E}$** ist der Quotient

$$\vec{E} = \frac{\vec{F}}{q}; \quad [E] = 1\,\frac{\text{N}}{\text{C}} = 1\,\frac{\text{V}}{\text{m}}.$$

Die **Feldkraft** auf eine Ladung ist $\vec{F} = q\vec{E}$.

Die elektrische **Spannung U** zwischen zwei Punkten ist der Quotient $U = \frac{W}{q}$; $[U] = 1\,\frac{\text{J}}{\text{C}} = 1$ V (Volt).
W ist dabei die Energie, welche die Feldkräfte der Ladung q beim Transport zwischen den Punkten zuführen.
Im **homogenen Feld** ist die elektrische Feldstärke E konstant. Im homogenen Feld eines *Plattenkondensators* gilt speziell $E = U/d$.

Durchläuft ein Körper der Masse m und der Ladung q im Vakuum aus der Ruhe heraus die Spannung U, so erhält er die Bewegungsenergie

$$\tfrac{1}{2} m v^2 = q U.$$

Für die **Flächendichte σ** der elektrischen Ladung gilt

$$\sigma = Q/A = \varepsilon_0 \varepsilon_r E.$$

$\varepsilon_0 = 8{,}85 \cdot 10^{-12}\,\text{C} \cdot \text{V}^{-1} \cdot \text{m}^{-1}$; ε_r: Dielektrizitätszahl

Die **COULOMB-Kraft** zwischen zwei punktförmigen Ladungen ist im Vakuum

$$F = \frac{1}{4\pi\varepsilon_0} \frac{Q q}{r^2}.$$

Die **Spannung** zwischen zwei Punkten im **radialen Feld** einer Ladung Q ist

$$U = \frac{Q}{4\pi\varepsilon_0}\left(\frac{1}{r_1} - \frac{1}{r_2}\right).$$

Ladung Q und Spannung U eines **Kondensators** sind proportional $\quad Q = C U$.

Für die **Kapazität C** gilt beim Plattenkondensator mit Fläche A und Abstand d

$$C = \varepsilon_r \varepsilon_0 \frac{A}{d}.$$

Die *Ersatzkapazität* von parallel geschalteten Kondensatoren ist die Summe der Einzelkapazitäten.
Bei der Reihenschaltung addieren sich die Kehrwerte $1/C_i$ und geben den Kehrwert $1/C$ der Ersatzkapazität.
Die **Energie** eines geladenen Kondensators ist

$$W = \tfrac{1}{2} Q U = \tfrac{1}{2} C U^2.$$

Das elektrische Feld ist Sitz von Energie. Die räumliche *Energiedichte* beträgt

$$\varrho_{\text{el}} = \tfrac{1}{2} \varepsilon_0 \varepsilon_r E^2.$$

Aufgaben

A 1: Ein Kügelchen ($m = 0{,}5$ g) hängt an einem 2,0 m langen Faden und ist mit $q = 2{,}0$ nC geladen. An seine Stelle schiebt man eine mit 1 µC gleichnamig geladene Kugel. **a)** Wie weit lenkt sie das Kügelchen aus? **b)** Auf welchen Teil geht die Auslenkung zurück, wenn man beide Ladungen halbiert?

A 2: Senkrecht zum Feld der Stärke $E = 40$ kV/m befinden sich zwei Influenzplatten der Fläche 100 cm². **a)** Man zieht sie auf 1 cm Abstand auseinander. Welche Ladungen tragen sie? Welche Feldstärke und Spannung besteht zwischen ihnen? **b)** Nun nimmt man das äußere Feld weg. Wie groß sind jetzt Feldstärke, Spannung und Anziehungskraft zwischen beiden Platten?

A 3: Um vom warmen Zimmer aus ständig den Ölstand h in einem Öltank messen zu können, senken Sie zwei vertikale Metallplatten von 2,0 m Breite, 2,0 m Höhe und 10 cm Abstand in den Öltank. Dann legen Sie je Sekunde 100-mal die Spannung 1,5 kV an und entladen sofort über einen Strommesser. **a)** Zeichnen Sie eine Schaltskizze! Was zeigt der Strommesser an, wenn der Tank ganz leer, ganz mit Öl ($\varepsilon_r = 2{,}5$) bzw. halb gefüllt ist? **b)** Stellen Sie die Stromstärke $I(h)$ als Funktion der Füllhöhe h dar. **c)** Welche Energie wird während einer Messung von 20 s Dauer bei vollem Tank im Entladestromkreis frei?

A 4: Ein leitend gemachter Luftballon mit 5 cm Radius wird gegen die Erde auf 500 V aufgeladen und dann von der Spannungsquelle getrennt. **a)** Welche Ladung trägt er? Welche Energie steckt in seinem Feld? **b)** Wie ändern sich die Spannung, die Feldstärke an der Oberfläche und die Feldenergie, wenn man ihn auf doppelten Radius aufbläst? **c)** Zwischen Ballon und Erde liegt jetzt ein Elektroskop der Kapazität 5 pF. Wie ändert sich dann die Spannung beim Aufblasen?

A 5: Ein Kugelkondensator besteht aus zwei konzentrischen Kugeln, die innere (–) mit 5 cm, die äußere (+ und geerdet) mit 20 cm Radius. Dazwischen liegt die Spannung 1 000 V. **a)** Welche Ladung tragen beide Kugeln, welche Kapazität hat der Kondensator? **b)** Welchen Radius hat eine Äquipotentialfläche für –500 V? **c)** Welche Energie muss man einer Ladung $q = +1{,}0$ pC zuführen, um sie von $r_1 = 5$ cm auf $r_2 = 10$ cm zu transportieren?

A 6: Ein Kondensator der Kapazität C wird über einen Widerstand R von der Quelle mit konstanter Spannung U_0 geladen. **a)** Welche Ladung fließt? **b)** Welche Energie gibt die Quelle ab, welche nimmt der Kondensator auf? Welche wird im Widerstand in Wärme umgesetzt? **c)** Zeichnen Sie das $P(t)$-Diagramm für die Leistung der Quelle und tragen Sie die Wärmeleistung $P_W = I^2 R$ ein. Wo liest man die Energien aus b) ab?

Anhang (* veraltete, nicht mehr zugelassene Einheiten)

Basiseinheiten des internationalen Einheitensystems (SI)

Basisgröße	Basiseinheit	Zeichen	Basisgröße	Basiseinheit	Zeichen
Länge	Meter	m	Temperatur	Kelvin	K
Masse	Kilogramm	kg	Lichstärke	Candela	cd
Zeit	Sekunde	s	Stoffmenge	Mol	mol
Stromstärke	Ampere	A			

Druckeinheiten

	Pa = N/m²	**bar**	**at***	**mm W.S.***	**atm***	**Torr***
1 Pa = 1 N/m²	1	10^{-5}	$1{,}0197 \cdot 10^{-5}$	0,10197	$0{,}9869 \cdot 10^{-5}$	$0{,}75006 \cdot 10^{-2}$
1 bar	10^5	1	1,0197	$1{,}0197 \cdot 10^4$	0,98692	$0{,}75006 \cdot 10^3$
1 at*	$0{,}980665 \cdot 10^5$	0,980665	1	$1{,}00003 \cdot 10^4$	0,96784	$0{,}73556 \cdot 10^3$
1 mm W.S.*	9,8064	$0{,}98064 \cdot 10^{-4}$	$0{,}99997 \cdot 10^{-4}$	1	$0{,}96781 \cdot 10^{-4}$	$0{,}73554 \cdot 10^{-1}$
1 atm*	$1{,}01325 \cdot 10^5$	1,01325	1,03323	$1{,}03326 \cdot 10^4$	1	760
1 Torr*	$1{,}3332 \cdot 10^2$	$1{,}3332 \cdot 10^{-3}$	$1{,}3595 \cdot 10^{-3}$	13,595	$1{,}3158 \cdot 10^{-3}$	1

1 bar = 10 N/cm²; 1 mbar (Millibar) = 1 cN/cm²; 1 at* = 1 kp*/cm² (technische Atmosphäre).
1 mm W.S.* ist der Druck einer 1 mm hohen Wassersäule von 4 °C bei $g = 9{,}80665$ m/s² am Normort.
1 kp* ist gleich der Gewichtskraft eines 1 kg-Stücks am Normort; 1 kp* = 9,80665 N.
1 atm* (physikalische Atmosphäre) = 760 Torr* = 1,01325 bar ist der sog. Normdruck.
1 Torr* bedeutet den Druck einer 1 mm hohen Quecksilbersäule von 0 °C am Normort.

Energieeinheiten

	J	**kWh**	**cal***	**eV**
1 J	1	$2{,}7777 \cdot 10^{-7}$	0,23884	$0{,}6242 \cdot 10^{19}$
1 kWh	$3{,}6000 \cdot 10^6$	1	$0{,}8598 \cdot 10^6$	$2{,}247 \cdot 10^{25}$
1 cal*	4,1868	$1{,}1630 \cdot 10^{-6}$	1	$2{,}613 \cdot 10^{19}$
1 eV	$1{,}602 \cdot 10^{-19}$	$4{,}45 \cdot 10^{-26}$	$3{,}826 \cdot 10^{-20}$	1

1 J (Joule) = 1 Nm (Newtonmeter); 1 kWh = 1 000 W · 1 h = $3{,}6 \cdot 10^6$ Joule.
1 eV (Elektronvolt) ist die Energie, die ein Teilchen mit der Elementarladung $e = 1{,}6 \cdot 10^{-19}$ C beim Durchlaufen der Spannung 1 Volt aufnimmt.

Leistungseinheiten 1 W = 1 J/s; 1 PS* (Pferdestärke) = 75 kp* m/s = 735,5 W.

Physikalische Konstanten

Gravitationskonstante	$\gamma = 6{,}672 \cdot 10^{-11}\ m^3 \cdot kg^{-1} \cdot s^{-2}$
Normalfallbeschleunigung	$g_n = 9{,}80665\ m \cdot s^{-2}$
Molvolumen idealer Gase im Normzustand	$V_n = 22{,}414\ dm^3 \cdot mol^{-1}$
Absoluter Nullpunkt	$-273{,}15$ °C
Gaskonstante	$R = 8{,}3144\ J \cdot mol^{-1} \cdot K^{-1}$
Physikalischer Normdruck	$p_n = 101\,325$ Pa = 1 013,25 mbar
Avogadrosche Konstante	$N_A = 6{,}02209 \cdot 10^{23}\ mol^{-1}$
Boltzmannsche Konstante	$k = 1{,}38065 \cdot 10^{-23}\ J \cdot K^{-1}$
Vakuumlichtgeschwindigkeit	$c_0 = 2{,}99792458 \cdot 10^8\ m \cdot s^{-1}$
Elektronenmasse	$m_e = 9{,}1046 \cdot 10^{-31}$ kg
Neutronenmasse	$m_n = 1{,}6748 \cdot 10^{-27}$ kg
Protonenmasse	$m_p = 1{,}67264 \cdot 10^{-27}$ kg
Atomare Masseneinheit	$1\ u = 1{,}66054 \cdot 10^{-27}$ kg
Elektrische Feldkonstante	$\varepsilon_0 = 8{,}85419 \cdot 10^{-12}\ C \cdot V^{-1} \cdot m^{-1}$
Elementarladung	$e = 1{,}6021773 \cdot 10^{-19}$ C

Erde und Weltall

Erde

Mittlerer Äquatorradius	a = 6 378,140 km	**Bahnbewegung**	
Polradius	b = 6 356,777 km	Mittlerer Abstand von der Sonne	$1{,}4960 \cdot 10^8$ km
Radius der volumengleichen Kugel	6 371,221 km	Exzentrizität der Bahn	0,016710
Masse	$5{,}974 \cdot 10^{24}$ kg	Mittlere Bahngeschwindigkeit	29,8 km/s
Dichte im Mantel	3,4 g/cm³	Schiefe der Ekliptik (2000)	23° 26′ 21″
in der Zwischenschicht	6,4 g/cm³	(jährliche Abnahme 0,468″)	
im Kern	9,6 g/cm³		
Mittelwert	5,52 g/cm³	**Internationales Erdellipsoid**	
		Äquatorradius (genau)	a = 6 378,165 km
Schwerebeschleunigung			
am Äquator	9,7805 m/s²	Abplattung (genau)	$1 - \frac{b}{a} = \frac{1}{298}$
an den Polen	9,8322 m/s²	Polradius	b = 6 356,755 km
in Berlin	9,8126 m/s²	Mittlerer Radius	6 371,025 km
Mittelwert	9,7977 m/s²	Mittlerer Längenkreisgrad	111,137 km
		Mittlere Längenkreisminute (Seemeile)	1,852 km
Erddrehung		Äquatorumfang	40 075 km
Rotationsgeschw. am Äquator	465,12 m/s	Oberfläche	509 088 842 km²
Zentrifugalbeschl. am Äquator	–0,0392 m/s²	Volumen	1 083 218 990 000 km³

Mond

Radius	1 738 km	Entfernung von der Erde	
Masse	$7{,}349 \cdot 10^{22}$ kg		Max. 406 740 km
Mittlere Dichte	3,34 g/cm³		Min. 356 410 km
Scheinbarer Halbmesser	Max. 16′ 46″		Mittelwert 384 400 km
	Min. 14′ 40″	Exzentrizität der Bahn	0,0549
Schwerebeschleunigung	1,619 m/s²	Bahnneigung gegen Ekliptik	5°8′43″
Siderische Umlaufszeit	27,322 Tage	Bahngeschwindigkeit	$1{,}023\ \text{km} \cdot \text{s}^{-1}$

Sonne

Radius	696 000 km	Umdrehungsdauer	25,45 Tage
Masse	$1{,}9891 \cdot 10^{30}$ kg	Entfernung vom nächsten Fixstern	4,27 Lichtjahre
Mittlere Dichte	1,408 g/cm³	(Proxima Centauri)	
Scheinbarer Halbmesser	Max. 16′ 18″	Zentraltemperatur	$1{,}571 \cdot 10^7$ °C
	Min. 15′ 46″	Effektive Temperatur	5 778 °C
		Gesamtstrahlung	$4{,}2 \cdot 10^{26}$ J/s
Schwerebeschleunigung	274 m/s²	Solarkonstante	$1{,}37\ \text{kW} \cdot \text{m}^{-2}$

Planeten

	Mittlerer Äquatorradius	Masse (ohne Satelliten)	Zahl der Monde (1998)	Mittlere große Halbachse der Bahn um die Sonne	Exzentrizität der Bahn	Neigung der Bahnebene gegen Ekliptik	Scheinbarer Durchmesser von der Erde aus		Mittlere Umlaufzeit	
	km	Erde = 1		10^6 km	e/a		Min.	Max.	siderisch trop. Jahre	synodisch Tage
Merkur	2440	0,0553	0	57,91	0,206	7° 0′	5″	13″	0,2408	115,88
Venus	6052	0,815	0	108,21	0,007	3° 24′	10″	66″	0,6152	583,92
Erde	6378	1,00	1	149,60	0,017	–	–	–	1,0000	–
Mars	3397	0,107	2	227,90	0,093	1° 51′	3″	25″	1,8809	779,94
Jupiter	71492	317,83	16	778,34	0,048	1° 18′	30″	50″	11,862	398,88
Saturn *	60268	95,162	> 18	1426,8	0,054	2° 29′	15″	21″	29,458	378,09
Uranus	25559	14,536	17	2871,0	0,047	0° 46′	3″	4″	84,015	369,66
Neptun	24766	17,147	8	4498,3	0,009	1° 46′	2,2″	2,4″	164,788	367,48
Pluto	1137	0,0021	1	5906,4	0,249	17° 9′	0,06″	0,11″	247,7	366,72

* Saturnringe: Innerster Durchm. 66 900 km, äußerster Durchm. 480 000 km, Dicke 2 km, Masse: 0,00004 der Saturnmasse

Milchstraße

Durchmesser	$8 \cdot 10^{17}$ km	Entfernung der Sonne vom Mittelpunkt	$25 \cdot 10^{16}$ km
Dicke	$15 \cdot 10^{16}$ km	Entfernung der Sonne von Mittelebene	$5 \cdot 10^{14}$ km
Gesamtmasse	$2{,}5 \cdot 10^{11}$ Sonnenmassen	Geschw. der Sonne gegenüber Umgebung	19,4 km/s

Astronomische Konstanten

Astronomische Einheit (AE) = Mittlere Entfernung Erde – Sonne = $149{,}59787 \cdot 10^6$ km
Lichtjahr (L.J.) = 63 275 AE = 0,3068 Parsek = $9{,}46 \cdot 10^{12}$ km
Parsek = 206 265 AE = 3,2598 L.J. = $30{,}87 \cdot 10^{12}$ km

Schallgeschwindigkeiten

Die vom Luftdruck weitgehend unabhängige **Schallgeschwindigkeit** c_ϑ beträgt in trockener atmosphärischer Luft bei $\vartheta = k$ °C: $c_\vartheta = 331\sqrt{1 + 0{,}00367\,k}$ m/s. Weitere Schallgeschwindigkeiten:

	m/s		m/s	Flüssigkeit bei 20 °C	m/s	Gase bei 20 °C	m/s
Aluminium	5080	Gold	2030	Wasser	1465	Wasserstoff	1306
Blei	1200	Kupfer	3710	Petroleum	1326	Kohlenstoffdioxid	267
Eisen	5170	Messing	3490	Tetrachlorkohlenstoff	950	Leuchtgas	~ 453
Glas	~ 5000	Kautschuk	50	Xylol	1350	Sauerstoff	326

Stichwortverzeichnis